사회조사 분석사

사회통계

Preface

사회조사분석사란 사회의 다양한 정보를 수집 · 분석 · 활용하는 새로운 직종으로 각종 단체의 여론 조사 및 시장조사 등에 대한 계획을 수립하고 조사를 수행하며 그 결과를 가지고 분석하여 보고서를 작성하는 전문가를 말한다. 사회가 복잡해짐에 따라 중앙정부에서는 다양한 사회현상에 대해 파악하는 것이 요구되고 민간 기업에서는 수요자의 욕구를 파악하여 경제활동에 필요한 전략의 수립이 요구되어 진다. 그러므로 사회조사분석의 필요성과 전문성을 느끼는 것은 당연한 결과라 하겠다. 따라서 본서는 이런 시대적 흐름에 부합하여 사회조사분석사 자격증 시험을 준비하는 수험생들을 위해 발행하게 되었다.

본서는 사회통계 부분의 핵심내용을 중점적으로 다루었고, 출제가 예상되는 문제를 엄선하여 자세한 해설과 함께 출제예상문제에 수록함으로써 실전에 대비할 수 있도록 하였다. 또한 최신기출문제를 수록하여 출제경향을 파악하는 데 도움이 되도록 하였다.

모쪼록 많은 수험생들이 본서를 통하여 합격의 기쁨을 누리게 되기를 진심으로 바라며 수험생 여러분의 건투를 빈다.

Information

01 사회조사분석사란

사회조사분석사란 다양한 사회정보의 수집 · 분석 · 활용을 담당하는 새로운 직종으로, 기업 · 정당 · 중앙정부 · 지방자치단체 등 각종 단체의 시장조사 및 여론조사 등에 대한 계획을 수립하고 조사를 수행하며 그 결과를 분석, 보고서를 작성하는 전문가이다.
지식 사회조사를 완벽하게 끝내기 위해서는 '사회조사방법론'은 물론이고 자료분석을 위한 '통계지식', 통계분석을 위한 '통계 패키지프로그램' 이용법 등을 알아야 한다. 또, 부가적으로 알아야 할 분야는 마케팅관리론이나 소비자행동론, 기획론 등의 주변 관련 분야로 이는 사회조사의 많은 부분이 기업과 소비자를 중심으로 발생하기 때문이다. 사회조사분석사는 보다 정밀한 조사업무를 수행하기 위해 관련분야를 보다 폭 넓게 경험하는 것이 중요하다.

02 수행직무

기업, 정당, 정부 등 각종단체에 시장조사 및 여론조사 등에 대한 계획을 수립하여 조사를 수행하고 그 결과를 통계처리 및 분석보고서를 작성하는 업무를 담당한다.

03 진로 및 전망

각종연구소, 연구기관, 국회, 정당, 통계청, 행정부, 지방자치단체, 용역회사, 기업체, 사회단체 등의 조사업무를 담당한 부서 특히, 향후 지방자치단체에서의 수요가 클 것으로 전망된다.

04 응시자격

사회조사분석사 2급은 응시자격의 제한이 없어 누구나 시험에 응시할 수 있다. 사회조사분석사 1급 시험에 응시하고자 하는 자는 당해 사회조사분석사 2급 자격증을 취득한 후 해당 실무에 2년 이상 종사한 자와 해당 실무에 3년 이상 종사한 자로 응시자격을 제한하고 있다. 따라서 일반인의 경우 우선 사회조사분석사 1급에 응시하기 앞서 해당 실무에 3년 이상 종사한 자가 아닌 경우는 사회조사분석사 2급 자격증을 취득한 후에 사회조사분석에 관련된 업무에 2년 이상 종사해야만 응시자격이 주어진다.

05 시험방법

사회조사분석사 자격시험에서 필기시험은 객관식 4지 택일형을 실시하여 합격자를 결정한다. 총 100문항으로 150분에 걸쳐 시행된다. 실기시험은 사회조사실무에 관련된 복합형 실기시험으로 작업형과 필답형이 4시간 정도에 걸쳐 진행된다.

06 출제경향 및 검정방법

① **출제경향** : 시장조사, 여론조사 등 사회조사 계획 수립, 조사를 수행하고 그 수행결과를 통계처리하여 분석결과를 작성할 수 있는 업무능력 평가

② **검정방법**

㉠ **필기** : 객관식 4지 택일형

㉡ **실기** : 복합형 [작업형+필답형]

07 시험과목

1급	시험과목
필기	1. 조사방법론 I 2. 조사방법론 II 3. 사회통계
실기	사회조사실무 (설문작성, 단순통계처리 및 분석)

08 합격자 기준

① **필기** : 매과목 40점 이상, 전과목 평균 60점 이상 득점한 자를 합격자로 한다.

② **실기** : 60점 이상 득점한 자를 합격자로 한다.

기타 시험에 관한 자세한 내용에 대하여는 한국산업인력공단 www.hrdkorea.or.kr로 문의하기 바랍니다.

09 출제기준

필기 과목명	문항수	주요항목	세부항목	세세항목
조사방법론 I	30	과학적 연구의 개념	과학적 연구의 의미	·과학적 연구의 의미 ·과학적 연구의 논리체계
			과학적 연구의 목적과 유형	·과학적 연구의 목적과 접근방법 ·과학적 연구의 유형
			과학적 연구의 절차와 계획	·과학적 연구의 절차 ·과학적 연구의 분석단위
			연구문제 및 가설	·연구문제의 의미와 유형 ·이론 및 가설의 개념
		조사설계의 이해	설명적 조사설계	설명적 조사설계의 기본원리
			기술적 조사설계	·기술적 조사설계의 개념 ·횡단면적 조사설계의 개념과 유형 ·내용분석의 의미
			질적 연구의 조사설계	·질적 연구의 개념과 목적 ·행위연구 설계의 의미 ·사례연구 설계의 의미
		자료수집방법	자료의 종류와 수집방법의 분류	·자료의 종류 ·자료수집방법의 분류
			질문지법의 이해	·질문지법의 의의 ·질문지 작성 ·질문지 적용방법
			관찰법의 이해	·관찰법의 이해 ·관찰법의 유형 ·관찰법의 장·단점
			면접법의 이해	·면접법의 의미 ·면접법의 종류 ·집단면접 및 심층면접의 개념
조사방법론 II	30	개념과 측정	개념, 구성개념, 개념적 정의	·개념 및 구성개념 ·개념적 정의
			변수와 조작적 정의	·변수의 개념 및 종류 ·개념적, 조작적 정의
			변수의 측정	·측정의 개념 ·측정의 수준과 척도
			측정도구와 척도의 구성	·측정도구 및 척도의 의미 ·척도구성방법 ·척도분석의 방법
			지수의 의미	·지수의 의미와 작성방법 ·사회지표의 종류
		측정의 타당성과 신뢰성	측정오차의 의미	·측정오차의 개념 ·측정오차의 종류
			타당성의 의미	·타당성의 개념 ·타당성의 종류
			신뢰성의 의미	·신뢰성의 개념 ·신뢰성 추정방법 ·신뢰성 제고방안
		표본추출의 설계	표본추출의 의미	·표본추출의 기초개념 ·표본추출의 이점
			표본추출의 설계	·표본추출설계의 의의 ·확률표본추출방법 ·비확률표본추출방법
			표본추출오차와 표본크기의 결정	·표본추출오차와 비표본추출오차의 개념 ·표본추출오차의 크기 및 적정 표본크기의 결정

사회통계	40	기초통계량	중심경향측정치	평균, 중앙값, 최빈값
			산포의 정도	범위, 평균편차, 분산, 표준편차
			비대칭도	◦피어슨의 비대칭도 ◦분포의 모양과 평균, 분산, 비대칭도
		확률이론 및 확률분포	확률이론의 의미	사건과 확률법칙
			확률분포의 의미	◦확률변수와 확률분포 ◦확률분포의 기댓값과 분산 ◦이산확률변수와 연속확률변수
			이산확률분포의 의미	이항분포의 개념
			연속확률분포의 의미	◦정규분포의 의미 ◦표준정규분포
			표본분포의 의미	◦평균의 표본분포 ◦비율의 표본분포
		추정	점추정	◦모평균의 추정 ◦모비율의 추정 ◦모분산의 추정
			구간추정	◦모평균의 구간추정 ◦모비율의 구간추정 ◦모분산의 구간추정 ◦표본크기의 결정 ◦두 모집단의 평균차의 추정 ◦대응모집단이 평균차의 추정
		가설검정	가설검정의 기초	◦가설검정의 개념 ◦가설검정의 오류
			단일모집단의 가설검정	◦모평균의 가설검정 ◦모비율의 가설검정 ◦모분산의 가설검증
			두 모집단의 가설검정	◦두 모집단평균의 가설검정 ◦대응모집단의 평균차의 가설검정 ◦두 모집단비율의 가설검정
		분산분석	분산분석의 개념	분산분석의 기본가정
			일원분산분석	◦일원분산분석의 의의 ◦일원분산분석의 전개과정
			교차분석	교차분석의 의미
		회귀분석	회귀분석의 개념	◦회귀모형 ◦회귀식
			단순회귀분석	◦단순회귀식의 적합도 추정 ◦적합도 측정방법 ◦단순회귀분석의 검정
			중회귀분석	◦표본의 중회귀식 ◦중회귀식의 적합도 검정 ◦중회귀분석의 검정 ◦변수의 선택방법
			상관분석	◦상관계수의 의미 ◦상관계수의 검정

Structure

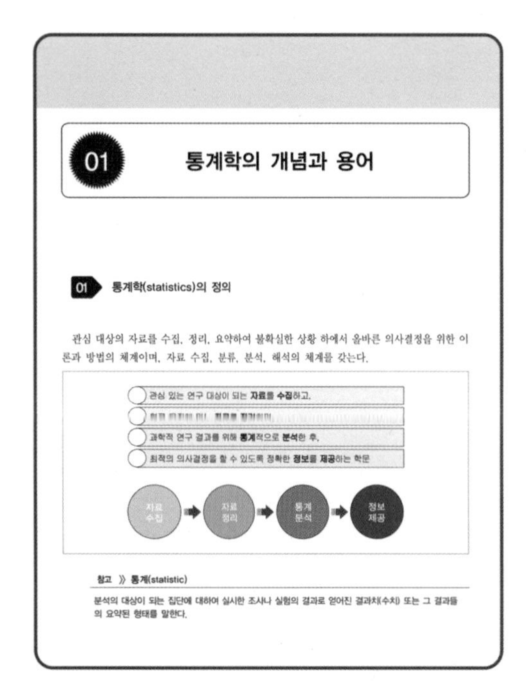

01 통계학의 개념과 용어

01 통계학(statistics)의 정의

관심 대상의 자료를 수집, 정리, 요약하여 불확실한 상황 하에서 올바른 의사결정을 위한 이론과 방법의 체계이며, 자료 수집, 분류, 분석, 해석의 체계를 갖는다.

참고 》 통계(statistic)

분석의 대상이 되는 집단에 대하여 실시한 조사나 실험의 결과로 얻어진 결과치(수치) 또는 그 결과들의 요약된 형태를 말한다.

상세한 이론 제시

쉽고 상세한 이론을 통하여 혼자 공부하는 수험생들도 빠르게 이해할 수 있도록 구성하였습니다. 더불어 추가적으로 알아야 할 내용은 참고를 통해 학습하도록 하였습니다.

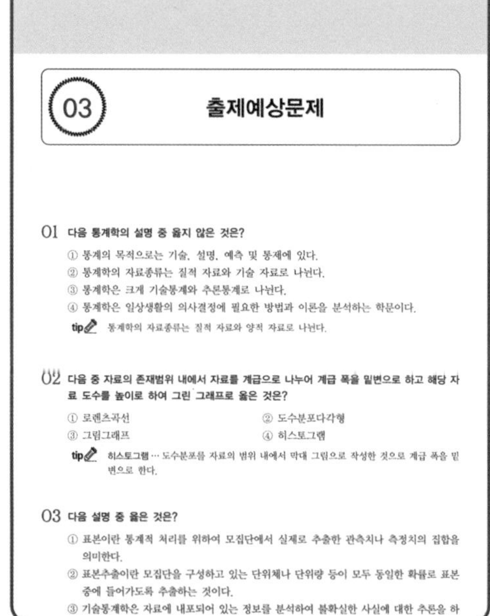

03 출제예상문제

01 다음 통계학의 설명 중 옳지 않은 것은?
① 통계의 목적으로는 기술, 설명, 예측 및 통제에 있다.
② 통계학의 자료종류는 질적 자료와 기술 자료로 나뉜다.
③ 통계학은 크게 기술통계와 추론통계로 나뉜다.
④ 통계학은 일상생활의 의사결정에 필요한 방법과 이론을 분석하는 학문이다.
tip 통계학의 자료종류는 질적 자료와 양적 자료로 나뉜다.

02 다음 중 자료의 존재범위 내에서 자료를 계급으로 나누어 계급 폭을 밑변으로 하고 해당 자료 도수를 높이로 하여 그린 그래프로 옳은 것은?
① 로렌츠곡선 ② 도수분포다각형
③ 그림그래프 ④ 히스토그램
tip 히스토그램 … 도수분포를 자료의 범위 내에서 막대 그림으로 작성한 것으로 계급 폭을 밑변으로 한다.

03 다음 설명 중 옳은 것은?
① 표본이란 통계적 처리를 위하여 모집단에서 실제로 추출한 관측치나 측정치의 집합을 의미한다.
② 표본추출이란 모집단을 구성하고 있는 단위체나 단위량 등이 모두 동일한 확률로 표본 중에 들어가도록 추출하는 것이다.
③ 기술통계학은 자료에 내포되어 있는 정보를 분석하여 불확실한 사실에 대한 추론을 하

출제예상문제

매 단원마다 출제유형에 맞춘 출제예상문제를 수록하여 자신의 학습능력을 점검해 볼 수 있습니다. 이해가 잘 되지 않는 문제는 자세한 해설을 통해 다시 한 번 익힐 수 있습니다.

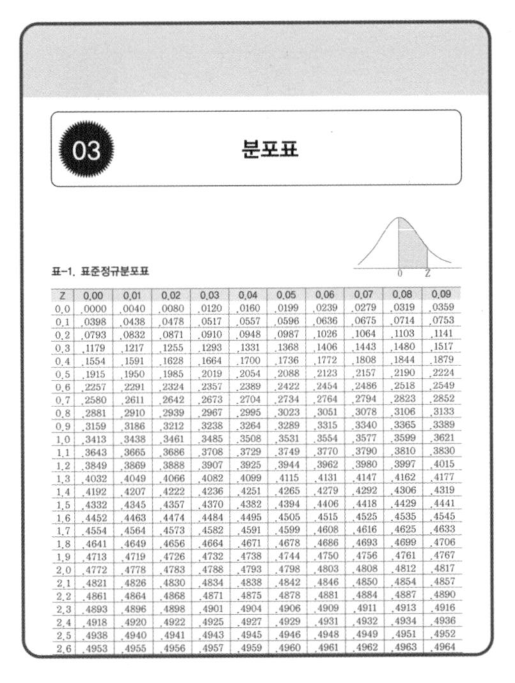

03 분포표

표-1. 표준정규분포표

Z	0.00	0.01	0.02	0.03	0.04	0.05	0.06	0.07	0.08	0.09
0.0	.0000	.0040	.0080	.0120	.0160	.0199	.0239	.0279	.0319	.0359
0.1	.0398	.0438	.0478	.0517	.0557	.0596	.0636	.0675	.0714	.0753
0.2	.0793	.0832	.0871	.0910	.0948	.0987	.1026	.1064	.1103	.1141
0.3	.1179	.1217	.1255	.1293	.1331	.1368	.1406	.1443	.1480	.1517
0.4	.1554	.1591	.1628	.1664	.1700	.1736	.1772	.1808	.1844	.1879
0.5	.1915	.1950	.1985	.2019	.2054	.2088	.2123	.2157	.2190	.2224
0.6	.2257	.2291	.2324	.2357	.2389	.2422	.2454	.2486	.2518	.2549
0.7	.2580	.2611	.2642	.2673	.2704	.2734	.2764	.2794	.2823	.2852
0.8	.2881	.2910	.2939	.2967	.2995	.3023	.3051	.3078	.3106	.3133
0.9	.3159	.3186	.3212	.3238	.3264	.3289	.3315	.3340	.3365	.3389
1.0	.3413	.3438	.3461	.3485	.3508	.3531	.3554	.3577	.3599	.3621
1.1	.3643	.3665	.3686	.3708	.3729	.3749	.3770	.3790	.3810	.3830
1.2	.3849	.3869	.3888	.3907	.3925	.3944	.3962	.3980	.3997	.4015
1.3	.4032	.4049	.4066	.4082	.4099	.4115	.4131	.4147	.4162	.4177
1.4	.4192	.4207	.4222	.4236	.4251	.4265	.4279	.4292	.4306	.4319
1.5	.4332	.4345	.4357	.4370	.4382	.4394	.4406	.4418	.4429	.4441
1.6	.4452	.4463	.4474	.4484	.4495	.4505	.4515	.4525	.4535	.4545
1.7	.4554	.4564	.4573	.4582	.4591	.4599	.4608	.4616	.4625	.4633
1.8	.4641	.4649	.4656	.4664	.4671	.4678	.4686	.4693	.4699	.4706
1.9	.4713	.4719	.4726	.4732	.4738	.4744	.4750	.4756	.4761	.4767
2.0	.4772	.4778	.4783	.4788	.4793	.4798	.4803	.4808	.4812	.4817
2.1	.4821	.4826	.4830	.4834	.4838	.4842	.4846	.4850	.4854	.4857
2.2	.4861	.4864	.4868	.4871	.4875	.4878	.4881	.4884	.4887	.4890
2.3	.4893	.4896	.4898	.4901	.4904	.4906	.4909	.4911	.4913	.4916
2.4	.4918	.4920	.4922	.4925	.4927	.4929	.4931	.4932	.4934	.4936
2.5	.4938	.4940	.4941	.4943	.4945	.4946	.4948	.4949	.4951	.4952
2.6	.4953	.4955	.4956	.4957	.4959	.4960	.4961	.4962	.4963	.4964

부록

부록으로 표준정규분포표, T-분포표, 카이제곱분포표를 수록하여 공부에 참고가 되게 하였습니다.

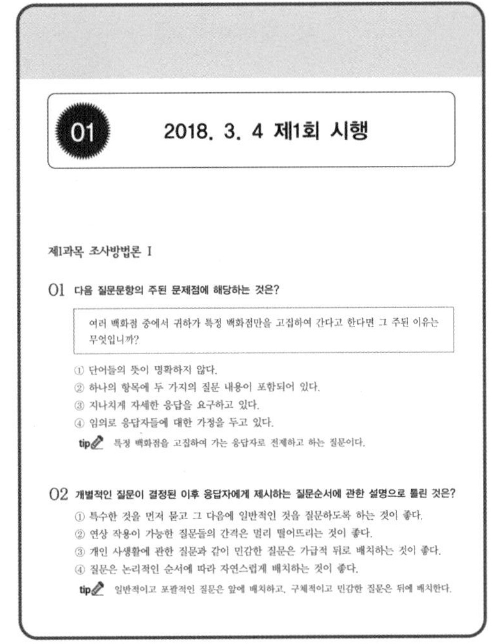

01 2018. 3. 4 제1회 시행

제1과목 조사방법론 I

01 다음 질문문항의 주된 문제점에 해당하는 것은?

여러 백화점 중에서 귀하가 특정 백화점만을 고집하여 간다고 한다면 그 주된 이유는 무엇입니까?

① 단어들의 뜻이 명확하지 않다.
② 하나의 항목에 두 가지의 질문 내용이 포함되어 있다.
③ 지나치게 자세한 응답을 요구하고 있다.
④ 임의로 응답자들에 대한 가정을 두고 있다.

tip 특정 백화점을 고집하여 가는 응답자로 전제하고 하는 질문이다.

02 개별적인 질문이 결정된 이후 응답자에게 제시하는 질문순서에 관한 설명으로 틀린 것은?

① 특수한 것을 먼저 묻고 그 다음에 일반적인 것을 질문하도록 하는 것이 좋다.
② 연상 작용이 가능한 질문들의 간격은 멀리 떨어뜨리는 것이 좋다.
③ 개인 사생활에 관한 질문과 같이 민감한 질문은 가급적 뒤로 배치하는 것이 좋다.
④ 질문은 논리적인 순서에 따라 자연스럽게 배치하는 것이 좋다.

tip 일반적이고 포괄적인 질문은 앞에 배치하고, 구체적이고 민감한 질문은 뒤에 배치한다.

최근기출문제분석

최근 시행된 사회조사분석사 2급 시험의 2회분을 수록하였습니다. 문제와 함께 자세한 해설이 실려 있어서 최근 시험 문제를 가장 정확하게 이해하며 풀어볼 수 있습니다.

Contents

PART VI 가설검정

PART VII (범주형 자료) 빈도분석

PART VIII (연속형 자료) 평균 비교

PART IX 상관분석과 회귀분석

PART X 부록

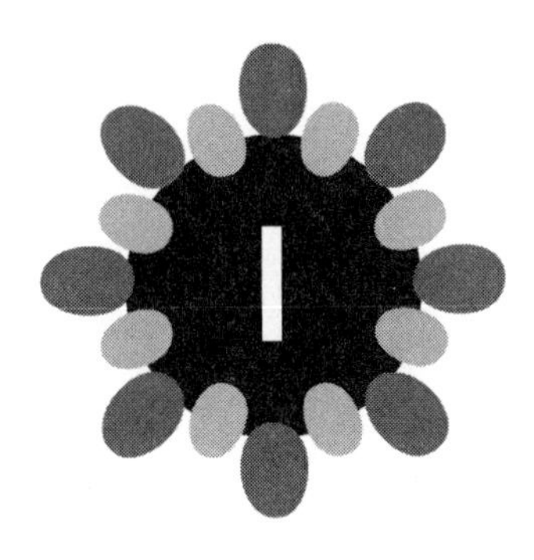

통계학 일반

통계학의 개념과 용어

01 통계학(statistics)의 정의

관심 대상의 자료를 수집, 정리, 요약하여 불확실한 상황 하에서 올바른 의사결정을 위한 이론과 방법의 체계이며, 자료 수집, 분류, 분석, 해석의 체계를 갖는다.

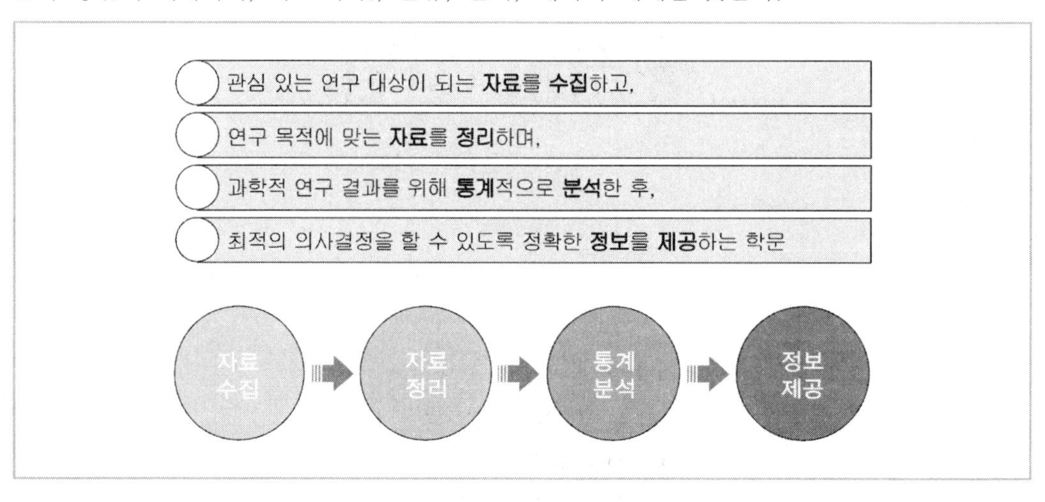

참고 》 통계(statistic)

분석의 대상이 되는 집단에 대하여 실시한 조사나 실험의 결과로 얻어진 결과치(수치) 또는 그 결과들의 요약된 형태를 말한다.

02 통계학의 기본 용어

① **모집단**(population) … 연구자의 관심이 되는 모든 개체의 집합

② **표본**(sample) … 모집단에서 조사대상으로 채택된 일부

③ **모수**(parameter) … 모집단의 특성을 수치로 나타낸 것

예 모평균, 모분산, 모비율 등

④ **통계량**(statistic) … 표본의 특성을 수치로 나타낸 것

예 표본평균, 표본분산, 표본비율 등

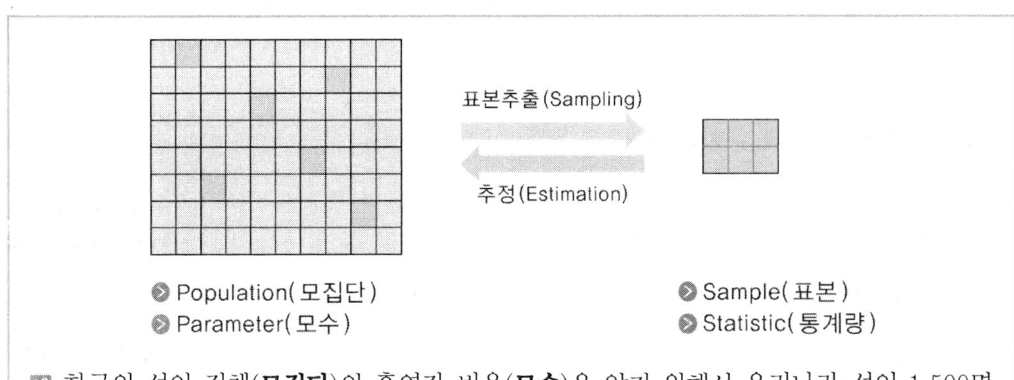

예 한국의 성인 전체(**모집단**)의 흡연자 비율(**모수**)을 알기 위해서 우리나라 성인 1,500명(**표본**)을 추출하여 이 중 흡연자 비율(**통계량**)이 얼마나 되는지를 조사하였다.

03 통계학의 분류

(1) 기술통계학(Descriptive Statistics)

① **개념** … 자료를 수집하고 표(도수분포표)나 그림(막대그래프, 히스토그램, 파이 그래프, 상자 그림 등) 또는 대푯값(평균, 중앙값, 최빈값), 변동의 크기(분산, 표준편차 등), 비대칭성(왜도, 첨도) 등을 통하여 수집된 자료의 특성을 쉽게 파악할 수 있도록 자료를 정리 · 요약하는 방법을 다루는 통계적 방법에 관한 지식체계를 말한다.

② 기술통계학은 추론 통계를 위한 사전 단계로 수집된 자료에 대한 분석에 초점을 두지만 수집되지 않은 자료의 잠재적 관측치 추론이나 일반화는 분석하지 않으며, 데이터 오류 수정 등에 쓰인다.

(2) 추론통계학(Inferential Statistics)

① **개념** … 모집단에서 추출한 표본(확률 표본)을 이용하여 표본이 지니고 있는 정보를 분석하고 이를 기초로 모집단의 여러 가지 특성(평균, 분산, 표준편차, 비율)을 확률의 개념을 이용하여 과학적으로 추론하는 방법을 다루는 지식체계를 말한다.

② 모수의 추정과 가설검증, 이론추정, 확률론, 통계량의 확률분포 등을 그 대상으로 하며 추출된 표본은 모집단의 특성 등을 예측한다.

참고 》

기술통계학은 오직 가지고 있는 자료에 대해서 해당 자료의 특성을 파악하는 과정(자료 요약)이며, 추정과 예측은 추론 통계학에서 진행

02 자료 요약

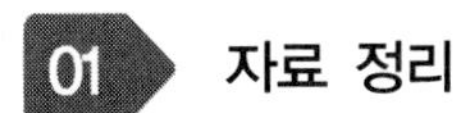

01 자료 정리

최근 6년 출제 경향 : 2문제 / 2014(1), 2017(1)

(1) 개념

자료의 종류에 따라서 표나 그래프, 대푯값, 산포도, 비대칭도 등으로 정리할 수 있다.

(2) 변수(Variable)

집단에 속하는 개체들의 공통적이고 수량화 될 수 있는 특성을 말하며, 하나의 추출 단위의 임의 변수는 오직 하나의 값만을 갖는다.

02 자료 종류

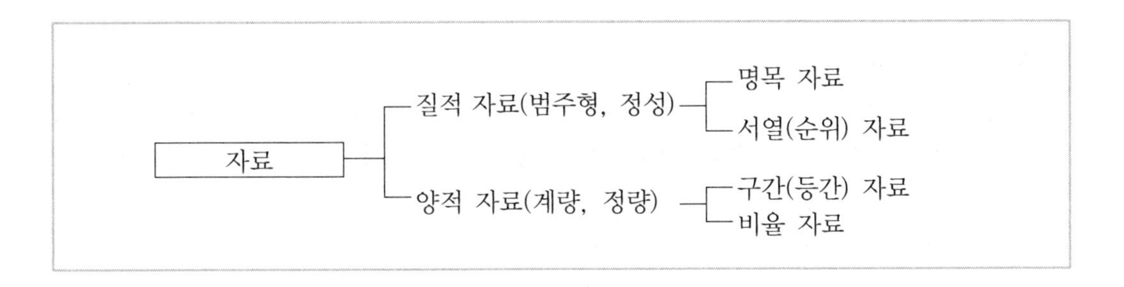

(1) 질적 자료(qualitative data)

① 개념 … 숫자로 표시될 수 없는 자료를 말하며, 범주형, 정성적 자료라고도 한다. 막대도표, 원도표로 나타낼 수 있다.

② 종류

㉠ **명목척도**(nominal data) : 측정 대상의 특성을 분류하거나 확인할 목적으로 숫자를 부여하는 척도. 즉, 측정대상의 특성만을 나타내며 양적인 크기를 나타내는 것이 아니기 때문에 산술적인 계산을 할 수 없다

예 상표, 성별, 직업, 운동 종목, 학력, 주민등록번호 등

㉡ **서열척도**(ordinal data) : 측정 대상 간의 순서를 나타내는 척도로서 범주간의 크기를 나타낼 수 있는 자료의 범주간의 크다, 작다 등의 부등식 표현은 가능하나 연산은 적용할 수 없다. 이들 자료로부터 중위수, 순위상관계수, 평균 등의 통계량을 구할 수 없다.

예 교육수준, 건강상태(양호, 보통, 나쁨), 성적(상, 중, 하), 선호도(만족, 보통, 불만족) 등

(2) 양적 자료(quantitative data)

① 개념 … 숫자로 표현되어 있는 자료를 말하며, 자료의 속성이 그대로 반영된다. 계량적, 정량적 자료라고도 하며, 도수분포표 등으로 나타낼 수 있다.

② 자료 형태에 따른 종류

㉠ **이산형 자료** : 각 가구의 자녀수, 1년 동안 발생하는 교통사고의 건수, 각 가정의 자동차 보유수와 같이 정수만 갖는 변수이다. 다시 말하면 셀 수 있는 숫자로 표현되는 변수이다.

㉡ **연속형 자료** : 학생의 신장, 체중, 건전지의 사용 시간 등과 같이 실수값을 취할 수 있는 변수이다.

③ 자료 특성에 따른 종류

㉠ **등간 자료**(interval data) : 측정 대상이 갖고 있는 속성의 양적인 차이를 나타내며, 해당 속성이 전혀 없는 **절대적 0점이 존재하지 않으므로** 비율의 의미를 가지지 못한다. 이들 자료로부터 평균값, 표준편차, 상관계수 등을 구할 수 있다.

예 섭씨온도, 화씨온도, 물가지수, 생산지수 등

㉡ **비율 자료**(ratio data) : 구간 척도가 갖는 특성에 추가로 **절대적 0점이 존재**하여 비율 계산이 가능한 척도이다.

예 키, 몸무게, 전구의 수명, 임금, 시험 점수, 압력, 나이 등

참고 》 절대적 0점

일반적으로 0은 무(無)에 해당된다. 하지만 이는 키나 몸무게, 점수 등 비율 자료와 같이 음수(-, minus) 값이 존재하지 않는 자료에 해당되는 부분이며, 온도, 지수와 같은 등간 자료의 경우에는 음수 값이 존재하므로 0은 무(無)에 해당되는 자료가 아닌 하나의 숫자를 의미한다.

03 자료 코딩 방법

(1) 코딩(Coding) 방법을 알아야 하는 이유

① 코딩 … 응답한 설문지로부터 통계분석을 실시하기 위해서 통계프로그램이 인식할 수 있는 데이터의 형식으로 변환시켜주는 과정을 의미한다.

② 실제로 설문지를 작성할 때에는 코딩하는 방법을 염두에 두고 만들게 된다. 만약 코딩 방법을 고려하지 않고 설문지를 작성하면, 조사 후 코딩을 할 때 어려움을 겪을 수 있다.

(2) 코딩 실례

다음의 내용들은 설문지에서 흔히 마주칠 수 있는 문항들이다.

1. 귀하의 성별은? ① 남 ② 여
2. 귀하의 나이는? (　　)세
3. 현재 하시는 일은 무엇입니까?
   ① 회사원 ② 학생
   ③ 가정주부 ④ 무직
4. 귀하는 인터넷상에서 물품을 구입하신 경험이 있습니까?
   ① 예(4-2로 가시오) ② 아니요(4-1로 가시오)

4-1. 앞으로 인터넷에서 물품구입을 하실 의향이 있습니까?
  ① 예 ② 아니요

4-2. 물품구입에 대한 만족도는?
  ① 매우 만족 ② 만족
  ③ 보통 ④ 불만족
  ⑤ 매우 불만족

이러한 설문의 내용으로 Code List를 만들어보면 다음과 같다.

컬럼번호	내용
1-3	설문지 번호
4	문제 1(1:남 2:여)
5-6	문제 2
7	문제 3(1-4)
8	문제 4-1(1-2)
9	문제 4-2(1-5)

04 자료 표현 방법

최근 6년 출제 경향 : 3문제 / 2016(2), 2017(1)

(1) 도수분포표(frequency distribution table)

① **정의** … 수집된 자료를 일정한 기준에 의하여 적절한 계급구간으로 분류하고, 분할된 계급 구간에 따라 자료를 분류하여 해당하는 도수(frequency) 등을 정리한 표로 자료의 특성을 요약 · 정리하는 기술통계학의 가장 기본적인 역할을 한다.

② **작성**

㉠ **계급**(class) : 변수를 측정하여 얻은 자료의 범위를 몇 개의 등 구간으로 나누는데 이 때 나누어진 구간

㉡ **도수**(frequency) : 각 계급에서 일어난 사건(event)의 수

㉢ **상대도수**(relative frequency) : $\frac{\text{각 계급의 도수}}{\text{전체 도수}} = \frac{f_c}{n}$, $n = \sum_{i=1}^{k} f_i$: 모든 도수의 합

㉣ **누적도수**(cumulative frequency) : 어떤 계급에 해당하는 도수를 포함해서 그 이하 또는 그 이상에 있는 모든 빈도(도수)를 합한 것이다.(양적 자료)

㉤ **상대누적도수**(relative cumulative frequency) : $\frac{\text{누적 도수}}{\text{전체 도수}} =$ (양적 자료)

참고 》 계급의 수와 구간의 결정(주관적 견해)

- 계급수 : 자료의 성질, 통계 이용의 목적 등을 고려하여 정한다.(5~20 정도가 적당)

$k = 1 + \frac{\log n}{\log 2}$ (sturge's 공식)

- 계급의 구간

$\frac{\text{자료의 최댓값} - \text{자료의 최솟값}}{\text{계급의 수}}$

(2) 히스토그램(histogram)

① 의의 … 도수분포를 자료의 범위 내에서 막대그림으로 작성한 것으로 계급 폭을 밑변으로, 그 계급에 상응하는 자료의 도수를 높이로 하며, 연속형 자료일 때 사용한다.

② 작성 시 유의점

㉠ 기둥 사이의 간격이 없도록 해야 한다.

㉡ 계급의 구간과 일치하도록 해야 한다.

㉢ 축(높이)에는 도수나 총 도수에 대한 백분율로 표시해야 한다.

▌키와 관련된 히스토그램 ▌

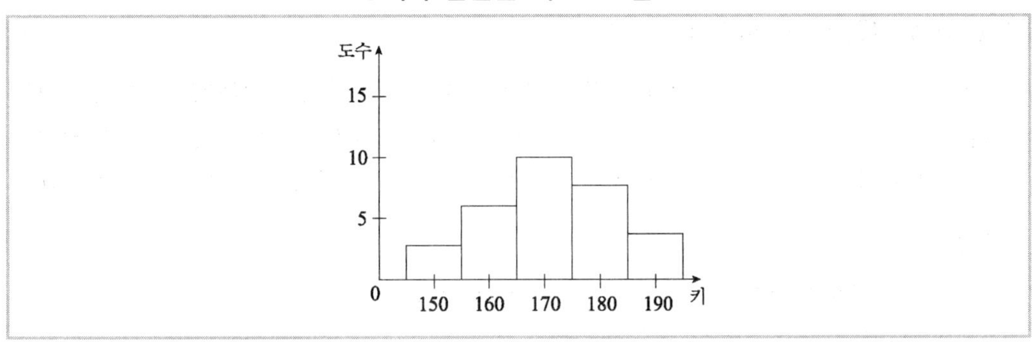

(3) 도수분포다각형(frequency polygon)

① 의의 … 시간의 변화에 따른 수량의 상황을 나타낼 때 히스토그램의 각 막대의 윗부분 중간점을 직선으로 연결하여 얻는 그래프이다.

② 특징

㉠ 히스토그램의 면적과 일치한다.

㉡ 상대도수분포곡선이나 확률분포곡선하의 총면적은 1의 값을 가진다.

㉢ 두 개 이상의 자료집합의 분포 비교 시 용이하다.

㉣ 자료값의 변화에 따라 상대도수의 변이과정을 표시한다.

㉤ 자료집합의 크기가 너무 클 경우 부적합하다.

㉥ 연도별 물가상승률, 매출액과 대리점 수, 교육수준 등을 이해할 때 이용된다.

▌키와 관련된 도수분포다각형▐

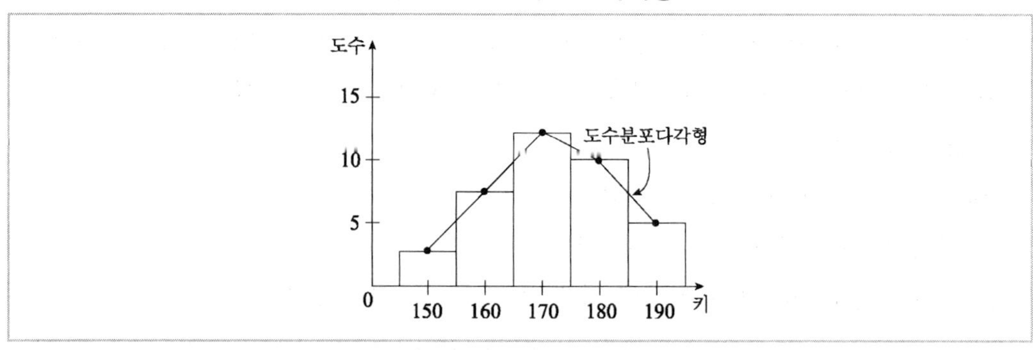

(4) 줄기-잎 그림(Stem and leaf plots)

① 의의 … 히스토그램은 그룹 간 관측값의 분포를 보여주는 반면 그 정확한 관측값을 나타내지 않는다. 하지만 줄기-잎 그림은 정량적인 자료를 나타내는데 사용이 되며 시각적으로 자료의 분포를 쉽게 알아 볼 수 있음과 동시에 그 정확한 관측값을 보여준다.

② 특징

㉠ 자료의 값이 보존되므로 정보가 유실되지 않는다.

㉡ 자료의 값은 크기순으로 나열된다.

㉢ 특정위치의 자료값의 산출이 쉽다.

㉣ 공간의 제한으로 인해 자료 집단이 큰 경우에는 사용이 부적절하다.

❚ 키와 관련된 줄기-잎 그림 ❚

stems	Leaves
180	0 1 3
170	2 3 4 7 8 8 9
160	1 2 2 3 3 4 5 7 8 8
150	2 2 5 5 9
140	7 9
130	5 6
120	9

(5) 상자 그림(box-and-whisker plot)

① 개념 … 자료 요약의 대표적인 방법으로 상자 수염도라고도 한다. 상자 그림은 정량적 자료의 형태를 나타내는데 사용되는 그래프로서 자료의 중심위치, 산포의 정도, 이상관측점 등을 파악할 수 있다.

② 상자 그림의 절차

㉠ 자료를 사분위수에 따라 구분하여 나눈다.

㉡ 제 1사분위수(Q_1)과 제 3사분위수(Q_3)의 사이를 사각형 상자로 묶는다.

㉢ 중앙값을 나타내는 제 2사분위수(Q_2)는 사각형의 상자 사이에 세로줄을 그어 표시한다.

㉣ 제 1사분위수(Q_1)에서 왼쪽으로 최솟값까지 직선으로 연결한다.

㉤ 제 3사분위수(Q_2)에서 오른쪽으로 최댓값까지 직선으로 연결한다.

㉥ 이상치(outlier)는 각각의 점으로 표시한다.

③ 특징

㉠ 상자 그림은 여러 집단 간의 중심과 분포의 모양을 비교하는데 용이하다.

㉡ (Q_1 − 최솟값) = (최댓값 − Q_3)은 좌우가 대칭인 분포를 이룬다.

㉢ (최댓값 − Q_3) < (Q_1 − 최솟값)은 왼쪽에 꼬리를 가진 분포를 이룬다.

㉣ (최댓값 − Q_3) > (Q_1 − 최솟값)은 오른쪽에 꼬리를 가진 분포를 이룬다.

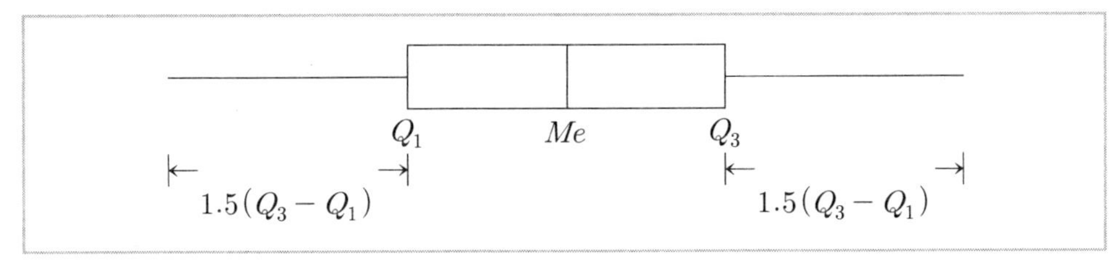

단원별 기출문제

[자료 요약]

01 실험계획에서 데이터의 산포에 영향을 미치는 것으로 실험환경이나 실험조건을 나타내는 변수를 무엇이라 하는가?

2014. 5. 25 제2회, 2017. 5. 7 제2회

① 인자　　② 실험단위
③ 수준　　④ 실험자

tip 실험계획에서 실험조건(즉 효과를 주는)을 나타내는 변수는 요인이다.

[자료 표현 방법]

02 다음의 자료로 줄기-잎 그림을 그리고 중앙값을 찾아보려 한다. 빈칸에 들어갈 잎과 중앙값을 순서대로 바르게 나열한 것은?

2016. 3. 6 제1회

25 45 54 44 42 34 81 73 66 78 61 46 86 50 43 53 38

줄기	잎
2	5
3	4 8
4	2 3 4 5 6
5	☐
6	1 6
7	3 8
8	1 6

① 0 3, 중앙값=46　　② 0 3 4, 중앙값=50
③ 0 0 3, 중앙값=50　　④ 3 4 4, 중앙값=53

01. ①　02. ②

tip 자료 중 10의 자리가 5인 것 ⋯ 50, 53, 54
따라서 표의 빈칸에 들어가는 숫자는 0, 3, 4이다.
중앙값은 x_1, x, ⋯, x_n으로 정렬한 다음 $x_{\frac{n+1}{2}}$에 위치한 값이므로 $n=17$이고, 중앙값은 9번째 자료인 50이 된다.

[자료 표현 방법]

03 소득과 인구백분율을 나타내는 데 가장 적합한 그래프는?

2016. 5. 8 제2회

① 도수다각형 ② Lorenz곡선
③ 히스토그램 ④ 도수분포곡선

tip ② 가로축에 소득액 순으로 소득인원수의 누적 백분비를 나타내고, 세로축에 소득금액의 누적 백분비를 나타냄으로써 얻어지는 곡선인데, 소득의 분포가 완전히 균등하면 곡선은 대각선(45° 직선)과 일치한다(균등분포선). 곡선과 대각선 사이의 면적의 크기가 불평등도의 지표가 된다. 작도가 간단하기 때문에 소득분포뿐만 아니라, 그 밖의 경제량 분포의 집중도 또는 불평등도를 측정하는 방법으로 사용되고 있다.

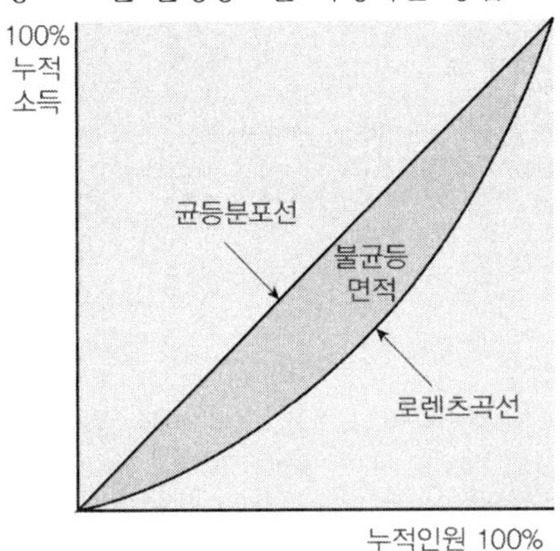

03. ②

[자료 표현 방법]

04 **이상치(Outlier)를 탐지하는 기능을 가지고 있고 최솟값, 제1사분위수, 중앙값, 제3사분위수, 최댓값의 정보를 이용하여 자료를 도표로 나타내는 방법은?**

2017. 5. 7 제2회

① 도수다각형

② 히스토그램

③ 리그레쏘그램

④ 상자-수염 그림

④ 상자-수염그림은 두 개 이상의 집단의 상대적 비교를 위해서 각 집단의 최댓값과 최솟값 그리고 중앙값 및 사분위수(자료를 크기 순서에 따라 늘어놓은 자료를 4등분 했을 때 위치하는 값을 의미함) 제1사분위수(아래에서 25% 백분위점에 위치하는 수 : Q1), 제3사분위수(아래에서 75% 백분위점에 위치하는 수 : Q3) 등 다섯 숫자를 요약하여 그래프로 나타내는 방법으로 John W. Tukey가 제안한 탐색적 데이터 분석 방법이다.

04. ④

03 출제예상문제

01 다음 통계학의 설명 중 옳지 않은 것은?

① 통계의 목적으로는 기술, 설명, 예측 및 통제에 있다.
② 통계학의 자료종류는 질적 자료와 기술 자료로 나뉜다.
③ 통계학은 크게 기술통계와 추론통계로 나뉜다.
④ 통계학은 일상생활의 의사결정에 필요한 방법과 이론을 분석하는 학문이다.

tip 통계학의 자료종류는 질적 자료와 양적 자료로 나뉜다.

02 다음 중 자료의 존재범위 내에서 자료를 계급으로 나누어 계급 폭을 밑변으로 하고 해당 자료 도수를 높이로 하여 그린 그래프로 옳은 것은?

① 로렌츠곡선
② 도수분포다각형
③ 그림그래프
④ 히스토그램

tip 히스토그램 … 도수분포를 자료의 범위 내에서 막대 그림으로 작성한 것으로 계급 폭을 밑변으로 한다.

03 다음 설명 중 옳은 것은?

① 표본이란 통계적 처리를 위하여 모집단에서 실제로 추출한 관측치나 측정치의 집합을 의미한다.
② 표본추출이란 모집단을 구성하고 있는 단위체나 단위량 등이 모두 동일한 확률로 표본 중에 들어가도록 추출하는 것이다.
③ 기술통계학은 자료에 내포되어 있는 정보를 분석하여 불확실한 사실에 대한 추론을 하는 분야이다.
④ 조사연구의 대상이 되는 특성을 가진 측정값의 집합을 표본이라 한다.

tip ② 확률추출 ③ 추론통계학 ④ 모집단

01. ② 02. ④ 03. ①

04 다음 중 통계적 처리를 위하여 특정한 절차에 의해 얻어진 개별 관측치들의 집합으로 옳은 것은?

① 표본 ② 변량
③ 범위 ④ 모집단

tip ① 표본은 모집단에서 임의적으로 추출된 관측치이다.

05 다음 중 도수분포표 작성순서로 옳은 것은?

㉠ 계급의 상대도수 계산	㉡ 최대 · 최솟값의 조사
㉢ 계급도수 계산	㉣ 계급의 수 결정

① ㉡→㉢→㉠→㉣ ② ㉣→㉠→㉡→㉢
③ ㉡→㉣→㉢→㉠ ④ ㉣→㉢→㉡→㉠

tip 도수분포표 작성순서 … 최대 · 최솟값의 조사→계급의 수 결정→계급도수 계산→계급의 상대도수 계산

06 다음 중 도수분포다각형에 대한 설명으로 옳지 않은 것은?

① 히스토그램의 각 막대 중간점을 연결하여 작성한다.
② 자료집합의 크기에 상관없이 작성이 용이하다.
③ 연도별 물가상승률, 교육수준 등을 이해할 때 주로 이용되는 그래프이다.
④ 히스토그램의 면적과 일치한다.

tip ② 도수분포다각형은 꺾은선 그래프라고 하며 자료값의 변화에 따른 상대도수의 변이과정을 표시할 때 이용되나, 자료집합의 크기가 클 경우에는 부적합하다.

07 다음 중 도수분포표 작성에 있어서 유의해야 할 점 3가지로 옳은 것은?

① 범위, 변수, 도수 ② 계급의 폭, 변량, 도수의 수
③ 변수, 계급의 한계, 계급의 폭 ④ 계급의 수, 계급의 폭, 계급의 한계

tip 도수분포표 작성 시 계급 수, 폭, 한계에 유의해야 한다.

04. ① 05. ③ 06. ② 07. ④

08 다음 도수분포곡선에 대한 설명 중 옳지 않은 것은?

① 축(높이)에는 도수나 총도수에 대한 백분율이 표시된다.
② 히스토그램이나 도수분포다각형에서 대략적인 목측에 의하여 작성된다.
③ 도수분포곡선의 총면적은 1이다.
④ 도수분포곡선의 면적은 히스토그램이나 도수분포다각형의 면적과 같다.

tip ③ 확률분포곡선의 총면적이 1이 되는 것은 도수분포곡선이 아니라 상대도수분포곡선이나 확률분포곡선의 총면적이 1이 된다.

09 다음 중 관측된 자료(표본)를 토대로 모집단의 특성을 추론하는 이론적인 근거를 제시해 주는 통계학은?

① 이론통계학
② 기술통계학
③ 추론통계학
④ 실험통계학

tip ③ 추론통계학이란 모집단에서 추출한 표본을 관측, 분석하여 모집단의 특성을 추론하는 분야이다.

10 다음 중 이산형 변량인 것은?

① 신장
② 체중
③ 온도
④ 인구의 수

tip 신장, 체중, 온도는 연속형 변량이다.

11 다음 중 명목자료의 설명으로 맞는 것은?

① 측정대상 간의 대소나 높고 낮음을 구별하는 자료를 말한다.
② 양적인 정도의 차이를 나타내는 자료를 말한다.
③ 측정대상의 특성만을 나타내는 자료를 말한다.
④ 산술적 계산을 할 수 있으며 사칙연산이 가능하다.

tip 명목자료는 양 및 산술적 계산을 할 수 없으며 특성만을 나타내는 자료이다.

08. ③ 09. ③ 10. ④ 11. ③

12 **다음 중 비계량 자료에 속하는 것은 무엇인가?**

① 성별 ② 소득
③ 물가지수 ④ 연령

tip 소득, 물가지수, 연령은 계량, 수치 자료에 해당한다.

13 **어떤 통계조사에서 소비자의 상품에 대한 선호도 조사를 했다고 한다. 그 조사에서 얻어진 자료는 무슨 자료인가?**

① 구간자료 ② 순서자료
③ 비율자료 ④ 명목자료

tip 선호도는 선호 정도 즉 부등식으로 표현 가능한 순서자료이다.

14 **연령, 상품가격, 소득 등과 같이 구간자료가 갖는 특성에 추가적으로 비율계산이 가능한 자료는 무슨 자료인가?**

① 명목자료 ② 순서자료
③ 비계량자료 ④ 비율자료

tip 수치자료는 구간자료와 비율계산이 가능한 비율자료로 나뉜다.

15 **도수분포표를 작성하는 이유로 가장 타당한 것은?**

① 조사된 자료의 효율적인 관리를 위해 작성한다.
② 간편한 계산을 위해 작성한다.
③ 모집단의 특성값을 계산하기 위해 작성한다.
④ 조사된 집단의 수량적 구조를 파악하기 위해 작성한다.

tip 자료의 효율적인 관리를 위해 도수분포표를 작성하며, 상자 그림, 줄기 잎 그림은 구조 파악을 위해 작성한다.

12. ① 13. ② 14. ④ 15. ①

16 상자 그림(Box Plot)을 통해 파악할 수 없는 것은?

① 분포의 대칭성
② 분포의 꼬리 부분에서 집중정도
③ 자료의 중심위치 및 산포의 정도
④ 분포의 형태, 범위, 자료의 집중정도

tip 상자 그림은 사분위수를 통해 20% ~ 75% 부분을 상자로 표현하기 때문에 꼬리 부분의 집중정도는 파악하기 어려움

17 다음 도표들 중에서 최솟값, 최댓값, 중앙값, 상사분위수, 하사분위수 등의 정보를 이용하여 자료를 도표로 나타내는 방법은?

① 도수다각형 ② 히스토그램
③ 리그레쏘그램 ④ 상자 그림

tip 사분위수는 상자 그림을 통해 나타낸다.

18 모집단의 특성을 수량적으로 표현한 것은?

① 통계표 ② 모수
③ 통계량 ④ 중심경향

tip 모집단의 특성을 수치화 한 것을 모수(μ, σ, p 등)라고 한다.

19 연구자가 궁극적으로 관심을 갖고 있는 대상 전체를 무엇이라 하는가?

① 표본 ② 모수
③ 모집단 ④ 통계량

tip 관심 대상의 전체를 모집단이라고 하고, 그 일부를 뽑은 것은 표본이라고 한다.

16. ② 17. ④ 18. ② 19. ③

20 **주어진 자료를 정리 · 요약 · 기술하는 방법으로는 표를 이용한 방법, 그래프를 이용한 방법, 숫자 값 자체를 이용한 방법 등이 있다. 이들 중에서 Tukey에 의해 제안된 방법으로, 자료의 집단화에 의한 정보의 손실을 줄이고, 표와 그림을 동시에 볼 수 있으며, 개개의 자료값이 그대로 보존되어 제시되는 장점을 가진 자료정리방법은?**

① 히스토그램　　② 줄기-잎-그림
③ 표준편차　　④ 4분위간 범위

tip 표와 그림을 동시에 볼 수 있는 것은 줄기-잎-그림이다.

21 **모집단에서 표본을 선정하는 무작위추출은 다음 중 어떤 것인가?**

① A대학의 재학생 만족도 조사를 위해 재학생명단에서 무작위로 선정한 조사
② B대학의 학생통학실태조사를 위해 통학버스에서 내리는 학생을 무작위로 조사
③ C할인점의 고객만족도 조사를 위해 금요일에 출구에서 무작위 설문조사 실시
④ D신문사에서 정부정책에 대해 신문사 홈페이지 방문자에게 설문조사를 실시

tip ① 대상이 재학생이기 때문에 그 명단에서 무작위 추출함
②③④ 조사 대상의 일부만 추출하게 됨

22 **1,000명의 국민에게 연간 수입이 얼마냐는 설문조사를 실시하여 응답을 받은 자료를 다시 연간 1,000만 원 미만, 1,000~3,000만 원, 3,000~5,000만 원, 5,000만 원 이상으로 재분류하였다. 재분류 후 이 변수의 측정수준은?**

① 명목측정　　② 서열측정
③ 등간측정　　④ 비율측정

tip 원 자료는 수입으로 수치자료이나, 위 범주처럼 재분류하면 범주형 자료가 되며, 부등식이 가능하므로 서열자료가 된다.

20. ②　21. ①　22. ②

23 다음 중 올바르게 설명한 것끼리 짝지은 것은?

㉠ 서열척도를 사용한 자료에서는 최빈치와 중앙치를 구할 수 있다.
㉡ 변인의 속성은 연구자가 조작적으로 범주화할 수 있다.
㉢ 서열 이하의 척도에서 상관관계를 알아볼 수 있는 통계기법은 피어슨의 비대칭도계수이다.
㉣ 등간척도는 중심경향치를 이용할 수 있고, 표준편차와 같은 분산도도 이용 가능하다.

① ㉠㉡ ② ㉡㉢
③ ㉡㉣ ④ ㉠㉢

tip ㉡ 수치자료는 계급으로 나누어 범주화 할 수 있다. [22번 문제 참조]

23. ③

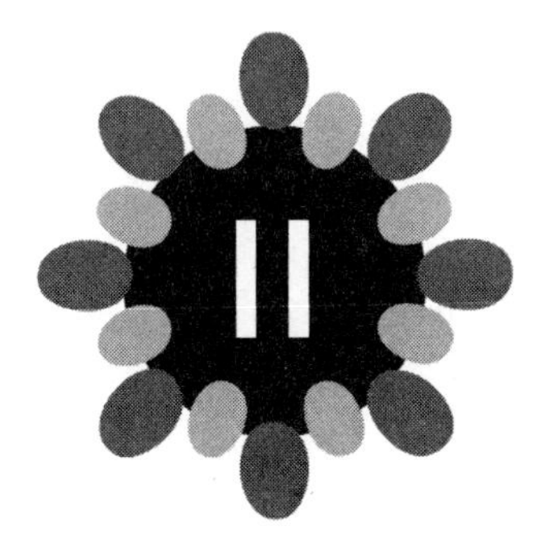

기술통계

기술통계량

01 기술통계량의 개념

수치자료의 분포를 나타내는 특성을 기술통계량으로 알 수 있다.

02 기술통계량의 종류

(1) 대푯값(중심경향측정)

어느 위치에 집중되었나?

예 평균, 중위수(중앙치), 최빈값

(2) 산포도(분산도)

어느 정도 흩어져 있나?

예 범위, 분산, 표준편차, 사분위편차, 평균편차, 변이계수 등

(3) 비대칭도

분포가 대칭에서 어느 정도 벗어났나?

예 피어슨의 비대칭도, 왜도, 첨도

02 대푯값(중심경향측정)

01 대푯값의 의의

최근 6년 출제 경향 : 3문제 / 2015(2), 2016(1)

자료 전체를 대표하는 값으로 관찰된 자료가 어디에 집중되어 있는가를 나타낸다.

02 대푯값의 분류

대푯값
- 평균 : 산술평균, 기하평균, 조화평균, 가중평균
- 중위수
- 최빈값

03 대푯값의 측정 척도

최근 6년 출제 경향 :21문제 / 2012(1), 2013(4), 2014(5), 2015(3), 2016(3), 2017(5)

(1) 평균

① **산술평균** … 대푯값 중 가장 많이 쓰이며, 수치 자료를 더한 후 총 자료수로 나눈 값이다.

$$\bar{x} = \frac{1}{n}(x_1 + x_2 + \cdots + x_n) = \frac{1}{n}\sum_{i=1}^{n} x_i \quad (i = 1, 2, \ldots, n)$$

㉠ 일반적으로 표본의 평균(통계량)은 $\overline{X}$ (X바), 모집단의 평균은 μ(뮤)를 사용한다.

㉡ 편차의 제곱합을 최소로 만든다.

$$\sum_{i=1}^{n}(x_i - \overline{x})^2 \leq \sum_{i=1}^{n}(x_i - a)^2 \quad (a\text{는 임의의 상수})$$

㉢ 편차의 합은 0이다.(편차: $x_i - \overline{x}$)

$$\sum_{i=1}^{n}(x_i - \overline{x}) = 0$$

㉣ 극단치의 값에 크게 영향을 받는다.

② **기하평균** … 변수의 변동비율을 계산할 때 사용하는 것으로 평균 물가상승률이나 평균 인구 증가율 등에 이용되며, 0보다 큰 n개의 관측지 x_1, x_2, …, x_n이 주어졌을 때 기하평균은 다음과 같이 정의한다.

$$\overline{x}_G = \sqrt[n]{x_1 x_2 \cdots x_n}$$

③ **조화평균** … 시간의 변화에 따른 각 변량들의 역수를 산술평균한 역수값으로 평균속도의 계산에 이용되며, n개의 관측치 x_1, x_2, …, x_n이 주어졌을 때 조화평균은 다음과 같이 정의한다.

$$\overline{x}_H = \frac{n}{\sum_{i=1}^{n}\frac{1}{x_i}}$$

④ **가중평균** … 만약 k의 집단이 있을 때, 각 집단의 자료 수 n_1, n_2, …, n_k와 각 집단의 평균 $\overline{x_1}$, $\overline{x_2}$, …, $\overline{x_k}$이 주어졌을 때, 모든 집단의 자료에 대한 평균을 구할 때 사용된다.

$$\overline{x} = \frac{n_1\overline{x_1} + n_2\overline{x_2} + \cdots + n_k\overline{x_k}}{n_1 + n_2 + \cdots + n_k} = \frac{\sum_{i=1}^{k} n_i\overline{x_i}}{\sum_{i=1}^{k} n_i}$$

참고 ≫ 산술평균, 기하평균, 조화평균

산술평균, 기하평균, 조화평균은 다음과 같은 대소 관계를 갖는다.
산술평균($\overline{x}$) ≥ 기하평균($\overline{x_G}$) ≥ 조화평균($\overline{x_H}$)

(2) 중위수(median)

① 전체 관측값을 크기순으로 나열했을 때 중앙(50%)에 위치하는 값을 말한다.

② 자료 수 n이 홀수일 때 … $\frac{n+1}{2}$의 값

③ 자료 수 n이 짝수일 때 … $\frac{n}{2}$, $\frac{n}{2}+1$의 평균값

[예 1] 데이터 : 10, 20, 30, 40, 50
→ 자료의 수가 5로 홀수이므로 전체 관측값을 크기순으로 나열하였을 때, $\frac{5+1}{2}$=3번째 수가 중위수이므로 중위수(Me)=30

[예 2] 데이터 : 10, 20, 30, 40, 50, 60
→ 자료의 수가 6으로 짝수이므로 전체 관측값을 크기순으로 나열하였을 때, $\frac{6}{2}$=3번째 수인 30과, $\frac{6}{2}$+1=4번째 수인 40의 평균값이 중위수이므로 중위수(Me)=35

(3) 최빈값(mode)

① 가장 많은 빈도를 가진 값으로 도수분포표의 경우 도수가 가장 큰 값을 말한다.

② 범주형 · 수치자료 모두 사용할 수 있다.

③ 반드시 하나만 존재하는 것이 아니며, 즉 쌍봉 분포일 때 두 개를 갖는다.

04 대푯값의 비교

최근 6년 출제 경향 : 6문제 / 2012(2), 2013(2), 2014(1), 2015(1)

(1) 평균값($\overline{x}$), 중위수(Me), 최빈값(Mo)의 관계

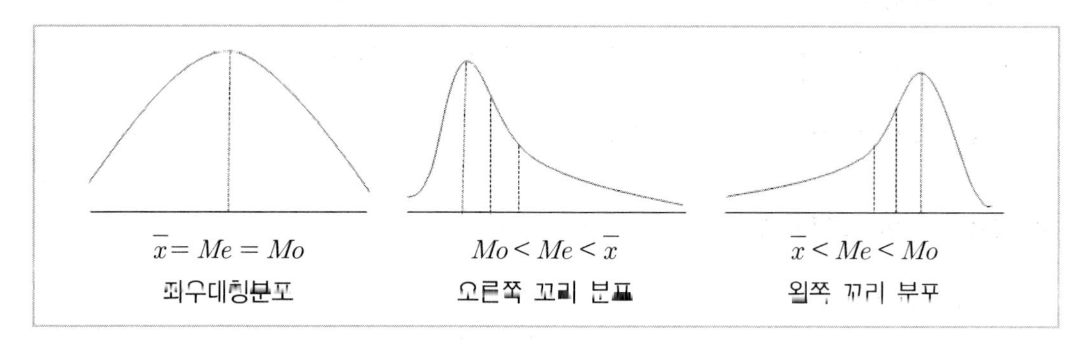

(2) 특징

평균	중위수	최빈값
• 수치자료에 이용되며, 수학적 연산이 가능 • 극단값에 영향을 많이 받는다	• 수학적 연산 불가능 • 비대칭 자료분포 시 평균과 함께 고려 • 개방구간인 경우(~ 미만, ~ 초과)에도 산출 가능 • 극단값의 영향을 받지 않음	• 수학적 연산 불가능 • 범주형, 수치 자료 둘 다 이용 • 주로 명목, 서열자료의 대표치로 사용 • 개방구간인 경우에도 산출 가능

단원별 기출문제

[대푯값의 의의]

01 다음 통계량 중 그 성격이 다른 것은?

2015. 3. 8 제1회

① 평균 ② 분산
③ 최빈값 ④ 중앙값

tip 통계량
㉠ 중심위치를 표현하는 통계량 : 중앙값, 평균, 최빈값
㉡ 흩어짐의 정도를 평가하는 척도 : 범위, 분산, 사분위범위, 표준편차

[대푯값의 의의]

02 다음 중 대푯값이 아닌 것은?

2015. 3. 8 제1회

① 최빈값 ② 기하평균
③ 조화평균 ④ 분산

tip 대푯값 … 중위수, 최빈값, 평균 등
※ 산포도 … 변동계수, 표준편차, 분산, 범위 등

01. ② 02. ④

[대푯값의 의의]

03 갑작스런 홍수로 인하여 어느 지방이 많은 피해를 입어 제방을 건설하고자 할 경우 그 높이를 어떻게 결정하는 것이 타당한지를 통계적으로 추정할 때 필요한 통계량은?

2016. 8. 21 제3회

① 평균　　② 최빈값
③ 중위수　　④ 최댓값

tip ① 측정값을 합한 후 측정수로 나눈 값을 말한다.
② 가장 쉽게 얻을 수 있는 대푯값으로서 변수의 측정값 중 도수가 가장 많은 측정값을 말한다.
③ 데이터의 숫자 중 절반에 해당하는 순위를 찾게 되면 그 값이 바로 중위수가 된다.

[평균]

04 A반 학생은 50명이고, B반 학생은 100명이다. A반과 B반의 평균성적이 각각 80점과 85점이었다. A반과 B반을 합한 전체 평균성적은?

2013. 3. 10 제1회, 2017. 3. 5 제1회

① 80.0　　② 82.5
③ 83.3　　④ 84.5

tip 가중평균 $\bar{x} = \dfrac{n_1\overline{x_1} + n_2\overline{x_2}}{n_1 + n_2} = \dfrac{50 \cdot 80 + 100 \cdot 85}{50 + 100} = 83.333 \fallingdotseq 83.3$

[평균]

05 다음 중 평균에 관한 설명으로 틀린 것은?

2013. 6. 2 제2회

① 중심경향을 측정하기 위한 척도이다.
② 이상치에 크게 영향을 받는 단점이 있다.
③ 이상치가 존재할 경우를 고려하여 정사평균(trimmed mean)을 사용하기도 한다.
④ 표본의 몇몇 특성값이 모평균으로부터 한 쪽 방향으로 멀리 떨어지는 현상이 발생하는 자료에서도 좋은 추정량이다.

tip 모평균에서 멀리 떨어진 표본의 특성값의 자료는 편의추정량이다.

03. ④　04. ③　05. ④

[평균]

06 **5점 척도의 만족도 설문조사를 한 결과가 다음과 같을 때 만족도 평균은? (단, 1점은 매우 불만족, 5점은 매우 만족)**

2013. 8. 18 제3회

5점 척도	1	2	3	4	5
백분율(%)	10.0	15.0	20.0	30.0	25.0

① 2.45　② 2.85
③ 3.45　④ 3.85

tip 평균 $=1\times0.1+2\times0.15+3\times0.2+4\times0.3+5\times0.25$
$=0.1+0.3+0.6+1.2+1.25=3.45$

[평균]

07 **모집단의 표준편차의 값이 작을 때의 표본평균 값은?**

2013. 8. 18 제3회

① 대표성이 크다
② 대표성이 적다.
③ 대표성의 정도는 표준편차와 관계없다.
④ 어느 것도 해당되지 않는다.

tip 모집단의 표준편차는 대표성과 관계가 없다.

[평균]

08 **변량 $x_1,\ x_2,\ \ldots,\ x_n$에 대하여 $|x_1-a|+|x_2-a|+\cdots+|x_n-a|$을 최소로 하는 대푯값 a는?**

2014. 3. 2 제1회

① 산술평균　② 중위수(중앙값)
③ 최빈수　④ 기하평균

tip $\sum_{i=1}^{n}|x_i-a|$ 를 최소하는 대푯값은 중위수이다.

06. ③　07. ③　08. ②

[평균]

09 **다음 중 중앙값과 동일한 측도는?**

2014. 5. 25 제2회

① 최빈값 ② 평균

③ 제3사분위수 ④ 제2사분위수

tip 사분위수 … 제1사분위수(25%), 제2사분위수(50%), 제3사분위수(75%)

[평균]

10 **다음 설명 중 틀린 것은?**

2015. 5. 31 제2회

① 평균은 각 자료에서 유일하게 얻어진다.

② 중앙값은 평균보다 극단값에 의해 영향을 더 많이 받는다.

③ 최빈값은 하나 이상 얻어질 수도 있다.

④ 표준편차의 단위는 원자료의 단위와 일치한다.

tip 평균은 자료의 극단값이 있을 경우에 영향을 많이 받게 되므로 대표치로 사용이 불가능하다. 이러한 경우에는 극단값으로부터 영향을 받지 않은 중앙값을 대표치로 활용해야 한다.

[평균]

11 **어느 대학에서 2015학년도 1학기에 개설된 통계학 강좌에 A반 20명, B반 30명이 수강하고 있다. 중간고사에서 A반, B반의 평균은 각각 70점, 80점이었다. 이번 학기에 통계학을 수강하고 있는 학생 50명의 중간고사 평균은?**

2016. 3. 6 제1회

① 70점 ② 74점

③ 75점 ④ 76점

tip

$$\frac{x}{20}=70 \quad \therefore\ x=1,400$$

$$\frac{y}{30}=80 \quad \therefore\ y=2,400$$

$$\frac{1,400+2,400}{50}=\frac{3,800}{50}=76$$

09. ④ 10. ② 11. ④

[평균]

12 **최근 5년 간 평균 경제성장률을 구할 때 적합한 대푯값은?**

2016. 5. 8 제2회

① 산술평균　② 중위수
③ 조화평균　④ 기하평균

tip ④ 기하평균은 a, b로 이루어진 직사각형과 넓이가 같은 어떤 정사각형의 한 변의 길이를 의미한다. 흔히 인구 성장률이나 경제성장률을 나타낼 때 사용한다.

[평균]

13 **극단값이 포함되어 있는 자료의 대푯값을 구하고자 한다. 극단값에 의한 영향을 줄이기 위한 측도로 적합하지 않은 것은?**

2017. 5. 7 제2회

① 중앙값　② 제50백분위수
③ 절사평균　④ 평균

tip ④ 평균은 극단적으로 높거나 낮은 값에 큰 영향을 받는다.

[평균]

14 **어느 회사에서는 직원들의 승진심사에서 평가가 항목별 성적의 가중평균을 승진평가 성적으로 적용하기로 하였다. 직원 A의 항목별 성적이 다음과 같을 때, 승진평가 성적(점)은?**

2017. 8. 26 제3회

구분	성적(100점 만점)	가중치
근무평정	80	30%
성과평가	70	30%
승진시험	90	40%

① 80　② 81
③ 82　④ 83

tip $\frac{(80\times 30)+(70\times 30)+(90\times 40)}{100}=81$

12. ④　13. ④　14. ②

[평균]

15 **관광버스가 목적지에 도착할 때까지 시속 80km로 운행하였으나 돌아올 때는 시속 100km로 돌아왔다. 이 버스의 평균운행속도(km)는?**

2017. 8. 26 제3회

① 90.42　② 89.44
③ 88.89　④ 86.67

tip $H=\frac{n}{\sum_{i=1}^{n}\left(\frac{1}{x_i}\right)}=\frac{2}{\left(\frac{1}{80}+\frac{1}{100}\right)}=\frac{2}{\frac{9}{400}}=\frac{800}{9}\fallingdotseq 88.89$

[중위수]

16 **도수분포가 비대칭이고 극단치들이 있을 때 보다 적절한 중심성향 척도는?**

2014. 5. 25 제2회

① 산술평균　② 중위수
③ 최빈수　④ 조화평균

tip 극단치가 많이 존재하고, 비대칭일 때 대푯값으로 중위수를 사용한다.

[중위수]

17 **다음 자료에 대한 설명으로 틀린 것은?**

2014. 8. 17 제3회

1,　3,　5,　10,　1

① 분산은 14이다.　② 중위수는 5이다.
③ 범위는 9이다.　④ 평균은 4이다.

tip 1, 1, 3, 5, 10 중위수 3

15. ③　16. ②　17. ②

[중위수]

18 **통계학 과목의 기말고사 성적은 평균(mean)이 40점, 중위값(median)이 38점이었다. 점수가 너무 낮아서 담당교수는 12점의 기본점수를 더해 주었다. 새로 산정한 점수의 중위값은?**

2015. 8. 16 제3회

① 40점　　② 42점
③ 50점　　④ 52점

tip 중위수는 본래의 값 중위수 38에 12를 더한 50점이 된다.

[중위수]

19 **자료의 분포에 대한 대푯값으로 평균(mean) 대신 중앙값(median)을 사용하는 이유로 가장 적합한 것은?**

2016. 3. 6 제1회

① 자료의 크기가 큰 경우 평균은 계산이 어렵다.
② 편차의 총합은 항상 0이다.
③ 평균은 음수가 나올 수 있다.
④ 평균은 중앙값보다 극단적인 관측 값에 의해 영향을 받는 정도가 심하다.

tip ④ 평균은 극단적으로 큰 값 또는 작은 값인 극단점의 영향을 많이 받는 단점을 가지고 있다. 극단점의 영향을 제거하기 위해서는 수정평균을 구하여 이용하기도 한다.

[중위수]

20 **다음 자료에 대한 설명으로 틀린 것은?**

2017. 8. 26 제3회

2 7 5 11 5 1 4

① 범위는 10이다.
② 중앙값은 5.5이다.
③ 평균값은 5이다.
④ 최빈값은 5이다.

tip ② 순서대로 나열하면 1 2 4 5 5 7 11이다. 중앙값은 4번째 숫자인 5이다.

18. ③　19. ④　20. ②

[최빈값]

21 **어느 대학교에서 학생들을 대상으로 키, 몸무게, 혈액형, 월평균 용돈 등 4개의 변수에 대한 관측값을 얻었다. 이들 변수 중 관측값 들을 대표하는 척도로 최빈값(mode)을 사용하는 것이 가장 적합한 것은?**

2012. 3. 4. 제1회

① 키 ② 몸무게

③ 혈액형 ④ 월평균 용돈

tip 수치자료를 이용하여 최빈값을 구할 수 있으나, 최빈값을 가장 많이 사용하는 사료는 범주형 자료이다
(예 세계에는 O형이 제일 많다.)

[최빈값]

22 **어떤 철물점에서 10가지 길이의 못을 팔고 있다. 단, 못의 길이(단위 : cm)는 각각 2.5, 3.0, 3.5, 4.0, 4.5, 5.0, 5.5, 6.0, 6.5, 7.0이다. 만약, 현재 남아 있는 못 가운데 10%는 4.0cm인 못이고, 15%는 5.0cm인 못이며, 53%는 5.5cm인 못이라면 못 길이의 최빈수는?**

2014. 3. 2 제1회

① 4.5 ② 5.0

③ 5.5 ④ 6.0

tip 최빈수 … 빈수가 가장 많은 수
못의 길이 53%가 5.5cm

[최빈값]

23 **어느 대학교에서 학생들을 대상으로 4개의 변수(키, 몸무게, 혈액형, 월평균 용돈)에 대한 관측값을 얻었다. 이들 변수 중 관측값들을 대표하는 척도로 최빈값(mode)을 사용하는 것이 가장 적합한 것은?**

2015. 5. 31 제2회

① 키 ② 몸무게

③ 혈액형 ④ 월평균 용돈

tip 관측값이 대푯값으로 최빈값을 활용할 수 있는 것은 혈액과 같은 명목척도 자료가 적절하다.
①②④ 평균이나 중앙값을 대푯값으로 한다.

21. ③ 22. ③ 23. ③

[대푯값의 비교]

24 자료로부터 얻은 5개의 관찰값이 다음과 같을 때, 대푯값으로 가장 적합한 것은?

2012. 3. 4. 제1회, 2014. 8. 17 제3회

10, 20, 30, 40, 100

① 최빈수 ② 중위수
③ 산술평균 ④ 조화평균

tip 관찰값 중 극단값(위 문제에서는 “100”)이 존재한 경우, 대푯값으로 중위수가 적합하다.

[대푯값의 비교]

25 자료에 대한 대푯값으로 평균(mean) 대신 중앙값(median)을 사용하는 이유로 가장 적합한 것은?

2012. 8. 26 제3회

① 평균은 음수가 나올 수 있다.
② 대규모 자료의 경우 평균은 계산이 어렵다.
③ 평균은 중앙값보다 극단적인 관측값에 영향을 많이 받는다.
④ 평균과 각 관측값의 차이의 총합은 항상 0이다.

tip 중앙값은 평균보다 극단값의 영향을 덜 받는다.

[대푯값의 비교]

26 5개의 자료값 10, 20, 30, 40, 50의 특성으로 옳은 것은?

2013. 6. 2 제2회

① 평균 30, 중앙값 30
② 평균 35, 중앙값 40
③ 평균 30, 최빈값 50
④ 평균 25, 최빈값 10

tip 평균 30, 중앙값 30, 최빈값 모두

24. ② 25. ③ 26. ①

[대푯값의 비교]

27 다음 6개의 자료의 통계량에 대한 설명으로 틀린 것은?

2013. 8. 18 제3회

2, 2, 2, 3, 4, 5

① 최빈수는 2이다. ② 중앙값은 2.5이다.
③ 평균은 3이다. ④ 왜도는 0보다 작다.

tip 평균 > 중앙값 > 최빈수 → 오른쪽 꼬리분포 → 왜도 > 0

[대푯값의 비교]

28 서울지역 고등학생 500명의 키를 측정한 자료에서 중앙값과 평균값이 같을 경우, 이에 대한 설명으로 가장 적합한 것은?

2014. 8. 17 제3회

① 자료의 분표형태는 좌우 대칭이다.
② 자료는 표준정규분포에 따른다.
③ 자료에는 극대 이상값이 많지 않다.
④ 자료의 대푯값은 중앙값이 더 바람직하다.

tip 극단값의 영향을 덜 받는 중위수과 평균이 같다면 극단값이 많지는 않다.

[대푯값의 비교]

29 대푯값에 대한 설명으로 옳은 것은?

2015. 8. 16 제3회

① 최빈수는 반드시 하나만 존재한다.
② 중위수는 평균보다 항상 크다.
③ 평균은 중위수보다 이상치에 대해 민감하다.
④ 오른쪽으로 긴 꼬리의 분포에서 평균은 중위수보다 작다.

tip 대푯값에 있어 평균은 이상치에 대해 영향을 많이 받는다.

27. ④ 28. ③ 29. ③

03 산포도

01 산포도의 의의

최근 6년 출제 경향 : 5문제 / 2014(2), 2015(2), 2016(1)

① 대푯값이 자료의 중심을 나타내주는 반면 자료의 흩어진 정도를 나타내지는 못한다. 따라서 자료의 특성을 이해하기 위해서는 자료의 흩어진 정도, 즉 중심에서 얼마나 떨어져 있는지를 비교하는 것이 필요하다.

② 산포도는 자료의 흩어짐을 나타내므로 산포도가 클수록 대푯값이 전체 자료를 대표하는 신뢰도는 낮아지게 된다.

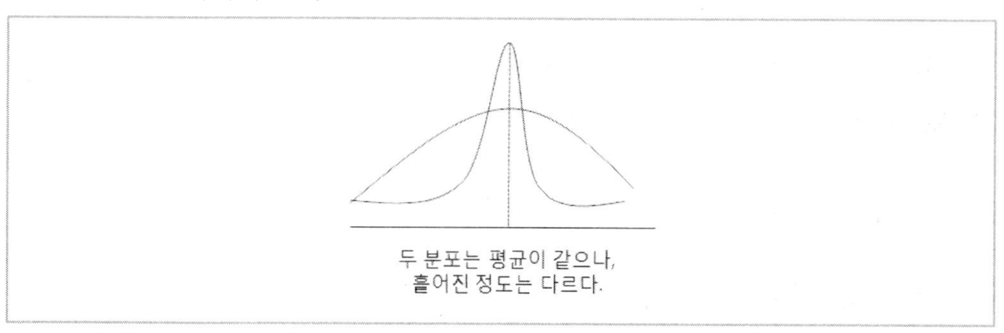

두 분포는 평균이 같으나,
흩어진 정도는 다르다.

02 산포도의 측정 척도

최근 6년 출제 경향 : 38문제 / 2012(3), 2013(8), 2014(9), 2015(5), 2016(7), 2017(6)

자료의 평균값이 중심위치에서 얼마나 떨어져 있는가를 측정하는 척도로 평균편차, 분산, 표준편차, 범위, 사분위편차, 변동계수 등이 있다.

(1) 평균편차(mean deviation)

① 각 측정값과 평균과의 편차의 절댓값에 대한 평균

② **장점** … 극단값이 분산이나 표준편차보다 덜 영향을 줌

③ **단점** … 절댓값 계산이 필요하므로 다루기가 어렵고, 떨어진 정도가 많은지 적은지 직관적으로 알기 어려움

$$MD = \frac{1}{n}\sum_{i=1}^{n} | x_i - \overline{x} |$$

(2) 분산(Variance)

① 가장 널리 사용되는 자료의 흩어진 정도에 대한 척도로 편차의 제곱을 자료의 수로 나눈 것

② 자료가 평균 주위로 집중되어 있는지 정도를 측정하는 것으로 자료들의 변동이 미미하고 평균에 가깝게 분포되어 있다면 분산도 작음

③ **장점** … 수치 자료에 대한 계산에 이용되며, 수학적 계산이 용이함

④ **단점** … 극단값에 영향을 많이 받음

⑤ **모분산**(population variance) … 모집단의 분산

⑥ **표본분산**(sample variance) … 표본의 분산

모분산 $\sigma^2 = \frac{1}{N}\sum_{i=1}^{N}(x_i - \mu)^2 = \frac{1}{N}\sum_{i=1}^{N} x_i^2 - \mu^2$

표본분산 $s^2 = \frac{1}{n-1}\sum_{i=1}^{N}(x_i - \overline{x})^2 = \frac{1}{n-1}(\sum_{i=1}^{N} x_i^2 - n\overline{x^2})$

(3) 표준편차

① 분산과 같이 각 측정값이 평균으로부터 벗어난 정도를 의미하며, 분산의 양의 제곱근임

② 분산의 성질과 동일함

③ **모표준편차**(population standard deviation) … 모집단의 표준편차

④ **표본표준편차**(sample standard deviation) … 표본의 표준편차

모표준편차	$\sigma = \sqrt{\frac{1}{N}\sum_{i=1}^{N}(x_i - \mu)^2}$
표본표준편차	$s = \sqrt{\frac{1}{n-1}\sum_{i=1}^{N}(x_i - \overline{x})^2}$

⑤ **표준화** … 각 측정값에서 산술평균을 빼고(편차) 표준편차로 나눈 값이며, 표준화 값의 평균은 0이고, 표준편차는 1임

$$z_i = \frac{x_i - \overline{x}}{s}$$

(4) 범위(range)

① 측정값 중 최댓값과 최솟값의 차(범위=최댓값-최솟값)

② **장점** … 계산이 편리하고 이해하기 쉬움

③ **단점** … 극단적 수의 차만 나타낼 뿐 그 사이의 분포 양상은 전혀 설명을 못함, 극단값에 영향을 받음

(5) 사분위편차(quartile deviation)

① 사분위수 범위(제3사분위수-제1사분위수)에 대한 평균

② **장점** … 극단값의 영향을 덜 받음

③ **단점** … 모든 측정값을 반영하지 않음

④ 사분위수범위 $= Q_3 - Q_1$

$$IQR = \frac{Q_3 - Q_1}{2}$$ (단, Q_1은 제1사분위수, Q_3는 제3사분위수)

(6) 변동(변이)계수(coefficient of variation)

① 표준편차를 산술평균으로 나눈 값으로 산술평균에 대한 표준편차의 상대적 크기

② 자료가 극심한 비대칭이거나, 측정단위가 다를 때 산포도 비교 시 이용

$$CV = \frac{S}{\bar{x}} \times (100\%)$$

참고 》 산포도와 극단값

㉠ 극단값에 영향을 많이 받음 : 분산, 표준편차, 범위
㉡ 극단값에 영향을 적게 받음 : 사분위수범위, 평균편차(분산이나 표준편차보다는 적게 받음)

단원별 기출문제

[산포도의 의의]

01 A 고등학교의 시험 결과가 아래 표와 같다. 자료에 대한 설명으로 가장 적합한 것은?

2014. 8. 17 제3회

	평균	표준편차
1반	73.5	8.3
2반	73.5	20.4

① 1반과 2반의 성적은 평균값이 같으므로 같다.
② 1반은 2반에 비해 성적차이가 크지 않다.
③ 2반은 1반에 비해 성적이 좋다.
④ 2반의 표준편차가 더 크므로 최고점의 학생은 항상 2반에 있다.

tip 수치자료는 대푯값, 산포도, 비대칭도를 확인해야 하며, 표준편차가 다르지만 평균이 같기 때문에 성적차이가 크지 않다.

[산포도의 의의]

02 두 집단의 자료 간 산포를 비교하는 측도로 적절하지 않은 것은?

2015. 5. 31 제2회

① 분산
② 표준편차
③ 변동계수
④ 표준오차

tip 두 집단 간 산포를 비교하는 측도로는 범위, 분산, 표준편차, 변동계수를 들 수 있다.

01. ② 02. ④

[산포도의 의의]

03 다음 통계량 중 그 성질이 다른 것은?

2015. 5. 31 제2회

① 분산 ② 범위

③ 변이(변동)계수 ④ 상관계수

tip ①②③ 자료의 흩어짐 정도를 알 수 있는 척도에 속하며, ④ 두 변수의 관계를 알 수 있는 자료에 해당한다.

[산포도의 의의]

04 자료의 위치를 나타내는 측도로 알맞지 않은 것은?

2015. 5. 31 제2회

① 중앙값 ② 백분위수

③ 표준편차 ④ 사분위수

tip 자료의 위치를 나타내는 측도
㉠ 중앙값
㉡ 백분위수
㉢ 사분위수
㉣ 평균

[산포도의 의의]

05 다음 설명 중 옳지 않은 것은?

2016. 5. 8 제2회

① 편차의 합은 항상 0이다.

② 중위수는 극단값에 영향을 받지 않는다.

③ 사분위수범위는 중심위치에 대한 측도이다.

④ 최빈수는 두 개 이상 있을 수 있다.

tip ③ 산포도를 측정하는 도구에는 범위(range), 분산(variance), 표준편차(standard deviation, SD), 사분위수범위(inter-quartile range) 등이 있다.

[사분위범위]

06 다음 중 자료의 산포도를 나타내는 측도는?

2013. 6. 2 제2회

① 중앙값 ② 사분위수

③ 백분위수 ④ 사분위범위

tip 분산, 표준편차, 사분위범위, 변동계수 등이 산포도에 속한다.

[사분위범위]

07 사분위수 범위에 대한 설명으로 가장 적합한 것은?

2014. 8. 17 제3회

① 제2사분위수 - 제1사분위수 ② 제3사분위수 - 제2사분위수

③ 제3사분위수 - 제1사분위수 ④ 제4사분위수 - 제1사분위수

tip 사분위범위 = 제3사분위수 - 제1사분위수

[사분위범위]

08 산포도의 측도가 아닌 것은?

2016. 3. 6 제1회

① 표준편차 ② 분산

③ 제3사분위수 ④ 사분위수 범위

tip ③ 제3사분위수에서 제1사분위수를 빼서 2로 나눈 값인 사분위편차가 산포도의 측도로 사용된다.

[사분위범위]

09 20개로 이루어진 자료를 순서대로 나열하면 다음과 같다.

29 32 33 34 37 39 39 39 40 40
42 43 44 44 45 45 46 47 49 55

이 자료의 중위수와 사분위범위(interquartile range)의 값을 순서대로 나열한 것은?

2016. 8. 21 제3회

① 40, 7 ② 40, 8

③ 41, 7 ④ 41, 8

 06. ④ 07. ③ 08. ③ 09. ③

tip

$$중위수 : \tilde{x}=\frac{x_{\left(\frac{20}{2}\right)}+x_{\left(\frac{20}{2}+1\right)}}{2}=\frac{x_{10}+x_{11}}{2}=\frac{40+42}{2}=41$$

$$사분위\ 범위 : Q_3-Q_1=\frac{x_{\left(20\times\frac{3}{4}\right)}+x_{\left(20\times\frac{3}{4}+1\right)}}{2}-\frac{x_{\left(20\times\frac{1}{4}\right)}+x_{\left(20\times\frac{1}{4}+1\right)}}{2}$$

$$=\frac{x_{15}+x_{16}}{2}-\frac{x_5+x_6}{2}$$

$$=\frac{45+45}{2}-\frac{37+39}{2}=45-38=7$$

[사분위범위]

10 사분위수범위를 바르게 나타낸 것은?

2017. 3. 5. 제1회

① 제2사분위수 – 제1사분위수
② 제3사분위수 – 제2사분위수
③ 제3사분위수 – 제1사분위수
④ 제4사분위수 – 제1사분위수

③ 사분위수는 데이터 표본을 4개의 동일한 부분으로 나눈 값이다. 사분위수를 사용하여 데이터 집합의 범위와 중심 위치를 신속하게 평가할 수 있다. 이는 데이터를 이해하는 데 중요한 첫 번째 단계이다. 제1사분위수와 제3사분위수 간의 거리이므로, 데이터의 중간 50%에 대한 범위이다.

[사분위범위]

11 5개의 수치(왼쪽부터 최솟값, 제1사분위수, 제2사분위수, 제3사분위수, 최댓값)가 다음과 같이 주어져 있을 때 범위와 사분위수 범위(IQR)은 얼마인가?

2017. 5. 7. 제2회

20	27	29	33	50

① (30, 23)
② (30, 6)
③ (50, 6)
④ (20, 9)

tip
- 범위는 최댓값 – 최솟값으로 $50-20=30$
- 사분위수 범위는 제3사분위수 – 제1사분위수이므로 $33-27=6$

10. ③ 11. ②

[분산]

12 분산과 표준편차에 관한 설명으로 틀린 것은?

2012. 3. 4. 제1회

① 분산이 크다는 것은 각 측정치가 평균으로부터 멀리 떨어져 있다는 것을 의미한다.

② 어떤 집단으로부터 수집한 각 수치의 평균편차의 합은 0이다.

③ 분산은 관찰값에서 관찰값들의 평균값을 뺀 값의 제곱의 합계를 관찰개수로 나눈 값이다.

④ 표준편차는 분산의 값을 제곱한 것과 같다.

tip 표준편차는 분산의 양의 제곱근임. 즉 표준편차의 제곱이 분산이다.

[분산]

13 다음 A병원과 B병원에서 각각 6명의 환자를 상대로 하여 환자가 병원에 도착하여 진료서비스를 받기까지의 대기시간(단위 : 분)을 조사한 것이다. 두 병원의 진료서비스 대기시간에 대한 비교로 옳은 것은?

2012. 8. 26 제3회

A 병원	10	15	17	17	23	20
B 병원	17	32	5	19	20	9

① A병원 평균 = B병원 평균, A병원 분산 < B병원 분산

② A병원 평균 = B병원 평균, A병원 분산 > B병원 분산

③ A병원 평균 > B병원 평균, A병원 분산 < B병원 분산

④ A병원 평균 < B병원 평균, A병원 분산 > B병원 분산

tip A, B병원 대기시간 평균은 각각 17로 같으며, 흩어진 정도를 나타내는 분산은 B병원이 더 크다.

12. ④ 13. ①

[분산]

14 **분산에 관한 설명으로 틀린 것은?**

2013. 3. 10 제1회

① 편차제곱의 평균이다.

② 자료가 평균에 밀집할수록 분산의 값은 더욱 작아진다.

③ 분산은 양수 또는 음수를 취한다.

④ 자료가 모두 동일한 값이면 분산은 0이다.

tip 분산은 제곱합이므로 음수를 취할 수 없다.

[분산]

15 **n개의 자료 $x_1, x_2, x_3, \cdots, x_n$의 분산이 10일 때 각 자료에 5를 더한 자료들의 분산은?**

2013. 3. 10 제1회

① 10 ② 20

③ 40 ④ 50

tip $V(X)=10,\ \ V(X+10)=V(X)$

$V(aX \pm b)=a^2 V(X)$

[분산]

16 **표본크기가 3인 자료 x_1, x_2, x_3의 평균 $\overline{x}=10$, 분산 $s^2=100$이다. 관측값 10이 추가되었을 때, 4개 자료의 분산 s^2은? (단, 처음 3개 자료의 $\sum_{i-1}^{3} x_i = 30$, $\sum_{i-1}^{3} x_i^2 = 500$)**

2013. 8. 18 제3회

① $\frac{110}{3}$ ② 50

③ 55 ④ $\frac{200}{3}$

tip $s^2 = \frac{1}{3}\left[(x_1-10)^2+(x_2-10)^2+(x_3-10)^2+(10-10)^2\right]$

$= \frac{2}{3}\frac{1}{2}\left[(x_1-10)^2+(x_2-10)^2+(x_3-10)^2+(10-10)^2\right]$

14. ③ 15. ① 16. ④

[분산]

17 자료 $x_1, x_2, \ldots, x_n$을 $z_i = ax_i + b,\ i = 1, 2, \ldots, n$(a, b는 상수)로 변환할 때, 평균과 분산에 있어서 변환한 자료와 원자료 사이에 성립하는 관계식은? (단, 원자료의 평균과 분산은 각각 $\overline{x},\ s_x^2$이고, 변환한 자료의 평균과 분산은 각각 $\overline{z},\ s_z^2$이다.)

2014. 3. 2 제1회

① $\overline{z} = a\overline{x} + b,\ s_z^2 = as_x^2 + b$

② $\overline{z} = a\overline{x},\ s_z^2 = a^2 s_x$

③ $\overline{z} = a\overline{x} + b,\ s_z^2 = a^2 s_x + b$

④ $\overline{z} = a\overline{x} + b,\ s_z^2 = a^2 s_x^2$

tip 평균과 분산의 성질
$\overline{z} = a\overline{x} \pm b,\ s_z^2 = a^2 s_x^2$

[분산]

18 다음 자료는 A병원과 B병원에서 각각 6명의 환자를 상대로 하여 환자가 병원에 도착하여 진료서비스를 받기까지의 대기시간(단위 : 분)을 조사한 것이다.

A 병원	5	9	17	19	20	32
B 병원	10	15	17	17	23	20

두 병원의 진료서비스 대기시간에 대한 기술통계값을 서로 올바르게 비교한 것은?

2014. 5. 25 제2회

① A병원 평균 = B병원 평균, A병원 분산 < B병원 분산

② A병원 평균 = B병원 평균, A병원 분산 > B병원 분산

③ A병원 평균 > B병원 평균, A병원 분산 < B병원 분산

④ A병원 평균 < B병원 평균, A병원 분산 > B병원 분산

tip A, B 병원 평균은 같고, A병원 대기시간의 데이터가 많이 흩어져 있다

17. ④ 18. ②

[분산]

19 **다음은 A 병원과 B 병원에서 각각 6명의 환자를 상대로 하여 환자가 병원에 도착하여 진료서비스를 받기까지의 대기시간(단위 : 분)을 조사한 것이다. 두 병원의 진료서비스 대기시간에 대한 비교로 옳은 것은?**

2014. 8. 17 제3회

A 병원	17	32	5	19	20	9
B 병원	10	15	17	17	23	20

① A 병원의 평균 = B 병원의 평균, A 병원의 분산 < B 병원의 분산
② A 병원의 평균 = B 병원의 평균, A 병원의 분산 > B 병원의 분산
③ A 병원의 평균 > B 병원의 평균, A 병원의 분산 < B 병원의 분산
④ A 병원의 평균 < B 병원의 평균, A 병원의 분산 > B 병원의 분산

tip A, B 병원 평균은 같고, A 병원 대기시간의 데이터가 많이 흩어져 있다.

[산포도 종류]

20 **다음 중 중심위치의 척도와 가장 거리가 먼 것은?**

2014. 8. 17 제3회

① 중앙값 ② 평균
③ 표준편차 ④ 최빈수

tip 중심위치 척도는 대푯값으로 평균, 중앙값, 최빈수 등이 있으며, 표준편차는 흩어진 정도를 나타내는 산포도이다.

[산포도 종류]

21 **측도의 단위가 관측치의 단위와 다른 것은?**

2016. 8. 21 제3회

① 평균 ② 중앙값
③ 표준편차 ④ 분산

tip ④ 일반적으로 평균은 자료의 중심 측도로, 또 분산은 자료의 퍼짐성 측도로 널리 알려져 있지만, 실제로 통계 분석시 분산보다는 표준편차가 더 유용하게 쓰인다. 분산보다 표준편차가 더 유용한 이유는 평균의 단위와 표준편차의 단위가 같기 때문이다.

19. ② 20. ③ 21. ④

[산포도 종류]

22 다음 중 산포도의 측도가 아닌 것은?

2017. 3. 5 제1회

① 사분위수 범위　　② 왜도

③ 범위　　④ 분산

tip ② 왜도는 산포도의 측정이 아니라 비대칭의 측도이다.
※ 산포도의 측도 … 사분위 편차, 범위, 분산, 변이계수(변동계수), 평균편차, 사분편차

[산포도 종류]

23 데이터의 산포도를 측정할 수 있는 측도는?

2017. 5. 7 제2회

① 표본평균　　② 중앙값

③ 사분위수범위　　④ 최빈값

tip ③ 산포도를 측정하는 방법은 범위, 분산, 표준편차, 사분위수범위, 변동계수 등이 있다.

[표준편차]

24 평균이 50이고, 표준편차가 10인 어떤 자료에 값이 모두 동일하게 10인 6개의 자료를 더 추가하였다. 표준편차의 변화는?

2013. 3. 10 제1회

① 당초의 표준편차보다 더 커진다.

② 당초의 표준편차보다 더 작아진다.

③ 변하지 않는다.

④ 판단할 수 없다.

tip 평균이 50이므로 작은 값인 10를 6개 추가하게 되면, 표준편차는 커진다.

22. ② 23. ③ 24. ①

[표준편차]

25 **어떤 기업체의 인문사회계열 출신 종업원 평균급여는 140만원, 표준편차는 42만원이고, 공학계열 출신 종업원 평균급여는 160만원, 표준편차는 44만원일 때의 설명으로 틀린 것은?**

2013. 6. 2 제2회

① 공학계열 종업원의 평균급여 수준이 인문사회계열 종업원의 평균급여 수준보다 높다.

② 인문사회계열 종업원 중 공학계열 종업원보다 급여가 더 높은 사람도 있을 수 있다.

③ 공학계열 종업원들 급여에 대한 중앙값이 인문사회계열 종업원들 급여에 대한 중앙값보다 크다고 할 수는 없다.

④ 인문사회계열 종업원들의 급여가 공학계열 종업원들의 급여에 비해 상대적 산포도를 나타내는 변동계수가 더 작다.

변동계수 = 표준편차 / 평균

[표준편차]

26 **다음의 자료에 대한 설명으로 틀린 것은?**

2015. 3. 8 제1회

58 54 54 81 56 81 75 55 41 40 20

① 중앙값은 55이다.

② 표본평균은 중앙값보다 작다.

③ 최빈값은 54와 81이다.

④ 자료의 범위는 61이다.

tip

자료의 평균 $\frac{20+40+41+54+54+55+56+58+75+81+81}{11} = 56$인데, 중앙값이 55이기 때문에 표본평균이 중앙값보다 크다고 볼 수 있다.

※ 중앙값(Median)과 최빈값(Mode)

㉠ 중앙값

- 어떠한 주어진 값들을 정렬했을 때에 가장 중앙에 위치하는 값을 의미한다.
- 중앙값의 경우, 크기순으로 주어진 자료를 나열하여 값을 구하는 관계로 계산이 간편한 반면에, 산술평균에 비해 전체 자료를 사용하는 효율성이 낮아지는 문제점이 있다.

㉡ 최빈값 : 통계에서, 데이터 수치들 중에서 가장 많이 나타나는 값이다. 다시 말해, 주어진 값 중에서 가장 자주 나오는 값을 말한다.

25. ④ 26. ②

[표준편차]

27 어느 학교에서 A반과 B반의 영어점수는 평균과 범위가 모두 동일하고 표준편차는 A반이 15점, B반이 5점이었다. 이 자료에 근거하여 내릴 수 있는 결론으로 옳은 것은?

2015. 8. 16 제3회

① A반 학생의 점수가 B반 학생보다 평균점 근처에 더 많이 몰려 있다.

② B반 학생의 점수가 A반 학생보다 평균점 근처에 더 많이 몰려 있다.

③ (평균점수 $\pm 1\times$ 표준편차)의 범위 안에 들어 있는 학생들의 수는 A반의 경우가 B반의 경우보다 3배가 더 많다.

④ (평균점수 $\pm 1\times$ 표준편차)의 범위 안에 들어 있는 학생들의 수는 A반의 경우가 B반 경우의 1/3밖에 되지 않는다.

tip 표준편차는 평균으로부터 흩어진 정도를 측정하는 값으로서 표준편차가 적은 B반 학생의 점수가 A반 학생보다 평균점 근처에 더 많이 몰려 있다고 볼 수 있다.

[표준화]

28 전국의 고등학생 1000명을 대상으로 모의수능시험을 치른 결과 A영역(80점 만점)에서 평균이 45점, 표준편차가 15점이었다. 어떤 학생의 원점수가 67.5점 일 때, 평균이 50점, 표준편차는 10점으로 환산한 점수는 얼마인가?

2014. 3. 2 제1회

① 65.0 ② 72.5

③ 50.0 ④ 70.5

tip 표준점수 = (원점수 − 평균)/표준편차 = (67.5 − 45)/15 = 1.5
환산 : 1.5 = (점수 − 50)/10 환산점수 = 65

[표준화]

29 n개의 자료 $x_1,\ x_2,\ \dots,\ x_n$의 평균을 $\overline{x}$, 표준편차를 s라고 할 때, I번째 자료 x_i의 표준화 점수를 구하는 방법은?

2014. 3. 2 제1회

① $s(x-\overline{x})$ ② $x(x-s)$

③ $\dfrac{(x-\overline{x})}{s}$ ④ $\dfrac{(x-s)}{\overline{x}}$

tip 표준화 : $z_i = (x_i - \overline{x})/s$

27. ② 28. ① 29. ③

[표준화]

30 한국도시연감에 의하면 1998년 1월 1일 당시 한국도시들의 재정자립도 평균은 53.4%이고 표준편차는 23.4이었다. 또한 이 자료에서 서울의 재정자립도는 98.0%로 나타났다. 서울 재정자립도의 표준점수(Z값)은?

2014. 8. 17 제3회

① 1.91 ② −1.91
③ 1.40 ④ −1.40

tip $Z = (x - \bar{x})/s = (98 - 53.4)/23.4 = 1.9059 ≒ 1.91$

[표준화]

31 평균이 70이고 표준편차 5인 정규분포를 따르는 집단에서 추출된 한 개체의 관찰값이 80이었다고 하자. 이 개체의 상대적 위치를 나타내는 표준화점수는?

2015. 5. 31 제2회

① 2 ② −2
③ 2.5 ④ 0.025

tip 표준화점수 $Z = \frac{X-\mu}{\sigma}$에 의해 $\frac{80-70}{5} = 2$가 된다.

[변동계수]

32 초등학교 학생과 대학생의 용돈의 평균과 표준편차가 다음과 같을 때 변동계수를 비교한 결과로 옳은 것은?

2012. 3. 4. 제1회, 2016. 5. 8 제2회

구분	용돈평균	표준편차
초등학생	130,000	2,000
대학생	200,000	3,000

① 초등학생의 용돈이 대학생 용돈보다 상대적으로 더 평균에 밀집되어 있다.
② 대학생 용돈이 초등학생 용돈보다 상대적으로 더 평균에 밀집되어 있다.
③ 초등학생 용돈과 대학생 용돈의 변동계수는 같다.
④ 평균이 다르므로 비교할 수 없다.

tip CV = 표준편차 / 평균 × (100%)
초등학생 CV = 2,000/130,000 = 0.0154
대학생 CV = 3,000/200,000 = 0.015
그러므로 초등학생이 표준편차가 더 작지만, CV는 초등학생이 더 크게 나와 대학생이 조금 더 밀집되었다고 할 수 있다.

[변동계수]

33 **어느 한 집단에 대해서 신체검사를 하였다. 검사결과 중 키와 발의 산포크기를 비교하고자 할 때 가장 적합한 것은?**

2013. 3. 10 제1회, 2017. 3. 5 제1회

① 변동계수
② 분산
③ 표준편차
④ 결정계수

tip 단위가 다른 산포도 비교는 변동계수를 이용한다.

[변동계수]

34 **평균이 40, 중앙값이 38, 표준편차가 4일 때 변이계수는?**

2013. 8. 18 제3회

① 10
② 1,000
③ 0.4
④ 40

tip 변(이)동계수 = 표준편차 / 평균 × 100(%)

[변동계수]

35 **어떤 PC방을 이용하는 고객 중 무작위로 추출된 100명의 고객들을 대상으로 나이를 조사하여 다음 결과를 얻었다. 변동계수(coefficient of variation)는?**

2014. 3. 2 제1회

평균 = 24, 중앙값 = 22, 범위 = 20, 분산 = 36

① 36%
② 25%
③ 10%
④ 1.5%

tip 변동계수 $CV = s \, / \, \bar{x} \times (100\%)$

33. ① 34. ① 35. ②

[변동계수]

36 **측정단위가 서로 다른 두 집단의 산포를 비교하기 위한 측도로 가장 적당한 것은?**

2015. 3. 8 제1회

① 평균절대편차(mean absolute deviation)

② 사분위수 범위(interquartile range)

③ 분산(variance)

④ 변동계수(coefficient of variation)

tip 변동계수는 표준편차를 평균에 관한 백분율로 표현한 것으로, 서로 다른 두 집단 간의 산포를 비교하기 위한 측도로 활용된다.

[변동계수]

37 **남, 여 두 집단의 연간 상여금의 평균과 표준편차는 각각 (200만원, 30만원), (130만원, 20만원)이다. 두 집단의 산포를 변동(변이)계수를 통해 비교한 것으로 옳은 것은?**

2015. 3. 8 제1회

① 남자의 상여금 산포가 더 크다.

② 여자의 상여금 산포가 더 크다.

③ 남녀의 상여금 산포가 같다.

④ 비교할 수 없다.

tip 변동계수 $CV = \frac{S}{X}$에 의해, $CV_{남자} = \frac{30}{200} \times 100 = 15$, $CV_{여자} = \frac{20}{130} \times 100 ≒ 15.38$ 이므로, 남자의 변동계수보다 여자의 변동계수가 더 크다.

[변동계수]

38 **크기가 5인 확률표본에 대해 $\sum_{j=1}^{5} x_j = 10$과 $\sum_{j=1}^{5} x_j^2 = 30$을 얻었다면, 표본변이계수(coefficient of variation)는?**

2016. 3. 6 제1회

① 0.5

② 0.79

③ 1.0

④ 1.26

tip 표본변이계수 $= \frac{표본표준편차}{표본평균}$

$\bar{x} = \frac{10}{2} = 5$

$$s = \sqrt{\frac{\sum_{j=1}^{5}(x_j - \bar{x})^2}{5-1}} = \sqrt{\frac{\sum_{j=1}^{5} x_j^2 - 2\bar{x}\sum_{j-1}^{5} x_j + 5\overline{x^2}}{5-1}} = \sqrt{\frac{30 - 2 \times 2 \times 10 + 5 \times 2^2}{4}} = \frac{\sqrt{10}}{2}$$

36. ④ 37. ② 38. ②

$$표준변이계수 = \frac{\frac{\sqrt{10}}{2}}{2} \fallingdotseq 0.79$$

[변동계수]

39 변동계수(또는 변이계수)에 대한 설명으로 틀린 것은?

2016. 5. 8 제2회

① 평균의 차이가 큰 두 집단의 산포를 비교할 때 이용한다.
② 평균을 표준편차로 나눈 값이다.
③ 단위가 다른 두 집단자료의 산포를 비교할 때 이용한다.
④ 관찰치의 산포의 정도를 상대적으로 비교할 때 이용한다.

tip ② 변동계수는 표준편차를 평균으로 나눈 값이다.

[변동계수]

40 어느 고등학교에서 임의로 50명의 학생을 추출하여 몸무게(kg)와 키(cm)를 측정하였다. 이들의 몸무게와 키의 산포의 정도를 비교하기에 가장 적합한 통계량은?

2016. 8. 21 제3회

① 평균 ② 상관계수
③ 변이(변동)계수 ④ 분산

tip ③ 변동계수는 평균에 상대적인 변동성의 양을 설명하는 산포의 측도이다. 변동계수에는 단위가 없기 때문에 표준편차 대신 단위가 다르거나 평균이 다른 데이터 집합들의 산포를 비교하는 데 사용할 수 있다.

[변동계수]

41 단위가 다른 두 집단 간에 산포를 비교할 때 가장 적합한 측도는?

2017. 8. 26 제3회

① 분산 ② 범위
③ 변동계수 ④ 사분위범위

tip ③ 측정단위가 서로 다른 두 집단의 산포 정도 즉, 두 표본집단 간의 상대적인 산포를 비교할 때는 변동계수를 이용한다.

39. ② 40. ③ 41. ③

04 비대칭도

01 비대칭도의 개념

최근 6년 출제 경향 : 2문제 / 2014(1), 2016(1)

측정값들의 좌우 대칭정도, 분포의 기울어진 정도와 방향을 나타내는 양

02 비대칭도의 측정 척도

최근 6년 출제 경향 : 15문제 / 2012(3), 2013(3), 2014(2), 2015(2), 2016(1), 2017(4)

(1) 피어슨의 비대칭도

산술평균과 중위수의 크기로 판단하는 측도로 대푯값에서 참고

$$P \fallingdotseq \frac{3(\bar{x} - Me)}{S}$$

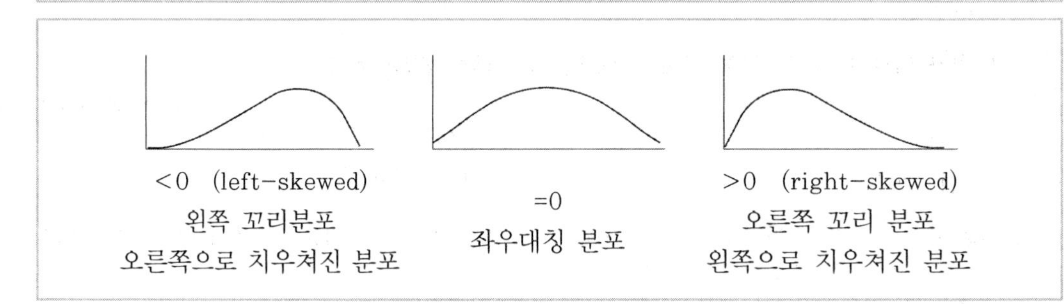

(2) 왜도(skewness)

① 비대칭도에서 가장 많이 사용하며, 분포가 평균값을 중심으로 좌우 대칭을 이루지 않고 어느 한쪽으로 치우쳐 있는 정도를 말함

② 해석은 피어슨의 비대칭도와 동일

$$S_k = \frac{1}{n-1}\sum_{i=1}^{n}\left[\frac{(x_i-\bar{x})}{s}\right]^3$$

(3) 첨도(kurtosis)

① 분포의 중심이 얼마나 뾰쪽한가를 측정하는 양으로 비대칭도가 아닌 산포도에 가까움

② 뾰쪽한 정도의 기준은 표준정규분포의 첨도값 3임

③ **표준정규분포보다 뾰쪽함** … 3보다 크다
표준정규분포보다 편편함 … 3보다 작다

$$K_u = \frac{1}{n-1}\sum_{i=1}^{n}\left[\frac{(x_i-\bar{x})}{s}\right]^4$$

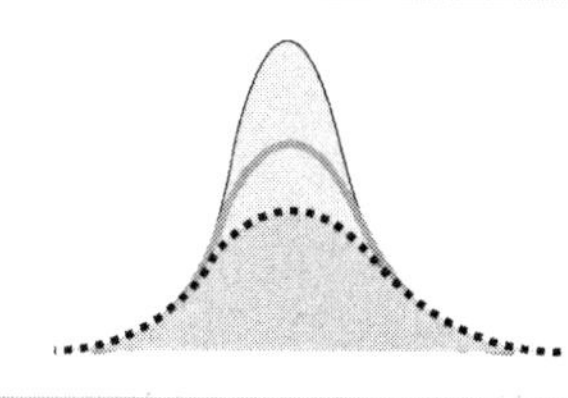

=3 : 표준정규분포의 첨도(—)
>3 : 표준정규분포보다 뾰족(—)
<3 : 표준정규분포보다 더 편편(····)

단원별 기출문제

[비대칭도의 개념]

01 자료들의 분포형태와 대푯값에 관한 설명 중 옳은 것은?

2014. 5. 25 제2회

① 오른쪽 꼬리가 긴 분포에서는 중앙값이 평균보다 크다.

② 왼쪽 꼬리가 긴 분포에서는 최빈값 < 평균 < 중앙값 순이다.

③ 중앙값은 분포와 무관하게 최빈값보다 작다.

④ 비대칭의 정도가 강한 경우에는 대푯값으로 평균보다 중앙값을 사용하는 것이 더 바람직하다고 할 수 있다.

tip 오른쪽 꼬리분포 … 최빈값 < 중위수 < 평균
※ 왼쪽 꼬리분포 … 평균 < 중위수 < 최빈값

[비대칭도의 개념]

02 비대칭도(skewness)에 관한 설명으로 틀린 것은?

2016. 3. 6 제1회

① 비대칭도의 값이 1이면 좌우대칭형인 분포를 나타낸다.

② 비대칭도의 부호는 관측 값 분포의 긴 쪽 꼬리방향을 나타낸다.

③ 비대칭도는 대칭성 혹은 비대칭성을 나타내는 측도이다.

④ 비대칭도의 값이 음수이면 자료의 분포형태가 왼쪽으로 꼬리를 길게 늘어뜨린 모양을 나타낸다.

tip ① 비대칭도 값이 0이면 좌우대칭형 분포를 나타낸다.

01. ④ 02. ①

[피어슨의 비대칭도]

03 표본으로 추출된 6명의 학생이 지원했던 여름방학 아르바이트의 수가 다음과 같이 정리되었다. 피어슨의 비대칭계수(p)에 근거한 자료의 분포에 관한 설명으로 옳은 것은?

2014. 3. 2 제1회, 2017. 3. 5 제1회

10, 3, 3, 6, 4, 7

① 비대칭계수의 값이 0에 근사하여 좌우 대칭형 분포를 나타낸다.
② 비대칭계수의 값이 양의 값을 나타내어 왼쪽으로 꼬리를 길게 늘어뜨린 모양을 나타낸다.
③ 비대칭계수의 값이 음의 값을 나타내어 왼쪽으로 꼬리를 길게 늘어뜨린 모양을 나타낸다.
④ 관측 값들이 주로 왼쪽에 모여 있어 오른쪽으로 꼬리를 길게 늘어뜨린 모양을 나타낸다.

tip
$P = 3(\bar{x} - Me)/s$
$P = 0$: 좌우 대칭, $P > 0$: 오른쪽 꼬리, $P < 0$: 왼쪽 꼬리
$\bar{x} = 5.5$, $Me = 5$

[비대칭도]

04 비대칭도(skewness)에 관한 설명으로 틀린 것은?

2012. 3. 4. 제1회

① 비대칭도 값이 1이면 좌우 대칭형 분포를 나타낸다.
② 비대칭도의 부호는 관측값 분포의 꼬리방향을 나타낸다.
③ 비대칭도는 대칭성 혹은 비대칭성을 측정하는 통계수치이다.
④ 비대칭도 값이 음수이면 왼쪽으로 꼬리를 길게 늘어뜨린 모양을 나타낸다.

tip
비대칭도 ≒ $\dfrac{3(\bar{x} - Me)}{S}$가 0일 때 좌우 대칭형 분포임. 즉 평균과 중위수가 같을 때이다.

[비대칭도]

05 다음 중 왜도가 0이고 첨도가 3인 분포의 형태는?

2012. 8. 26 제3회

① 좌우 대칭인 분포
② 왼쪽으로 기울어진 분포
③ 오른쪽으로 기울어진 분포
④ 오른쪽으로 기울어지고 뾰족한 모양의 분포

03. ④ 04. ① 05. ①

tip 왜도가 0인 경우는 좌우 대칭인 경우이며, 첨도가 3인 분포는 대표적으로 표준정규분포에 해당한다.

[비대칭도]

06 **어느 중학교 1학년의 신장을 조사한 결과 평균이 136.5cm, 중앙값은 130.0cm였다. 신장의 표준편차가 2.0cm라면 이 분포에 대한 설명으로 옳은 것은?**

2013. 3. 10 제1회, 2016. 5. 8 제2회

① 오른쪽으로 긴 꼬리를 갖는 비대칭분포이다.

② 왼쪽으로 긴 꼬리를 갖는 비대칭분포이다.

③ 정규분포이다.

④ 이들 자료로는 알 수 없다.

tip pearson의 비대칭 = $\frac{3(\bar{x}-Me)}{s}>0$ 오른쪽 꼬리분포

[왜도]

07 **오른쪽으로 꼬리가 길게 늘어진 형태의 분포에 대해 옳은 설명으로만 짝지어진 것은?**

2014. 5. 25 제2회

㉠ 왜도는 양의 값을 가진다.
㉡ 왜도는 음의 값을 가진다.
㉢ 자료의 평균은 중위수 보다 큰 값을 가진다.
㉣ 자료의 평균은 중위수 보다 작은 값을 가진다.

① ㉠, ㉢
② ㉠, ㉣
③ ㉡, ㉢
④ ㉡, ㉣

tip 오른쪽 꼬리 분포 … 왜도 양수이며, 최빈값 < 중위수 < 평균

06. ① 07. ①

[왜도]

08 왜도가 0이고 첨도가 3인 분포의 형태는?

2015. 3. 8 제1회

① 좌우 대칭인 분포
② 왼쪽으로 치우친 분포
③ 오른쪽으로 치우친 분포
④ 오른쪽으로 치우치고 뾰족한 모양의 분포

tip 왜도는 자료의 분포에 대한 비대칭의 정도를 나타내는 통계량으로 0인 경우에 분포가 좌우 대칭을 이루며, 첨도는 자료 분포에서 뾰족함의 정도를 나타낸다.

[왜도]

09 다음은 가전제품 서비스센터에서 어느 특정한 날 하루 동안 신청 받은 에프터서비스 건수이다. 자료에 대한 설명으로 틀린 것은?

2017. 5. 7 제2회

9 10 4 16 6 13 12

① 평균과 중앙값은 10으로 동일하다.
② 범위는 12이다.
③ 왜도는 0이다.
④ 편차들의 총합은 0이다.

tip ③ 왜도는 분포가 평균값을 중심으로 좌우 대칭을 이루지 않고 어느 한쪽으로 치우쳐있는 정도를 의미하며 $S_k = \frac{1}{n-1}\sum_{i=1}^{n}\left[\frac{(x_i-\bar{x})}{s}\right]^3$

$= \frac{1}{7-1}\left\{\left(\frac{9-10}{s}\right)^3 + \left(\frac{10-10}{s}\right)^3 + \left(\frac{4-10}{s}\right)^3 + \left(\frac{16-10}{s}\right)^3 + \left(\frac{6-10}{s}\right)^3 + \left(\frac{13-10}{s}\right)^3 + \left(\frac{12-10}{s}\right)^3\right\}$

$= \frac{1}{6} \times \frac{-1+0-216+216-64+27+8}{s^3} = \frac{1}{6} \times \frac{-30}{s^3} = \frac{-5}{s^3}$

이므로 (−)값을 가지므로 왼쪽 꼬리분포를 나타낸다.

① 평균은 수치 자료를 더한 후 총 자료수로 나눈 값으로 $\frac{9+10+4+16+6+13+12}{7} = \frac{70}{7} = 10$이다.

중앙값은 전체 관측값을 크기순으로 나열했을 때 중앙에 위치하는 값으로 4, 6, 9, 10, 12, 13, 16이므로 중앙값은 10이다.

② 범위는 측정값 중 최댓값과 최솟값의 차이므로 범위는 16(최댓값)−4(최솟값)=12이다.

④ 편차는 각 측정값과 평균과의 차이를 의미하며, 이는 −1(=9−10), 0(=10−10), −6(=4−10), 6(=16−10), −4(=6−10), 3(=13−10), 2(=12−10)이므로 편차들의 총합은 (−1)+0+(−6)+6+(−4)+3+2=0이다.

08. ① 09. ③

[첨도]

10 다음 중 오른쪽 꼬리가 긴 분포인 경우는?

2012. 3. 4. 제1회, 2017. 5. 7 제2회

① 평균=50, 중위수=50, 최빈수=50
② 평균=50, 중위수=45, 최빈수=40
③ 평균=40, 중위수=45, 최빈수=50
④ 평균=40, 중위수=50, 최빈수=55

tip 피어슨의 비대칭도 ≒ $\frac{3(\bar{x}-Me)}{S}$ 를 이용하여 양수이면 오른쪽 꼬리, 음수이면 왼쪽 꼬리, 0이면 좌우대칭이다. 그래서 평균이 중위수보다 크면 오른쪽 꼬리 분포라고 할 수 있다.

[첨도]

11 A분포와 B분포의 특성에 관한 설명으로 틀린 것은?

2013. 3. 10 제1회, 2017. 3. 5 제1회

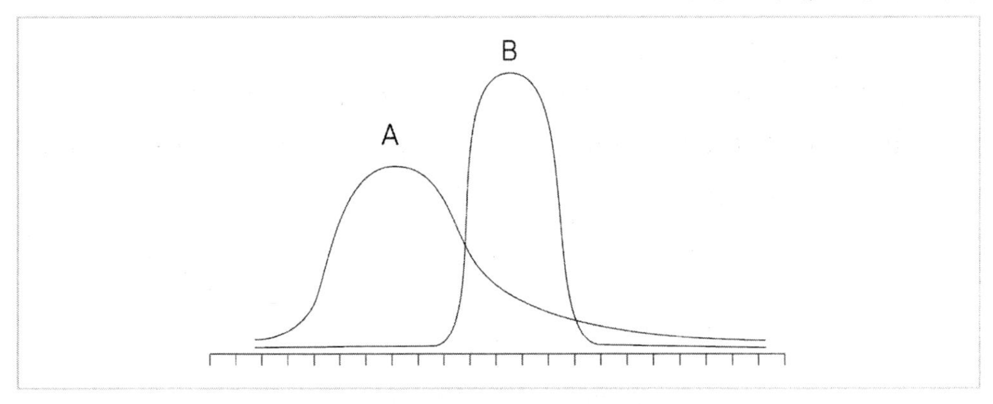

① A의 최빈값은 B의 최빈값보다 작다.
② A의 분산은 B의 분산보다 크다.
③ A의 왜도는 양(+)의 값을 가진다.
④ B의 왜도는 음(−)의 값을 가진다.

tip 왜도 값이 양(+)이면 오른쪽 꼬리이며, 좌우 대칭이면 0에 가깝다.

10. ② 11. ④

[첨도]

12 **피어슨의 대칭도를 대표치들 간의 관계식으로 바르게 나타낸 것은? (단, $\overline{X}$: 산술평균, Me : 중위수, Mo : 최빈수)**

2013. 6. 2 제2회

① $\overline{X} - Mo = 3(Me - \overline{X})$

② $Mo - \overline{X} = 3(Mo - Me)$

③ $\overline{X} - Mo = 3(\overline{X} - Me)$

④ $Mo - \overline{X} = 3(Me - Mo)$

tip 피어슨의 비대칭도 $= \frac{3(\overline{X} - Me)}{S} = \frac{\overline{X} - Mo}{S}$

[첨도]

13 **다음 중 첨도가 가장 큰 분포는?**

2015. 5. 31 제2회

① 표준정규분포

② 평균 = 0, 표준편차 = 10인 정규분포

③ 평균 = 0, 표준편차 = 0.1인 정규분포

④ 자유도가 1인 t분포

tip 첨도는 분포의 뾰족한 정도를 측정하는 통계량으로 첨도가 클수록 분포가 뾰족하다고 해석할 수 있다. 표준정규분포의 경우 첨도는 3이다.

12. ③ 13. ④

05 출제예상문제

01 서원 철물점에서 8가지 길이의 못을 팔고 있다. 못길이는 각각 3.0, 3.5, 4.0, 4.5, 5.0, 5.5, 6.0, 6.5이다. 만약, 현재 남아 있는 못 가운데 20%는 4.0cm인 못이고, 15%는 5.0cm인 못이며, 43%는 5.5cm인 못이라면 못길이의 최빈수는? (단, 단위 : cm)

① 4.0 ② 4.5
③ 5.0 ④ 5.5

tip 최빈값은 가장 많이 빈출한 것으로 43%를 보인 5.5가 된다.

02 아래와 같이 집단별로 구분된 자료에서 중앙값이 포함된 구간은?

집단	빈도
15~19	12
20~24	15
25~29	29
30~34	17
35~39	6
40~44	18
45~49	16
50~54	5
55~59	3
60~64	8

① 35~39 ② 40~44
③ 30~34 ④ 25~29

tip 30~34를 기준으로 위·아래 합은 각각 56이므로 중앙구간은 30~34가 된다.

01. ④ 02. ③

03 모집단의 평균을 μ라 하고 표본평균을 $\overline{X}$라 할 때 $E(\overline{X})=\mu$의 의미는?

① 무작위 표본의 기대치는 모집단 분산에 대한 일치추정량이다.

② 무작위 표본의 기대치는 모집단 분산에 대한 불편추정량이다.

③ 무작위 표본의 평균은 모집단 평균에 대한 일치추정량이다.

④ 무작위 표본의 평균은 모집단 평균에 대한 불편추정량이다.

tip 무작위 표본의 평균은 모집단 평균에 대한 불편추정량을 의미한다.

04 다음 관찰치에 대한 설명으로 옳지 않은 것은?

20, 30, 40, 50, 80, 80, 100

① 최빈치는 80이다.

② 산술평균은 57.14이다.

③ 범위는 80이다.

④ 중앙치는 40이다.

tip 중앙치는 n이 홀수이면 $\frac{n+1}{2}$의 값이, n이 짝수이면 $\frac{n}{2}$과 $\frac{n}{2}+1$의 평균값이 된다. 중앙치는 4번째 수인 50이다.

05 7개의 자료 값 0, 10, 20, 30, 40, 50, 60의 특성에 대하여 바르게 설명한 것은?

	평균	중앙값
①	30	40
②	30	30
③	25	30
④	35	30

tip 산술평균과 중앙값을 구하면 된다.

06 표본평균에 대한 설명으로 옳지 않은 것은?

① 표본의 중심위치를 나타내는 대푯값이다.

② 이상치에 크게 영향을 받지 않는다.

③ 표본의 자료값이 모평균으로부터 고르게 분포하면 비교적 좋은 추정량이다.

④ 이상치에 민감한 단점을 보완하기 위하여 절사평균을 쓴다.

tip ② 이상치에 크게 영향을 받는다.

03. ④ 04. ④ 05. ② 06. ②

07 산술평균에 대한 설명으로 틀린 것은?

① 계산에 의하여 얻어지는 값이므로 이상점의 영향을 받지 않는다.
② 산술평균으로부터 관찰값 편차의 합은 0이다.
③ 자료의 분포가 좌우 대칭이면 산술평균과 중위수(중앙값)는 같다.
④ 대표치 중에서 가장 많이 사용된다.

tip ① 산술평균의 경우 이상점에 대한 예민성을 가지고 있어 이러한 예민성을 줄이기 위해 절사평균을 사용하기도 한다.

08 아홉수치 요약이 다음과 같을 때, 범위와 1사분위 수는 얼마인가?

20, 27, 29, 33, 50, 40, 45, 41, 30

① (30, 27)
② (30, 29)
③ (50, 33)
④ (20, 29)

tip 범위는 최댓값 – 최솟값으로 30이다.

1사분위수는 $\frac{n}{4} < X$이면 X번째 수이다.

$\frac{9}{4} = 2.25 < 3$으로 3번째 수인 29가 된다.

09 변수 X의 평균을 $\overline{X}$, 표준편차를 S라고 할 때, 평균이 0이고 분산이 1이 되는 표준화점수를 구하는 방법은?

① $\frac{X-S}{\sigma}$
② $\frac{X-\overline{X}}{S}$
③ $\frac{X-\mu}{\sigma}$
④ $\frac{X-\overline{X}}{\sigma}$

tip $Z=\frac{X-\mu}{\sigma}$이 표준화 정규분포이고 여기에 μ대신 $\overline{X}$을, σ 대신 S를 넣으면 된다.

07. ① 08. ② 09. ②

10 다음의 내용은 모두 산포도 측정지표이다. 서로 상이한 것은 무엇인가?

① 범위
② 분산
③ 표준편차
④ 사분위편차

tip ①②③ 절대적 산포도 측정지표
④ 상대적 산포도 측정지표

11 다음 중 10개 자료의 대푯값과 산포도가 바르게 짝지어진 것은?

20, 24, 24, 30, 22, 18, 28, 32, 24, 34

① 평균 = 26, 분산 = 20
② 중위수 = 28, 표준편차 = 4.0
③ 최빈값 = 24, 범위 = 16
④ 평균 = 25.6, 범위 = 14

tip 최빈값은 24이고 범위는 '최댓값 − 최솟값'으로 16이다.

12 표본의 크기가 $n=10$에서 $n=160$으로 증가한다면, $n=10$에서 얻은 평균의 표준오차는 몇 배로 증가하는가?

① 8
② 4
③ $\frac{1}{4}$
④ $\frac{1}{2}$

tip 표준오차 $= \frac{\text{표준편차}}{\text{표본수의 제곱근}} = \frac{S}{\sqrt{n}}$

$\frac{S}{\sqrt{10}}$에서 $\frac{S}{\sqrt{160}} = \frac{S}{4\sqrt{10}}$로 증가한다면 $\frac{1}{4}$배로 증가한다.

13 자료의 산포를 측정하는 통계량이 아닌 것은?

① 첨도
② 범위
③ 사분위범위
④ 분산

tip 왜도와 첨도는 비대칭도를 나타내는 것이다.

10. ④ 11. ③ 12. ③ 13. ①

14 **도수분포가 비대칭(skewed)이고 편차의 절댓값을 최소로 하는 중심경향 척도는?**

① 조화평균　　② 편차
③ 중위수　　④ 기하평균

tip 중위수(중앙치)의 성질
㉠ 극단적인 값에 영향받지 않는다.
㉡ 편차의 절댓값을 최소로 한다.

15 **다음 그림과 같은 분포를 보이는 자료에서 평균, 중간값, 최빈치의 값을 비교한 것은?**

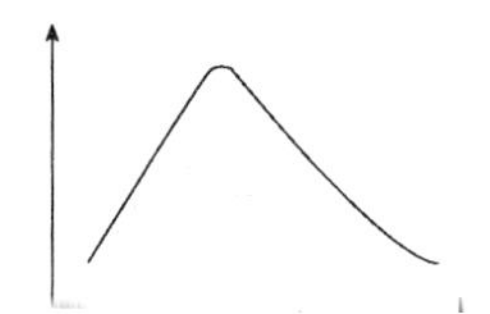

① 평균 < 최빈치 < 중앙값
② 평균 < 중앙값 < 최빈치
③ 최빈치 < 중앙값 < 평균
④ 최빈치 < 평균 < 중앙값

tip 왼쪽으로 경사가 완만해지는 분포곡선의 값은 $Mo < Me < M$이다.

16 **어느 고등학교에서 임의로 50명의 학생을 추출하여 몸무게(kg)와 키(cm)를 측정하였다. 50명의 고등학교 학생들의 몸무게와 키의 산포도를 비교하기에 가장 적합한 통계는?**

① 평균　　② 상관계수
③ 변이(변동)계수　　④ 분산

tip 몸무게와 키는 측정단위가 서로 다르다. 그러므로 두 자료를 비교하기 위해서는 변동계수를 이용한다.

17 **다음의 산포를 나타내는 측정치 가운데 자료가 비대칭인 경우에 많이 사용되는 것은 무엇인가?**

① 범위　　② 사분편차
③ 표준편차　　④ 변동계수

tip 측정단위가 서로 다른 두 개의 자료를 비교하고자 하는 경우 변동계수를 이용한다.

14. ③　15. ③　16. ③　17. ④

18 다음 통계자료에서 최빈값(mode)은 무엇인가?

31	35	36	36
36	37	37	38
39	40	40	43

① 35　　② 36
③ 37　　④ 40

tip 최빈값은 가장 빈도를 많이 가지는 값으로 36이 빈도수가 3으로 가장 높다.

19 다음 설명 중 산술평균의 성질로 옳지 않은 것은?

① 편차의 총합은 0이다.
② 편차를 제곱하여 얻은 값으로 대수학적인 취급이 용이하다.
③ 극단치의 값에 크게 영향을 받아 대표성이 적어진다.
④ 산술평균의 크기는 각 측정값의 크기와 도수에 의존한다.

tip ② 표준편차에 대한 설명이다.

20 모집단의 분산 σ^2에 대해 추론할 경우에 대한 설명으로 틀린 것은?

① 표본분산 S^2을 사용할 수 있다.
② 모집단의 분포가 정규분포라는 가정이 중요하다.
③ 표본의 크기가 n이면 검정통계량 $\frac{(n-1)\sigma^2}{S^2}$을 분포 χ^2와 비교 사용한다.
④ 자유도가 $n-1$인 χ^2분포를 사용한다.

tip 표본분산은 모분산을 구하고자 할 때 추정치로서 사용된다. S^2은 표본분산이고 σ^2은 모집단의 분산을 나타낸다. 검정통계량은 $\frac{(n-1)S^2}{\sigma^2}$이다.

18. ② 19. ② 20. ③

21 다음 중 첨도에 대한 설명으로 옳지 않은 것은?

① 첨도란 분포도의 기울어진 정도나 방향을 나타내는 양이다.
② 정규분포보다 낮은 봉우리를 가지면 첨도는 3보다 작다.
③ 첨도는 정규분포를 기준으로 해서 3의 값을 갖는다.
④ 왜도와 같이 비대칭도의 범주에 속한다.

tip ① 왜도에 대한 설명이다.
※ **첨도** … 분포도가 얼마나 중심에 집중되었는가를 측정하는 비대칭도이다.

22 다음 중 산포도에 대한 설명으로 옳지 않은 것은?

① 산포도의 값이 작을수록 대푯값의 주위에 밀집되어 있다.
② 통계분석, 추리이론에 가장 많이 쓰이는 산포도값으로는 표준편차와 분산이 있다.
③ 균일성이나 정일성을 판단하는 지표로 변이계수를 사용한다.
④ 산포도에는 최빈값, 범위, 변이계수, 표준편차 등이 있다.

tip ④ 최빈값은 산포도값이 아니라 도수분포표의 도수빈도를 나타내는 대푯값이다.

23 다음 설명 중 기술적 통계학의 특성으로 옳지 않은 것은?

① 도표나 표를 이용해 대푯값, 변동의 크기를 나타낸다.
② 수집된 자료에 대한 분석에 초점을 둔다.
③ 추론통계를 위한 사전단계이다.
④ 미수집자료의 잠재적 관측치까지도 분석한다.

tip ④ 미수집자료의 잠재적 관측치 추론이나 일반화는 추측통계학의 분야이다.

24 다음 중 도수분포곡선의 모양이 오른쪽으로 기울어졌을 때 대푯값의 크기 순서로 옳은 것은?

① $M < Me < Mo$ ② $Mo < Me < M$
③ $Mo < M < Me$ ④ $M < Mo < Me$

21. ① 22. ④ 23. ④ 24. ①

tip Mo는 최빈값, Me는 중위수, M은 평균값을 나타낸다.

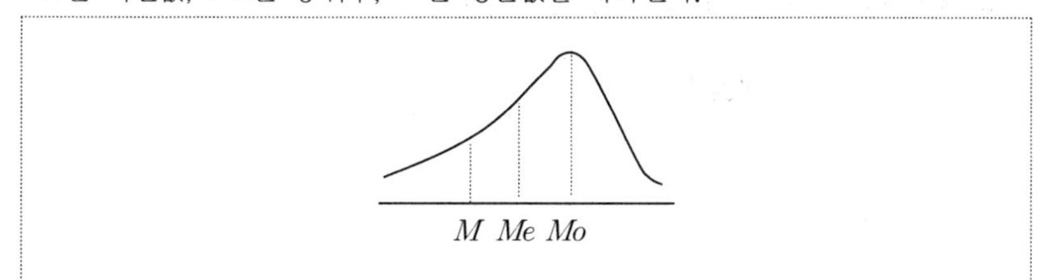

25 다음 중 백화점 매장을 방문하는 고객의 수를 산출하는 데 가장 적당한 측정방법으로 옳은 것은?

① 기하평균 ② 산술평균
③ 조화평균 ④ 평방평균

tip ③ 시간적 흐름에 의하여 계속 변화하는 변량이나 속도 등의 산출에 적당한 평균값이다.

26 다음 기술통계량 중 대푯값의 종류로 옳은 것은?

① 조화평균 ② 평균편차
③ 변이계수 ④ 왜도

tip 대푯값의 종류 … 산술평균, 기하평균, 조화평균, 중위수, 최빈값 등이 있다.

27 다음 산술평균에 대한 설명 중 옳지 않은 것은?

① 산술평균값은 변량의 총합과 총도수만으로도 구할 수 있다.
② 산술평균값을 기준으로 한 각 변량과의 편차의 총합은 0이다.
③ 전변량에 의존하여 계산하므로 대표성이 높지만 극단적인 변량이 있는 경우에는 그 영향으로 대표성이 적어진다.
④ 산술평균값에 대한 편차의 절댓값의 총합은 다른 임의의 수치에 대한 편차의 절대치의 총합보다 크다.

tip ④ 산술평균값의 편차제곱의 합은 다른 임의수치에 대한 편차제곱의 합보다 작다.

25. ③ 26. ① 27. ④

28 다음 자료의 $\overline{x}$, S^2, S의 값으로 옳은 것은?

계급값	도수
10	7
15	2
5	8
7	4
20	5

① 11.40, 30.13, 5.48
② 5.2, 292.36, 17.09
③ 10.30, 31.34, 5.59
④ 10.30, 30.13, 5.49

$\overline{x}=\dfrac{\sum_{i=1}^{k} m_i f_i}{n}$, $S^2=\dfrac{\sum_{i=1}^{k}(m_i-\overline{X})^2 f_i}{(n-1)}$, $S=\sqrt{S^2}$ 으로 m은 계급값, f는 계급의 수, n은 전체자료의 수를 나타낸다.

29 다음 표는 40대 여자의 체중과 10대 여자의 체중을 나타낸 것이다. 어느 쪽의 산포도가 더 큰가?

	평균체중	표준편차
40대	51	5
10대	26.5	3.7

① 40대
② 10대
③ 40대와 10대의 산포도는 같다.
④ 알 수 없다.

tip 집단의 평균 차가 클 때는 변이(변동)계수로 계산한다.

28. ④ 29. ①

30 **다음 중 대푯값에 해당하는 것들끼리 묶여진 것은?**

① 산술평균, 기하평균, 조화평균, 평균편차
② 산술평균, 기하평균, 중위수, 범위
③ 산술평균, 기하평균, 조화평균, 최빈수
④ 산술평균, 기하평균, 편차, 최빈수

tip 평균, 중위수, 최빈수가 대푯값이다.

31 **다음 중 대푯값에 해당하지 않는 것은?**

① 산술평균
② 평방평균
③ 조화평균
④ 편차

tip 평균, 중위수, 최빈수가 대푯값이다.

32 **측정값 $x_1, \cdots, x_n$의 산술평균을 $\overline{x}$라 하면, 각각의 측정값에 상수 a를 곱한 값의 산술평균은 얼마인가?**

① $na\overline{x}$
② $\frac{1}{n}a\overline{x}$
③ $a\overline{x}$
④ $\frac{1}{n}\overline{x}$

tip $\overline{x} = \frac{1}{n}(x_1 + x_2 + \cdots + x_n)$

$\frac{1}{n}(ax_1 + ax_2 + \cdots + ax_n) = a \cdot \frac{1}{n}(x_1 + x_2 + \cdots + x_n) = a\overline{x}$

30. ③ 31. ④ 32. ③

33 **어느 시의 물가상승률을 구하려고 한다. 사용할 수 있는 적당한 대푯값은?**

① 산술평균 ② 기하평균

③ 조화평균 ④ 지수평균

tip 물가상승율의 평균은 기하평균을 통해 구한다.

34 **다음 위치적 대푯값 Me, Mo와 $\overline{x}$ 사이의 관계의 설명으로 틀린 것은?**

① 도수분포도가 완전히 대칭일 때 $\overline{x} = Mo = Me$ 성립

② 도수분포도가 왼쪽으로 비대칭일 때 $\overline{x} < Me < Mo$ 성립

③ 도수분포도가 오른쪽으로 비대칭일 때 $\overline{x} > Me > Mo$ 성립

④ 도수분포도가 부분 대칭일 때 $\overline{x} = Me \neq Mo$ 성립

tip 평균, 중위수, 최빈수의 관계 참조

35 **제1사분위수를 Q_1, 중위수를 Me, 제3사분위수를 Q_3라 할 때 $Q_3 - Me > Me - Q_1$ 인 그래프는 어떤 모양일까?**

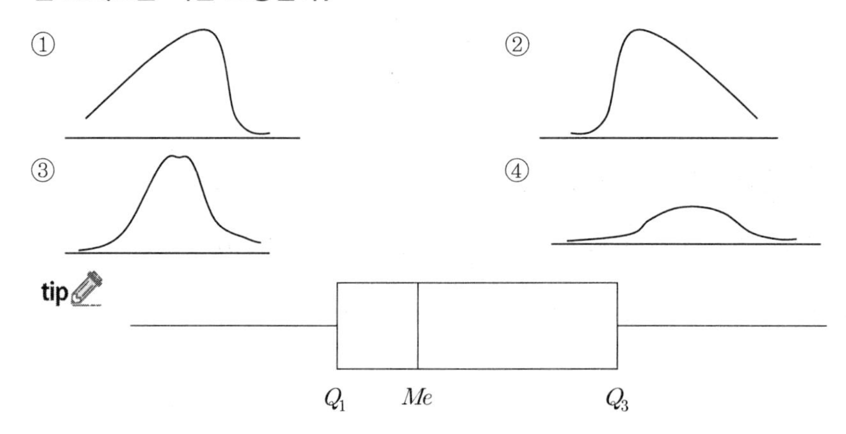

33. ② 34. ④ 35. ②

36 산술평균 70, 중위수 72, 최빈수 75를 갖는 분포곡선은 다음 중 어느 것인가?

① ③

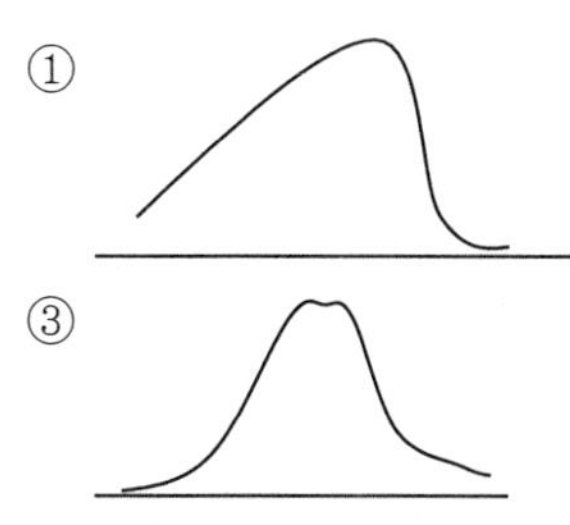

② ④

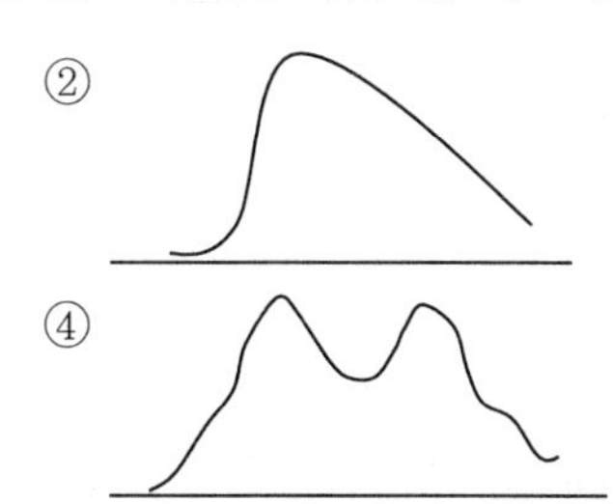

tip 평균, 중위수, 최빈수의 관계 참조

37 변량 X의 산술평균을 $\overline{x}$, 표준편차를 S_x라 할 때 새로운 편량 $U=(X-\overline{x})/S_x$의 평균과 표준편차는 각각 얼마인가?

① $\overline{u}=1$, $S_u=0$
② $\overline{u}=0$, $S_u=1$
③ $\overline{u}=0$, $S_u=0$
④ $\overline{u}=1$, $S_u=1$

tip 표준화 변량의 평균과 표준편차는 각각 0, 1이다.

38 표준정규분포곡선의 왜도와 첨도는 각각 얼마인가?

① 0, 1
② 0, 2
③ 0, 3
④ 0, 4

tip 표준정규분포곡선은 좌우 대칭으로 왜도는 0이며, 첨도는 3이다.(중첨)

39 여러 다른 종류의 통계집단이나 동종의 집단일지라도 평균이 크게 다를 때 산포를 비교하기 위한 측도는 무엇인가?

① 분산
② 표준편차
③ 평균편차계수
④ 변동계수

tip 극심한 비대칭이나 평균의 차가 클 때 산포도 비교는 변이(변동)계수를 사용한다.

36. ① 37. ② 38. ③ 39. ④

40 크기가 n_1, n_2 인 두 자료의 평균이 각각 $\overline{x_1}$, $\overline{x_2}$ 일 때 이 자료를 합친 전체의 평균 $\overline{x}$ 는?

① $\dfrac{n_1\overline{x_1}+n_2\overline{x_2}}{n_1+n_2}$　　② $\dfrac{n_1\overline{x_2}-n_1\overline{x_2}}{n_1+n_2}$

③ $\dfrac{\overline{x_1}+\overline{x_2}}{n_1+n_2}$　　④ $\dfrac{n_1n_2(\overline{x_1}+\overline{x_2})}{n_1+n_2}$

tip 두 집단의 합한 평균을 가중평균이라 한다.

41 다음 도수분포곡선으로부터 대푯값의 관계를 바르게 나타낸 것은?

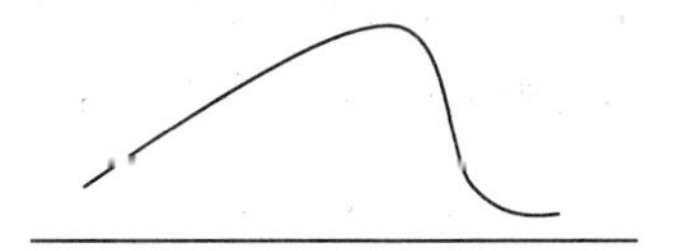

① $\overline{x}= Mo= Me$

② $\overline{x}< Mo< Me$

③ $\overline{x}> Me> Mo$

④ $\overline{x}< Me< Mo$

tip 평균, 중위수, 최빈수의 관계 참조

42 다음 중 중위수의 설명으로 틀린 것은?

① 도수곡선 면적의 1/2값이다.

② 극단값에 영향을 받지 않는다.

③ n 이 홀수일 때와 짝수일 때 계산방법이 다르다.

④ 측정값 중에서 출현도수가 가장 많은 값이다.

tip 출현도수가 가장 많은 값은 최빈수라 한다.

43 비대칭도(skewness)에 관한 설명으로 틀린 것은?

① 비대칭도 값이 1이면 좌우 대칭형 분포를 나타낸다.

② 비대칭도의 부호는 관측값 분포의 꼬리방향을 나타낸다.

③ 비대칭도는 대칭성 혹은 비대칭성을 측정하는 통계수치이다.

④ 비대칭도 값이 음수이면 왼쪽으로 꼬리를 길게 늘어뜨린 모양을 나타낸다.

tip 비대칭도 값 ≒ $\dfrac{3(\overline{x}-Me)}{S}$ 가 0일 때 좌우 대칭형 분포이다. 즉 평균과 중위수가 같을 때이다.

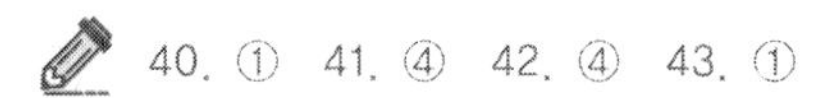
40. ①　41. ④　42. ④　43. ①

44 **다음은 "A", "B" 두 은행을 대상으로 고객이 도착하여 서비스를 받기 전에 기다리는 시간(단위 : 분)을 표본으로 각각 6명씩을 상대로 조사한 것이다. 두 은행 고객의 대기시간과 관련한 설명 중 틀린 것은?**

A은행	8	13	15	15	21	18
B은행	15	30	3	17	18	7

① 두 은행의 평균대기시간은 15분으로 동일하다.
② "B"은행이 "A"은행보다 분산 또는 표준편차가 작다.
③ "A"은행의 경우 대기시간의 변동폭이 "B"은행보다 심하지 않다.
④ "A"은행에 가면 "B"은행보다 대기시간을 비교적 정확하게 예측할 수 있다.

tip A, B병원 대기시간 평균은 각각 15로 같으며, 흩어진 정도를 나타내는 분산은 B병원이 더 크다.

45 **6명의 학생들에 대하여 체중을 조사한 결과 중위수가 65kg이 나왔다. 한달 후, 6명의 학생들에 대해 체중을 다시 측정한 결과, 다른 학생들은 이전과 동일하고 가장 높은 체중을 가진 학생만 3kg이 증가되었다. 재측정 결과의 중위수는 얼마인가?**

① 62kg
② 65kg
③ 68kg
④ 알 수 없다.

tip 중위수는 순서대로 배열한 후 가운데(50%)에 위치한 수로 가장 높은 체중의 학생만 체중변화하였으므로 중위수는 변하지 않는다.

46 **자료의 대푯값으로 평균 대신 중앙값(median)을 사용하는 가장 적절한 이유는?**

① 평균은 음수가 나올 수 있다.
② 대규모 자료의 경우 평균은 계산이 어렵다.
③ 평균은 극단적인 관측값에 영향을 많이 받는다.
④ 평균과 각 관측값의 차이의 총합은 항상 0이다.

tip 중앙값은 평균보다 극단값의 영향을 덜 받는다.

44. ② 45. ② 46. ③

47 두 집단 자료의 단위가 다르거나 단위는 같지만 평균의 차이가 클 때 두 집단 자료의 산포를 비교하는데 변동계수(Coefficient of Variation)를 사용한다. 얻은 자료의 산술평균이 20이고 분산이 16일 때 변동계수는 얼마인가?

① 4/20　　② 16/20

③ 20/4　　④ 20/16

변동계수 $CV = \frac{s}{\overline{x}} = \frac{\sqrt{16}}{20} = \frac{4}{20}$

48 어느 학생이 10km가 되는 산길을 올라갈 때는 시속 4km로 걷고, 내려올 때는 시속 6km로 걸었다. 평균 시속을 구하면?

① 4.7(km/h)　　② 4.8(km/h)

③ 4.9(km/h)　　④ 5.0(km/h)

tip 평균시속은 조화평균으로 계산한다.

$$\overline{x_H} = \frac{n}{\sum \frac{1}{x_i}}$$

49 어느 공장의 제품 중 오늘 생산된 제품의 표준편차가 아주 작았다. 이것은 무엇을 의미하는가?

① 제품이 우수하다.　　② 제품이 나쁘다.

③ 제품이 고르다.　　④ 제품이 고르지 않다.

tip 제품의 표준편차가 작다는 것은 제품이 고르다는 의미이다.

50 어떤 자료 조사의 결과 모집단 평균값은 525, 표준편차는 20이었다. 만일 관측치의 값이 545라면 이때의 Z값은?

① 0.5　　② 1

③ 2　　④ 10

tip $z = \frac{x-\mu}{\sigma} = \frac{545-525}{20} = 1$

47. ①　48. ②　49. ③　50. ②

51 **분산(variance)과 표준편차(standard deviation)에 대한 기술 중 잘못된 것은?**

① 분산도를 측정하는 대표적인 통계치이다.
② 표준편차를 제곱하는 것이 분산이다.
③ 관측치들이 평균치로부터 멀리 떨어져 있는 정도를 나타낸다.
④ 표준편차가 클수록 분산은 작아진다.

tip 분산은 표준편차의 제곱으로 표준편차가 크면 분산도 크게 된다.

52 **A학과의 학생들에게 수학문제 한 개를 과제물로 낸 후 정답과 소요시간을 제출하게 한 결과가 다음과 같을 때 소요시간에 대한 대푯값으로서 의미를 갖는 것은?**

> 2분, 2분, 2분, 5분, 15분, 20분, 30분, 40분, 50분, 1시간, 1시간 30분, 2시간, 3시간, ∞ (많은 시간을 주어야 풀 수 있을 것 같음)

① 최빈수　　② 중위수
③ 산술평균　　④ 표준편차

tip 소요시간 중 극단값인 ∞이 있어 중위수가 적당하다.

53 **다음 자료의 산술평균(mean)과 중위수(median), 최빈수(mode)를 바르게 구한 것은?**

> 10, 3, 3, 6, 4, 7

① 산술평균=5.5　중위수=4　최빈수=3
② 산술평균=5　중위수=4　최빈수=10
③ 산술평균=5　중위수=5　최빈수=10
④ 산술평균=5.5　중위수=5　최빈수=3

tip 평균 5.5, 최빈수 3, 중위수는 3, 3, 4, 6, 7, 10 중 가운데 (4+6)/2 = 5

51. ④　52. ②　53. ④

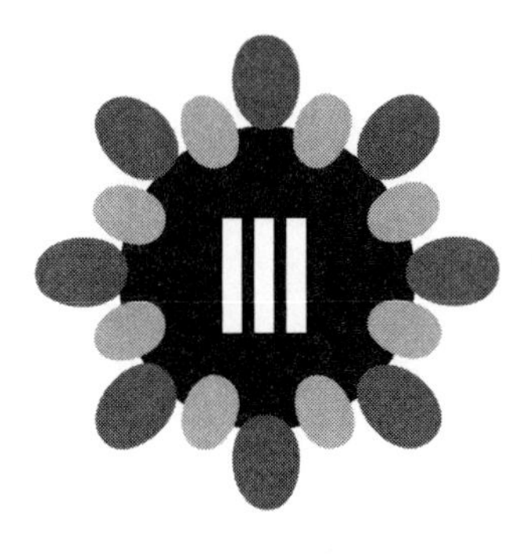

확률과 확률분포

확률

01 확률(probability)의 정의

최근 6년 출제 경향 : 2문제 / 2015(2)

동일한 조건 하에서 실험을 반복하였을 경우 어떤 결과 또는 사건이 나올 상대빈도수율을 의미하며 생물학, 천문학, 전기, 전자공학 등 여러 분야에 널리 응용되고 있다.

02 확률의 용어

집합이론	확률이론
전체집합	표본공간(S)
부분집합	사건(사상)
원소	단일사건, 표본점

03 확률의 기본원칙

최근 6년 출제 경향 : 1문제 / 2015(1)

① 확률은 0에서 1 사이의 값을 갖게 되며 확률값이 1에 가까울수록 발생가능성이 높고, 0에 가까울수록 발생가능성이 작아진다. 즉, 확률 0이 의미하는 것은 발생할 가능성이 없음을, 확률 1이 의미하는 것은 사건이 반드시 발생함을 의미한다.

$$0 \leq P(A_i) \leq 1, \ \sum_{i=1}^{n} P(A_i) = 1$$

② 이론적 방법의 확률(동등발생 정의)

$$P(A) = \frac{\text{사건 } A\text{에 속하는 경우의 수}}{\text{발생할 가능성이 동일한 전체 경우의 수}}$$

③ 경험적 방법의 확률(상대빈도 정의)

$$P(A) = \lim_{N \to \infty} \frac{n}{N}$$

단, N : 총 시행횟수, n : A 사건이 발생한 횟수

04 확률의 성질

최근 6년 출제 경향 : 3문제 / 2015(2), 2016(1)

(1) 어떤 사건이 나타날 확률을 P라 할 때 반드시 일어날 사건의 확률은 1이고, 절대로 일어날 수 없는 사건의 확률은 0이다.

(2) 사건 A가 사건 B에 속할 때 $P(A) \leq P(B)$이다.

(3) 사건 A가 일어날 확률은 p, 일어나지 않은 확률은 q라 할 때 $q = 1 - p$이다.

(4) 사건 A와 사건 B가 서로 배반적일 때, A나 B가 일어날 확률은 $P(A \cup B) = p + q$가 된다.

(5) 일어날 수 있는 모든 가능한 사건들의 확률의 합은 언제나 1이다.

(6) 연속확률변수가 정확히 하나의 값만을 취할 확률은 0이 된다.

(7) 확률의 공리

① $0 \leq P(A) \leq 1$

② $P(S) = 1$

③ $P(\overline{A}) = 1 - P(A)$

05 순열과 조합

최근 6년 출제 경향 : 1문제 / 2016(1)

(1) 순열

① 서로 다른 n개 중에서 r개를 선택하여 중복을 고려하지 않고 순서를 고려하여 나열할 수 있는 총 경우의 수

② ${}_nP_r = \dfrac{n!}{(n-r)!}$

(2) 조합

① 서로 다른 n개 중에서 r개를 선택하여 중복과 순서를 고려하지 않고 그룹을 만들 수 있는 총 경우의 수

② ${}_nC_r = \dfrac{n!}{r!(n-r)!}$

(3) 중복조합

① 서로 다른 n개 중에서 k개를 선택하여 중복은 허용하되, 순서는 고려하지 않고 그룹을 만들 수 있는 총 경우의 수

② ${}_nH_k = {}_{n+k-1}C_k$

단원별 기출문제

[확률의 정의]

01 **A와 B 두 사람이 같은 동전을 던지는 실험을 하였다. A는 100회 시행에서 앞면이 60번, B는 200회 시행에서 앞면이 90번 나왔다. 이 동전의 앞면이 나올 확률의 추정치는?**

2015. 5. 31 제2회

① 0.525　　② 0.45
③ 0.6　　④ 0.5

tip 총 300번의 시행 중 A, B 각각 동전의 앞면이 나온 경우는 150번이므로, 동전이 나올 수 있는 확률의 추정치는 $p=\frac{150}{300}=0.5$가 된다.

[확률의 정의]

02 **항아리에 파란공이 5개, 빨간공이 4개, 노란공이 3개 들어있다. 이 항아리에서 임의로 1개의 공을 꺼낼 때 빨간공일 확률은?**

2015. 5. 31 제2회

① $\frac{1}{3}$　　② $\frac{1}{4}$
③ $\frac{1}{5}$　　④ $\frac{1}{6}$

tip 총 12개의 공(파란공 : 5, 빨간공 : 4, 노란공 : 3)이 있으므로 빨간공일 확률은 $\frac{4}{12}=\frac{1}{3}$이 된다.

01. ④　02. ①

[확률의 기본원칙]

03 두 사건 A와 B에 대한 확률의 법칙 중 일반적으로 성립하지 않는 것은?

2015. 5. 31 제2회

① $P(A) = P(A \cap B) + P(A \cap B^c)$

② $P(A \cup B) = P(A) + P(B) - P(A) \cdot P(B|A)$

③ $P(A \cup A^c) = 1$

④ $P(A \cap B) = P(A) \cdot P(B)$

tip ④ A, B가 독립이라는 전제조건이 제시되어야 성립이 가능하다.

[확률의 성질]

04 어떤 학생이 통계학 시험에 합격할 확률은 2/3이고, 경제학 시험에 합격할 확률은 2/5이다. 또한 두 과목 모두에 합격할 확률이 3/4이라면 적어도 한 과목에 합격할 확률은?

2015. 5. 31 제2회

① $\frac{17}{60}$　　② $\frac{18}{60}$

③ $\frac{19}{60}$　　④ $\frac{20}{60}$

tip $P(A^c \cap B^c) = P(A \cup B)^c = 1 - P(A \cup B)$가 된다.
이때 여기에서,
$P(A \cup B) = P(A) + P(B) - P(A \cap B)$, $P(A \cup B) = 2/3 + 2/5 - 3/4 = 19/60$가 된다.

[확률의 성질]

05 두 사건 A, B에 대해 $P(A) > 0$, $P(B) > 0$, $P(B^c) > 0$일 때 다음 중 성립하지 않는 것은?

2015. 8. 16 제3회

① $A \subset B$이면 $P(A) \le P(B)$이다.

② $A \cap B = \phi$이면 A와 B는 서로 배반사건이다.

③ $P(A|B) = P(A)$이면 A와 B는 서로 독립사건이다.

④ $P(A|B) + P(A|B^c) = 1$이다.

tip $P(A|B) + P(A|B^c) \le 1$이다.

[확률의 성질]

06 사건 A가 일어날 확률이 0.5, 사건 B가 일어날 확률이 0.6, A 또는 B가 일어날 확률이 0.8일 때, 사건 A와 B가 동시에 일어나는 확률은?

2016. 5. 8 제2회

① 0.3　　② 0.4

③ 0.5　　④ 0.6

tip $P(A\cap B)=P(A)+P(B)-P(A\cup B)=0.5+0.6-0.8=0.3$

[순열과 조합]

07 구분되지 않는 n개의 공을 서로 다른 r개의 항아리에 넣는 방법의 수는? (단, $r\le n$이고 모든 항아리에는 최소한 1개 이상의 공이 들어가야 한다.)

2016. 3. 6 제1회

① $\binom{n}{r}$　　② r^n

③ $\binom{n-1}{r}$　　④ $\binom{n-1}{r-1}$

tip $_rH_{n-r}={}_{r+n-r-1}C_{n-r}={}_{n-1}C_{n-r}={}_{n-1}C_{n-1-(n-r)}={}_{n-1}C_{r-1}=\binom{n-1}{r-1}$

06. ①　07. ④

02 확률의 계산법칙

01 덧셈법칙

확률의 덧셈법칙은 주어진 몇 가지 사건이 발생할 확률을 이용하여 또 다른 사건의 발생 확률을 구하는 데 사용한다

① 임의의 두 사건 A와 B가 주어졌을 때(두 사건이 상호배타적이지 않다)

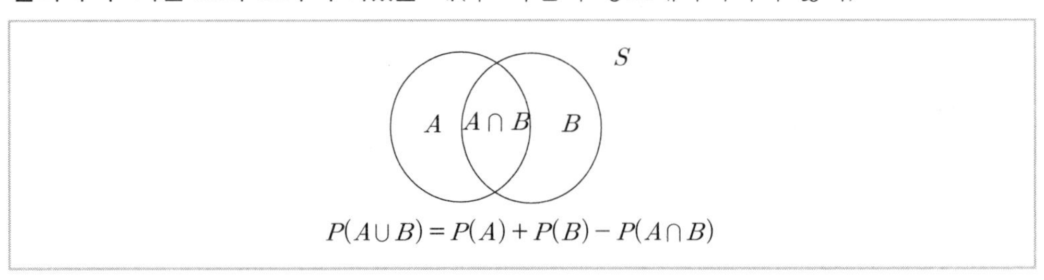

② 두 사건 A와 B가 상호배타적일 때(A와 B는 독립)

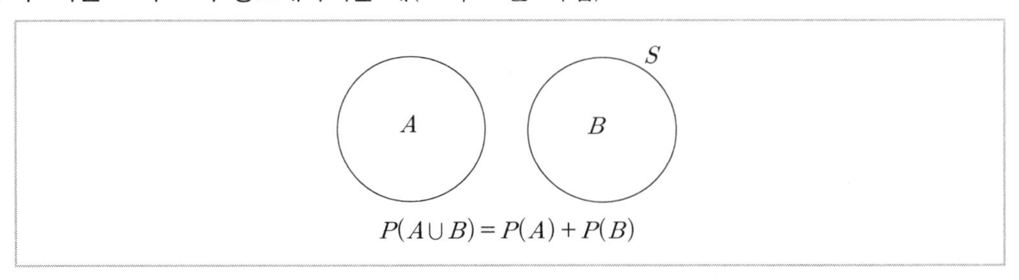

02 곱셈법칙

최근 6년 출제 경향 : 5문제 / 2012(1), 2013(1), 2015(2), 2017(1)

① 두 사건 A와 B가 동시에 일어날 수 있을 때(독립사건이 아닐 때)

$$P(A\cap B)=P(A)\cdot P(B|A)$$

② 두 사건 A와 B가 독립사건인 경우

$$P(A\cap B)=P(A)\cdot P(B)$$

03 조건부 확률(conditional probability)

최근 6년 출제 경향 : 9문제 / 2012(1), 2013(2), 2014(1), 2015(1), 2016(3), 2017(1)

하나의 사건 A가 발생한 상태에서 또 다른 어떤 사건 B가 발생할 확률로 사건 A가 일어나는 조건하에 사건 B가 일어날 확률이다.($P(B|A)$로 표기)

① 두 사건이 서로 종속적일 경우

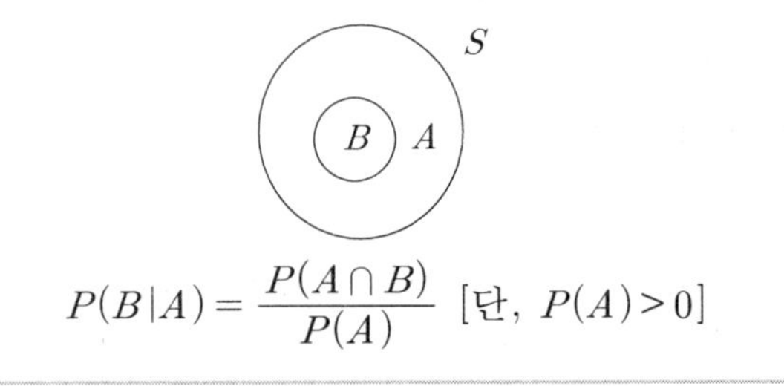

$$P(B|A)=\frac{P(A\cap B)}{P(A)}\ [단,\ P(A)>0]$$

② 두 사건이 서로 독립적일 경우

$$P(A|B)=P(A),\ P(B|A)=P(B)$$

04 베이즈(Bayes) 정리(조건부 확률의 확장형)

최근 6년 출제 경향 : 7문제 / 2012(1), 2013(1), 2014(1), 2015(1), 2016(1), 2017(2)

① 표본 공간을 A_1, A_2, ..., A_n으로 나눌 수 있고, 사건 B가 발생하였다는 정보가 주어졌을 때, A_i의 조건부 확률을 구하는 정리를 의미하며 다음과 같이 정의된다.

$$P(A_i|B) = \frac{P(A_i \cap B)}{P(B)}$$

$$= \frac{P(A_i \cap B)}{P(A_1 \cap B) + ... + P(A_n \cap B)}$$

$$= \frac{P(A_i) \cdot P(B|A_i)}{P(A_1) \cdot P(B|A_1) + ... + P(A_n) \cdot P(B|A_n)}$$

$$= \frac{P(A_i) \cdot P(B|A_i)}{\sum_{j=1}^{n} P(A_j) \cdot P(B|A_j)}$$

② 어떠한 사건의 발생 확률에서 실제적 정보를 고려하지 않은 사전 확률(prior probability)을 실험이나 관찰 등의 실증 활동을 통해 얻은 새로운 표본 정보를 통해 사후 확률(posterior probability)로 만드는데 이용된다.

③ 베이즈 정리는 원인(A)에서 결과(B)로 이르는 확률로부터 결과(B)에서 원인(A)을 추정할 수 있는 기반을 제공하였다.

예 3명의 국회의원 후보가 선거에 나섰다. 각 후보가 당선될 확률은 후보 갑이 0.3, 후보 을이 0.5, 후보 병이 0.2이다. 후보 갑이 당선되면 세금을 인상할 확률이 0.8, 후보 을이 당선되면 0.1, 후보 병이 당선되면 0.4인 것으로 추정되었다. 선거 후 세금이 인상되었음을 알았을 때 후보 갑이 국회의원으로 당선되었을 확률은 얼마인가? (단, A : 세금 인상, B_1 : 갑 당선, B_2 : 을 당선, B_3 : 병 당선)

$$P(B_1|A) = \frac{P(B_1)P(A|B_1)}{P(B_1)P(A|B_1) + P(B_2)P(A|B_2) + P(B_3)P(A|B_3)}$$

$$= \frac{(0.3)(0.8)}{(0.3)(0.8) + (0.5)(0.1) + (0.2)(0.4)} = 0.649$$

단원별 기출문제

[곱셈법칙]

01 **A항아리에서 3개의 붉은 구슬과 2개의 흰 구슬이 있고 B항아리에는 4개의 붉은 구슬과 3개의 흰 구슬이 있다. A항아리에서 무작위로 하나를 꺼내 B항아리에 넣었다고 한다. B항아리에서 하나의 구슬을 꺼낼 때, 붉은 구슬일 확률은?**

2012. 8. 26 제3회

① 0.08 ② 0.58

③ 0.38 ④ 0.20

 2가지 경우로 나눌 수 있다.

㉠ A항아리에서 붉은 구슬을 B항아리에 넣은 경우 : 3/5

이때 다시 B항아리(붉은 구슬 5개)에서 붉은 구슬일 확률은 3/5×5/8

㉡ A항아리에서 흰 구슬을 B항아리에 넣은 경우 : 2/5

이때 다시 B항아리(붉은 구슬 4개)에서 붉은 구슬일 확률은 2/5×4/8

그러므로 3/5×5/8+2/5×4/8 = 0.575

[곱셈법칙]

02 **4개의 불량품과 3개의 양호품이 들어있는 상자에서 2개의 제품을 비복원 추출로 꺼낼 때, 불량품이 적어도 1개일 확률은?**

2013. 3. 10 제1회

① $\frac{9}{42}$ ② $\frac{21}{42}$

③ $\frac{1}{7}$ ④ $\frac{6}{7}$

tip 경우의 수 : 3가지

㉠ O X : 4/7 × 3/6 = 12/42

㉡ X O : 3/7 × 4/6 = 12/42

㉢ O O : 4/7 × 3/6 = 12/42

36/42 = 6/7

01. ② 02. ④

[곱셈법칙]

03 5명의 남자와 7명의 여자로 구성된 그룹으로부터 2명의 남자와 3명의 여자로 구성되는 위원회를 조직하고자 한다. 위원회를 구성하는 방법은 몇 가지인가?

2015. 3. 8 제1회, 2017. 8. 26 제3회

① 300 ② 350

③ 400 ④ 450

tip $_5C_2 \times {_7C_3} = \frac{5\times 4}{2\times 1}\times\frac{7\times 6\times 5}{3\times 2\times 1} = 350$이 된다.

[곱셈법칙]

04 공정한 동전을 5회 던질 때, 앞면이 적어도 1회 이상 나타날 확률은?

2015. 8. 16 제3회

① 1/32 ② 5/32

③ 15/32 ④ 31/32

tip 동전을 5회 던질 때 나오게 되는 모든 경우의 수

$2^5 = 32$

(앞면이 적어도 1회 이상 나올 확률)=(모든 확률)−(앞면이 한 번도 나오지 않을 확률)

$= 1 - \frac{1}{32} = \frac{31}{32}$

[조건부 확률]

05 1개의 주사위와 1개의 동전을 던질 때 A는 동전의 앞면이, B는 주사위의 5가 나오는 사건으로 정의할 때, $P(A|B)$의 값은?

2012. 3. 4. 제1회, 2015. 3. 8 제1회

① $\frac{1}{6}$ ② $\frac{1}{2}$

③ $\frac{1}{12}$ ④ $\frac{5}{6}$

tip $P(A) = 1/2$, $P(B) = 1/5$ 두 사상 A, B는 서로 독립이다.

$P(A\cap B) = P(A)\cdot P(B) = 1/2 \cdot 1/5 = 1/10$

조건부 확률 $P(A|B) = P(A\cap B)/P(B) = (1/10)/(1/5) = 1/2$

결국 두 사상이 독립이면, $P(A|B) = P(A)$

03. ② 04. ④ 05. ②

[조건부 확률]

06 A대학교 전체의 남녀 비율은 남자가 60%이고, 남학생이면서 머리를 염색한 학생의 비율은 30%이다. 남학생 한 명을 뽑았을 때 그 학생이 머리를 염색하였을 확률은?

2013. 3. 10 제1회

① 0.1 ② 0.3
③ 0.5 ④ 0.7

tip $P(염|남)=\frac{P(염\cap남)}{P(남)}=\frac{0.3}{0.6}$

[조건부 확률]

07 $P(A)=P(B)=\frac{1}{2}$, $P(A|B)=\frac{2}{3}$일 때, $P(A\cup B)$를 구하면?

2013. 8. 18 제3회

① $\frac{1}{3}$ ② $\frac{1}{2}$
③ $\frac{2}{3}$ ④ 1.0

tip $P(A|B)=\frac{P(A\cap B)}{P(B)}$, $P(A\cap B)=\frac{2}{3}\times\frac{1}{2}=\frac{1}{3}$

$P(A\cup B)=P(A)+P(B)-P(A\cap B)$
$=\frac{1}{2}+\frac{1}{2}-\frac{1}{3}=\frac{2}{3}$

[조건부 확률]

08 8개의 붉은 구슬과 2개의 푸른 구슬이 들어 있는 주머니가 있다. 10명이 차례로 주머니에서 구슬을 하나씩 꺼내 가질 때, 2번째 사람이 푸른 구슬을 꺼내 가지게 될 확률은?

2014. 5. 25 제2회

① $\frac{1}{4}$ ② $\frac{1}{5}$
③ $\frac{2}{5}$ ④ $\frac{3}{5}$

tip 첫 번째 사람 : 붉은 구슬 추출 8/10 후 푸른 구슬 2/9 = 8/10×2/9
푸른 구슬 추출 2/10 후 푸른 구슬 1/9 = 2/10×1/9

06. ③ 07. ③ 08. ②

[조건부 확률]

09 **선다형 시험문제에서 수험생은 정답을 알거나 추측한다. 수험생이 정답을 알고 있을 확률이 0.6이고 시험문제에서 보기의 수는 5개이다. 수험생이 정답을 맞추었을 때 답을 알고 있었을 확률은?**

2016. 3. 6 제1회

① $\frac{15}{17}$　　② $\frac{16}{17}$

③ $\frac{15}{18}$　　④ $\frac{17}{18}$

tip ㉠ 정답을 알고 답을 맞출 확률 : 0.6

㉡ 정답을 모르고 답을 맞출 확률 : $0.4 \times 0.2 = 0.08$

- 정답을 모를 확률 : 0.4
- 보기 5개 중 정답인 보기를 고를 확률 : 0.2

답을 맞추었을 때 답을 알고 있었을 확률은 $\frac{0.6}{0.6+0.08}=\frac{60}{68}=\frac{15}{17}$

[조건부 확률]

10 **상자 A에는 2개의 붉은 구슬과 3개의 흰 구슬이 있고, 상자 B에는 4개의 붉은 구슬과 5개의 흰 구슬이 있다. 상자 A에서 무작위로 하나를 꺼내 상자 B에 넣은 후 상자 B에서 무작위로 하나의 구슬을 꺼낼 때, 꺼낸 구슬이 붉은 구슬일 확률은?**

2016. 3. 6 제1회

① 0.08　　② 0.44

③ 0.38　　④ 0.20

- 상자 A에서 붉은 구슬을 꺼낼 확률 : $A_{붉}=\frac{2}{5}$
- 상자 B에서 흰 구슬을 꺼낼 확률 : $B_{붉}=\frac{5}{10}$

두 개를 곱하면 $\frac{2}{5}\times\frac{5}{10}=\frac{1}{5}$

- 상자 A에서 흰 구슬을 꺼낼 확률 : $A_{흰}=\frac{3}{5}$
- 상자 B에서 붉은 구슬을 꺼낼 확률 : $B_{붉}=\frac{4}{10}$

두 개를 곱하면 $\frac{3}{5}\times\frac{4}{10}=\frac{6}{25}$

따라서 $\frac{1}{5}+\frac{6}{25}=\frac{5}{25}+\frac{6}{25}=\frac{11}{25}=0.44$

[조건부 확률]

11 어느 대학교에 재학생 전체의 45%가 남학생이며, 남학생 중에는 70%, 여학생 중에는 40%가 흡연을 하고 있다고 한다. 이 대학교의 재학생 중 임의로 한 명을 선택하여 조사한 결과 흡연자임을 알았다. 이 학생이 여학생일 확률은?

2016. 8. 21 제3회

① 0.5887　　② 0.4112

③ 0.5350　　④ 0.4560

tip $P_{남} = 0.45,\ P_{여} = 0.55$

$P_{흡연 \cap 남} = 0.45 \times 0.7 = 0.315$

$P_{흡연 \cap 여} = 0.55 \times 0.4 = 0.22$

$P_{흡} = 0.315 + 0.22 = 0.535$

$\frac{0.22}{0.535} \fallingdotseq 0.4112$

[조건부 확률]

12 어떤 전기제품의 내부에는 부품 3개가 병렬로 연결되어 있다. 적어도 하나가 정상적으로 작동하면 전기제품은 정상적으로 작동한다. 각 부품이 고장 날 사건은 서로 독립이며, 각 부품이 정상적으로 작동할 확률은 모두 0.85로 알려져 있다. 이 전기제품이 정상적으로 작동할 확률은 얼마인가?

2017. 5. 7 제2회

① 0.6141　　② 0.9966

③ 0.0034　　④ 0.3859

tip $1 - P(X-0) = 1 - 0.15^3 \fallingdotseq 0.9966$

11. ②　12. ②

[베이즈 정리]

13 **어느 지역 주민의 3%가 특정 풍토병에 걸려있다고 한다. 이 병의 검진방법에 의하면 감염자의 95%가 (+)반응을, 나머지 5%가 (−)반응을 나타내며 비감염자의 경우는 10%가 (+)반응을, 90%가 (−)반응을 나타낸다고 한다. 주민 중 한 사람을 검진한 결과 (+)반응을 보였다면 이 사람이 감염자일 확률은?**

2012. 8. 26 제3회, 2017. 3. 5 제1회

① 0.105 ② 0.227

③ 0.885 ④ 0.950

tip 베이즈 정리에 의해

$$P(감|+)=\frac{P(감\cap +)}{P(+)}=\frac{P(감)P(+|감)}{P(감)P(+|감)+P(비감)P(+|비감)}$$

$$=\frac{0.03\times 0.95}{0.03\times 0.95+0.97\times 0.1}=0.227$$

[베이즈 정리]

14 **어느 학생은 버스 또는 지하철을 이용하여 등교하는데 버스를 이용하는 경우가 40%, 지하철을 이용하는 경우가 60%라고 한다. 또한 버스로 등교하면 교통체증으로 인하여 지각하는 경우가 10%이고, 지하철로 등교하면 지각하는 경우가 4%라고 한다. 이 학생이 어느 날 지각하였을 때 버스로 등교하였을 확률은?**

2013. 6. 2 제2회

① 64.5% ② 62.5%

③ 40% ④ 4%

 베이즈 정리에 의해

$P(버스)=0.4$, $P(지하철)=0.6$, $P(지각|버스)=0.1$, $P(지각|지하철)=0.04$

$$P(버스|지각)=\frac{P(버스\cap 지각)}{P(지각)}$$

$$=\frac{P(버스)\cdot P(지각|버스)}{P(버스)\cdot P(지각|버스)+P(지하철)\cdot P(지각|지하철)}$$

$$=\frac{0.4\cdot 0.1}{0.4\cdot 0.1+0.6\cdot 0.04}$$

$$=\frac{0.04}{0.064}\times 100\%$$

$$=62.5\%$$

13. ② 14. ②

[베이즈 정리]

15 전체 인구의 2%가 어느 질병을 앓고 있다고 한다. 이 질병을 검진하기 위해 사용되고 있는 어느 진단 시약은 질병에 걸린 사람 중 80%, 질병에 걸리지 않은 사람 중 10%에 대해 양성 반응을 보인다. 어떤 사람의 진단 테스트 결과가 양성반응일 때, 이 사람이 질병에 걸렸을 확률은?

2014. 5. 25 제2회

① $\frac{7}{57}$ ② $\frac{8}{57}$

③ $\frac{10}{57}$ ④ $\frac{11}{57}$

tip 베이즈 정리에 의해

$P(질O)=0.02,\ P(양성|질O)=0.8,\ P(양성|질X)=0.1$

$$P(질O|양성)=\frac{P(질O\cap 양성)}{P(양성)}=\frac{P(질O\cap 양성)}{P(질O\cap 양성)+P(질X\cap 양성)}$$

$$=\frac{P(질O)\cdot P(양성|질O)}{P(질O)\cdot P(양성|질O)+P(질X)\cdot P(양성|질X)}$$

$$=\frac{0.02\times 0.8}{0.02\times 0.8+0.1\times 0.98}$$

$$=\frac{8}{57}$$

[베이즈 정리]

16 어떤 공장에서 두 대의 기계 A, B를 사용하여 부품을 생산하고 있다. 기계 A는 전체 생산량의 30%를 생산하며 기계 B는 전체 생산량의 70%를 생산한다. 기계 A의 불량률은 3%이고 기계 B의 불량률은 5%이다. 임의로 선택한 1개의 부품이 불량품일 때, 이 부품이 기계 A에서 생산되었을 확률은?

2015. 3. 8 제1회, 2017. 8. 26 제3회

① 10% ② 20%

③ 30% ④ 40%

tip $P(불량률)=0.03\times 0.3+0.05\times 0.7=0.044$이므로,

$P(A|불량률)=\frac{P(a\cap 불량률)}{P(불량률)}=\frac{0.009}{0.044}=0.2$가 된다.

15. ② 16. ②

[베이즈 정리]

17 **기계 A에서 제품의 40%를, 기계 B에서 제품의 60%를 생산한다. 기계 A에서 생산된 제품의 불량률은 1%이고 기계 B에서 생산된 제품의 불량률은 2%라면, 전체 불량률은?**

2016. 8. 21 제3회

① 1.5%　　② 1.6%

③ 1.7%　　④ 1.8%

tip

- 기계 A에서 생산된 제품의 불량확률 : $0.01 \times 0.4 = 0.004$
- 기계 B에서 생산된 제품의 불량확률 : $0.02 \times 0.6 = 0.012$

전체 불량확률은 $0.004 + 0.012 = 0.016$

따라서 전체 불량률은 1.6(%)이다.

17. ②

03 확률변수

01 확률변수의 개념

어떠한 실험은 실험의 다수의 결과가 일정한 확률로 발생할 것이라는 것을 예상할 수 있지만 실험의 정확한 결과는 알 수 없는 것이다. 즉, 확률변수란 확률 실험에서 발생하는 결과에 따라 상이한 수치를 가질 수 있는 변수를 말하며 그 수치는 결과가 나오기 전에는 알 수 없다. 이때 일반적으로 확률변수는 X로 표기하며 취할 수 있는 수치는 x로 표기한다.

예 동전 2개를 던졌을 때, 확률변수 X를 앞면의 수라고 하면, 다음과 같이 표본공간의 각 사상을 {0, 1, 2}로 대응시켜 준다.

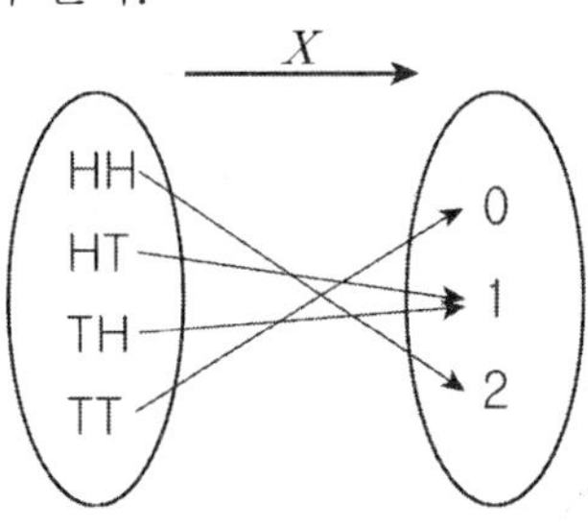

02 확률변수의 기댓값

최근 6년 출제 경향 : 9문제 / 2014(1), 2015(3), 2016(5)

X를 다음과 같은 확률분포를 가지는 확률변수라고 할 때, 다음과 같이 정의된다.

X	$X_1, X_2, ..., X_n$
$P(X=x)$	$f(x_1), f(x_2), ..., f(x_n)$

$$X\text{의 기댓값 } M = E(X) = \sum_{i=1}^{n} x_i f(x_i)$$

03 확률변수의 분산

최근 6년 출제 경향 : 2문제 / 2015(2)

확률변수 X의 기댓값을 μ라 할 때 다음과 같이 정의된다.

$$Var(X) = \sum_{i=1}^{n}[X_i - E(X)]^2 \times P(X)$$

$$\therefore\ Var(X) = E(X^2) - \mu^2$$

04 기대치와 분산의 특성

최근 6년 출제 경향 : 8문제 / 2012(3), 2013(5)

① a와 b가 상수일 때 확률변수 $ax+b$의 기댓값와 분산은 다음과 같다.

㉠ $$E(ax+b) = \sum_{i=1}^{n}(ax_i+b)f(x_i) = \sum_{i=1}^{n}(ax_i)f(x_i) + b\sum_{i=1}^{n}f(x_i)$$

$$= a\sum_{i=1}^{n}x_i f(x_i) + b = aE(x) + b$$

$$\therefore E(ax+b) = aE(x)+b$$

㉡ $Var(ax+b) = \sum_{i=1}^{n}[(ax_i + b - aE(x) - b]^2 f(x_i)$

$$= a^2 \sum_{i=1}^{n}[x_i - E(x)]^2 f(x_i) = a^2\,Var(x)$$

$\therefore\ Var(ax+b) = a^2\,Var(x)$

㉢ $b=0$이면 $E(ax) = aE(x)$, $Var(ax) = a^2\,Var(x)$

$a=0$이면 $E(b) = b$, $Var(b) = 0$

② X와 Y가 확률변수일 때, 기댓값과 분산은 다음과 같다.

㉠ $E(X+Y) = E(X) + E(Y)$

㉡ $E(X-Y) = E(X) - E(Y)$

㉢ $Var(X+Y) = Var(X) + Var(Y) + 2cov(X, Y)$

㉣ $Var(X+Y) = Var(X) + Var(Y)$ (단, X와 Y가 독립적일 때)

③ X와 Y가 서로 독립적인 확률변수라면, $E(XY) = E(X) \cdot E(Y)$

단원별 기출문제

[기댓값]

01 **창수는 공정한 동전 1개를 3회 던져, 나타나는 앞면의 횟수당 10원의 상금을 받는 게임을 하기로 하였다. 게임을 한 번 할 때마다 10만원을 내고 한다면, 이 게임을 한 번 할 때마다 얼마의 금액을 벌 것으로 기대되는가?**

2014. 5. 25 제2회

① 3만원 ② 4만원
③ 5만원 ④ 6만원

tip 1회 던졌을 때, 평균 당첨금액 = 앞면이 나올 확률 × 당첨금 = 5만원,
3회 15만원이고, 한번 할 때 10만원 내면 나머지 5만원

[기댓값]

02 **모집단{1, 2, 3, 4}로부터 무작위로 2개의 수를 복원으로 추출할 때, 표본평균의 기댓값과 분산은?**

2015. 3. 8 제1회

① 기댓값 : 2.5, 분산 : 0.884 ② 기댓값 : 1.25, 분산 : 0.625
③ 기댓값 : 2.5, 분산 : 0.625 ④ 기댓값 : 1.25, 분산 : 0.884

tip 모집단 {1, 2, 3, 4}에 대해 무작위로 2개의 수를 복원추출하게 되면 다음과 같이 나타낼 수 있다.
{(1, 1), (1, 2), (1, 3), (1, 4), (2, 1), (2, 2), (2, 3), (2, 4), (3, 1), (3, 2), (3, 3), (3, 4), (4, 1), (4, 2), (4, 3), (4, 4)}

$\overline{X}$	1	1.5	2	2.5	3	3.5	4
$p(\overline{X})$	1/16	2/16	3/16	4/16	3/16	2/16	1

$E(X) = \dfrac{1+3+6+10+9+7+4}{16} = \dfrac{40}{16} = 2.5$이고,

$Var(X) = E(X^2) - (E(X)^2$이 되므로,

$\dfrac{1^2 \times 1 + 1.5^2 \times 2 + 2^2 \times 3 + 2.5^2 \times 4 + 3^2 \times 3 + 3.5^2 \times 2 + 4^2 \times 1}{16} - 2.5^2 = 0.625$가 된다.

01. ③ 02. ③

[기댓값]

03 **공정한 주사위 1개를 굴려 윗면에 나타난 수를 X라 할 때, X의 기댓값은?**

2015. 3. 8 제1회

① 3
② 3.5
③ 6
④ 2.5

tip 공정한 주사위 1개를 굴렸을 때의 확률분포는 아래와 같다.

$\overline{X}$	1	2	3	4	5	6
$p(\overline{X})$	1/6	1/6	1/6	1/6	1/6	1/6

이때의 기댓값 $E(X) = \dfrac{1+2+3+4+5+6}{6} = 3.5$가 된다.

[기댓값]

04 **흰색 공 2개, 검은색 공 3개가 들어있는 상자에서 2개의 공을 임의로 선택할 때, 확률변수 X를 선택된 2개 중에서 흰색 공의 수라 하자. X의 기댓값은?**

2015. 5. 31 제2회

① $\dfrac{3}{5}$
② $\dfrac{4}{5}$
③ 1
④ $\dfrac{6}{5}$

X	0	1	2
$P(X)$	$\dfrac{{}_3C_2}{{}_5C_2} = \dfrac{3}{10}$	$\dfrac{{}_2C_1 \cdot {}_3C_1}{{}_5C_2} = \dfrac{6}{10}$	$\dfrac{{}_2C_2}{{}_5C_2} = \dfrac{1}{10}$

$np = 2 \times \dfrac{2}{5} = \dfrac{4}{5}$

[기댓값]

05 **표본에 근거한 추정문제에서 추정하고자 하는 모수와 추정량의 기댓값과 차이는?**

2016. 3. 6 제1회

① 유의수준
② 신뢰구간
③ 점추정
④ 편의

tip ④ 편의량(偏宜量)이란 θ의 기댓값과 θ이 추정하고자 하는 모수와의 차이를 말하는데, 이 편의량이 0인 추정량을 불편추정량(Unbiased estimator)이라 하고, 그렇지 않은 추정량을 편의추정량(Biased estimator)이라 한다.

[기댓값]

06 **어느 조사에서 응답자가 조사에 응답할 확률이 0.4라고 알려져 있다. 1,000명을 조사할 때, 응답자 수의 기댓값과 분산은?**

2016. 3. 6 제1회

① 기댓값=600, 분산=120　　② 기댓값=600, 분산=240

③ 기댓값=400, 분산=120　　④ 기댓값=400, 분산=240

tip 평균(기댓값)$= np = 1{,}000 \times 0.4 = 400$

분산$= np(1-p) = 1{,}000 \times 0.4(1-0.4) = 1{,}000 \times 0.24 = 240$

[기댓값]

07 **다음 중 기댓값에 관한 성질로 틀린 것은?**

2016. 3. 6 제1회

① $E(C) = C$, C는 상수

② $E(X \pm Y) = E(X) \pm E(Y)$

③ $E(XY) = E(X)E(Y)$, X, Y는 독립

④ $E[X - E(X)] = 1$

tip 기댓값의 성질(a, b, c_1, c_2는 상수일 때)

㉠ $E(a) = a$, $E(ax) = aE(x)$

㉡ $E(x \pm y) = E(x) \pm E(y)$

㉢ 확률변수 x, y가 독립 : $E(xy) = E(x) \cdot E(y)$

㉣ $E(ax+b) = aE(x) + b$

㉤ $E[c_1 g_1(x) + c_2 g_2(x)] = c_1 E[g_1(x)] + c_2 E[g_2(x)]$

[기댓값]

08 **확률변수 X의 기댓값이 5이고, 확률변수 Y의 기댓값이 10일 때, 확률변수 $X+2Y$의 기댓값은?**

2016. 8. 21 제3회

① 10　　② 15

③ 20　　④ 25

tip $E(aX+bY) = aE(X) + bE(Y)$

$E(X+2Y) = E(X) + 2E(Y) = 5 + 2 \times 10 = 25$

06. ④　07. ④　08. ④

[기댓값]

09 **어떤 주사위가 공정한지를 검정하기 위해 실제로 60회를 굴려 아래와 같은 결과를 얻었다.**

눈의 수	1	2	3	4	5	6
도수	13	19	11	8	5	4

유의수준 5%에서의 검정결과로 옳은 것은? (단, $\chi^2(5,\ 0.05) = 11.07$)

2016. 5. 8 제2회

① 주사위는 공정하다고 볼 수 있다.

② 주사위는 공정하다고 볼 수 없다.

③ 60번의 시행으로는 통계적 결론의 도출이 어렵다.

④ 단지 눈의 수가 2인 면이 이상하다고 볼 수 있다.

tip 주사위의 기댓값 $\frac{60}{6} = 10$

$$\chi^2 = \sum \frac{(f_o - f_e)^2}{f_e}$$

$$= \frac{(13-10)}{10^2} + \frac{(19-10)^2}{10} + \frac{(11-10)^2}{10} + \frac{(8-10)^2}{10} + \frac{(5-10)^2}{10} + \frac{(4-10)^2}{10}$$

$$= 15.6 > 11.07$$

검정통계량이 임계치보다 크므로 주사위는 공정하다고 볼 수 없다.

[확률변수의 분산]

10 **다음과 같이 주어졌을 때 편차 제곱합은?**

2015. 8. 16 제3회

$$n = 100,\ \sum_{i=1}^{n} X_i = 2,500,\ \sum_{i-1}^{n} X_i^2 = 72,400$$

① 9,800　　② 9,900

③ 10,000　　④ 10,100

tip $\sum (X_i - \overline{X})^2 = \sum X_i^2 - \frac{(\sum X_i)^2}{n} = 72,400 - \frac{(2,500)^2}{100} = 72,400 - 62,500 = 9,900$

09. ②　10. ②

[확률변수의 분산]

11 **서로 독립인 확률변수 X와 Y의 분산이 각각 2와 1일 때, $X+5Y$의 분산은?**

2015. 8. 16 제3회

① 0　　② 7
③ 17　　④ 27

tip $Var(X)=2,\ Var(Y)=1$일 때, $Var(X+5Y)=Var(X)+25Var(Y)=2+25=27$

[확률변수의 특성]

12 **X의 확률 함수 $f(x)$가 다음과 같을 때, $(x-1)$의 기댓값은?**

2012. 3. 4. 제1회

X	−1	0	1	2	3
$f(x)$	$\frac{1}{8}$	$\frac{1}{8}$	$\frac{2}{8}$	$\frac{2}{8}$	$\frac{2}{8}$

① 0　　② $\frac{3}{8}$
③ $\frac{5}{8}$　　④ $\frac{11}{8}$

tip
$$E(X)=-1\cdot\frac{1}{8}+0\cdot\frac{1}{8}+1\cdot\frac{2}{8}+2\cdot\frac{2}{8}+3\cdot\frac{2}{8}=\frac{11}{8}$$
$$E(X-1)=E(X)-1=\frac{11}{8}-1=\frac{3}{8}$$

[확률변수의 특성]

13 **모집단 {1, 2, 3, 4}로부터 무작위로 2개의 수를 복원으로 추출한다. 추출한 두 숫자의 평균의 기댓값과 분산은?**

2012. 8. 26 제3회

① 기댓값 : 2.5, 분산 : 0.884　　② 기댓값 : 1.25, 분산 : 0.625
③ 기댓값 : 2.5, 분산 : 0.625　　④ 기댓값 : 1.25, 분산 : 0.884

tip
$$E(\overline{X})=\mu,\ \ V(\overline{X})=\sigma^2/n,$$
$$\mu=\frac{1}{4}\sum(1+2+3+4)=2.5$$
$$\sigma^2=\frac{1}{4}\sum[(1-2.5)^2+(2-2.5)^2+(3-2.5)^2+(4-2.5)^2]=5/4$$
$$E(\overline{X})=2.5,\ \ V(\overline{X})=\sigma^2/n=1.25/2=0.625$$

11. ④　12. ②　13. ③

[확률변수의 특성]

14 **500원짜리 동전 3개와 100원짜리 동전 2개를 동시에 던져 앞면이 나오는 동전을 갖기로 할 때, 기댓값은?**

2012. 8. 26 제3회

① 550
② 650
③ 750
④ 850

500원, 100원의 각각은 앞면이 나올 확률은 0.5이고 총 금액은 1,700원이므로 기댓값은 850원이다.

[확률변수의 특성]

15 **가정 난방의 선호도와 방법에 대한 분할표가 다음과 같다. "가스난방"이 "아주 좋다"에 응답한 셀의 기대도수를 구하면?**

2013. 3. 10 제1회

선호도 \ 난방	기름	가스	기타
아주 좋다	20	30	20
적당하다	15	40	35
좋지 않다	50	20	10

① 31.25
② 28.25
③ 32.45
④ 26.25

선호도 \ 난방	기름	가스	기타	합
아주 좋다	20	30	20	70
적당하다	15	40	35	90
좋지 않다	50	20	10	80
합	85	90	65	240

$$기대도수 = \frac{90 \times 70}{240} = 26.25$$

14. ④ 15. ④

[확률변수의 특성]

16 **다음은 성별에 따라 빨강, 파랑, 노랑 세 색상에 대한 선호도의 차이가 있는지를 알기 위해 한 초등학교 남학생 200명과 여학생 200명을 임의로 추출하여 선호도를 조사한 분할표이다. 성별에 따라 선호하는 색상의 차이가 없다면, 파랑을 선호하는 여학생 수에 대한 기대도수의 추정값은?**

2013. 6. 2 제2회

구분	빨강	파랑	노랑	표본크기
남학생	60	90	50	200
여학생	90	70	40	200
합계	150	160	90	400

① 70　② 75
③ 80　④ 85

tip 파랑, 여학생 기대도수 $= \frac{(160 \times 200)}{400} = 80$

[확률변수의 특성]

17 **카이제곱검증에 의해 성별과 지지하는 정당 사이에 관계가 있는지를 알아보기 위해 자료를 조사한 결과, 남자 200명 중 A정당 지지자가 140명, B정당 지지자가 60명, 여자 200명 중 A정당 지지자가 80명, B정당 지지자 120명이다. 성별과 정당 사이에 관계가 없을 경우 남자와 여자 각각 몇 명이 B정당을 지지한다고 기대할 수 있는가?**

2013. 6. 2 제2회

① 남자 : 50명, 여자 : 50명　② 남자 : 60명, 여자 : 60명
③ 남자 : 80명, 여자 : 80명　④ 남자 : 90명, 여자 : 90명

tip 교차표, 기대도수

	A정당	B정당	계
남자	140	60	200
여자	80	120	200
계	220	180	400

B정당, 남자 기대도수 $= \frac{(180 \times 200)}{400}$, 여자 기대도수 $= \frac{(180 \times 200)}{400}$

16. ③　17. ④

[확률변수의 특성]

18 **어느 버스 정류장에서 매시 0분, 20분에 각 1회씩 버스가 출발한다. 한 사람이 우연히 이 정거장에 와서 버스가 출발할 때까지 기다릴 시간의 기댓값은?**

2013. 6. 2 제2회

① 15분 20초 ② 16분 40초

③ 18분 00초 ④ 19분 20초

이 사람이 도착한 시간을 X라 하자. 그러면 $X \sim U(0,\ 60)$이고 $f(x) = \frac{1}{60},\ 0 \le x \le 60$이다.

또한 이 사람이 x분에 왔을 때 기다리는 시간을 $g(x)$라 하면

$g(x) = \begin{cases} 20-x, & 0 \le x < 20 \\ 60-x, & 20 \le x < 60 \end{cases}$과 같이 나타낼 수 있다.

따라서 $g(X)$의 기댓값은 다음과 같이 계산될 수 있다.

$$\begin{aligned} E[g(X)] &= \int_0^{20}(20-x)f(x)dx + \int_{20}^{60}(60-x)f(x)dx \\ &= \frac{1}{60}\left\{\int_0^{20}(20-x)f(x)dx + \int_{20}^{60}(60-x)f(x)dx\right\} \\ &= \frac{1}{60}\left(\frac{20^2}{2} + \frac{40^2}{2}\right) \\ &= 16\frac{2}{3} \end{aligned}$$

따라서 한 사람이 우연히 이 정류장에 와서 버스가 출발할 때까지 기다릴 시간의 기댓값은 16분 40초이다.

[확률변수의 특성]

19 **앞면과 뒷면이 나올 확률이 동일한 동전을 10번 독립적으로 던질 때 앞면이 나오는 횟수를 X라 하면 X의 기댓값과 분산은?**

2013. 8. 18 제3회

① $E(X) = 5,\ Var(X) = \sqrt{5}$

② $E(X) = 5,\ Var(X) = \sqrt{2.5}$

③ $E(X) = 5,\ Var(X) = 2.5$

④ $E(X) = 2.5,\ Var(X) = 509.$

tip

$p = \frac{1}{2},\ n = 10,\ E(X) = np,\ V(X) = npq = np(1-p)$

18. ② 19. ③

04 확률분포

01 확률분포의 개념

임의의 실험에서 발생하는 사건에 확률을 부여한 것으로 확률변수의 취하는 값과 이의 대응하는 확률을 동시에 나열한 함수, 그래프 또는 표를 말한다.

02 확률분포의 구분

최근 6년 출제 경향 : 8문제 / 2013(3), 2014(1), 2015(1), 2016(1), 2017(2)

(1) 이산형 확률분포(discrete probability distribution)

① 셀 수 있는 정수값을 취하는 분포를 말하며 발생 가능한 모든 이산확률변수의 값과 발생확률을 나열한 것이다.

② $f(x)=P(X=x_i)$일 때, 모든 x_i에 대해 $0 \le f(x_i) \le 1$

③ $P(a \le X \le b)=\sum_{a}^{b} f(x)$

④ $\sum_{S} f(x_i)=1$

⑤ 이항분포, 포아송분포, 초기하분포가 대표적이다.

(2) 연속형 확률분포(continuous probability distribution)

① 일정한 실수구간에 연속적인 값을 취하는 분포를 말하며 일정한 범위 안에서는 모든 실수값을 취할 수 있으므로 곡선의 형태로 나타나게 된다.

② 모든 X에 대해 $f(x_i) \geq 0$

③ $P(a \leq X \leq b) = \int_a^b f(x)dx$

④ $P(-\infty \leq X \leq \infty) = \int_{-\infty}^{\infty} f(x)dx = 1$

⑤ $P(X=a) = \int_a^a f(x)dx = 0$

⑥ 정규분포, 지수분포, t-분포가 대표적이다.

(3) 결합 확률분포

① 정의

㉠ 2개 이상의 확률변수가 서로 상호작용하는 확률분포

㉡ $P(X=x_i, Y=y_i) = f(x_i, y_i)$, $i=1, 2, \cdots, m$ $j=1, 2, \cdots, n$

㉢ 모든 x, y에 대해 $f(x_i, y_i) \geqq 0$

㉣ 이산형인 경우 : $\sum_i \sum_j f(x_i, y_j) = 1$

연속형인 경우 : $\int_x \int_y f(x, y)\,dx\,dy = 1$

② 결합 확률분포의 기댓값

$$E(XY) = \begin{cases} \sum_x \sum_y xyP(X=x,\ Y=y) & : \text{이산형} \\ \int_x \int_y xyf(X=x,\ Y=y)dydx & : \text{연속형} \end{cases}$$

③ 주변 확률분포(marginal probability distribution) … X, Y의 결합 확률함수를 X 또는 Y 어느 하나의 확률변수로 적분한 다른 확률변수의 확률밀도 함수의 분포를 주변 확률분포라 한다.

$f_X(x_i) = \sum_{y_j} f(x_i, y_j)$: X의 주변 확률분포

$f_Y(y_j) = \sum_{x_i} f(x_i, y_j)$: Y의 주변 확률분포

예 X : 실업률(3%, 5%, 10%)
Y : 경제성장률(5%, 10%, 20%)

X \ Y	5%	10%	20%	X의 주변확률
3%	0.0	0.2	0.3	0.5
5%	0.1	0.1	0.2	0.4
10%	0.1	0.0	0.0	0.1
Y의 주변확률	0.2	0.3	0.5	1.0

④ 공분산

㉠ 정의 : 두 개의 확률변수 X, Y가 서로 어떠한 관계를 가지며 변하는지를 나타내는 척도

㉡ $Cov(X, Y) = E\{(X-E(X))(Y-E(Y))\} = EXY - E(X)E(Y)$

㉢ 특징

$Cov(aX, bY) = ab\,Cov(X, Y)$

$Cov(X+c, Y+d) = Cov(X, Y)$

$Cov(aX+c, bY+d) = ab\,Cov(X, Y)$

⑤ 상관계수(correlation coefficient)

㉠ 정의 : 두 변수의 선형적인 정도를 나타내는 척도

$$Corr(X, Y) = \frac{Cov(X, Y)}{\sqrt{Var(X)}\sqrt{Var(Y)}}$$

㉡ 공분산의 문제점 : X와 Y의 단위크기에 따라 달라진다. ⇒ 단위와 무관한 척도가 필요하다.

㉢ 성질

- $Corr(X, Y) = Corr(Y, X)$
- $-1 \leq Corr(X, Y) \leq 1$
- $Corr(X, X) = 1 \quad Corr(X, -X) = -1$
- $Corr(aX+c, bY+d) = (ab$의 부호$)\,Corr(X, Y)$

⑥ 두 확률변수의 독립성

㉠ 정의 : 두 개의 확률변수 X, Y가 독립이 되기 위해서는 X와 Y가 취하는 모든 쌍의 값 (x_i, y_j)에 대해 $P(X=x_i, Y=y_j) = P(X=x_i)P(Y=y_j)$를 만족시켜야 한다.

㉡ 성질 : 두 확률변수 X, Y가 독립이면

- $E(X \pm Y) = E(X) \pm E(Y)$
- $Cov(X, Y) = 0$
- $Corr(X, Y) = 0$
- $Var(X+Y) = Var(X) + Var(Y)$

단원별 기출문제

[이산형 확률분포]

01 **주사위 두 개를 던졌을 때 두 주사위 중 작지 않은 수를 확률변수 X라 할 때 다음 설명 중 틀린 것은?**

2014. 8. 17 제3회

① 확률변수 X는 이산형 확률변수로 1, 2, 3, 4, 5, 6의 값을 갖는다.

② $X=2$일 확률은 $P(X=2)=2/36$이다.

③ 표본공간은 $S=\{(1,\ 1),\ (1,\ 2),\ (1,\ 3),\ \ldots,\ (6,\ 6)\}$로 총 36개의 쌍으로 이루어져 있다.

④ $X<6$일 확률은 $P(X<6)=25/36$이다.

tip $P(X=2)$, $X=2$인 경우 (1,2), (2,1), (2,2) 3가지

[이산형 확률분포]

02 **어느 자동차 정비업소에서 최근 1년 동안의 기록을 근거로 하루동안에 찾아오는 손님의 수에 대한 확률분포를 다음과 같이 얻었다. 이 확률분포에 근거할 때, 하루에 몇 명 정도의 손님이 이 정비업소를 찾아올 것으로 기대되는가?**

2016. 3. 6 제1회

손님의 수	0	1	2	3	4	5
확률	0.05	0.2	0.3	0.25	0.15	0.05

① 2.0
② 2.4
③ 2.5
④ 3.0

이산확률분포의 평균 : $\sum_{i=1}^{n} x_i P(x_i)$

$E(X)=0\times0.05+1\times0.2+2\times0.3+3\times0.25+4\times0.15+5\times0.05=2.4$

01. ② 02. ②

[연속형 확률분포]

03 연속확률변수 X의 확률밀도함수를 $f(x)$라 할 때, 다음 설명 중 틀린 것은?

2015. 3. 8 제1회

① $f(x) \geq 0$

② $P(a \leq X \leq b) = \int_a^b f(x)dx,\ a < b$

③ $\sum_i f(x_i) = 1$

④ $a \leq b$이면, $P(X \leq a) \leq P(X \leq b)$

tip 연속확률변수인 경우에는 $\int_{-\infty}^{\infty} f(x_i)dx = 1$을 만족해야만 한다.

[연속형 확률분포]

04 모집단의 확률분포가 정규분포를 따른다고 한다. 이 모집단의 확률분포에 대한 설명으로 틀린 것은?

2017. 3. 5 제1회

① 모집단의 확률분포는 모평균에 대해 대칭인 분포이다.

② 모집단의 확률분포는 모평균과 모분산에 의해서 완전히 결정된다.

③ 이 모집단으로부터 표본을 취할 때 표본의 관측값이 모평균으로부터 표준편차의 2배 거리 이내의 범위에서 관측될 확률은 약 95%이다.

④ 분산이 클수록 모집단의 확률분포는 꼬리부분이 얇고 길게 된다.

tip ④ 분산이 클수록 모집단의 확률분포는 꼬리부분이 길어지고 두꺼워진다.

[결합 확률분포]

05 다음 중 의미가 다른 것은?

2013. 3. 10 제1회

① $E[X] - E[X^2]$

② $\sum_x x^2 p(x) - (\sum_x xp(x))^2$

③ $\int x^2 f(x)dx - \left(\int xf(x)dx\right)^2$

④ $E[(X - E[X])^2]$

tip ② 이산형 확률변수에 대한 분산
③ 연속형 확률변수에 대한 분산
④ $V(X) = EX^2 - (EX)^2$

03. ③ 04. ④ 05. ①

[결합 확률분포]

06 이산형 확률변수 (X, Y)의 결합확률분포표가 다음과 같이 주어진 경우, X와 Y의 상관계수에 대한 설명으로 옳은 것은?

2013. 8. 18 제3회, 2017. 8. 26 제3회

Y \ X	1	2	3	4	5
1	0.15	0.10	0.00	0.00	0.00
2	0.00	0.15	0.05	0.00	0.00
3	0.00	0.05	0.10	0.10	0.00
4	0.00	0.00	0.00	0.15	0.05
5	0.00	0.00	0.00	0.00	0.10

① 상관계수는 양의 값을 갖는다.
② 상관계수는 음의 값을 갖는다.
③ 상관계수는 0이다.
④ 상관계수를 구할 수 없다.

tip X와 Y가 커지면서 확률값이 커지므로 양의 값을 갖는다.

[결합 확률분포]

07 다음 확률분포 중 확률변수는 성질상 다른 분포와 구별되는 것은?

2013. 8. 18 제3회

① 정규분포 ② 이항분포
③ 포아송분포 ④ 다항분포

tip ㉠ 연속형 확률분포 : 정규분포,
㉡ 이산형 확률분포 : 이항분포, 다항분포, 포아송분포

06. ① 07. ①

05 출제예상문제

01 상자에 파란 공이 5개, 빨간 공이 4개, 노란 공이 3개 들어있다. 이 중 임의로 1개의 공을 꺼낼 때 그것이 빨간 공일 확률은?

① $\frac{1}{3}$ ② $\frac{1}{4}$

③ $\frac{1}{5}$ ④ $\frac{1}{6}$

tip $P(A) = \frac{\text{사건 } A\text{의 총 수}}{\text{표본공간에 있는 사건의 총 수}}$

$= \frac{4}{(5+4+3)} = \frac{4}{12} = \frac{1}{3}$

02 어느 대학의 학생 중 40%가 여성이고 그 중 10%는 아르바이트를 한다. 그 대학교에서 임의로 한 학생을 뽑았을 때 아르바이트를 하는 여성일 확률은?

① 0.01 ② 0.04

③ 0.25 ④ 0.4

tip 아르바이트를 하는 여성일 확률은 $0.4 \times 0.1 = 0.04$이다.

03 두 개의 확률변수 X와 Y가 독립일 때 옳지 않은 것은?

① $E(XY) = E(X)E(Y)$ ② $cov(X,\ Y) = 0$

③ $P(A|B) = P(A)$ ④ $P(B|A) = P(A)$

tip 상호 독립적일 경우 $P(A|B) = P(A)$, $P(B|A) = P(B)$가 된다.

01. ① 02. ② 03. ④

04 **자동차 경주에서 A가 이길 확률이 $\frac{2}{9}$, B는 A의 두 배, C는 B의 두 배일 때, C가 경주에서 이길 확률은?**

① $\frac{6}{9}$　　② $\frac{7}{9}$

③ $\frac{8}{9}$　　④ $\frac{7}{18}$

tip A가 이길 확률 $\frac{2}{9}$, B는 $2A$, C는 $2B$이다.
차례대로 대입하면 $\frac{8}{9}$이 된다.

05 **다음 설명 중 확률에 대한 성질로 옳은 것은?**

① 표본분포의 평균값과 모집단의 평균값은 같지 않다.

② 평균값의 표준오차는 모집단의 표준편차를 표본크기 n의 제곱근으로 나눈 값이다.

③ 사건 A와 B가 서로 상호보완적일 때 사건 A 또는 B가 일어날 확률은 $P(A \cup B) = P(A) + P(B)$이다.

④ 사건 A가 B에 속할 때의 확률은 $P(A) > P(B)$이다.

tip ① 서로 값이 같다.
③ 사건 A와 B는 서로 배타적이다.
④ 확률은 $P(A) \leq P(B)$이다.

06 **다음 사건 A, B가 상호배반적임을 나타내는 식으로 옳은 것은?**

① $P(A \cap B) = 0$

② $P(A \cap B) = P(A) \cdot P(B)$

③ $P(A|B) = P(A)$

④ $P(A \cup B) = P(A) + P(B) - P(A \cap B)$

tip ②③④ 사건 A, B가 서로 독립적임을 나타내는 식이다.

04. ③　05. ②　06. ①

07 **사건 A가 일어날 확률은 0.3, 사건 B가 일어날 확률은 0.5, 사건 A 또는 B가 일어날 확률을 0.7이라 할 때 사건 A와 B가 동시에 일어날 확률을 구하면?**

① 0.1　　② 0.3
③ 0.5　　④ 0.8

두 사건이 서로 배타적이 아니므로
$P(A \cup B) = P(A) + P(B) - P(A \cap B)$ 공식에 의해
$0.7 = 0.3 + 0.5 - P(A \cap B)$이 된다. 따라서 $P(A \cap B) = 0.1$이다.

08 **다음 확률분포의 분류 중 성질을 달리하는 분포는?**

① 카이제곱분포　　② 지수분포
③ 초기하분포　　④ t분포

tip ①②④ 연속확률분포
③ 이산확률분포

09 **어느 통계학 강좌의 수강생 중 40%가 A학점을 받았을 때 1학년 중에서 A학점을 받은 학생이 전체 수강생의 12%이고, 15%가 2학년 학생이라고 한다. 이때 무작위로 뽑은 한 학생이 A학점을 받았을 때 그 학생이 1학년일 확률은 얼마인가?**

① $\frac{5}{8}$　　② $\frac{3}{4}$
③ $\frac{3}{8}$　　④ $\frac{3}{10}$

tip 뽑은 학생이 A학점을 받은 학생일 사건을 A, 1학년일 사건을 B라 하면 조건부확률의 계산 법칙에 의하여

$$P(B|A) = \frac{P(A \cap B)}{P(A)} = \frac{0.12}{0.4} = \frac{3}{10}$$

07. ① 08. ③ 09. ④

10 다음 분포 중 이산형 분포로 옳은 것은?

① 포아송분포　② 정규분포
③ F분포　④ 지수분포

tip ②③④ 연속확률분포

11 7명 중에서 3명을 뽑을 수 있는 방법의 수는?

① 112　② 35
③ 56　④ 210

tip 서로 다른 n개 중 무작위로 r개를 뽑는 방법의 수는
${}_nC_r$로 표시되므로 ${}_7C_3 = \frac{7!}{3!(7-3)!} = \frac{7 \cdot 6 \cdot 5}{3 \cdot 2 \cdot 1} = 35$

12 다음 중 확률의 공리를 만족하지 않는 것은?

① $0 \leq P(A) \leq 1$
② $P(\Omega) = 1$
③ $P(A \cup B) = P(A) + P(B)$
④ $A_1, \cdots, A_n$이 상호배반이면 $P(A_1 \cup \cdots \cup A_n) = P(A_1) + \cdots + P(A_n)$

tip $P(A \cup B) = P(A) + P(B) - P(A \cap B)$

13 $E(Y) = 10$일 때, $X = 2Y + 3$ 의 기댓값은 얼마인가?

① 23　② 30/2
③ 3/20　④ 10

tip $E(X) = E(2Y+3) = 2E(Y) + 3$

10. ①　11. ②　12. ③　13. ①

14 X의 확률분포가 다음과 같을 때, 기댓값과 분산은 각각 얼마인가?

X	1	3
p_i	1/2	1/2

① 1.5, 3
② 2, 1
③ 3, 3
④ 2, 2

tip $E(X)=1\cdot\frac{1}{2}+3\cdot\frac{1}{2}=2$, $V(X)=E(X^2)-[E(X)]^2=1$

$E(X^2)=1^2\cdot\frac{1}{2}+3^2\cdot\frac{1}{2}=5$

15 X의 확률분포가 다음과 같다. 이 때 $Y=10X+5$의 기댓값은?

X	0	1	2	3
p_i	1/27	10/27	8/27	8/27

① 20.5
② 22.5
③ 23.5
④ 25.5

tip $E(Y)=E(10X+5)=10E(X)+5$

$E(X)=1\cdot\frac{10}{27}+2\cdot\frac{8}{27}+3\cdot\frac{8}{27}=\frac{50}{27}$

기댓값 $=(10\times1.85)+5=23.5$

16 다음에서 확률분포함수로 적당한 것은?

① $f(x)=\frac{x}{5}$ $x=-1, 0, 1, 2, 3$

② $f(x)=\frac{5-x}{14}$ $x=0, 1, 2, 3$

③ $f(x)=x^2-1$ $x=0, 1, 2, 3$

④ $f(x)=x^3+5$ $x=0, 1, 2, 3$

tip 확률의 합은 1이고, 확률값은 0~1이다.

14. ② 15. ③ 16. ②

17 **다음 중 연속변수는?**

① 학업성적 등수　　② 한 학급에서 안경 쓴 학생의 수

③ 체중의 측정값　　④ 지역별 주민수

tip 체중, 키, 수명 등은 연속형 변수이다.

18 $P(A)=0.4$, $P(B)=0.2$, $P(A|B)=0.6$ **일 때** $P(A\cap B)$**의 값은?**

① 0.08　　② 0.12

③ 0.24　　④ 0.48

tip $P(A|B)=\frac{P(A\cap B)}{P(B)}$

$0.6\times0.2=0.12$

19 X**의 확률함수** $f(x)$**가 다음과 같을 때,** $(x-1)$**의 기댓값은?**

X	−1	0	1	2	3
$f(x)$	$\frac{1}{8}$	$\frac{1}{8}$	$\frac{2}{8}$	$\frac{2}{8}$	$\frac{2}{8}$

① 0　　② $\frac{3}{8}$

③ $\frac{5}{8}$　　④ $\frac{11}{8}$

tip $E(X)=-1\cdot\frac{1}{8}+0\cdot\frac{1}{8}+1\cdot\frac{2}{8}+2\cdot\frac{2}{8}+3\cdot\frac{2}{8}=\frac{11}{8}$

$E(X-1)=E(X)-1=\frac{11}{8}-1=\frac{3}{8}$

17. ③　18. ②　19. ②

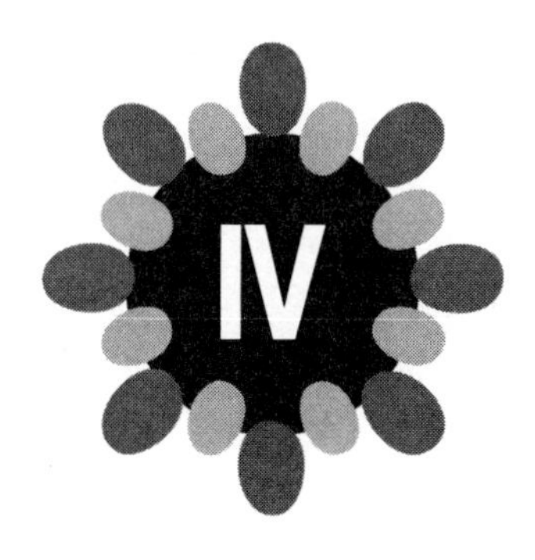

확률분포의 종류

01 이산형 확률분포

01 베르누이 시행(Bernoulli's trials)

최근 6년 출제 경향 : 9문제 / 2014(1), 2015(4), 2017(4)

① 개념 … 사건의 발생 결과가 두 개 뿐인 시행을 베르누이 시행이라 하며 다양한 확률분포에서 이항분포(binomial distribution), 포아송분포(poisson distribution), 초기하분포(hypergeomertic distribution) 등의 자주 사용되는 전형적인 이산확률분포의 경우 그 기초를 베르누이 시행에 두고 있다.

② 예시

㉠ 자격증 시험에 합격 또는 불합격한다.

㉡ 동전을 던지면 앞면 또는 뒷면이 나온다.

㉢ 제품을 검사할 때 양품 또는 불량품이 나온다.

㉣ 당구시합에서 이기거나 또는 진다.

㉤ 출산하는 아기는 아들이거나 또는 딸이다.

③ 베르누이 확률변수

㉠ 표본공간 : $S=\{s, f\}$(s : 성공, $f=$실패)

㉡ 성공 확률을 $p=P(s)$, 실패 확률을 $q=P(f)$로 표시하며 $p \geq 0$, $q \geq 0$이면 $p+q=1$이 된다.

㉢ 표본 공간 $S=\{s, f\}$에서 $X(s)=1$, $X(f)=0$인 확률변수 X를 뜻한다.

④ 특징

㉠ 베르누이 시행은 오직 두 종류의 상호 배타적인 결과를 가진다.

㉡ 어느 시행에서든 베르누이 확률변수가 특정값을 취할 확률은 언제나 일정하다.

㉢ 어느 시행에서 나타날 확률이 통계적으로 종속적일 경우 베르누이 과정이 될 수 없다.

㉣ 시행은 두 번 이상이고 반복적이어야 한다.

02 이항분포(binomial distribution)

최근 6년 출제 경향 : 36문제 / 2012(7), 2013(6), 2014(12), 2015(4), 2016(4), 2017(3)

① 이항실험 … 베르누이 시행과 조건은 동일하면서 이 시행을 n회 반복한다는 조건이 추가될 때, 즉 두 개의 결과값을 갖고 각 시행이 다른 시행의 결과에 미치는 영향이 없을 때 이 시행의 전체를 이항실험이라고 한다.

② 이항분포의 의의 … 베르누이 시행을 반복할 때 특정 사건이 나타날 확률을 p라 하고 확률변수 X를 n번 시행했을 때의 성공 횟수라고 할 경우 X의 확률분포는 시행 횟수 n과 성공률 p로 나타낸다.

③ 이항분포의 확률함수

$$P(X=x)={}_nC_x \cdot p^x \cdot q^{n-x}$$

- ${}_nC_x=\frac{n!}{(n-x)!x!}$
- $q=1-p$

④ 이항분포의 특징

㉠ $p=0.5$일 때 기댓값 np에 대하여 대칭이 된다.

㉡ $np\geq 5$, $n(1-p)\geq 5$일 때 정규분포에 근사한다.

㉢ $p\leq 0.1$, $n\geq 50$일 때 포아송분포에 근사한다.

⑤ 이항분포의 기대치와 분산

㉠ 기댓값 : $E(X)=np$

㉡ 분산 : $Var(X)=np(1-p)$

03 포아송분포(Poisson distribution)

최근 6년 출제 경향 : 3문제 / 2013(1), 2016(1), 2017(1)

① **포아송 과정**(Poisson process) … 어떠한 구간, 즉 주어진 공간, 단위 시간, 거리 등에서 이루어지는 발생할 확률이 매우 작은 사건이 나타나는 현상을 의미한다. 특히 그러한 사상이 발생한 건수는 구할 수 있지만, 발생하지 않을 건수는 계산할 수 없을 때 유용하게 쓰일 수 있다.

② **예시**

㉠ 음식점의 영업시간 동안 방문하는 손님의 수

㉡ 하루 동안 발생하는 교통사고의 수

㉢ 경기 시간 동안 농구 선수가 성공시키는 슛의 수

㉣ 책에서 발견되는 오타의 수

㉤ 축구 경기에서 발생하는 반칙의 수

③ **포아송 과정의 3가지 특성**

㉠ **비집락성** : 극히 작은 시간 · 공간에서 둘 이상의 사건이 일어날 확률은 극히 작다.

㉡ **비례성** : 단위 시간이나 공간에서 사건의 평균 출현 횟수는 일정하며 이는 시간 · 공간에 따라 변하지 않는다.

㉢ **독립성** : 한 단위 시간이나 공간에서 출현하는 사건의 횟수는 다른 단위시간이나 공간에서 출현하는 사건의 횟수와 중복되지 않고 서로 독립적이다.

④ **포아송 분포의 확률함수**

$$p(x) = \frac{e^{-\lambda}\lambda^x}{x!}$$

- $x = 0, 1, 2, \ldots$
- e =자연대수(2.71828…)
- $0 < \lambda < \infty$
- λ =단위시간, 단위구간에서 발생횟수의 평균값(포아송분포의 기댓값)

⑤ **포아송 분포의 기댓값과 분산**

㉠ **기댓값** : $E(X) = \lambda = np$

㉡ **분산** : $Var(X) = \lambda = np$

⑥ **특징**

㉠ 기댓값과 분산이 같다.

㉡ $\lambda \geq 5$일 때 정규분포에 근사하다.

㉢ $\lim_{n \to \infty} p(x) = 0$

㉣ λ가 작을 때는 오른쪽으로 꼬리가 긴 분포가 되며 λ가 커질 때에는 대칭 형태에 가까워진다.

㉤ $X_1 P(\lambda_1)$, $X_2 \sim P(\lambda_2)$이고 X_1과 X_2가 서로 독립적이라면 $X_1 + X_2 \sim P(\lambda_1 + \lambda_2)$이다.

㉥ λ값의 변화에 따른 포아송 분포의 형태

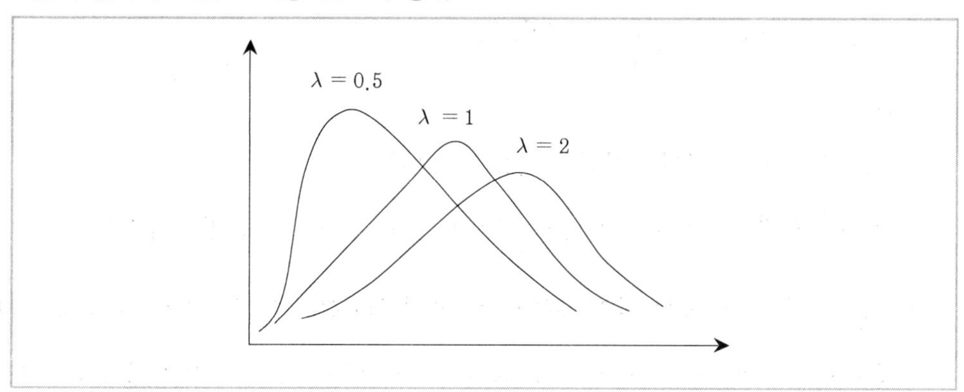

04 초기하분포(hypergeometric distribution)

최근 6년 출제 경향 : 1문제 / 2013(1)

① **개념** … 결과가 두 가지로만 나타나는 반복적인 시행에서 발생횟수의 확률분포를 나타내는 것은 이항분포와 비슷하지만, 반복적인 시행이 독립이 아니라는 것과 발생확률이 일정하지 않다는 차이점이 있다.

② **예시**

㉠ 초코맛 4개, 아몬드 맛 6개가 들어있는 과자 상자에서 무작위로 5개의 과자를 집을 때 초코맛 과자의 수

㉡ 7개의 중 5개가 양품인 가전제품에서 5개를 선택할 때 양품의 수

③ 초기하분포의 확률함수

$$P(X) = \frac{{}_aC_x \, {}_bC_{(n-x)}}{{}_NC_n}$$

• $N = a + b$

④ 초기하분포의 기댓값과 분산

㉠ 기댓값 : $E(X) = n\frac{a}{N}$

㉡ 분산 : $Var(X) = n\frac{a}{N}\left(1 - \frac{a}{N}\right)\frac{N-n}{N-1}$

⑤ 특성

㉠ 기댓값은 이항분포의 기댓값과 같은 결과이다.

㉡ 분산은 이항분포의 분산에 $\frac{N-n}{N-1}$(유한모집단 수정계수)을 곱한 값이다.

㉢ $\frac{N-n}{N-1}$은 항상 1보다 작기 때문에 초기하분포의 분산은 이항분포의 분산보다 작다.

㉣ 표본비율이 심하게 작은 경우에는 초기하분포 대신에 이항분포를 이용한 근삿값을 사용한다.

단원별 기출문제

[베르누이 시행]

01 성공률이 p인 베르누이 시행을 4회 반복하는 실험에서 성공이 일어난 횟수 X의 표준편차는?

2014. 3. 2 제1회

① $s\sqrt{p(1-p)}$　② $2p(1-p)$
③ $\sqrt{p(1-p)}/2$　④ $p(1-p)/2$

tip 이항분포의 표준편차 $= \sqrt{npq}$

[베르누이 시행]

02 어떤 제품의 제조과정에서 5%의 불량률이 발생했다. 이 제품들 중 100개를 임의로 추출하였을 때 여기에 포함된 불량품의 수를 확률변수 X라 하면, X의 평균과 분산은?

2015. 3. 8 제1회

① 평균 = 5, 분산 = 4.75　② 평균 = 5, 분산 = 2.18
③ 평균 = 6, 분산 = 5　④ 평균 = 6, 분산 = 0.25

tip $X \sim B(100, 0.05)$이고, $E(X) = 100 \times 0.05 = 5$이므로,
$Var(X) = 100 \times 0.05 \times 0.95 = 4.75$가 된다.

[베르누이 시행]

03 자동차 보험의 가입자가 보험금 지급을 청구할 확률은 0.2라 한다. 200명의 가입자 중 보험금 지급을 청구하는 사람의 수를 X라 할 때, X의 평균과 분산은?

2015. 5. 31 제2회

① 40, 16　② 40, 32
③ 16, 40　④ 16, 32

tip $X \sim B(200,\ 0.2)$이므로, $E(X) = np = 200 \times 0.2 = 40$이 되며,
$\sigma^2 = npq = 200 \times 0.2 \times 0.8 = 32$가 된다.

01. ①　02. ①　03. ②

[베르누이 시행]

04 공정한 1개의 동전을 6회 던져서 앞면이 나타난 횟수를 X라 할 때, X의 평균과 분산은?

2015. 5. 31 제2회

① 평균 : 3.0, 분산 : 1.25
② 평균 : 3.0, 분산 : 1.50
③ 평균 : 2.5, 분산 : 1.25
④ 평균 : 2.5, 분산 : 1.50

tip $X \sim B(6, 1/2)$이므로, $E(X) = np = 6 \times 1/2 = 3$이 되며,
$\sigma^2 = npq = 6 \times 1/2 \times 1/2 = 1.5$가 된다.

[베르누이 시행]

05 자동차부품을 생산하는 회사에서 품질을 관리하기 위하여 생산된 제품 가운데 100개를 추출하여 조사하였다. 그 중 불량품의 개수를 X라 할 때, X의 기댓값이 5이면 X의 분산은?

2015. 8. 16 제3회

① 0.05
② 0.475
③ 4.75
④ 9.5

tip $X \sim B(100, p)$이면, 평균 $E(X) = 100p$ 인데, 이 값이 5이므로 $100p = 5$, $p = 5/100 = 0.05$가 되고, $Var(X) = 100 \times 0.05 \times 0.95 = 4.75$가 된다.

[베르누이 시행]

06 성공의 확률이 p인 베르누이 시행을 n회 반복하여 시행했을 때, 이항분포에 대한 설명으로 틀린 것은?

2017. 3. 5 제1회

① n회 베르누이 시행 중 성공의 횟수는 이항분포를 따른다.
② 평균은 np이고, 분산은 npq, $(q = 1 - p)$이다.
③ 베르누이 시행을 n번 반복시행 했을 때, 각 시행은 배반이다.
④ n번의 베르누이 시행에서 성공의 확률 p는 모두 같다.

tip 베르누이 시행의 전제조건
㉠ 모든 시행은 매번 독립적이다.
㉡ 각 시행은 두 가지 결과 중 한 가지만 나타난다.
㉢ 각 결과 확률은 시행의 횟수와는 상관없이 일정하다.

04. ② 05. ③ 06. ③

[베르누이 시행]

07 **컴퓨터 칩을 만드는 회사에서 10%의 불량품이 만들어진다고 한다. 하루에 생산된 컴퓨터 칩 중에서 20개를 임의로 추출하여 검사할 때 불량품 개수의 평균과 분산은?**

2017. 3. 5 제1회

① $\mu = 2.0$, $\sigma^2 = 2.0$
② $\mu = 2.0$, $\sigma^2 = 1.8$
③ $\mu = 1.8$, $\sigma^2 = 2.0$
④ $\mu = 1.8$, $\sigma^2 = 1.8$

tip $n=20$, $p=0.1$이므로,
- 평균 $20 \times 0.1 = 2$
- 분산 $20 \times 0.1 \times 0.9 = 1.8$

[베르누이 시행]

08 **어느 공정에서 생산된 제품 10개 중 평균적으로 2개가 불량품이라고 알려져 있다. 그 공정에서 임의로 제품 7개를 선택하여 검사한다고 할 때 불량품의 수를 Y라고 하자. Y의 분산은?**

2017. 8. 26 제3회

① 1.4
② 1.02
③ 1.12
④ 0.16

tip $n=7$, $p=\frac{2}{10}$, $q=1-0.2=0.8$

$Var(X)=7 \times 0.2 \times 0.8 = 1.12$

[베르누이 시행]

09 **성공확률이 0.5인 베르누이 시행을 독립적으로 10회 반복할 때, 성공이 1회 발생할 확률 A와 성공이 9회 발생할 확률 B사이의 관계는?**

2017. 8. 26 제3회

① A<B
② A=B
③ A>B
④ A+B=1

tip A : $x=1$

${}_{10}C_1 = \left(\frac{1}{2}\right)\left(\frac{1}{2}\right)^9$

B : $x=9$

${}_{10}C_9 = \left(\frac{1}{2}\right)^9\left(\frac{1}{2}\right)$

07. ② 08. ③ 09. ②

[이항분포]

10 **사회현안에 대한 찬반 여론조사를 실시한 결과 찬성률이 0.8이었다면 3명을 임의 추출했을 때 2명이 찬성할 확률은?**

2012. 3. 4. 제1회

① 0.096 ② 0.384
③ 0.533 ④ 0.667

tip 성공횟수를 묻는 이항분포임. $p=0.8$, 시행횟수 $n=3$
$P(X=2)={}_3C_2(0.8)^2\cdot(0.2)^1=\frac{3\times2}{2\times1}\times(0.8)^2\times0.2=0.384$

[이항분포]

11 **확률변수 X가 이항분포 B(25, 1/5)을 따를 때, 확률변수 Y의 표준편차는? (단, $Y=4X-3$)**

2012. 3. 4. 제1회

① 4 ② 8
③ 12 ④ 16

tip 먼저 X의 분산을 구하면, 이항분포를 따르는 확률변수
X의 분산으로 $V(X)=npq=25\cdot(1/5)\cdot(4/15)=4$이다.
$V(Y)=V(4X-3)=4^2V(X)=16\cdot4=64$, $\therefore sd(X)=8$

[이항분포]

12 **X_1, X_2, ⋯, X_n은 서로 독립이고, 성공률이 p인 동일한 베르누이 분포를 따른다. 이 때, $X_1+X_2+\cdots+X_n$은 어떤 분포를 따르는가?(단, B는 이항분포를, Poisson은 포아송분포를 나타냄)**

2012. 3. 4. 제1회

① B(n/2, p) ② B(n, p)
③ Poisson(p) ④ Poisson(np)

tip 베르누이 분포에서의 확률변수는 시행횟수가 1번일 때 성공의 횟수(0 or 1)이며, 이를 모두 합한 $X_1+X_2+\cdots+X_n$은 시행횟수가 n이며, 각 시행의 성공확률 p를 따르는 이항분포가 된다.

10. ② 11. ② 12. ②

[이항분포]

13 **6개의 공정한 동전을 던져서 앞면이 나오는 개수를 X라 할 때, X의 평균과 분산은?**

2012. 8. 26 제3회

① 평균 : 3.0, 분산 : 1.25

② 평균 : 3.0, 분산 : 1.50

③ 평균 : 2.5, 분산 : 1.25

④ 평균 : 2.5, 분산 : 1.50

tip X : 앞면의 개수 $\sim B(6, 0.5)$인 이항분포를 따르며, 평균은 np이고, 분산은 npq이다
평균 : $np = 6 \times 0.5 = 3$, 분산 : $npq = 6 \times 0.5 \times 0.5 = 1.5$

[이항분포]

14 **어느 회사원이 승용차로 출근하는 길에 신호등이 5개 있다고 한다. 각 신호등에서 빨간 등에 의해 신호 대기할 확률은 0.2이고, 각 신호등에서 신호 대기 여부는 서로 독립적이라고 가정한다. 어느 날 이 회사원이 5개의 신호등 중 1개의 신호등에서만 빨간등에 의해 신호대기에 걸리고 출근할 확률을 구하는 식은?**

2012. 8. 26 제3회, 2016. 5. 8 제2회

① $(0.2)^1$

② $1-(0.8)^5$

③ $(0.2)^1(0.8)^4$

④ $5(0.2)^1(0.8)^4$

tip X : 빨간등에 걸릴 횟수 $\sim B(5, 0.2)$인 이항분포를 따른다.
$P(X=1) = {}_5C_1 \cdot 0.2^1 \cdot 0.8^4 = \frac{5}{1} \cdot (0.2)^1 \cdot (0.8)^4$

[이항분포]

15 **독립시행의 횟수가 n이고 성공확률이 p인 이항분포에서 k번 이상의 성공이 발생할 확률을 바르게 표현한 것은?**

2012. 8. 26 제3회, 2016. 5. 8 제2회

① $\binom{n}{k}(1-p)^k p^{n-k}$

② $\binom{n}{k}p^k(1-p)^{n-k}$

③ $\sum_{i=k}^{n}\binom{n}{i}(1-p)^i p^{n-i}$

④ $\sum_{i=k}^{n}\binom{n}{i}p^i(1-p)^{n-i}$

tip 베르누이 시행을 n, 성공확률이 p인 이항분포인 경우 k번 성공의 확률은 $\binom{n}{k}p^k(1-p)^{n-k}$이며, k번 이상 성공 확률은 k번 이상을 다 더한 $\sum_{i=k}^{n}\binom{n}{i}p^i(1-p)^{n-i}$이다.

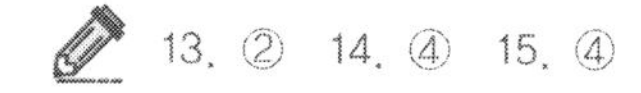

[이항분포]

16 **어느 대리점에서 제품을 팔기 위하여 고객들을 면담하고 있다. 면담을 실시한 고객이 제품들을 구입할 확률은 0.2이고 고객들 사이에 물품구입 여부는 독립적이다. 3명의 사람이 면담하였을 때, 적어도 한 사람이 제품을 구매할 확률은?**

2012. 8. 26 제3회

① 0.800 ② 0.512

③ 0.488 ④ 0.160

tip X : 구매한 사람 수(성공의 횟수) $\sim B(3, 0.2)$ 인 이항분포를 따른다.
그리고 적어도 한 사람이 제품을 구매할 확률은 전체(1)에서 한 사람도 사지 않을 확률을 빼면 된다.
$1-P(X=0)=1-{}_3C_0\ 0.2^0\ 0.8^3=1-0.512=0.488$

[이항분포]

17 **확률변수 X는 이항분포 $B(n,\ p)$를 따른다고 하자. $n=10$, $p=0.5$일 때, 확률변수 X의 평균과 분산은?**

2013. 3. 10 제1회

① 평균 2.5, 분산 5 ② 평균 2.5, 분산 2.5

③ 평균 5, 분산 5 ④ 평균 5, 분산 2.5

tip 이항분포의 평균 np, 분산 npq

[이항분포]

18 **어떤 산업제약의 제품 중 10%는 유통과정에서 변질되어 약효를 발휘할 수 없다고 한다. 이를 확인하기 위하여 해당 제품 100개를 추출하여 실험하였다. 이때 10개 이상이 불량품일 확률은?**

2013. 3. 10 제1회

① 0.1 ② 0.3

③ 0.5 ④ 0.7

tip 이항분포의 정규화
$X \sim B(100,\ 0.1) \rightarrow X \sim N(10,\ 9)$
$$P(X \geq 10) = P\left(Z \geq \frac{10-10}{\sqrt{\frac{9}{100}}}\right) = P(Z \geq 0) = 0.5$$

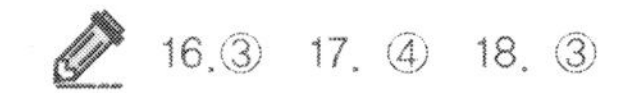
16. ③ 17. ④ 18. ③

[이항분포]

19 **다음 중 이항분포의 특징이 아닌 것은?**

2013. 6. 2 제2회, 2017. 8. 26 제3회

① 실험은 n개의 동일한 시행으로 이루어진다.
② 각 시행의 결과는 상호 배타적인 두 사건으로 구분된다.
③ 성공할 확률 P는 매 시행마다 일정하다.
④ 각 시행은 서로 독립적이 아니라도 가능하다.

tip 베르누이 시행을 따르는 이항분포는 각 시행이 독립적이다.

[이항분포]

20 **확률변수 X가 이항분포 $B(36, 1/6)$을 따를 때, 확률변수 $Y = \sqrt{5}X + 2$의 표준편차는?**

2013. 6. 2 제2회

① $\sqrt{5}$
② $5\sqrt{5}$
③ 5
④ 6

tip $V(X) = npq = 36 \cdot 1/6 \cdot 5/6 = 5$
$V(Y) = V(\sqrt{5}X+2) = 5V(X) = 5 \times 5 = 25$

[이항분포]

21 **Y는 20세 이상의 한국국적을 가지고 있는 성인의 신장이 160cm와 180cm 사이에 있으면 1, 그렇지 않으면 0의 값을 갖는 확률 변수이다. 20세 이상의 한국국적을 갖는 성인 집단에서 크기가 20인 확률표본 $y_1, y_2, \ldots, y_{20}$을 추출하여 얻은 통계량 $Z = \sum_{i=1}^{20} y_i$의 분포는?**

2013. 8. 18 제3회

① 정규분포
② 포아송분포
③ 이항분포
④ 초기하분포

tip $Y_i \sim B(p) \rightarrow Z = \sum_{i=1}^{20} y_i \sim B(20, p)$

19. ④ 20. ③ 21. ③

[이항분포]

22 어느 공정에서 생산된 제품 10개 중 평균적으로 2개가 불량품이라고 알려져 있다. 그 공정에서 임의로 제품 7개를 선택하여 검사한다고 할 때 불량품의 수를 Y라고 하자. Y의 분산은?

2013. 8. 18 제3회

① 1.4 ② 1.02

③ 1.12 ④ 0.16

tip $Y \sim B(7,\ \frac{1}{5}),\ V(Y) = npq = 7 \times \frac{1}{5} \times \frac{4}{5} = 1.12$

[이항분포]

23 어떤 공장에서 생산된 전자제품 중 5개의 표본에서 한 개 이상의 불량품이 발견되면, 그날의 생산된 전 제품을 불합격으로 처리하고 그렇지 않으면 합격으로 처리한다. 이 공장의 생산공정의 실제 불량률이 0.1일 때, 어느 날 생산된 전 제품이 불합격 처리될 확률은?(단, $0.9^5 = 0.59049$)

2014. 3. 2 제1회

① 0.10745 ② 0.40951

③ 0.42114 ④ 0.28672

tip 전 제품 불합격 처리될 확률 = 1 − (5개 중 0개가 불량품일 확률)
이항분포 X : 5개 중 불량품 수, 불량품 확률$(p) = 0.1$
$= 1 - P(X=0) = 1 - {}_5C_0 \cdot\ 0.1^0 \cdot\ 0.9^5 = 1 - 0.59049$

[이항분포]

24 어느 대형마트 고객관리팀에서는 다음과 같은 기준에 따라 매일 고객집단을 분류하여 관리한다. 어느 특정한 날 마트를 방문한 고객들의 자료를 분류한 결과 A그룹이 30%, B그룹이 50%, C그룹이 20%인 것으로 나타났다. 이날 마트를 방문한 고객 중 임의로 4명을 택할 때 이 중 3명만이 B그룹에 속할 확률은?

2014. 3. 2 제1회

구분	구매금액
A그룹	20만원 이상
B그룹	10만원 이상 ~ 20만원 미만
C그룹	10만원 미만

22. ③ 23. ② 24. ①

① 0.25 ② 0.27

③ 0.37 ④ 0.39

tip 이항분포 X : 4명 중 B그룹에 속한 수, B그룹에 속할 확률$(p)=0.5$

$$P(X=3)={}_4C_3=\frac{0.5\times0.5\times0.5}{0.5}=0.25$$

[이항분포]

25 공정한 동전 10개를 동시에 던질 때, 정확히 한 개만 앞면이 나올 확률은?

2014. 3. 2 제1회, 2017. 5. 7 제2회

① $\frac{3}{1024}$ ② $\frac{9}{1024}$

③ $\frac{10}{1024}$ ④ $\frac{20}{1024}$

tip 이항분포 X : 10개 중 앞면의 수, 앞면이 나올 확률$(p)=1/2$

$$P(X=1)={}_{10}C_1\cdot\frac{1}{2^1}\cdot\frac{1}{2^9}=10\left(\frac{1}{2}\right)^{10}=\frac{10}{1024}$$

[이항분포]

26 다음은 확률변수 X에 대한 확률분포일 때 $2X-5$의 분산은?

2014. 3. 2 제1회

X	$P(X=x)$
0	0.2
1	0.6
2	0.2

① 0.4 ② 0.6

③ 1.6 ④ 2.4

tip $V(2X-5)=4\cdot V(X)$

$V(X)=E(X^2)-[E(X)]^2=1.4-(1.0)^2=0.4$

$E(X)=0\times0.2+1\times0.6+2\times0.2=1.0,\ E(X^2)=0^2\times0.2+1^2\times0.6+2^2\times0.2=1.4$

[이항분포]

27 **다음 중 앞면이 나올 확률이 0.5인 동전을 n번 던질 때 앞면이 나타날 비율에 대한 설명으로 틀린 것은?**

2014. 3. 2 제1회

① $p_{100} = p_{1000}$ 이다.

② np_n의 분포는 이항분포 $B\left(n,\ \frac{1}{2}\right)$을 따른다.

③ p_n의 분산은 $\frac{1}{4n}$ 이다.

④ n이 커짐에 따라 p_n의 확률분포는 근사적으로 정규분포를 따른다.

tip $P_n \sim N(p,\ pq/n)$, P_{100}, P_{1000}는 시행횟수가 다르므로 다른 분포이다.

[이항분포]

28 **확률변수 X의 확률분포가 다음과 같다. 평균과 분산으로 옳은 것은?**

2014. 5. 25 제2회

X	0	1	2	계
$P(X=x)$	0.2	0.6	0.2	1

① 1.0, 0.4　　② 0.8, 0.4

③ 1.0, 0.2　　④ 0.8, 0.2

$E(X) = 0\times0.2+1\times0.6+2\times0.2 = 1.0$

$V(X) = E(X^2) - [E(X)]^2 = 1.4 - (1.0)^2 = 0.4$

$E(X^2) = 0^2\times0.2+1^2\times0.6+2^2\times0.2 = 1.4$

27. ④　28. ①

[이항분포]

29 어떤 사람이 5일 연속 즉성당첨복권을 구입한다고 하자. 어느 날 당첨될 확률은 $\frac{1}{5}$이고, 어느 날 구입한 복권의 당첨여부가 그 다음날 구입한 복권의 당첨여부에 영향을 미치지 않는다면, 2장의 당첨복권과 3장의 무효 복권을 구매할 확률은?

2014. 5. 25 제2회

① $10\left(\frac{1}{5}\right)^2\left(\frac{4}{5}\right)^3$　② $2\left(\frac{1}{5}\right)^2\left(\frac{4}{5}\right)^3$

③ $5\left(\frac{1}{5}\right)^2\left(\frac{4}{5}\right)^3$　④ $3\left(\frac{1}{5}\right)^3\left(\frac{4}{5}\right)^2$

tip 이항분포 X : 5번 중 당첨횟수, 당첨 확률 : 1/5

$P(X=2) = {}_5C_2\left(\frac{1}{5}\right)^2\left(1-\frac{1}{5}\right)^3 = \left(\frac{5\times4}{2\times1}\right)\left(\frac{1}{5}\right)^2\left(\frac{4}{5}\right)^3 = 10\left(\frac{1}{5}\right)^2\left(\frac{4}{5}\right)^3$

[이항분포]

30 어느 농구선수의 자유투 성공률은 70%라고 알려져 있다. 이 선수가 자유투를 20회 던진다면 몇 회 정도 성공할 것으로 기대되는가?

2014. 5. 25 제2회

① 7　② 8

③ 16　④ 14

tip 이항분포의 평균 : 성공횟수의 기댓값 $np = 20 \times 0.7$

[이항분포]

31 어느 공정에서 생산되는 제품의 약 40%가 불량품이라고 한다. 이 공정의 제품 4개를 임의로 추출했을 때, 4개가 불량품일 확률은?

2014. 8. 17 제3회

① $\frac{16}{125}$　② $\frac{64}{625}$

③ $\frac{62}{625}$　④ $\frac{16}{625}$

tip 이항분포 X : 제품 4개 중 불량품 수, 불량률$(p) = 0.4$

$P(X=4) = {}_4C_4 \cdot 0.4^4 \cdot 0.6^0$

29. ①　30. ④　31. ④

[이항분포]

32 **사회현안에 대한 찬반 여론조사를 실시한 결과 찬성률이 0.8이었다면 3명을 임의 추출했을 때 2명이 찬성할 확률은?**

2014. 8. 17 제3회

① 0.096　　② 0.384

③ 0.533　　④ 0.667

tip 이항분포 X : 3명 중 찬성한 명수, 찬성률$(p) = 0.8$

$P(X=3) = {}_3C_2 \cdot 0.8^2 \cdot 0.2^1$

$= \frac{3\times 2}{2\times 1} \times \left(\frac{8}{10}\right)^2 \cdot \left(\frac{2}{10}\right)^1 = \frac{384}{1000} = 0.384$

[이항분포]

33 **한 개의 공정한 동전을 연속적으로 10번 던지는 실험에서 확률변수 X를 옆면(H)이 나온 횟수로 정의하면 확률변수 X의 평균은?**

2014. 8. 17 제3회, 2017. 3. 5 제1회

① 0　　② 1

③ 5　　④ 10

tip 이항분포의 확률변수 평균 $E(X) = np = 10 \times 1/2$

[이항분포]

34 **확률변수 X가 이항분포 $B(n,\ p)$를 따르고, 그 분산은 25/16이며, $X=1$일 확률이 $X=0$일 확률의 4배인 경우 성공확률 p의 값은?**

2014. 8. 17 제3회

① $\frac{3}{8}$　　② $\frac{4}{8}$

③ $\frac{5}{8}$　　④ $\frac{6}{8}$

tip $V(X) = np(1-p) = 25/16$, $4 \cdot\ P(X=0) = P(X=1)$

$4 \cdot {}_nC_0 \cdot P^0 \cdot (1-P)^n = {}_nC_1 \cdot p^1(1-p)^{n-1}$,

$4 \cdot (1-p)^n = n \cdot p \cdot (1-p)^{n-1}$, $4 \cdot (1-p) = n \cdot p$

$V(X) = np(1-p) = \frac{25}{16} \to 4(1-p)^2 = \frac{25}{16} \to (1-p)^2 = \frac{25}{64} \to 1-p = \sqrt{\frac{25}{64}}$

$\to 1-p = \frac{5}{8} = p = \frac{8}{8} - \frac{5}{8} = \frac{3}{8}$

 32. ②　33. ③　34. ①

[이항분포]

35 **이항분포 $B(n,\ p)$의 정규 근사 조건으로 옳은 것은?**

2015. 5. 31 제2회

① $n \le 30$

② $np \le 5,\ n(1-p) \ge 5$

③ $np \ge 5,\ n(1-p) \ge 5$

④ $np \ge np(1-p)$

tip 통상적으로 n이 크고, p가 작을 시에는 정규분포로 근사하다고 할 수 있는데, 이러한 경우의 조건으로는 $np \ge 5,\ n(1-p) \ge 5$로 정의가 가능하다.

[이항분포]

36 **어느 공장에서 생산되는 나사못의 10%가 불량품이라고 한다. 이 공장에서 만든 나사못 중 400개를 임의로 뽑았을 때 불량품 개수 X의 평균과 표준편차는?**

2015. 8. 16 제3회

① 평균 : 30, 표준편차 : 6

② 평균 : 40, 표준편차 : 36

③ 평균 : 30, 표준편차 : 36

④ 평균 : 40, 표준편차 : 6

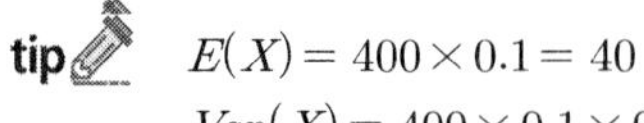

tip $E(X) = 400 \times 0.1 = 40$

$Var(X) = 400 \times 0.1 \times 0.9 = 36$

$\sigma = 6$

[이항분포]

37 **5개의 동전을 던져서 앞면이 나타난 개수를 X라 할 때 X의 평균과 분산은?**

2015. 8. 16 제3회

① 2.5, 1.25

② 2.5, 1.25^2

③ 3.0, 1.25

④ 3.0, 1.25^2

tip $E(X) = 5 \times 1/2 = 2.5$

$Var(X) = 5 \times 1/2 \times 1/2 = 5/4 = 1.25$

35. ③ 36. ④ 37. ①

[이항분포]

38 **4지 택일형 문제가 10개 있다. 각 문제에 임의로 답을 써 넣을 때 정답을 맞힌 개수 X의 분포는?**

2015. 8. 16 제3회

① 정규분포　　② 이항분포
③ t분포　　④ F분포

tip 이항분포

㉠ 성공확률이 p인 베르누이시행을 독립적으로 여러 번 시행했을 때, 관심있는 항의 출현 횟수를 확률분포라 하고 모수 n, p를 갖는 이항분포라 한다.

㉡ 이항분포의 예

- 동전을 세 번 던지는 실험
- 공장에서 1,000개의 생산품 품질검사
- 주사위 10번 던져 1의 눈이 나오는 횟수
- 사지선다형 문제 5개를 임의로 대답했을 때 정답을 맞춘 문제의 수

[이항분포]

39 **다음 중 이항분포를 따르지 않는 것은?**

2016. 5. 8 제2회

① 주사위를 10번 던졌을 때 짝수의 눈의 수가 나타난 횟수
② 어떤 기계에서 만든 5개의 제품 중 불량품의 개수
③ 1시간 동안 전화교환대에 걸려오는 전화 횟수
④ 한 농구선수가 던진 3개의 자유투 중에서 성공한 자유투의 수

tip ③ 포아송분포

※ **포아송분포** … 이 푸아송분포는 사건의 빈도가 극히 낮은 사건의 확률을 추정하는 데 흔히 이용된다. 예를 들면 어떤 시(市)에 1년에 평균 300건의 자동차 사고가 나는데 이를 하루 동안의 사고가능률로 나누어 보면 전혀 안 생기거나 한두 번 생기는 경우가 대부분일 것이고 세 번 또는 그 이상의 사고가 연거푸 생기는 경우는 드물 것이다. 이 경우 사고건수 X가 3번 또는 그 이상이 생길 가능성을 구하는 데 이 분포를 적용할 수 있다.

38. ②　39. ③

[이항분포]

40 **어느 공장에서는 전자제품의 부품을 생산하는데 생산하는 부품의 약 10%가 불량품이라고 한다. 이 공장에서 생산하는 부품 10개를 임의로 추출하여 검사할 때, 불량품이 2개 이하일 확률을 다음 누적확률분포표를 이용하여 구하면?**

2016. 8. 21 제3회

누적이항확률분포표
$P(X \le c)$ and $X \sim B(n, p)$

	c	p				
		$\cdots$	0.80	0.90	0.95	$\cdots$
$n=10$	$\vdots$		$\vdots$	$\vdots$	$\vdots$	
	7	$\cdots$	0.322	0.070	0.012	$\cdots$
	8	$\cdots$	0.624	0.264	0.086	$\cdots$
	9	$\cdots$	0.893	0.651	0.401	$\cdots$
	$\vdots$		$\vdots$	$\vdots$	$\vdots$	

① 0.070 ② 0.264
③ 0.736 ④ 0.930

tip $n=10$, $c=7$, $p=0.90$일 때 값이 0.070이다.
$P(X \le 7)=0.070$
$P(X \ge 8)=1-P(X \le 7)=1-0.070=0.930$

[포아송분포]

41 **A 도시에 새벽 1시부터 3시 사이 일어나는 범죄 건수는 시간당 평균 0.2건이다. 범죄발생건수의 분포가 포아송분포를 따른다면, 오늘 새벽 1시와 2시 사이에 범죄발생이 전혀 없을 확률은?**

2013. 3. 10 제1회

① 약 62% ② 약 72%
③ 약 82% ④ 약 92%

tip 1시간 동안 $X \sim P_0(0.2)$

$$P(X=0)=\frac{e^{-0.2}\cdot 0.2^0}{0!}e^{-0.2} \fallingdotseq 0.819$$

40. ④ 41. ③

[포아송분포]

42 **특정 제품의 단위 면적당 결점의 수 또는 단위 시간당 사건 발생수에 대한 확률분포로 적합한 분포는?**

2016. 8. 21 제3회

① 이항분포 ② 포아송분포

③ 초기하분포 ④ 지수분포

tip ② 포아송분포는 이항분포처럼 표본검사가 셀 수 있는 시행으로 이루어지는 것이 아니라 단위시간, 단위거리, 단위면적처럼 어떤 구간에서 이루어져 어떤 사상이 발생할 횟수에 관심을 둔다.

[포아송분포]

43 **10m당 평균 1개의 흠집이 나타나는 전선이 있다. 이 전선 10m을 구입했을 때 발견되는 흠집수의 확률분포는?**

2017. 5. 7 제2회

① 이항분포 ② 포아송분포

③ 기하분포 ④ 초기하분포

② 일정한 시간과 공간에서 발생하는 사건의 발생횟수를 뜻한다. 포아송분포는 일정한 시공간에서 일어나는 발생횟수가 의미있을 뿐, 총 시행횟수가 없기 때문에 실패횟수라는 개념이 존재하지 않는다.

[초기하분포]

44 **10명의 사람 중 4명이 남자이고, 6명이 여자일 때 이 중 3명을 뽑을 때 적어도 1명이 남자일 확률은?**

2013. 6. 2 제2회

① $\frac{5}{6}$ ② $\frac{1}{6}$

③ $\frac{1}{10}$ ④ $\frac{1}{30}$

tip 비복원 추출로 X : 남자의 수라고 하면, 초기하분포를 따름

$$P(X \geq 1) = 1 - P(X=0) = 1 - \frac{{}_6C_3}{{}_{10}C_3} = 1 - \frac{6 \times 5 \times 4}{10 \times 9 \times 8} = 1 - \frac{1}{6} = \frac{5}{6}$$

42. ② 43. ② 44. ①

02 연속형 확률분포

01 연속확률분포의 특성

① 정해진 범위 내에서 모든 실수값을 취할 수 있으므로 곡선의 형태로 나타난다.

② 수평축은 확률변수 X의 범위를 나타낸다.

③ 확률밀도함수는 곡선의 높이로 나타나며 이것으로 분포의 모양이 결정된다.

④ 확률밀도함수는 음수값을 가질 수 없으므로 수평축 아래에 존재하지 않는다.

⑤ 확률밀도함수 아래의 면적이 확률이 되므로 전체 면적은 항상 1이다.

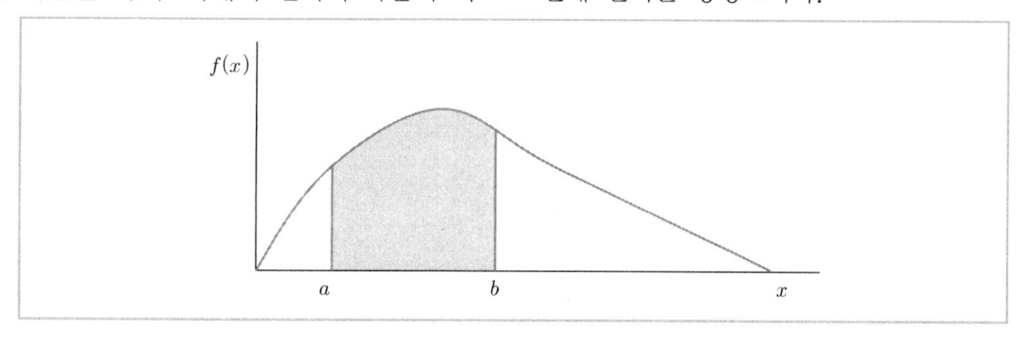

02 정규분포(normal distribution)

최근 6년 출제 경향 : 29문제 / 2012(8), 2013(5), 2014(6), 2015(2), 2016(6), 2017(2)

① **개념** … 연속확률분포의 일종으로 Gauss 분포라고도 하며 수많은 사회 · 경제 · 자연 현상은 정규분포에 가까운 분포를 이루고 있으므로 그 활용도는 매우 높다. 정규분포는 어떤 점에 대칭인 확률밀도함수의 그래프를 가진다.

② **정규분포의 확률밀도함수** … 정규확률변수(normal random variable)에서 $-\infty$와 $+\infty$ 사이의 모든 값을 취할 수 있는 연속확률변수를 말하며 그에 대한 정의는 다음과 같다.

$$f(x)=\frac{1}{\sqrt{2\pi\sigma^2}}e^{-\frac{1}{2}\left(\frac{x-\mu}{\sigma}\right)^2}$$

- e = 자연대수(2.71828…)
- π = 원둘레와 지름의 비율(3.14159…)
- $-\infty < x < +\infty$, $-\infty < \mu < +\infty$
- $\sigma > 0$

③ **정규분포곡선** … 정규분포의 확률밀도함수에 의한 분포는 평균 μ와 표준편차 σ에 의해 다양한 모양을 이룰 수 있다.

㉠ 평균은 같으나 분산이 다른 정규분포($\sigma_1 < \sigma_2$)

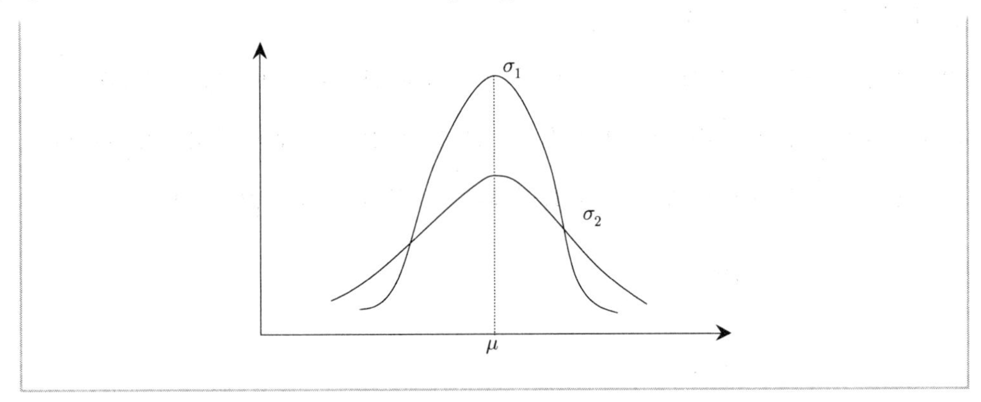

㉡ 분산은 같으나 평균이 다른 정규분포($\mu_1 < \mu_2$)

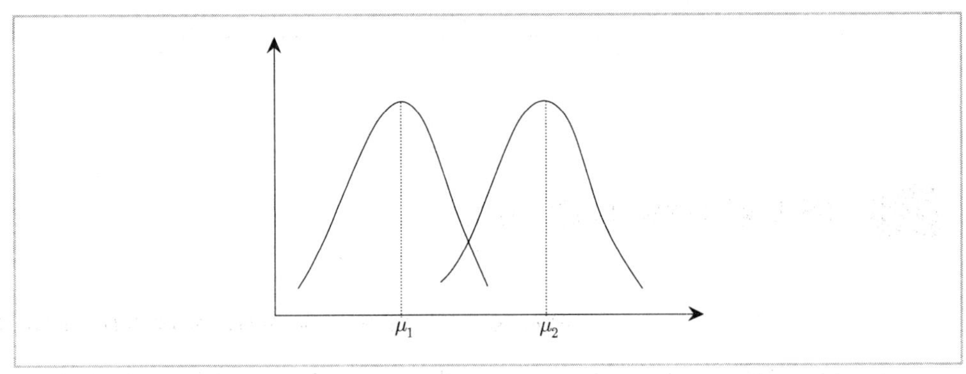

㉢ 평균과 분산이 모두 다른 정규분포($\mu_1 < \mu_2$, $\sigma_1 < \sigma_2$)

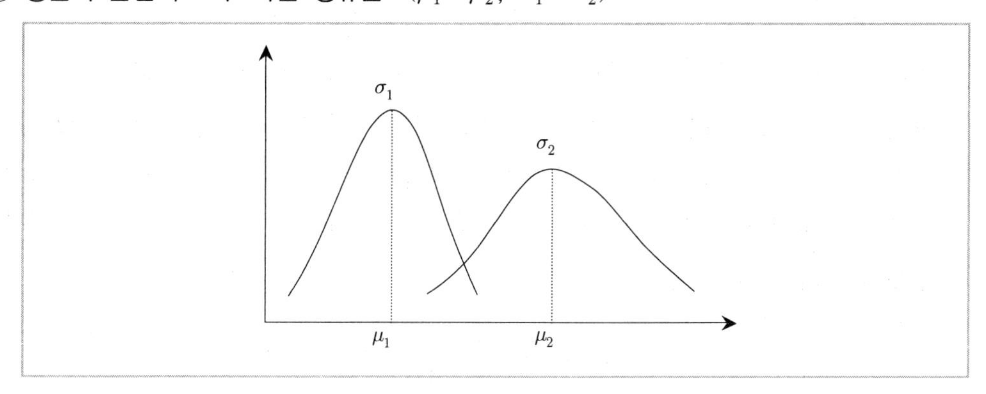

④ 특성

㉠ 정규분포곡선 아래의 전체 면적은 1 또는 100%이다.

㉡ 표준편차가 같더라도 평균값의 차이에 따라 분포 위치가 달라진다.

㉢ 확률밀도함수 그래프를 가지며 평균치에 대하여 대칭 형태를 이루므로 평균은 중앙값, 최빈값과 같다.

㉣ 평균값 또는 기댓값보다 매우 크거나 작은 값이 나타날 확률은 매우 작지만 값이 결코 0은 아니다.

㉤ 표준편차가 커질수록 평평한 종 모양을 취하며 작아질수록 곡선의 높이가 높은 종 모양을 취한다.

⑤ 정규분포의 기댓값과 분산

㉠ 정규분포 기호 : $N(\mu, \sigma^2)$

㉡ 기댓값 : $E(X) = \mu$

㉢ 분산 : $Var(X) = \sigma^2$

03 표준정규분포(standard normal distribution)

최근 6년 출제 경향 : 9문제 / 2012(1), 2013(5), 2015(2), 2016(1)

① 의의 … 정규분포의 모양이 평균 μ와 편차 σ에 따라 다르다 하더라도 확률변수 X가 평균에서 떨어진 거리를 표준편차의 배수로 표현한 $\frac{X-\mu}{\sigma}$의 값이 같으면 평균에서부터 X까지의 면적은 같아진다. 따라서 이러한 정규분포의 특성에 따라 정규분포에서 확률

을 구할 때는 매번 확률밀도함수를 적분하는 번거로운 계산보다 $\frac{X-\mu}{\sigma}$의 값을 표준화 Z(standardized Z)한 후 미리 면적을 구해놓은 표를 이용하여 그 값을 구하고 있다.

② **개념** … 표준정규분포는 정규분포가 표준화 과정을 거쳐 확률변수 Z가 기댓값이 0, 분산은 1인 정규분포를 따르는 것을 말하며 확률변수 X가 $N(\mu, \sigma^2)$라면 X의 μ와 σ의 값과 관계없이 Z는 $N(0, 1)$의 분포를 갖게 되며 이를 $Z \sim N(0, 1)$라 나타낸다.

③ **표준화**(standardization)

$$Z\text{값} = \frac{\text{확률변수값} - \text{평균}}{\text{표준편차}} = \frac{X-\mu}{\sigma}$$

◦표기시 $X \sim N(\mu, \sigma^2)$이고 $Z \sim N(0, 1)$이다.

㉠ 정규확률변수의 확률은 정규분포곡선과 횡축 사이의 면적으로 계산되며 실제 확률변수값을 Z값이라고 불리는 표준 단위로 변환시켜 계산한다.

㉡ 확률변수값이 평균값보다 클 때는 Z값이 양의 값을 가지고 평균값보다 작을 때는 Z값이 음의 값을 갖는다.

④ **분포표** … 정규분포의 경우 표준화를 거쳐 Z값이 같아지면 평균에서부터 Z값까지의 면적이 같아지므로 통계학에서는 표에 Z값에 따른 면적을 나열한 Z분포표를 이용하여 확률을 구한다. 다음은 Z분포표의 일부이다.

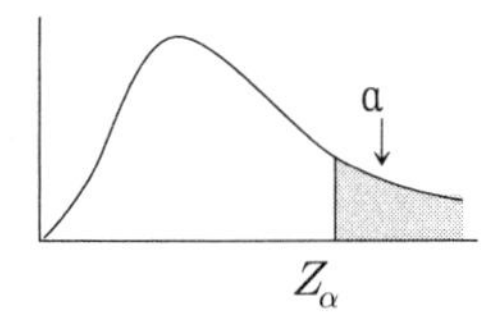

$-Z = 0.39 = 0.3 + 0.09 \rightarrow P = (0 \leq Z \leq 0.39) = 0.1517$

$-Z = 0.72 = 0.7 + 0.02 \rightarrow P = (0 \leq Z \leq 0.72) = 0.2642$

$-Z = 1.15 = 1.1 + 0.05 \rightarrow P = (0 \leq Z \leq 1.15) = 0.3749$

⑤ **표준정규분포의 기댓값과 분산**

㉠ **표준정규분포 기호** : $Z \sim N(0, 1)$

㉡ **기댓값** : $E(X) = 0$

㉢ **분산** : $Var(X) = 1$

⑥ 표준정규분포의 계산 방법

> **예** 서원각은 이번에 A라는 책을 출판한다. 대략 기존의 독자가 평균 6,000명에, 표준편차가 1,500명인 정규분포를 이룬다고 알고 있다. 초판을 8,000부 인쇄했을 때, 이 서적이 부족할 확률을 계산하여라.
>
> (풀이) $X \sim N(6,000,\ 1,500^2)$
>
> $$P(X \geq 8,000) = P(Z \geq \frac{8,000 - 6,000}{1,500}) = P(Z > 1.33)$$
>
> $$= 1 - P(Z \leq 1.33) = 1 - 0.9082 = 0.0918$$
>
> 즉, 서적이 부족할 확률은 0.0918로 약 9%이다.

참고 》 $P(Z \leq 1.33)$에 해당되는 값 찾는 방법

1. 정규분포를 표준정규분포로 표준화하였으므로 표준정규분포표인 Z 분포표를 이용한다.[표준정규분포 부록표 참고]
2. 1.33에 해당하는 값은 행 1.3, 열 0.03이 교차하는 지점의 값인 0.9082이다. 하지만 문제에서는 해당 값을 제시해주는 경우가 많다.

표준정규분포표
$(\Pr(Z \leq z) = \Phi(z),\ Z \sim N(0,\ 1))$

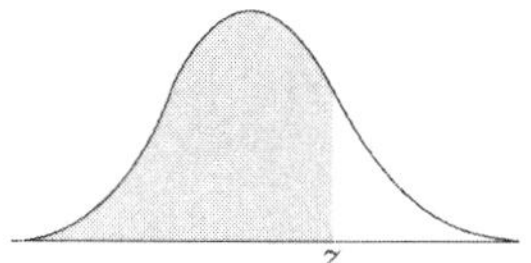

	0.00	0.01	0.02	0.03	0.04	0.05	0.06	0.07	0.08	0.09
0.0	0.5000	0.5040	0.5080	0.5120	0.5160	0.5199	0.5239	0.5279	0.5319	0.5359
0.1	0.5398	0.5438	0.5478	0.5517	0.5557	0.5596	0.5636	0.5675	0.5714	0.5753
0.2	0.5793	0.5832	0.5871	0.5910	0.5948	0.5987	0.6026	0.6064	0.6103	0.6141
0.3	0.1179	0.6217	0.6255	0.6293	0.6331	0.6368	0.6406	0.6443	0.6480	0.6517
0.4	0.1554	0.6591	0.6628	0.6664	0.6700	0.6736	0.6772	0.6808	0.6844	0.6879
0.5	0.1915	0.6950	0.6985	0.7019	0.7054	0.7088	0.7123	0.7157	0.7190	0.7224
0.6	0.7257	0.7291	0.7324	0.7357	0.7389	0.7422	0.7454	0.7486	0.7518	0.7549
0.7	0.7580	0.7611	0.7642	0.7673	0.7704	0.7734	0.7764	0.7794	0.7823	0.7852
0.8	0.7881	0.7910	0.7939	0.7967	0.7995	0.8023	0.8051	0.8078	0.8106	0.8133
0.9	0.8159	0.8186	0.8212	0.8238	0.8264	0.8289	0.8315	0.8340	0.8365	0.8389
1.0	0.8413	0.8438	0.8461	0.8485	0.8508	0.8531	0.8554	0.8577	0.8599	0.8621
1.1	0.8643	0.8665	0.8686	0.8708	0.8729	0.8749	0.8770	0.8790	0.8810	0.8830
1.2	0.8849	0.8869	0.8888	0.8907	0.8925	0.8944	0.8962	0.8980	0.8997	0.9015
1.3	0.9032	0.9049	0.9066	0.9082	0.9099	0.9115	0.9131	0.9147	0.9162	0.9177
1.4	0.9192	0.9207	0.9222	0.9236	0.9251	0.4265	0.9279	0.9292	0.9306	0.9319
1.5	0.9332	0.9345	0.9357	0.9370	0.9382	0.9394	0.9406	0.9418	0.9429	0.9441

04 지수분포(exponential distribution)

최근 6년 출제 경향 : 1문제 / 2016(1)

① 개념 … 지수분포는 사건의 발생 사이의 시간을 기술하는 것과 관련이 있다. 어떤 사건의 발생이 포아송분포[poisson(λt)]를 따른다고 할 때, 그 사건이 첫 번째로 발생할 때까지 소요되는 대기시간 X는 지수분포를 따르게 된다.

② 지수분포의 확률밀도함수

$$f(x) = \lambda e^{-\lambda x}$$

- $x \geq 0$, $\lambda > 0$
- 확률변수 X가 특정간격보다 클 확률 $P(X \geq x) = e^{-\lambda x}$

③ 지수분포의 형태

- 분포는 연속분포이다.
- 우하향하는 긴 꼬리를 갖는다.
- 확률분포 X는 0부터 무한대의 값을 갖는다.
- λ가 커질수록 그래프의 경사면이 가팔라진다.

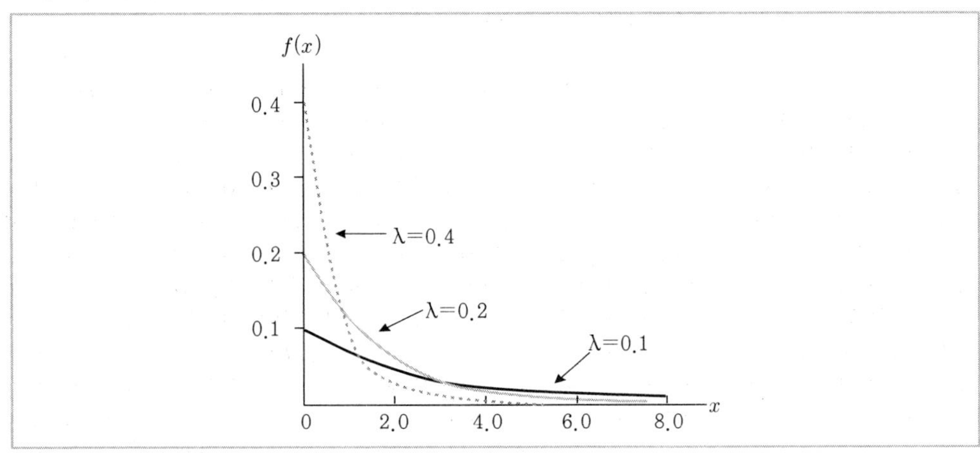

④ 지수분포의 망각성(memoryless property)

어떤 사건이 발생할 때까지의 대기시간 X가 지수분포 $Exp(\lambda)$를 따른다고 할 때, 처음 a 시간 동안은 사건이 발생하지 않았고, 추가로 b 시간을 더 기다리고 나서 사건이 발생하였다고 한다면 그 확률은 다음과 같다.

$P(X \geq a+b | X \geq a) = P(X \geq b)$

즉, 사건이 발생하지 않은 처음 a 시간은 고려하지 않고 추가적인 b 시간과 분포만 관련되어 있는 것이 지수분포의 망각성이라 한다.

⑤ **지수분포의 기댓값과 분산**

㉠ 지수분포 기호 : $T \sim \text{Exp}(\lambda)$

㉡ 기댓값 : $E(X) = \dfrac{1}{\lambda}$

㉢ 분산 : $Var(X) = \dfrac{1}{\lambda^2}$

⑥ **지수분포의 계산 방법**

> 예 A사의 상담전화에 1시간당 평균 10건의 문의가 접수되고 있다. 다음 문의가 10분 이내에 접수될 확률은 얼마인가?
>
> 풀이) 1시간당 평균 10건의 문의 → 1분당 $\frac{1}{6}$건의 문의
>
> 즉, $\lambda x = \frac{1}{6} \times 10 = \frac{5}{3}$
>
> $P(X \le 10) = 1 - P(X \ge 10)$
>
> $= 1 - e^{-\frac{5}{3}} \approx 1 - 0.8099 = 0.1901$

05 균등분포(continuous uniform distribution)

① **개념** … 연속확률분포에서 가장 간단한 분포이며 확률변수 X가 가질 수 있는 값의 일정한 범위($a \sim b$) 내에서 균등한 확률밀도를 가진다. 즉, 어떤 값을 취할 확률이 모두 동일한 확률로 발생하는 분포를 말하며 균등분포의 모양은 곡선이 아닌 직사각형의 형태를 이룬다.

② 균등분포의 확률밀도함수

$$f(x) = \frac{1}{b-a}$$

• $(a \le x \le b)$

• 확률변수 X의 발생확률 $P(x \le X \le y) = \frac{y-x}{b-a}$ (단, $a < x < y < b$)

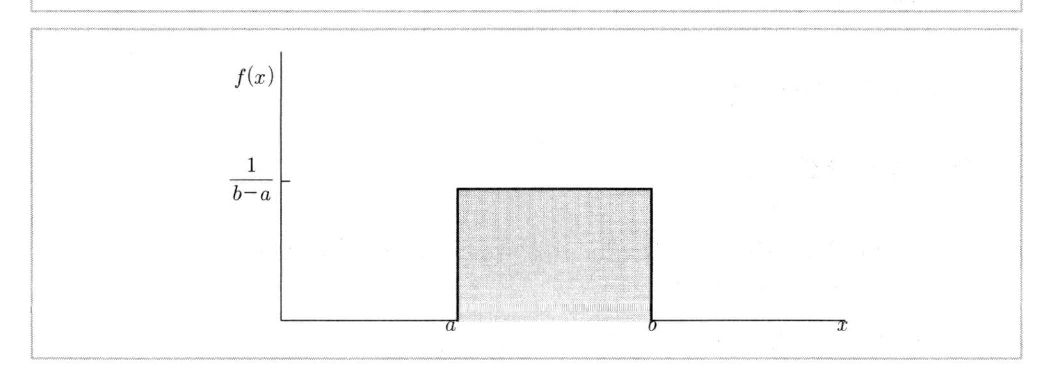

③ 균등분포의 기댓값과 분산

㉠ 균등분포 기호 : $X \sim U(a, b)$

㉡ 기댓값 : $E(X) = \frac{a+b}{2}$

㉢ 분산 : $Var(X) = \frac{(b-a)^2}{12}$

④ 균등분포의 계산 방법

예 연속형 균등분포 $U(0,\ 10)$를 따르는 확률변수 X가 있다. 이 때, X가 3보다 크고 5보다 작을 확률은 얼마인가?

풀이) 확률변수 X가 연속형 균등분포를 따르며, X가 3보다 크고 5보다 작을 확률인 $P(3 < X < 5)$은 다음과 같다.

$$P(3 < X < 5) = \int_3^5 \frac{1}{10-0} dx = \frac{5-3}{10} = \frac{2}{10} = \frac{1}{5}$$

단원별 기출문제

[정규분포]

01 X는 정규분포를 따르는 확률변수이다. P($X<10$)=0.5, P($X<9$)=0.16, P($X<8$)=0.025 일 때, X의 기댓값은?

2012. 3. 4. 제1회

① 8
② 8.5
③ 9.5
④ 10

tip $P(X<10)=0.5 \rightarrow P\left(Z<\frac{10-\mu}{\sigma}\right)=0.5$이므로 표준정규분포에서 확률값이 0.5인 경우는 $\frac{10-\mu}{\sigma}$이 0인 경우로 $\mu=10$이다. 그러므로 X의 기댓값은 10이다.

[정규분포]

02 어떤 시험에서 학생들의 점수는 평균 75점, 표준편차 15점의 정규분포를 한다고 하자. 10%의 학생에게 A학점을 준다고 했을 때, 다음 중 A학점을 받을 수 있는 최소의 점수는? (단, P(0 < Z < 1.28) = 0.4)

2012. 3. 4. 제1회

① 89
② 93
③ 95
④ 97

tip 정규분포 확률계산 시 모두 표준정규분포를 이용하게 된다.
상위 10%의 학생에게 A학점을 주며, 그 점수를 a라고 하면,

$$P(a<X)=P\left(\frac{a-\mu}{s}<\frac{X-\mu}{s}\right)=P\left(\frac{a-75}{15}<\frac{X-75}{15}\right)$$
$$=P\left(\frac{a-75}{15}<Z\right)=0.1$$

문제에서 $P(0<Z<1.28)=0.4$

$P(Z\geq 1.28)=0.1$

$\frac{a-75}{15}=1.28$

$a=(1.28\times 15)+75=94.2$

01. ④ 02. ③

[정규분포]

03 다음 괄호 안에 알맞은 것은?

2012. 3. 4. 제1회

> 확률변수 X가 정규분포 $N(\mu,\ \sigma^2)$을 따르는 모집단으로부터 크기 n인 표본을 임의 추출하면 표본평균의 분포는 정규분포 (　　)을 따른다.

① $N(\mu,\ \sigma^2)$　　② $N\left(\mu,\ \dfrac{\sigma^2}{n}\right)$

③ $N\left(\dfrac{\mu}{n},\ \sigma^2\right)$　　④ $N\left(\mu,\ \dfrac{\sigma}{n}\right)$

tip 먼저 모집단이 정규분포이면 표본평균의 분포는 정규분포이고,

$$\begin{aligned} E(\overline{X}) &= E\left\{\frac{1}{n}(X_1+\cdots+X_n)\right\} \\ &= \frac{1}{n}\{E(X_1)+E(X_2)+\cdots+E(X_n)\} \\ &= \frac{1}{n}n\mu=\mu \end{aligned}$$

$$\begin{aligned} Var(\overline{X}) &= Var\left(\frac{1}{n}\sum_{i=1}^{n}X_i\right) \\ &= \frac{1}{n^2}Var(X_1+X_2+\cdots+X_n) \\ &= \frac{1}{n^2}\{Var(X_1)+Var(X_2)+\cdots+Var(X_n)\} \\ &= \frac{1}{n^2}(\sigma^2+\sigma^2+\cdots+\sigma^2)=\frac{\sigma^2}{n} \end{aligned}$$

[정규분포]

04 정규분포의 일반적인 성질이 아닌 것은?

2012. 3. 4. 제1회

① 정규분포는 평균에 대하여 대칭이다.

② 평균과 표준편차가 같은 두 개의 다른 정규분포가 존재할 수 있다.

③ 정규분포에서 평균, 중위수, 최빈수는 모두 같다.

④ 밀도함수 곡선은 수평에서부터 어느 방향으로든지 수평축에 닿지 않는다.

tip 정규분포의 위치와 모양은 평균과 표준편차로 정해짐으로 같은 평균과 표준편차인 정규분포는 다른 정규분포가 존재할 수 없다.

[정규분포]

05 **평균이 μ이고, 표준편차가 σ인 모집단으로부터 크기가 짝수 $n(=2m)$인 임의표본(확률표본)을 추출하였을 때 처음 m개의 평균 $\overline{X}$은 어떤 분포를 따르게 되는가?**

2012. 8. 26 제3회

① 평균이 μ이고 표준편차가 $\sigma/\sqrt{m}$인 정규분포

② 평균이 μ이고 표준편차가 σ/m인 정규분포

③ 평균이 μ이고 표준편차가 $\sigma/\sqrt{n}$인 정규분포

④ 평균이 μ이고 표준편차가 σ/n인 정규분포

tip 확률표본을 추출하였을 때, 표본의 수에 상관없이 $E(\overline{X})=\mu$이며, $V(\overline{X})=\sigma/\sqrt{(\text{표본수})}=\sigma/\sqrt{m}$이다.

[정규분포]

06 **한국도시연감에 의하면 1998년 1월 1일 당시 한국도시들의 재정자립도 평균은 53.4%이고 표준편차는 23.4이다. 또한 이 자료에서 서울의 재정자립도는 98.0%로 나타났다. 서울 재정자립도의 표준점수(Z값)는?**

2012. 8. 26 제3회

① 1.91
② −1.91
③ 1.40
④ −1.40

tip $z=\dfrac{x-\mu}{\sigma}=\dfrac{98.0-53.4}{23.4}=1.906$

[정규분포]

07 **평균이 μ이고 분산이 $\sigma^2=9$인 정규모집단으로부터 추출한 크기 100인 확률분포의 표본평균 $\overline{X}$를 이용하여 가설 $H_0: \mu=0$ VS $H_1: \mu>0$을 유의수준 0.05에서 검정하는 경우 기각역이 $Z\geq 1.645$이다. 이 때 검정통계량 Z에 해당하는 것은? (단, $P(Z>1.645)=0.05$)**

2012. 8. 26 제3회, 2015. 3. 8 제1회

① $100\overline{X}/9$
② $100\overline{X}/3$
③ $10\overline{X}/9$
④ $10\overline{X}/3$

tip $Z=\dfrac{\overline{X}-\mu_0}{\sigma/\sqrt{n}}=\dfrac{\sqrt{n}(\overline{X}-\mu_0)}{\sigma}=\sqrt{100}\,\dfrac{\overline{X}}{3}$

[정규분포]

08 **확률변수 X의 확률분포가 평균이 μ이고 표준편차가 σ인 정규분포일 때의 설명으로 틀린 것은?**

2012. 8. 26 제3회

① $Y = aX + b(a \neq 0)$이라면 Y는 $N(a\mu + b,\ a^2\sigma^2)$을 따른다.

② $Y = \dfrac{X - \mu}{\sigma}$는 표준정규분포를 따른다.

③ 평균, 중위수, 최빈수가 모두 μ이다.

④ $Y = aX + b(a \neq 0)$이라면 확률변수 Y의 표준편차는 $b\sigma$이다.

tip $Y = aX + b(a \neq 0)$이라면 $V(Y) = V(aX + b) = a^2 V(X) = a^2\sigma^2$이며, $sd(Y) = a\sigma$이다.

[정규분포]

09 **국회의원 선거에 출마한 A후보의 지지율이 50%를 넘는지 확인하기 위해 유권자 1,000명을 조사하였더니 550명이 A후보를 지지하였다. 귀무가설 $H_0 : p = 0.5$ 대 대립가설 $H_1 : p > 0.5$의 검정을 위한 검정통계량 Z_0는?**

2013. 3. 10 제1회

① $Z_0 = \dfrac{0.55 - 0.5}{\sqrt{\dfrac{0.55 \times 0.45}{1,000}}}$

② $Z_0 = \dfrac{0.55 - 0.5}{\dfrac{\sqrt{0.55 \times 0.45}}{1,000}}$

③ $Z_0 = \dfrac{0.55 - 0.5}{\sqrt{\dfrac{0.5 \times 0.5}{1,000}}}$

④ $Z_0 = \dfrac{0.55 - 0.5}{\dfrac{\sqrt{0.55 \times 0.5}}{1,000}}$

tip

$$Z_0 = \frac{\hat{p} - p_n}{\sqrt{\frac{p_0 q_0}{n}}},\ (p_0 : p,\ q_0 = 1 - p_0)$$

$\hat{p} = \dfrac{550}{1,000} = 0.55$이므로

$$Z = \frac{\hat{p} - p_0}{\sqrt{\frac{p_0 q_0}{n}}} = \frac{0.55 - 0.5}{\sqrt{\frac{0.5 \times 0.5}{1,000}}}$$

08. ④ 09. ③

[정규분포]

10 **어떤 시험에 응시한 응시자들이 시험 문제를 모두 푸는데 걸리는 시간은 평균 60분, 표준편차 10분인 정규분포를 따른다고 한다. 이 시험의 시험시간을 50분으로 정한다면 시험에 응시한 1000명 중 시간 내에 문제를 모두 푸는 학생은 몇 명이 되겠는가?**
(단, $P(Z<1)=0.8413$)

2013. 3. 10 제1회, 2017. 8. 26 제3회

① 156 ② 158
③ 160 ④ 162

tip $X \sim N(\mu,\ 6^2) = N(60,\ 10^2)$

$P(X<50) = P\left(Z< \dfrac{50-60}{10}\right)$

$= P(Z \le -1) = 1 - P(Z<1)$

$= 1 - 0.8413 = 0.1587$

$1000 \times P(X \le 50) = 158.7 ≒ 158$

[정규분포]

11 **확률변수 X가 평균이 3이고 분산이 5인 정규분포 $N(3,\ 5)$를 따른다고 할 때, $5X+3$의 분포는?**

2013. 6. 2 제2회

① $N(3,\ 25)$ ② $N(18,\ 125)$
③ $N(18,\ 5)$ ④ $N(15,\ 125)$

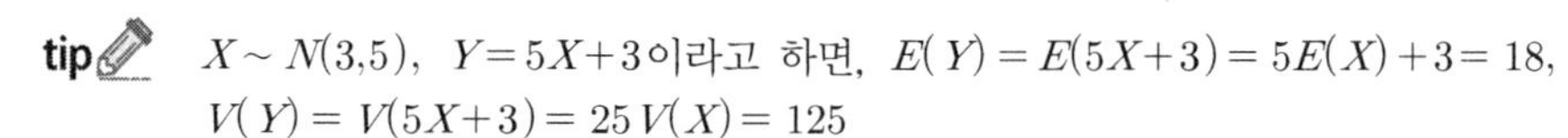

tip $X \sim N(3,5)$, $Y=5X+3$이라고 하면, $E(Y)=E(5X+3)=5E(X)+3=18$,
$V(Y)=V(5X+3)=25\,V(X)=125$

[정규분포]

12 **정규분포에 관한 설명으로 틀린 것은?**

2013. 6. 2 제2회

① 정규분포곡선은 자유도에 따라 모양이 달라진다.
② 정규분포는 평균을 기준으로 대칭인 종 모양의 분포를 이룬다.
③ 평균, 중위수, 최빈수가 동일하다.
④ 정규분포에서 분산이 클수록 정규분포곡선은 양 옆으로 퍼지는 모습을 한다.

tip 정규분포는 자유도가 없으며 모양은 분산에 따라 달라진다.

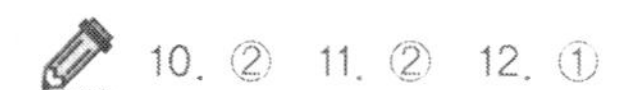

10. ② 11. ② 12. ①

[정규분포]

13 **정규분포에 관한 설명으로 옳은 것은?**

2013. 8. 18 제3회

① 모든 연속형의 확률변수는 정규분포를 따른다.

② 정규분포를 따르는 변수는 평균이 0이고 분산이 1이다.

③ 이항분포를 따르는 변수는 언제나 정규분포를 통해 확률값을 구할 수 있다.

④ 정규분포를 따르는 변수는 평균, 중위수, 최빈값이 모두 같다.

tip 연속형 확률분포는 정규분포, $t-$분포, $F-$분포 등이 있으며, 표준정규분포의 변수는 평균 0이고 분산이 1이며, n이 클 때 이항분포를 정규분포를 통해 확률값을 구할 수 있다.

[정규분포]

14 **모평균이 10, 모분산이 9인 정규 모집단으로부터 추출한 크기 36인 표본의 표본평균은 어떤 분포를 따르는가?**

2014. 3. 2 제1회

① $N\left(10,\ \frac{3}{2}\right)$

② $N\left(10,\ \frac{1}{2}\right)$

③ $N\left(10,\ \frac{1}{4}\right)$

④ $N\left(10,\ \frac{1}{9}\right)$

tip $X \sim N(\mu,\ \sigma^2) \rightarrow \overline{X} \sim N(\mu,\ \sigma^2/n)$

$\mu = 10,\ \frac{6^2}{n} = \frac{9}{36} = \frac{1}{4} \rightarrow \overline{X} \sim \left(10,\ \frac{1}{4}\right)$

[정규분포]

15 **정규분포에 관한 설명으로 틀린 것은?**

2014. 3. 2 제1회

① 종 모양의 좌우 대칭인 분포이다.

② 평균, 중위수, 범위는 모두 같다.

③ 분포곡선 아래의 전체 면적은 항상 1이다.

④ 표준편차의 값이 작을수록 평균근처의 확률이 커지고, 표준편차의 값이 커짐에 따라 분포곡선은 가로축이 가깝게 평평해진다.

tip 정규분포는 좌우대칭인 분포로 평균, 중위수, 최빈수는 모두 같다.

13. ④ 14. ③ 15. ②

[정규분포]

16 **정규모집단 $N(\mu,\ 9)$로부터 $n=4$인 확률표본을 추출하였을 때 표본평균 $\overline{X}$를 표준화한 것은?**

2014. 5. 25 제2회

① $Z=\dfrac{\overline{X}-\mu}{3}$

② $Z=\dfrac{\overline{X}-\mu}{3/\sqrt{4}}$

③ $Z=\dfrac{\overline{X}-\mu}{\sqrt{9/4}}$

④ $Z=\dfrac{\overline{X}-\mu}{9/4}$

tip $X\sim N(\mu,\ 9)\rightarrow \overline{X}\sim N(\mu,\ 9/4)\rightarrow Z=\dfrac{\overline{X}-\mu}{\sqrt{9/4}}$

[정규분포]

17 **우리나라 대학생들의 독서시간은 1주일 동안 평균 20시간, 분산 9인 정규분포라고 알려져 있다. 이를 확인하기 위해 36명의 학생을 조사하였더니 평균이 19시간으로 나타났다. 이를 이용하여 우리나라 대학생들의 평균 독서시간이 20시간보다 작다고 말할 수 있는지 검정한다고 할 때 다음 중 옳은 것은?**

2014. 5. 25 제2회, 2017. 5. 7 제2회

$$P(|Z|<1.645)=0.9,\ \ P(|Z|<1.96)=0.95$$

① 검정통계량을 계산하면 -2가 된다.

② 가설 검정에는 χ^2분포가 이용된다.

③ 유의수준 0.05에서 우리나라 대학생들의 평균 독서시간이 20시간 보다 작다고 말할 수 없다.

④ 표본분산이 알려져 있지 않아 가설검정을 수행할 수 없다.

tip $X\sim N(20,\ 3^2)\ \rightarrow\ \overline{X}\sim N(20,\ 3^2/36)$

$Z=\dfrac{\overline{X}-\mu_0}{\sigma/\sqrt{n}}=\dfrac{19-20}{3/\sqrt{36}}=-2$

단측검정 Z값 $<-Z_{0.05}=-1.645$이므로 귀무가설 기각

16. ③ 17. ①

[정규분포]

18 분포의 모양과 확률에 관한 설명으로 옳은 것은?

2014. 8. 17 제3회

① 분포의 모양이 어떠하든지 평균으로부터 k표준편차 이상 떨어진 부분에서 자료가 관찰될 확률은 같다.

② 분포의 모양이 정규분포에 가까울수록 평균으로부터 k표준편차 이내에 있는 자료가 관찰될 확률은 더 낮아진다.

③ 분포의 모양이 정규분포에 가까울수록 평균으로부터 k표준편차 이상 떨어진 자료가 관찰될 확률은 더 낮아진다.

④ 분포의 모양이 정규분포에 가까울수록 평균으로부터 k표준편차 이상 떨어진 자료가 관찰될 확률은 더 높아진다.

tip 분포의 모양이 정규분포에 가까울수록 평균으로부터 k표준편차 이내에 있는 자료는 관찰될 확률이 높아지고, 이상 떨어진 자료는 더 낮아진다.

[정규분포]

19 어느 대학교의 입학정원이 1,587명인 한 단과대학에 10,000명이 지원을 하였다. 지원자들의 시험점수는 평균이 340, 표준편차가 20점인 정규분포를 따른다고 할 때 합격 가능한 최저 점수를 구하면?

2014. 8. 17 제3회

① 340 ② 350

③ 360 ④ 370

tip $P(Z< z) = 0.1587,\ z = 1,\ \frac{x-340}{20} = 1$

18. ③ 19. ③

[정규분포]

20 확률변수 X는 평균이 μ이고 표준편차가 $\sigma(\neq 0)$인 정규분포를 따른다. 아래 설명 중 틀린 것은?

2015. 8. 16 제3회

① 왜도는 0이다.

② X의 표준화된 확률변수는 표준정규분포를 따른다.

③ $P(\mu-\sigma < X < \mu+\sigma) \approx 0.683$이다.

④ X^2은 자유도가 2인 카이제곱분포를 따른다.

tip $X \sim N(\mu,\ \sigma^2)$
$X^2 \sim x^2(1)$이라 할 수 있다.

[정규분포]

21 X가 $N(\mu,\ \sigma^2)$인 분포를 따를 경우 $Y=aX+b$의 분포는?

2016. 3. 6 제1회

① 중심극한정리에 의하여 표준정규분포 $N(0,\ 1)$

② a와 b의 값에 관계 없이 $N(\mu,\ \sigma^2)$

③ $N(a\mu+b,\ a^2\sigma^2+b)$

④ $N(a\mu+b,\ a^2\sigma^2)$

tip ④ 정규분포를 따르는 확률변수를 선형변환하면, 그 확률변수는 다시 정규분포를 따른다.

[정규분포]

22 정규분포에 관한 설명으로 옳은 것은?

2016. 3. 6 제1회

① 정규분포는 비대칭분포이다.

② 평균(μ)과 표준편차(σ)의 2가지 모수를 갖고 있다.

③ 정규분포곡선의 곡선 아래 면적은 0.5이다.

④ 표준정규확률변수 Z는 −4에서 +4까지의 값을 갖는다.

tip ① 정규분포는 대칭분포이다.
③ 정규분포곡선 아래의 전체 면적은 1이다.
④ 표준정규확률변수는 특정값까지의 범위에 포함되지 않는다.

20. ④ 21. ④ 22. ②

[정규분포]

23 **정규분포의 특징에 관한 설명으로 틀린 것은?**

2016. 5. 8 제2회

① 평균을 중심으로 좌우 대칭이다.
② 평균과 중앙값은 동일하다.
③ 확률밀도곡선 아래의 면적은 평균과 분산에 따라 달라진다.
④ 확률밀도곡선의 모양은 표준편차가 작아질수록 평균 부근의 확률이 커지고, 표준편차가 커질수록 가로축에 가깝게 평평해진다.

tip ③ 확률밀도곡선 아래의 전체 면적은 항상 1이다.

[정규분포]

24 **X는 정규분포를 따르는 확률변수이다. $P(X<-1)=0.16$, $P(X<-0.5)=0.31$, $P(X<0)=0.5$일 때, $P(0.5<X<1)$의 값은?**

2016. 8. 21 제3회

① 0.235　　② 0.15
③ 0.19　　④ 0.335

tip $P(0.5<X<1)=P(-1<X<-0.5)$
$=P(X<-0.5)-P(X<-1)=0.31-0.16=0.15$

[정규분포]

25 **K고교에서 3학년 학생 300명 중에서 상위 30명의 학생으로 우수반을 편성하고자 한다. 우수반 선정은 모의 수능점수만을 선발기준으로 하였다. 300명의 모의수능점수는 평균이 320점이고, 표준편차가 10점인 정규분포에 따른다고 한다. 우수반에 들어가려면 모의수능점수가 최소 몇 점 이상 되어야 하는가? (단, $P(Z>1.28)=0.1$)**

2016. 8. 21 제3회

① 330점 이상　　② 333점 이상
③ 335점 이상　　④ 339점 이상

tip $Z=\frac{X-\mu}{\sigma}$이므로 $X=\sigma Z+\mu$이다.
우수반에 편성되려면 상위 10%에 들어가야 한다.
$P(Z>1.28)=0.1$
$P(X>k)=P\left(\frac{X-320}{10}>\frac{k-320}{10}\right)=P\left(Z>\frac{k-320}{10}\right)=0.1$
$\frac{k-320}{10}=1.28$, $k=1.28\times10+320=332.8$

23. ③ 24. ② 25. ②

[정규분포]

26 **다음 (　)에 알맞은 것은?**

2016. 8. 21 제3회

> 정규모집단 $N(\mu,\ \sigma^2)$으로부터 취한 크기 n의 임의표본에 근거한 표본평균의 확률분포는 (　)이다.

① $N(\mu,\ \sigma^2)$　　② $N\left(\mu,\ \frac{\sigma^2}{n}\right)$

③ $N\left(\frac{\mu}{n},\ \sigma^2\right)$　　④ $N\left(\mu,\ \frac{\sigma}{n}\right)$

tip 모집단 평균이 μ이고, 표준편차가 σ인 정규분포이면 n의 크기와 상관없이 $N\left(\mu,\ \frac{\sigma^2}{n}\right)$인 정규분포를 따른다.

[표준정규분포]

27 **사회조사분석사 시험 응시생 500명의 통계학 성적의 평균점수는 70점이고, 표준편차는 10점이라고 한다. 통계학 성적이 정규분포를 한다고 가정할 때, 성적이 50점에서 90점 사이인 응시자는 약 몇 명인가? (단, $P(Z<2)=0.9772$)**

2012. 8. 26 제3회

① 498명　　② 477명

③ 378명　　④ 250명

tip 정규분포에 관한 모든 확률은 표준정규분포를 이용한다.

$$P(50 \le X \le 90) = P\left(\frac{50-70}{10} \le Z \frac{90-70}{10}\right) = P(-2 \le Z \le 2)$$

$$= 2 \cdot \{P(Z<2) - 0.5\} = 0.9544$$

그러므로 $0.9544 \times 500 = 477.2$명

26. ②　27. ②

[표준정규분포]

28 올해 국가자격시험 A종목의 성적 분포는 평균이 240점, 표준편차가 40점인 정규분포를 따른다고 한다. 이 자격시험에서 360점을 맞은 학생의 표준화 점수는?

2013. 3. 10 제1회

① −1.96 ② −3
③ 1.96 ④ 3

tip $Z=\frac{X-\mu}{\sigma}=\frac{360-240}{40}$

[표준정규분포]

29 표준편차가 10인 모집단에서 임의 추출한 25개의 표본을 이용하여 모평균이 70보다 크다는 주장을 검정하고자 한다. 기각역이 $R: \overline{X} \geq c$인 검정의 유의수준이 $\alpha = 0.025$가 되도록 c를 구하면? (단, Z가 표준정규분포를 따르는 확률변수일 때, $P(Z > 1.96) = 0.025$)

2013. 8. 18 제3회

① 70.98 ② 71.96
③ 73.92 ④ 77.84

tip 기각역 $P(Z > 1.96) = P\left(\frac{\overline{X}-70}{10/\sqrt{25}} > 1.96\right) = P(\overline{X} > 70 + 1.96 \times 10/\sqrt{25})$

$\rightarrow \overline{X} \geq 73.92$

[표준정규분포]

30 새로운 상품을 개발한 회사에서는 이 상품에 대한 선호도를 조사하려고 한다. 400명의 조사 대상자 중에서 이 상품을 선호한 사람은 220명이었다. 이때, 다음 가설에 대한 $p-$값과 같은 것은? (단, Z는 표준정규분포를 따르는 확률변수이다.)

2013. 8. 18 제3회

$H_0 : p = 0.5$ 대 $H_1 : p > 0.5$

① $P(Z \geq 1)$ ② $P\left(Z \geq \frac{5}{4}\right)$
③ $P\left(Z \geq \frac{2}{3}\right)$ ④ $P(Z \geq 2)$

28. ④ 29. ③ 30. ④

tip $P=\frac{220}{400}$, $P_0=0.5$

$$Z=\frac{\hat{p}-p_0}{\sqrt{\frac{p_0(1-p_0)}{n}}}=\frac{\frac{220}{400}-0.5}{\sqrt{\frac{0.5\times0.5}{400}}}=\frac{\frac{1}{20}}{\frac{0.5}{20}}=\frac{20}{10}=2$$

∴ 우단측검정으로 p−값$=p(Z\geq 2)$

[표준정규분포]

31 어떤 대학 사회학과 학생들의 통계학 성적분포가 근사적으로 $N(70,\ 10^2)$을 따른다고 한다. 50점 이하인 학생에게 F학점을 준다고 할 때 F학점을 받게 될 학생들의 비율을 구할 수 있는 것은?

2013. 8. 18 제3회

① $N(Z\leq-1)$
② $N(Z\leq 1)$
③ $N(Z\leq-2)$
④ $N(Z\leq 2)$

tip $P(X\leq 50)=P\left(Z\leq\frac{50-70}{10}\right)$

[표준정규분포]

32 어느 지역의 청년취업률을 알아보기 위해 조사한 500명 중 400명이 취업을 한 것으로 나타났다. 이 지역의 청년취업률에 대한 95% 신뢰구간은? (단, Z가 표준정규분포를 따르는 확률변수일 때, $P(Z>1.96)=0.025$)

2013. 8. 18 제3회

① $0.08\pm1.96\times\frac{0.8}{\sqrt{500}}$
② $0.08\pm1.96\times\frac{0.16}{\sqrt{500}}$
③ $0.08\pm1.96\times\sqrt{\frac{0.8}{500}}$
④ $0.08\pm1.96\times\sqrt{\frac{0.16}{500}}$

tip $\hat{p}\pm Z_{\alpha/2}\times\sqrt{\frac{\hat{p}\hat{q}}{n}}$

31. ③ 32. ④

[표준정규분포]

33 공정한 주사위를 20번 던지는 실험에서 1의 눈을 관찰한 횟수를 확률변수 X라 하자. 정규근사를 이용하여 $P(X \geq 4)$의 근사값을 구하려 한다. 다음 중 연속성 수정을 고려한 근사식으로 옳은 것은? (단, Z는 표준정규분포를 따르는 확률변수)

2015. 5. 31 제2회

① $P(Z \geq 0.1)$
② $P(Z \geq 0.4)$
③ $P(Z \geq 0.7)$
④ $P(Z \geq 1)$

$$P(X \geq 4) = P(X \geq 3.5),\ P\left(\frac{X-\mu}{\sigma} \geq \frac{35-20/6}{10/6}\right) = P(Z \geq 0.1)$$

[표준정규분포]

34 어느 포장기계를 이용하여 생산한 제품의 무게는 평균이 240g, 표준편차는 8g인 정규분포를 따른다고 한다. 이 기계에서 생산한 제품 25개의 평균 무게가 242g 이하인 확률은? (단, Z는 표준정규분포를 따르는 확률변수이다.)

2015. 8. 16 제3회

① $P(Z \geq 1)$
② $P\left(Z \leq \frac{5}{4}\right)$
③ $P\left(Z \leq \frac{3}{2}\right)$
④ $P(Z \leq 2)$

tip

$$P(X \leq 242)$$
$$P\left(\frac{X-240}{8/5} \leq \frac{242-240}{8/5}\right)$$
$$P\left(Z \leq \frac{5}{4}\right)$$

33. ① 34. ②

[표준정규분포]

35 **두 확률변수 X, Y는 서로 독립이며 표준정규분포를 따른다. 이 때 $U=X+Y$, $V=X-Y$로 정의하면 두 확률변수 U, V는 각각 어떤 분포를 따르는가?**

2016. 5. 8 제2회

① U, V 두 변수 모두 $N(0, 2)$를 따른다.
② $U\sim N(0, 2)$를 $V\sim N(0, 1)$를 따른다.
③ $U\sim N(0, 1)$를 $V\sim N(0, 2)$를 따른다.
④ U, V 두 변수 모두 $N(0, 1)$를 따른다.

tip

$X\sim N(0, 1)$, $Y\sim N(0. 1)$
$E(U)=E(X)+E(Y)=0+0=0$
$V(U)=V(X)+V(Y)+2cov(X, Y)=1+1=2$
$E(U)=E(X)-E(Y)=0-0=0$
$V(U)=V(X)+V(Y)-2cov(X, Y)=1+1=2$

[지수분포]

36 **어느 버스 정류장에서 매시 0분, 20분에 각 1회씩 버스가 출발한다. 한 사람이 우연히 이 정거장에 와서 버스가 출발할 때까지 기다릴 시간의 기댓값은?**

2016. 8. 21 제3회

① 15분 20초
② 16분 40초
③ 18분 00초
④ 19분 20초

tip

$$f(x)=\begin{cases}\frac{1}{60}\ (0<x<60)\\ 0\end{cases}$$

$$\int_0^{20}(20-x)\frac{1}{60}dx+\int_{20}^{60}(60-x)\frac{1}{60}dx=\frac{10}{3}+\frac{40}{3}=\frac{50}{3}=16\frac{2}{3}$$

따라서 16분 40초이다.

35. ① 36. ②

03 표본분포

01 평균의 표본분포(sampling distribution of mean)

최근 6년 출제 경향 : 22문제 / 2012(3), 2013(4), 2014(2), 2015(5), 2016(5), 2017(3)

① 개념 … 주어진 모집단에서 표본을 추출할 때 어떤 원소가 표본으로 추출되는지에 따라 그 평균은 다르게 나타나고 실제 표본을 추출하기 전까지 그 값은 알 수 없으므로 표본의 평균은 확률변수가 된다. 따라서 표본의 평균들은 확률분포를 갖게 되며 이것을 바로 표본평균의 표본분포라고 하는 것이다.

② 평균의 표본분포의 기댓값과 분산

㉠ 기댓값 : $E(\overline{X}) = \overline{\overline{X}} = \mu$

㉡ 분산 : $Var(\overline{X}) = \sigma_{\overline{x}}^2 = \dfrac{\sigma^2}{n}$(복원추출), $\sigma_{\overline{x}}^2 = \dfrac{\sigma^2}{n} \times \dfrac{N-n}{N-1}$(비복원추출)

③ 특성

㉠ 모집단이 정규분포라면 표본평균의 분포도 표본의 크기에 상관없이 정규분포를 이룬다.

㉡ 모집단이 정규분포가 아니라고 하더라도 표본의 크기가 충분히 클 때 모집단의 분포와 상관없이 표본평균의 분포는 정규분포에 가까워진다.

④ 합과 평균의 확률분포

㉠ $X_i \sim B(n_i,\ p) \Rightarrow X_1 + X_2 + \ldots + X_n \sim B(\sum_{i=1}^{n} n_i,\ p)$

㉡ $X_i \sim Poisson(\lambda_i) \Rightarrow X_1 + X_2 + \ldots + X_n \sim Poisson(\sum_{i=1}^{n} \lambda_i)$

㉢ $X_1,\ X_2,\ \ldots,\ X_n$이 서로 독립이고, 각각 $N(\mu_i,\ {\sigma_i}^2)$을 따를 경우

$X_1 + X_2 + \ldots + X_n \sim N(\sum_{i=1}^{n} \mu_i,\ \sum_{i=1}^{n} {\sigma_i}^2)$

02 중심극한이론(central limit theorem, CLT)

최근 6년 출제 경향 : 8문제 / 2013(1), 2014(3), 2015(1), 2017(3)

① 개념 … 중심극한이론은 표본집단의 크기가 충분히 클 경우($n \geq 30$), 모집단의 분포와 상관없이 표본평균의 분포는 정규분포를 따른다. 표본분포의 구체적 형태에 대해 모집단의 분포형태가 알려져 있지 않는 경우와 모집단의 분포가 정규분포를 따르는 경우로 나눌 수 있다.

② **정규모집단의 표본분포** … 평균이 μ이고 표준편차가 σ인 정규분포를 따르는 모집단으로부터 크기가 n인 표본을 취할 때, n의 값에 상관없이 **표본평균의 표본분포**는 평균이 $\mu_{\bar{x}} = \mu$이고, 표준편차 $\sigma_{\bar{x}} = \frac{\sigma}{\sqrt{n}}$인 정규분포이다.

03 비율의 표본분포(sampling distribution of proportion)

최근 6년 출제 경향 : 1문제 / 2014(1)

① 개념 … 전체 모집단에서 선택 가능한 일정한 크기의 표본 n을 무작위로 수없이 뽑아 구한 비율들의 분포를 말한다.

② 비율의 표본분포의 기댓값과 분산

㉠ 기댓값 : $E(\hat{p}) = \frac{E(X)}{n} = \frac{np}{n} = p$

㉡ 분산 : $\sigma^2_{\hat{p}} = \frac{p(1-p)}{n}$(복원추출), $\sigma^2_{\hat{p}} = \frac{p(1-p)}{n} \times \frac{N-n}{N-1}$(비복원추출)

③ 특성

㉠ 모집단의 비율이 $p = 0.5$이면 좌우대칭인 분포가 되어 표본의 크기와는 상관없이 비율의 표본분포는 정규분포를 이룬다.

㉡ 모집단의 비율이 $p = 0.5$가 아니라고 하더라도 $np \geq 5$이고 $n(1-p) \geq 5$라면 정규분포에 가까워진다.

④ **비율의 표본분포의 계산 방법**

예 사회조사분석사 시험을 준비하는 사람의 60%가 20대인 것으로 나타났다. 사회조사분석사 시험을 준비하는 사람 100명을 무작위로 추출할 경우 20대인 사람이 70% 이하일 확률은 얼마인가?

풀이) $\sigma_{\hat{p}} = \sqrt{\dfrac{0.6(1-0.6)}{100}}$

70%인 점을 표준화하면 $Z = \dfrac{0.7-0.6}{\sqrt{\dfrac{0.6(1-0.6)}{100}}} = 2.04$

Z 분포표에 따라 $Z=2.04$의 값은 0.9793이 된다.

따라서, $P(\hat{p} \le 0.7) = p(Z \le 2.04) = 0.9793$

04 t-분포

최근 6년 출제 경향 : 3문제 / 2014(1), 2015(2)

① **개념** … 대표적인 표본분포의 유형이다. 아일랜드의 W. S. Gosset이 student라는 필명으로 1907년에 발표하여 student t 분포라고도 한다. t 분포는 소규모 표본에서 모평균의 신뢰구간을 측정할 수 있다.

② **특성**

㉠ 표준정규분포와 마찬가지로 0을 중심으로 좌우대칭 형태를 이룬다.

㉡ 자유도 $(n-1)$가 증가할수록 t 분포는 표준정규분포곡선에 가까워진다.

㉢ 표본의 수가 30개 미만인 정규모집단의 모평균에 대한 신뢰구간 측정 및 가설검정에 유용한 연속확률분포이다.

㉣ **정규분포곡선과 t 분포곡선의 비교** : 자유도가 무한대(∞)인 경우의 t값은 Z값과 일치한다.

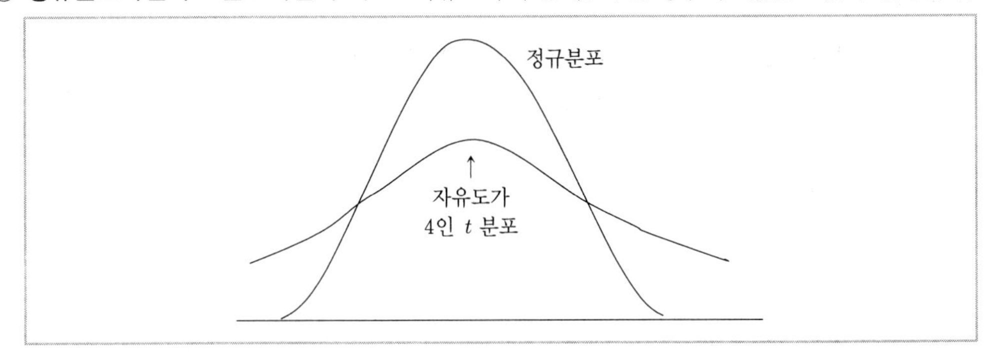

③ 소표본에서의 모평균과 모비율의 신뢰구간

㉠ 모평균 μ의 $100(1-\alpha)\%$ 신뢰구간

$$\left[\bar{x}-t_{\alpha/2}(n-1)\cdot\frac{s}{\sqrt{n}},\ \bar{x}+t_{\alpha/2}(n-1)\cdot\frac{s}{\sqrt{n}}\right]$$

㉡ 모비율 p의 $100(1-\alpha)\%$ 신뢰구간

$$\left[\hat{p}-z_{\alpha/2}\sqrt{\frac{\hat{p}(1-\hat{p})}{n}},\ \hat{p}+z_{\alpha/2}\frac{\sqrt{\hat{p}(1-\hat{p})}}{n}\right]$$

④ t분포 계산 방법

예 서원각에서는 올해 직원들의 성과를 파악하기 위하여 10명을 임의로 뽑아 조사한 결과, 한 사람 당 평균 23권의 책을 만들었다. 표준편차 6의 정규분포를 이룰 때 모집단의 한 직원당 평균 만든책의 90% 신뢰구간을 구하면?

풀이) 신뢰구간이 90% → $\frac{\alpha}{2}=0.05$(모집단 평균이 구간의 상한보다 클 확률)

자유도 $df=n-1=9$ → $t_{0.05,\ 9}=1.833$

표준편차 $s=6$이므로 $s_{\bar{x}}=\frac{6}{10}=0.6$

$23-(1.833)(0.6)\le\mu\le 23+(1.833)(0.6)$

$\therefore\ 21.9002\le\mu\le 24.0998$ (90%의 신뢰구간)

05 χ^2 분포(chi-square distribution)

최근 6년 출제 경향 : 6문제 / 2012(1), 2013(1), 2014(1), 2015(1), 2016(2)

① 개념 … 정규분포를 따르는 모집단에서 n개의 표본을 반복하여 나오는 표본의 분산 s^2을 이용한 $\frac{(n-1)s^2}{\sigma^2}$의 값을 χ^2이라 하면, 표본의 추출에 따라 s^2의 값은 다르기 때문에 χ^2값은 확률변수이다. 이와 같은 표본분산 s^2들의 표본분포를 χ^2분포라고 하며 확률변수 χ^2은 $(n-1)$개의 자유도를 가진 χ^2를 이룬다.

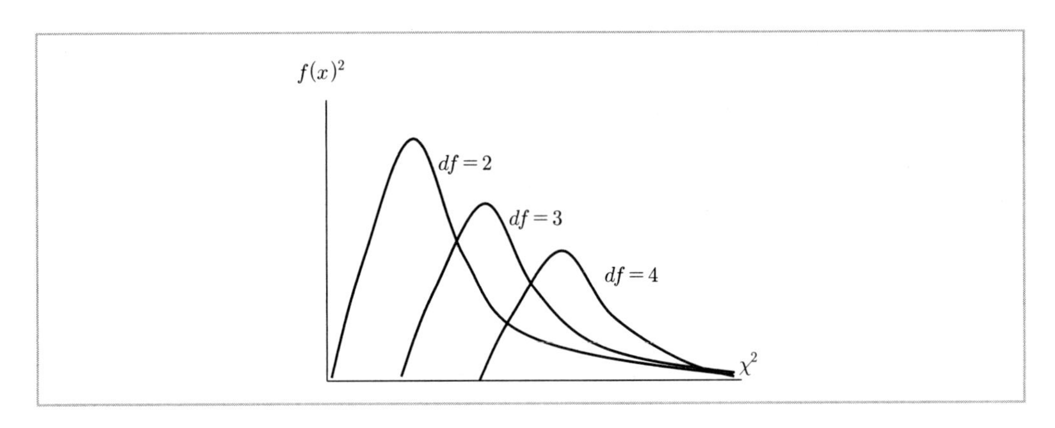

② χ^2 분포의 특성

㉠ 봉우리가 하나인 단봉분포를 이룬다.

㉡ 분포는 좌우대칭이 아닌 오른쪽의 꼬리를 가진다.

㉢ χ^2은 제곱의 합으로 산출되기 때문에 항상 양수값을 가진다.

㉣ 자유도가 커지면 정규분포에 가까워진다.

③ χ^2 분포의 계산 방법

예 서원각에서 사회조사분석사 도서의 1일 판매량은 평균 100권이고 분산이 18.53인 정규분포를 이루고 있다. 17일을 무작위추출하여 그 판매량을 조사했을 때 분산이 38.25 이상일 확률은 얼마인가?

풀이) n은 17 → 자유도 $\nu = n-1 = 16$

$$\chi^2_{(16)} = \frac{(n-1)s^2}{\sigma^2} = \frac{16 \times 38.25}{18.53} = 33.027$$

06 F 분포

최근 6년 출제 경향 : 4문제 / 2014(1), 2017(3)

① **개념** … 서로 다른 집단들을 비교할 때, 주로 평균을 사용하지만 어떤 경우에는 분산을 통해도 비교 가능하다. 만약 두 명의 학생이 받은 총 성적 분포가 같은지 여부를 알고 싶을 때, 학생들이 받은 성적들의 분산을 통해 비교할 수 있다. 표본분산은 카이제곱 검정을 따르므로 표본분산비는 두 개의 독립된 카이제곱분포 통계량의 비로 표시할 수 있다. 이러한 카이제곱분포 통계량의 비는 F 분포(Fisher-snedecor 분포)로 표현되

며, 이는 주로 분산분석(analysis of variance)에서 사용된다.

② F 분포의 특성

㉠ 두 확률변수 $V_1 \sim x_2(r_1)$, $V_2 \sim x_2(r_2)$이고, 서로 독립일 때

$F = \dfrac{V_1/r_1}{V_2/r_2} \sim F(r_1, r_2)$, 단 $r_1 = V_1$의 자유도, $r_2 = V_2$의 자유도

㉡ $X_1, X_2, \ldots, X_m \sim N(\mu_1, {\sigma_1}^2)$의 확률분포이고, $Y_1, Y_2, \ldots, Y_n \sim N(\mu_2, {\sigma_2}^2)$의 확률분포이며, 변수 X_i와 Y_j가 서로 독립일 때 두 표본 분산비는

$\dfrac{{S_1}^2}{{S_2}^2} \cdot \dfrac{{\sigma_2}^2}{{\sigma_1}^2} \sim F(m-1, n-1)$

㉢ $F \sim F(r_1, r_2)$이면 $\dfrac{1}{F} \sim F(r_2, r_1)$

㉣ $T \sim t(r)$이면 $T^2 \sim F(1, r)$

단원별 기출문제

[평균의 표본분포]

01 X_1, X_2, …, X_n이 정규모집단 $N(\mu, \sigma^2)$으로부터의 랜덤표본이고, 표본평균을 $\overline{X}$, 표본분산을 S^2이라고 할 때, 통계량 $\dfrac{\overline{X}-\mu}{S/\sqrt{n}}$의 분포는?

2012. 3. 4 제1회

① 자유도가 $(n-1)$인 t-분포
② 자유도가 n인 t-분포
③ 자유도가 $(n-1)$인 카이제곱분포
④ 자유도가 n인 카이제곱분포

tip $\overline{X} \sim N\left(\mu, \dfrac{\sigma^2}{n}\right)$에서 표준화하면 $Z=\dfrac{\overline{X}-\mu}{\sigma/n}$인데, σ 대신 S 사용할 경우, 즉, $\dfrac{\overline{X}-\mu}{S/\sqrt{n}}$는 t-분포를 따르고, 자유도 $(n-1)$를 따른다.

[평균의 표본분포]

02 어느 고등학교 1학년 학생의 신장은 평균이 168cm이고, 표준편차가 6cm인 정규분포를 따른다고 한다. 이 고등학교 1학년 학생 100명을 임의 추출할 때, 표본평균이 167cm 이상 169cm 이하일 확률은? (단, $P(Z \le 1.67) = 0.9525$)

2012. 3. 4 제1회, 2015. 3. 8 제1회

① 0.9050 ② 0.0475
③ 0.8050 ④ 0.7050

tip 모집단의 분포 $X \sim N(168,\ 6^2)$이고, 표본평균의 분포 $\overline{X} \sim N(168,\ 6^2/100)$

$$
\begin{aligned}
P(167 \le \overline{X} \le 169) &= P\left(\frac{167-168}{0.6} \le Z \le \frac{169-168}{0.6}\right) \\
&= P(-1.67 \le Z \le 1.67) \\
&= P(Z \le 1.67) - (1 - P(Z \le -1.67)) \\
&= 0.9050
\end{aligned}
$$

01. ① 02. ①

[평균의 표본분포]

03 다음 중 표본평균의 분포에 관한 설명으로 틀린 것은?

2012. 8. 26 제3회

① 표본평균의 분포의 평균은 모집단의 평균과 동일하다.

② 표본의 크기가 어느 정도 크면 표본평균의 분포는 근사적 정규분포를 따른다.

③ 표본평균의 분포는 모집단의 분포와 동일하다.

④ 표본평균의 분포의 분산은 표본의 크기에 따라 달라진다.

tip 표본평균의 분포는 모집단의 분포가 정규분포이면 정규분포를 따르며, 표본의 크기가 30 이상이면 중심극한 정리에 의해 근사적으로 정규분포를 따른다. 그러나 모집단의 분포가 다른 분포인 경우는 표본의 크기가 30 미만이면 표본평균의 분포는 알 수 없다.

[평균의 표본분포]

04 정규모집단 $N(\mu, \sigma^2)$에서 추출한 확률표본 X_1, X_2, …, X_n이 표본분산 $S^2 = \frac{1}{n-1}\sum_{i=1}^{n}(X_i - \overline{X})^2$에 대한 설명으로 옳은 것은?

2013. 6. 2 제2회

① S^2은 σ^2의 불편추정량이다.

② S는 σ의 불편추정량이다.

③ S^2은 카이제곱분포를 따른다.

④ S^2의 기댓값은 σ^2/n이다.

tip $E(S^2) = \sigma^2$, 불편추정량이다.

[평균의 표본분포]

05 정규분포를 따르는 모집단의 모평균에 대한 가설 $H_0 : \mu = 50$ VS $H_1 : \mu < 50$을 검정하고자 한다. 크기 $n = 100$의 임의표본을 취하여 표본평균을 구한 결과 $x = 49.02$를 얻었다. 모집단의 표준편차가 5라면 유의확률은 얼마인가? (단, $P(Z \le -1.96) = 0.025$, $P(Z \le -1.645) = 0.05$)

2013. 8. 18 제3회, 2017. 3. 5 제1회

① 0.025

② 0.05

③ 0.95

④ 0.975

tip 단측검정 $P\left(Z \le \frac{49.02-50}{5/\sqrt{100}}\right) = -1.96$

대립가설이 $\mu < 50$인 좌단측검정이므로

유의확률은 $P(Z \le -1.96) = 0.025$

03. ④ 04. ① 05. ①

[평균의 표본분포]

06 표본분포에 관한 설명으로 틀린 것은?

2013. 8. 18 제3회

① 단순랜덤복원추출로 뽑은 표본 X_1, X_2, ⋯, X_n 사이에는 아무런 확률적 관계가 없다. 즉, X_1, X_2, ⋯, X_n은 서로 독립이다.

② 단순랜덤복원추출로 뽑은 표본을 X_1, X_2, ⋯, X_n이라고 할 때 각각의 분포는 모집단의 분포와 같다.

③ 표본의 크기가 충분히 큰 경우 표본의 평균인 $\overline{X}=\sum_{i=1}^{n} X_i/n$는 정규분포에 근사한다.

④ 모집단의 크기와 상관없이 랜덤표본 X_1, X_2, ⋯, X_n의 성질은 단순랜덤복원추출에 의한 표본의 성질과 전혀 관계가 없다.

tip 비복원추출시 $\frac{1}{N}$, $\frac{1}{N \ 1}$, ⋯ 뽑힐 확률은 초기하분포이나 표본보다 모집단의 크기가 엄청 크면 이항분포를 따르므로 표본의 성질과 관계있다.

[평균의 표본분포]

07 평균이 μ이고 분산은 σ^2인 정규모집단에서 모평균 μ를 추정하기 위해서 크기 3인 확률분포 X_1, X_2, X_3를 추출하였다. 두 추정량 $\widehat{\theta_1}=(X_1+X_2+X_3/3)$과 $\widehat{\theta_2}=(2X_1+5X_2+3X_3)/10$에 관한 설명으로 옳은 것은?

2013. 8. 18 제3회

① $\widehat{\theta_1}$은 불편추정량이고, $\widehat{\theta_2}$는 편향추정량이다.

② $\widehat{\theta_1}$은 일치추정량이고, $\widehat{\theta_2}$는 유효추정량이다.

③ $\widehat{\theta_1}$은 유효추정량이고, $\widehat{\theta_2}$는 불편추정량이다.

④ $\widehat{\theta_2}$은 유효추정량이고, $\widehat{\theta_1}$는 편향추정량이다.

tip $E(\widehat{\theta_1})=\frac{1}{3}(EX_1+EX_2+EX_3)=\theta$, $E(\widehat{\theta_2})=\frac{1}{10}(2EX_1+5EX_2+3EX_3)=\theta$

$\widehat{\theta_2}$: 불편추정량

$V(\widehat{\theta_1})=\frac{1}{9}(V(X_1)+V(X_2)+V(X_3))=\frac{1}{3}\sigma^2$

$V(\widehat{\theta_2})=\frac{4}{100}V(X_1)+\frac{25}{100}V(X_2)+\frac{9}{100}V(X_3)=\frac{38}{100}\sigma^2$

$V(\widehat{\theta_1})<V(\widehat{\theta_2})$

$\widehat{\theta_1}$: 유효추정량

06. ④ 07. ③

[평균의 표본분포]

08 **모집단의 평균 μ라 하고 표본평균을 $\overline{X}$라 할 때, $E(\overline{X})=\mu$의 의미는?**

2014. 3. 2 제1회

① 무작위 표본의 표본평균은 모집단의 평균에 대한 불편추정량(unbiased estimator)이다.

② 무작위 표본의 표본평균은 모집단에 평균에 대한 일치추정량(consistent estimator)이다.

③ 무작위 표본의 표본평균의 기대치는 모집단의 분산에 대한 불편추정량(unbiased estimator)이다.

④ 무작위 표본의 표본평균의 기대치는 모집단의 분산에 대한 일치추정량(consistent estimator)이다.

tip $E(\hat{\theta})=\theta$ 이면 $\hat{\theta}$는 불편추정량이다.

[평균의 표본분포]

09 **어느 공장에서 가루비누를 생산하여 용기에 담아 판매하고 있다. 용기의 무게는 표준편차가 1온스인 정규분포를 따르는 것으로 알려져 있다. 25개의 용기를 무작위로 추출하여 무게를 측정한 결과 평균은 49.64온스였다. 25개의 용기의 무게에 대한 평균의 표준편차는?**

2014. 3. 2 제1회

① 0.04　　② 0.1

③ 0.2　　④ 25

tip $X \sim N(\mu,\ 1^2) \rightarrow \overline{X} \sim N(\mu,\ 1^2/25)$, $\sqrt{\sigma^2/n}=\sqrt{1^2/25}$

[평균의 표본분포]

10 **어느 회사는 노조와 협의하여 오후의 중간 휴식시간을 20분으로 정하였다. 그런데 총무과장은 대부분의 종업원이 규정된 휴식시간보다 더 많은 시간을 쉬고 있다고 생각하고 있다. 이를 확인하기 위하여 전체 종업원 1,000명 중에서 25명을 조사한 결과 표본으로 추출된 종업원의 평균 휴식시간은 22분이고 표준편차는 3분으로 계산되었다. 유의수준 5%에서 총무과장의 의견에 대한 가설검정 결과로 옳은 것은? (단, $t_{(0.05,\ 24)}=1.711$)**

2015. 3. 8 제1회

① 검정통계량 $t<1.711$ 이므로 귀무가설을 기각한다.

② 검정통계량 $t<1.711$ 이므로 귀무가설을 채택한다.

③ 종업원의 실제 휴식시간은 규정시간 20분보다 더 길다고 할 수 있다.

④ 종업원의 실제 휴식시간은 규정시간 20분보다 더 짧다고 할 수 있다.

08. ①　09. ③　10. ③

tip 위 문제의 경우에서 통계량을 세워보면 $T=\frac{22-20}{3/\sqrt{25}}=3.333$이고, 그러므로 귀무가설을 기각하고 대립가설을 채택함으로써 종업원들의 휴식시간은 규정된 휴식시간(20분)보다 더 길다고 볼 수 있다.

[평균의 표본분포]

11 어느 기업의 신입직원 월급여가 평균이 2백만원, 표준편차는 40만원인 정규분포를 따른다고 하자. 신입직원들 중 100명의 표본을 추출할 때, 표본평균의 분포는?

2015. 5. 31 제2회

① N(2백만, 16)
② N(2백만, 160)
③ N(2백만, 400)
④ N(2백만, 1600)

tip $X \sim N(\mu, \sigma^2)$일 때, $\overline{X} \sim N\left(\mu, \frac{\sigma^2}{n}\right)$을 따르게 되므로 $\overline{X} \sim N\left(2\text{백만 원}, \frac{40^2}{100}\right)$을 따르게 된다.

[평균의 표본분포]

12 어느 기업의 작년도 대졸 신입사원 임금의 평균이 200만원이라고 한다. 금년도 대졸 신입사원 중 100명을 조사하였더니 평균이 209만원이고 표준편차가 50만원이었다. 금년도 대졸 신입사원의 임금이 올랐는지를 유의수준 5%에서 검정한다면, 검정통계량의 값과 검정결과는? (단, $P(|Z|>1.64=0.10$, $P(|Z|>1.96)=0.05$, $P(|Z|>2.58)=0.01$이다.)

2015. 8. 16 제3회

① 검정통계량 : 1.8, 검정결과 : 대졸신입사원 임금이 작년도에 비하여 올랐다고 할 수 있다.
② 검정통계량 : 1.8, 검정결과 : 대졸신입사원 임금이 작년도에 비하여 올랐다고 할 수 없다.
③ 검정통계량 : 2.0, 검정결과 : 대졸신입사원 임금이 작년도에 비하여 올랐다고 할 수 있다.
④ 검정통계량 : 2.0, 검정결과 : 대졸신입사원 임금이 작년도에 비하여 올랐다고 할 수 없다.

tip 검정통계량 $Z=\frac{209-200}{\frac{50}{\sqrt{100}}}=\frac{9}{5}=1.8$이고, 유의수준 5%에서 검정하게 되면 단측검정이므로 기각역은 $Z \geq z_{0.05}$가 되고, $1.8 \geq 1.64$를 만족하게 되므로 대졸신입사원의 임금이 작년에 비해서 올랐다고 할 수 있다.

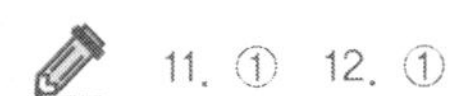
11. ① 12. ①

[평균의 표본분포]

13 **확률변수 X의 확률분포가 평균이 μ이고 표준편차가 σ인 정규분포일 때 다음 설명 중 틀린 것은?**

2015. 8. 16 제3회

① $Y = aX + b(a \neq 0)$일 때 확률변수 Y는 $N(a\mu + b,\ a^2\sigma^2)$을 따른다.

② $Y = \frac{X - \mu}{\sigma}$는 표준정규분포를 따른다.

③ 평균, 중위수, 최빈수가 모두 μ이다.

④ $Y = aX + b(a \neq 0)$일 때 확률변수 Y의 표준편차는 $a \cdot \sigma$이다.

tip $Y = aX + b$에서 확률변수 Y는 표준편차가 $|a|\sigma$이다.

[평균의 표본분포]

14 **정규분포 $N(\mu,\ 4\sigma^2)$을 따르는 모집단으로부터 크기가 $2n$인 임의표본을 추출한 경우 표본평균의 확률분포는?**

2016. 3. 6 제1회

① $N(\mu,\ \sigma^2)$

② $N\left(\mu,\ \frac{\sigma^2}{n}\right)$

③ $N\left(\mu,\ \frac{2\sigma^2}{n}\right)$

④ $N\left(\mu,\ \frac{4\sigma^2}{n}\right)$

tip $\overline{X} \sim N\left(\mu,\ \left(\frac{2\sigma}{\sqrt{2n}}\right)^2\right)$이므로 $N\left(\mu,\ \frac{2\sigma^2}{n}\right)$이 된다.

[평균의 표본분포]

15 **모평균이 100, 모표준편차가 20인 무한모집단으로부터 크기 100인 임의표본을 취할 때, 표본평균 $\overline{X}$의 평균과 표준편차는?**

2016. 5. 8 제2회

① 평균 = 100, 표준편차 = 2

② 평균 = 1, 표준편차 = 2

③ 평균 = 100, 표준편차 = 0.2

④ 평균 = 1, 표준편차 = 0.2

tip $E(\overline{X}) = \mu_X = 100$

$s(\overline{X}) = \frac{\sigma_X}{\sqrt{n}} = \frac{20}{\sqrt{100}} = 2$

13. ④ 14. ③ 15. ①

[평균의 표본분포]

16 모평균이 μ이고 모분산이 σ^2이며 크기 N인 모집단에서 n개의 표본을 비복원으로 추출할 때, 표본평균 $\overline{X}$의 분산은?

2016. 5. 8 제2회

① $\dfrac{N-1}{N-n} \times \sigma^2$

② $\dfrac{N-n}{N-1} \times \sigma^2$

③ $\dfrac{N-1}{N-n} \times \dfrac{\sigma^2}{n}$

④ $\dfrac{N-n}{N-1} \times \dfrac{\sigma^2}{n}$

tip ④ 복원추출에 의해 구해진 표본평균의 분산에 유한모집단 수정계수인 $\dfrac{N-n}{N-1}$을 곱한다.

[평균의 표본분포]

17 A 교양과목 수강생 300명의 중간고사 성적을 채점한 결과 평균이 75점, 표준편차가 15점이었다. 중간고사에서 60점 이상 90점 이하의 성적을 받은 학생 수는 대략 몇 명이 되겠는가? (단, 중간고사 성적은 정규분포를 따르며, $Z \sim N(0,\ 1)$일 때, $P(Z \geq 1) = 0.159$이다.)

2016. 5. 8 제2회

① 159명

② 182명

③ 196명

④ 205명

tip $P(60 \leq X \leq 90) = P\left(\dfrac{60-75}{15} \leq Z \leq \dfrac{90-75}{15}\right) = P(-1 \leq Z \leq 1) = 2 \times P(0 \leq Z \leq 1)$

$= 2 \times 0.341 = 0.682$

$300 \times 0.682 = 204.6$

[평균의 표본분포]

18 다음 설명 중 틀린 것은?

2016. 8. 21 제3회

① 표본평균의 분포는 항상 정규분포를 따른다.

② 모집단의 평균이 μ라고 할 때, 표본평균의 기댓값은 μ이다.

③ 모집단의 표준편차가 σ일 때, 크기가 n인 표본에서 표본평균의 표준편차는 복원추출인 경우 $\sigma\sqrt{n}$이다.

④ 추정량의 표준편차를 표준오차라 부른다.

tip ① 표본의 모집단이 정규분포이면 모든 n에 대하여 표본평균의 표본분포는 정규분포를 따른다. 표본의 모집단이 정규분포가 아니면 n이 충분히 클 때에만 근사적으로 정규분포를 따른다.

16. ④ 17. ④ 18. ①

[평균의 표본분포]

19 국내 어느 항공회사에서는 노선의 항공편을 예약한 사람 중 20%가 예정시간에 공항에 도착하지 못하여 탑승하지 못하거나 사전에 예약을 취소 또는 변경한다는 사실을 알고, 여석 발생으로 인한 손실을 줄이기 위해 300석의 좌석이 마련되어 있는 이 노선의 특정항공편에 360건의 예약을 접수 받았다. 이 항공편을 예약하고 예정 시간에 공항에 나온 사람들 모두가 탑승하여 좌석에 앉을 수 있을 확률을 아래 확률분포표를 이용하여 구한 값은? (단, 연속성 수정을 이용하고, 소수의 계산은 소수점 이하 셋째자리에서 반올림한다.)

2017. 3. 5 제1회

〈표준정규분포표〉

z	…	0.05	0.06	0.07	0.08
⋮		⋮	⋮	⋮	⋮
1.4	…	0.9279	0.9292	0.9306	0.9319
1.5	…	0.9406	0.9418	0.9429	0.9441
1.6	…	0.9515	0.9525	0.9535	0.9545
⋮	⋮	⋮	⋮	⋮	⋮

① 0.9515　　② 0.9406

③ 0.9418　　④ 0.9429

 접수받은 예약 $n=360$

사전에 예약을 취소 또는 변경할 확률 $p=0.20$

평균 $m=360\times 0.2=72$

분산 $\sigma^2=360\times 0.8\times 0.2=57.6$

공항에 나온 사람들 모두가 좌석에 앉을 수 있으려면 60건 이상이 취소 또는 변경되어야 한다.

$P(X\geq 60)$을 연속성 수정하면 $P(X\geq 59.5)=P(Z\geq -1.65)=P(Z\leq 1.65)=0.9515$

19. ①

[평균의 표본분포]

20 **종업원 수가 1,600명인 회사의 종업원 하루 평균 용돈을 조사하였더니, 평균 10,000원, 표준편차 5,000원이었다. 이 회사의 종업원 가운데 400명을 임의로 선발하여 표본조사 한다면, 이 표본평균의 표준편차는?**

2017. 3. 5 제1회

① 125 ② 250
③ 2,500 ④ 5,000

tip 표본평균의 표준편차 $= \dfrac{\text{모표준편차}}{\sqrt{\text{표본의 크기}}}$

$= \dfrac{5{,}000}{\sqrt{400}} = 250$

[중심극한정리]

21 **중심극한정리(central limit theorem)는 어느 분포에 관한 것인가?**

2013. 6. 2 제2회

① 모집단 ② 표본
③ 모집단의 평균 ④ 표본의 평균

tip 중심극한정리는 표본의 평균($\overline{X}$)의 분포가 n이 클 때 $N\left(\mu, \dfrac{\sigma^2}{n}\right)$를 따른다.

[중심극한정리]

22 **다음은 무엇에 관한 설명인가?**

2014. 5. 25 제2회

> 평균이 μ이고, 분산이 σ^2인 임의의 모집단으로부터 추출한 크기 n인 랜덤표본의 표본평균 $\overline{X}$의 확률분포는 n이 충분히 크면 근사적으로 정규분포 $N\left(\mu, \dfrac{\sigma^2}{n}\right)$을 따른다.

① 중심극한정리 ② 정규분포
③ 이항분포 ④ 표본분포

tip 중심극한정리 : $X \sim ??(\mu, \sigma^2)$에서 n이 충분히 크면 $\overline{X} \sim N(\mu, \sigma^2/n)$을 따른다.

20. ② 21. ④ 22. ①

[중심극한정리]

23 모평균과 모분산이 각각 μ, σ^2인 무한모집단으로부터 추출한 크기가 n의 랜덤표본에 근거한 표본평균 $\overline{X_n}$의 확률분포에 대한 설명에서 틀린 것은?

2014. 5. 25 제2회

① 표본평균 $\overline{X_n}$의 기댓값은 표본의 크기 n에 관계없이 항상 모평균 μ와 같으나 표본평균 $\overline{X_n}$의 표준편차는 표본의 크기 n이 커짐에 따라 점점 작아져 0으로 가까이 가게 된다.

② 모집단의 확률분포가 정규분포이면 표본평균 $\overline{X_n}$ 역시 정규분포를 따른다.

③ 모집단의 분포가 무엇이든 관계없이 표본평균 $\overline{X_n}$의 평균이 μ이고 분산이 σ^2/n인 정규분포를 따른다.

④ 모집단의 확률분포가 좌우 비대칭인 분포이면 표본평균 $\overline{X_n}$의 확률분포는 정규분포를 따르지 않는다.

tip 모집단의 확률분포가 좌우 비대칭인 분포이더라도 표본의 크기가 커지면 중심극한정리에 의해 정규분포를 따를 수 있다.

[중심극한정리]

24 일반적으로 사회조사분석가들은 대규모 모집단으로부터 1000 정도의 표본을 무작위로 단 한번 선정하여 구한 표본평균도 그 표본이 추출된 모집단의 평균을 정확히 추정해 줄 수 있다고 확신하고 있다. 이들은 어떤 원리에 근거하여 이러한 확신을 하고 있는가?

2014. 8. 17 제3회

① Chebycheff 부등식(Chebycheff's Inequality)

② 중심극한정리(Central Limit Theorem)

③ 신뢰구간(Confidence Interval)

④ 추론(Inference)

tip 표본평균 추론 시 표본분포를 구할 때 대표본에 적용할 수 있는 중심극한정리가 있다.

23. ④ 24. ②

[중심극한정리]

25 **평균이 μ이고, 표준편차가 σ인 모집단으로부터 크기가 n인 확률표본을 취할 때, 표본평균 $\overline{X}$의 분포에 대한 설명으로 옳은 것은?**

2015. 8. 16 제3회

① 표본의 크기가 커짐에 따라 점근적으로 평균이 μ이고 표준편차가 $\sigma/\sqrt{n}$인 정규분포를 따른다.

② 표본의 크기가 커짐에 따라 점근적으로 평균이 μ이고 표준편차가 σ/n인 정규분포를 따른다.

③ 모집단의 확률분포와 동일한 분포를 따르되, 평균은 μ이고 표준편차는 $\sigma/\sqrt{n}$이다.

④ 모집단의 확률분포와 동일한 분포를 따르되, 평균은 μ이고 표준편차는 σ/n이다.

tip 표본의 크기 $X \sim N(\mu, \sigma^2)$가 커질 때 중심극한정리에 의해 아래와 같이 성립하게 된다.

$$\overline{X} \sim N\left(\mu, \left(\frac{\sigma}{\sqrt{n}}\right)^2\right)$$

[중심극한정리]

26 **평균이 '10'이고 분산이 '4'인 정규분포를 따르는 모집단으로부터 크기가 '4'인 표본을 추출하였다. 이때 표본평균의 표준편차는?**

2017. 5. 7 제2회

① 1　　② 2

③ 4　　④ 10

① 산포에 관한 분포 $\sigma_x = \sqrt{\frac{\sigma^2}{n}} = \frac{\sigma}{\sqrt{n}}$을 따른다. $\sigma_x = \frac{2}{\sqrt{4}} = 1.0$이 되므로 표준편차도 1이 된다.

[중심극한정리]

27 **평균체중이 65kg이고 표준편차가 4kg인 A고등학교 1학년 학생들에서 임의(Random)로 뽑은 크기 100명 학생들의 평균체중 $\overline{X}$ 표준편차는?**

2017. 5. 7 제2회

① 0.04kg　　② 0.4kg

③ 4kg　　④ 65kg

tip $\frac{\sigma}{\sqrt{n}} = \frac{4}{10} = 0.4$

25. ①　26. ①　27. ②

[중심극한정리]

28 **중심극한정리에 대한 정의로 옳은 것은?**

2017. 8. 26 제3회

① 모집단이 정규분포를 따르면 표본평균은 정규분포를 따른다.

② 모집단이 정규분포를 따르면 표본평균인 t – 분포를 따른다.

③ 모집단의 분포에 관계없이 표본평균의 분포는 표본의 크기가 커짐에 따라 근사적으로 정규 분포를 따른다.

④ 모집단의 분포가 연속형인 경우에만 표본평균의 분포는 표본의 크기가 커짐에 따라 근사적으로 정규분포를 따른다.

tip ③ 중심극한정리란 표집 분포의 평균은 모집단의 평균이고 표집분포의 분산은 모집단의 분산을 표본의 크기로 나눈 것과 같으며, 표집을 할 때 표본의 크기가 충분히 크다면 표집분포는 정규분포가 됨을 뜻한다.

[비율의 표본분포]

29 **이라크 파병에 대한 여론조사를 실시했다. 100명을 무작위로 추출하여 조사한 결과 56명이 파병에 대해 찬성했다. 이 자료로부터 파병을 찬성하는 사람이 전국민의 과반수 이상이 되는지를 유의수준 5%에서 통계적 가설검정을 실시했다. 다음 중 옳은 것은?**

2014. 5. 25 제2회

$$[P(|Z|>1.64)=0.10,\ P(|Z|>1.96)=0.05,\ P(|Z|>2.58)=0.01]$$

① 이 자료의 통계적 분석으로 한국인의 찬성률이 과반수 이상이라고 결론을 내릴 수 있다.

② 이 자료의 통계적 분석으로 한국인의 찬성률이 과반수 이상이라고 결론을 내릴 수 없다.

③ 이 자료의 통계적 분석으로 표본의 수가 부족해서 결론을 얻을 수 없다.

④ 표본 중 과반수 이상이 찬성하여서 찬성률이 과반수 이상이라고 결론을 내릴 수 있다.

tip 비율에 대한 검정

$H_0 : p(\text{찬성율})=0.5 \text{ vs } H_1 : p>0.5$

$$Z=\frac{\hat{p}-p_0}{\sqrt{\frac{p_0 q_0}{n}}}=\frac{0.56-0.5}{\sqrt{\frac{0.5\cdot 0.5}{100}}}=1.2$$

28. ③ 29. ②

[t 분포]

30 **정규분포를 따르는 두 모집단에서 표본을 각각 24개씩 추출하여, 두 집단의 평균 차이를 검정하고자 한다. 모분산은 알려져 있지 않다. 이 때 적용되는 검정통계량의 분포는?**

2014. 8. 17 제3회

① 정규분포 ② $t-$분포
③ F분포 ④ 카이제곱분포

tip 정규모집단에서 표본수가 $n < 30$, 모분산이 알려지지 않은 경우 $t-$분포를 사용한다.

[t 분포]

31 **분산을 모르는 정규모집단으로부터의 확률표본에 기초하여 모평균에 대한 신뢰구간을 구하고자 한다. 표본크기가 충분히 크지 않을 때 신뢰구간을 구하기 위해 사용되는 분포는?**

2015. 8. 16 제3회

① t분포 ② 정규분포
③ 이항분포 ④ F 분포

tip t 검정(t-test)은 모집단의 분산이나 표준편차를 알지 못할 시에 모집단을 대표하는 표본으로부터 추정된 분산이나 표준편차를 가지고 검정하는 방법으로 실제적인 경험, 사회과학연구 등에서 자주 활용되는 통계적 방법을 의미한다.

※ t 검정을 위한 가정
㉠ 등분산 가정이 충족되어야 한다.
㉡ 종속변수가 양적변수이어야 한다.
㉢ 모집단 분포가 정규분포이어야 한다.
㉣ 모집단의 분산, 표준편차를 알지 못할 때 활용한다.

[t 분포]

32 **표준정규분포에서 오른쪽 꼬리부분의 면적이 α가 되는 점을 z_α라 하고, 자유도가 ν인 t 분포에서 오른쪽 꼬리부분의 면적이 α가 되는 점을 $t_{(\nu,\ \alpha)}$라 하고, Z는 표준정규분포, T는 자유도가 ν인 t 분포를 따른다고 할 때 다음 설명 중 틀린 것은?**
(단, $P(Z > z_\alpha) = \alpha,\ P(T > t_{(\nu,\ \alpha)}) = \alpha$ 이다.)

2015. 8. 16 제3회

① ν에 관계없이 $Z_{0.05} < t_{(\nu,\ 0.05)}$이다.
② $t_{(5,\ 0.05)} = t_{(5,\ 0.95)}$
③ $t_{(5,\ 0.05)} < t_{(10,\ 0.05)}$
④ ν가 아주 커지면 $t_{(\nu,\ \alpha)}$은 Z_α와 거의 같아진다.

tip $t_{(5,\ 0.05)} > t_{(10,\ 0.05)}$

30. ② 31. ① 32. ③

[χ^2 분포]

33 **모평균과 모분산이 알려지지 않은 정규모집단의 모분산에 대한 가설검정에 사용되는 검정 통계량은?**

2012. 8. 26 제3회

① Z−통계량 ② χ^2−통계량

③ t−통계량 ④ F−통계량

tip 정규모집단의 모분산에 대한 가설검정은 χ^2인 통계량을 사용한다.

[χ^2 분포]

34 **주사위를 120번 던져서 얻은 결과가 다음과 같다. 주사위가 공정하다는 가정 하에서 1×6 분할표에 대한 χ^2 − 통계량 값은?**

2013. 8. 18 제3회

눈의 값	1	2	3	4	5	6
관찰도수	18	23	16	21	18	24

① 0 ② 0.125

③ 2.0 ④ 2.5

tip

$$\chi^2 = \sum_{i=1}^{6} \frac{(O_i - E_i)^2}{E_i}$$
$$= \frac{(18-20)^2}{20} + \frac{(23-20)^2}{20} + \frac{(16-20)^2}{20} + \frac{(21-20)^2}{20} + \frac{(18-20)^2}{20} + \frac{(24-20)^2}{20}$$
$$= 2.5$$

[χ^2 분포]

35 **어떤 동전이 공정한가를 검정하고자 20회를 던져본 결과 15번 앞면이 나왔다. 이 검정에 사용된 카이제곱 통계량($\sum \frac{(O_i - e_i^2)}{e_i}$)값은?**

2014. 3. 2 제1회

① 2.5 ② 5

③ 10 ④ 12.5

tip 기대빈도 (앞, 뒤) $e_i = 20 \cdot \ 0.5 = 10$

$$\sum \frac{(O_i - e_i)^2}{e_i} = \frac{(15-10)^2}{10} + \frac{(5-10)^2}{10} = \frac{25}{10} + \frac{25}{10} = 5$$

33. ② 34. ④ 35. ②

[χ^2 분포]

36 **카이제곱분포에 대한 설명으로 틀린 것은?**

2015. 3. 8 제1회

① 자유도가 k인 카이제곱분포의 평균은 k이고, 분산은 $2k$이다.

② 카이제곱분포의 확률밀도함수는 오른쪽으로 치우쳐있고, 왼쪽으로 긴 꼬리를 갖는다.

③ V_1, V_2가 서로 독립이며, 각각 자유도가 k_1, k_2인 카이제곱분포를 따를 때 $V_1 + V_2$는 자유도가 k_1, k_2인 카이제곱분포를 따른다.

④ $Z_1, \cdots, Z_k$가 서로 독립이며 각각 표준정규분포를 따르는 확률변수일 때 ${Z_1}^2 + \cdots + {Z_K}^2$은 자유도가 k인 카이제곱분포를 따른다.

tip ② 자유도에 의해 카이제곱분포의 확률밀도함수는 모양이 결정되고, 그 모양은 오른쪽으로 꼬리를 길게 하고 있다.

[χ^2 분포]

37 **다음의 검정 중 검정통계량의 분포가 다른 것은?**

2016. 3. 6 제1회

① 범주형 자료의 독립성 검정

② 범주형 자료의 동질성 검정

③ 회귀모형에 대한 유의성 검정

④ 단일 모집단에서의 모분산에 대한 검정

tip ③ F 분포

①②④ χ^2 분포

[χ^2 분포]

38 **검정통계량의 분포로 정규분포를 이용하지 않는 검정은?**

2016. 3. 6 제1회

① 대표본에서 모평균의 검정

② 대표본에서 두 모비율의 차에 관한 검정

③ 모집단이 정규분포인 대표본에서 모분산의 검정

④ 모집단이 정규분포인 소표본에서 모분산을 알 때, 모평균의 검정

tip ③ 모집단이 정규분포인 대표본에서 모분산을 검정하고자 할 때는 χ^2 분포를 사용한다.

36. ② 37. ③ 38. ③

[F 분포]

39 **두 집단의 분산의 동질성 검정에 사용되는 검정통계량 분포는?**

2014. 8. 17 제3회, 2017. 5. 7 제2회

① 정규분포 ② 이항분포

③ 카이제곱분포 ④ F-분포

tip 등분산 검정, 분산분석의 검정통계량은 F-분포를 따른다.

[F 분포]

40 **다음 검정 중 검정통계량의 분포가 나머지 셋과 다른 것은?**

2017. 3. 5 제1회

① 모분산이 미지이고 동일한 두 정규모집단의 모평균의 차에 대한 검정

② 모분산이 미지인 정규모집단의 모평균에 대한 검정

③ 단순회귀모형 $y = \beta_0 + \beta_{1x} + \epsilon$에서 모회귀직선 $E(y) = \beta_0 + \beta_{1x}$의 기울기 β_1에 관한 검정

④ 독립인 두 정규모집단의 모분산의 비에 대한 검정

tip ④ F분포에 해당한다. F분포는 정규분포를 이루는 모집단에서 독립적으로 추출한 표본들의 분산비율이 나타내는 연속 확률 분포이다. 두 가지 이상의 표본집단의 분산을 비교하거나 모집단의 분산을 추정할 때 쓰인다.

①②③ t분포

[F 분포]

41 **두 개의 정규모집단으로부터 추출한 독립인 확률표본에 기초하여 모분산에 대한 가설 $H_0 : \sigma^2 = \sigma_2^2 \ vs \ H_1 : \sigma_1^2 > \sigma_2^2$을 검정하고자 한다. 검정방법으로 옳은 것은?**

2017. 8. 26 제3회

① t - 검정 ② z - 검정

③ χ^2- 검정 ④ F - 검정

tip ④ $I(\geq 3)$개의 그룹들이 평균에서 차이가 있는가를 검정하거나 2개의 모집단이 산포 간 차이가 있는가를 검정하는 데 쓰인다.

① 모집단의 분산이나 표준편차를 알지 못할 때 모집단을 대표하는 표본으로부터 추정된 분산이나 표준편차를 가지고 검정하는 방법이다.

② 추리 통계의 여러 가지 검증 기법들 가운데 가장 기본적인 형태의 검증방식이다.

39. ④ 40. ④ 41. ④

04 출제예상문제

01 **어떤 대학 사회학과 학생들의 통계학 성적분포가 근사적으로 $N(60,\ 10^2)$을 따른다고 한다. 50점 이하인 학생에게 F학점을 준다고 할 때 F학점을 받게 될 학생들의 비율을 구할 수 있는 것은?**

① $P(Z \le 1)$
② $P(Z \le -1)$
③ $P(Z \le 2)$
④ $P(Z \le -2)$

tip 표준정규화 과정을 거쳐 $Z = \frac{X-\mu}{\sigma} = \frac{50-60}{10} = -1$에서 ②가 정답이다. 그 후 과정으로 범위를 확인하여야 하지만 -1만으로도 정답을 확인할 수 있다.

02 **생수공장의 하루 생수 생산량은 360개이고, 불량률이 10%인 이 공장의 기댓값과 분산은?**

① 36, 32.4
② 3.6, 36
③ 36, 3.6
④ 36, $\sqrt{32.4}$

tip 기댓값은 $E(X) = np$, 분산은 $V(X) = np(1-p)$으로 구한다.

03 **확률변수 X는 이항분포 $B(n,\ p)$를 따른다고 하자. $n = 20$, $p = 0.5$일 때, 확률변수 X의 평균과 분산은?**

① 평균 2.5, 분산 5
② 평균 5, 분산 5
③ 평균 10, 분산 2.5
④ 평균 10, 분산 5

tip X의 평균 $np = 10$, 분산은 $np(1-p) = 5$가 된다.

01. ② 02. ① 03. ④

04 조사분석사시험의 과거 성적분포가 근사적으로 평균이 70, 표준편차가 8인 정규분포를 따른다고 한다. 내년에도 비슷한 수준의 자격시험을 실시할 예정이며 과거의 성적분포에 따른 상위 30%에 해당하는 점수를 얻으면 합격시키려 한다. 내년 시험에 합격하기 위해서는 몇 점을 받아야 하는가? [단, 표준정규분포에서 $P(Z \leq 0.52) = 0.7$]

① 75.62　　② 74.16
③ 74.54　　④ 76.46

tip $Z = \frac{X-\mu}{\sigma}$이므로 $\frac{X-70}{8} \leq \frac{52}{100}$에서 $X \leq 74.16$이 된다.

05 X_0, X_1, ..., X_n이 정규분포 $N(\mu, \sigma^2)$에서 얻은 확률분포일 때 옳은 것은?

① $\frac{\overline{X}-\mu}{\sigma/\sqrt{n}}$는 $N(1, \sigma^2)$에 따른다.

② $\frac{\overline{X}-\mu}{\sigma/\sqrt{n}}$는 $N(0, \sigma^2)$에 따른다.

③ $\frac{\overline{X}-\mu}{\sigma/\sqrt{n}}$는 $N(0, \sigma^2)$에 따른다.

④ $\frac{\overline{X}-\mu}{\sigma/\sqrt{n}}$는 $N(0, 1)$에 따른다.

tip 표준화 정규분포로의 변환은 평균이 0이고 표준편차가 1인 것을 의미한다. [$N(0, 1)$].

06 불량률이 0.01인 제품을 20개씩 한 box에 넣어서 포장하였다. 10개의 box를 구입했을 때, 기대되는 불량품의 총개수는?

① 4개　　② 5개
③ 2개　　④ 3개

tip $E(x) = np$에서 한 박스에 20개이므로
$0.01 \times 10 \times 20 = 2$개

04. ②　05. ④　06. ③

07 다음 중 표준정규분포의 특징이 아닌 것은?

① 표준정규분포는 평균을 기준으로 대칭한다.
② 표준정규분포가 갖는 평균과 중앙값은 같다.
③ 표준정규분포 면적은 분포의 평균과 표준편차에 따라 달라진다.
④ 유의수준은 표본의 결과가 모집단의 성질을 반영하는 것이 아니라 표본의 특성에 따라 나타날 확률의 범위이다.

tip 표준정규분포는 평균 0, 표준편차가 1로 정해져 있다.

08 X가 $N(\mu,\ \sigma^2)$인 분포를 따를 경우 $Y = aX + b$의 분포는?

① 중심극한정리에 의하여 표준정규분포 $N(0,\ 1)$
② a와 b의 값에 관계없이 $N(\mu,\ \sigma^2)$
③ $N(a\mu + b,\ a^2\sigma^2 + b)$
④ $N(a\mu + b,\ a^2\sigma^2)$

tip $E(ax+b) = aE(X) + b,\ Var(ax+b) = a^2 Var(x)$
따라서 $E(ax+b) = aE(X) + b \rightarrow a \cdot \mu + b$
$Var(ax+b) = a^2 Var(X) \rightarrow a^2\sigma^2$

09 모집단의 평균 μ와 표준편차 σ를 알고 있으며 표본의 크기 N이 클 때 표본평균의 표본분포 형태는 정규분포의 모양을 나타낸다. 이 경우 우리가 알 수 있는 것은?

① $\mu_{\bar{x}} = 0$
② $\mu_{\bar{x}} = \dfrac{\sigma}{N}$
③ $\mu_{\bar{x}} = \dfrac{S}{\sqrt{N-1}}$
④ $\mu_{\bar{x}} = \mu$

tip 중심극한정리에 의하여 N이 큰 값이면 평균이 $\mu_{\bar{x}} = \mu$이고 표준오차가 $\sigma_{\bar{x}} = \dfrac{\sigma}{\sqrt{n}}$인 정규분포이다.

07. ③ 08. ④ 09. ④

10 표준화 변환을 하면 변화된 자료의 평균과 표준편차의 값은?

① 평균 = 0, 표준편차 = 1
② 평균 = 1, 표준편차 = 1
③ 평균 = 1, 표준편차 = 0
④ 평균 = 0, 표준편차 = 0

tip 표준화 변환을 한다는 것은 정규분포곡선으로 만든다는 의미이다.

11 다음 중 평균값이 작을 때 시간당 또는 면적당 일어나는 기대수를 결정하는 데 이용하는 분포는?

① 포아송분포
② 정규분포
③ 이항분포
④ 확률분포

tip 포아송분포를 적용하기 위해 필요한 조건 중 비례성을 설명한 것으로 예로 교환전화의 통화수, 단위시간당 개인이 잡은 생선수 등을 들 수 있다.

12 다음 설명 중 정규분포의 특성으로 옳지 않은 것은?

① 정규확률막대그림은 좌우비대칭 형태를 취한다.
② 평균 또는 기댓값보다 매우 크거나 작을 확률은 극히 작다.
③ 곡선 아래의 전체 면적은 1 또는 100%이다.
④ 표준편차가 커질수록 평평한 모양의 형태를 취한다.

tip ① 정규확률막대그림은 좌우대칭 형태를 취하며 평균치에서 최고점을 갖는다.

13 정규분포의 특성에 대한 설명으로 틀린 것은?

① 평균, 중위수, 최빈수가 모두 일치한다.
② $X=\mu$에 관해 종 모양의 좌우대칭이고, 이 점에서 확률밀도함수가 최댓값 $\frac{1}{(\sigma\sqrt{2\pi})}$을 갖는다.
③ 분포의 기울어진 방향과 정도를 나타내는 왜도 $\alpha_3=0$이다.
④ 분포의 봉우리가 얼마나 뾰족한가를 관측하는 첨도 $\alpha_4=1$이다.

tip ④ 정규분포의 첨도는 3이다.
※ 왜도의 특징
㉠ 자료의 분포가 정규분포보다 높은 봉우리를 가지면 첨도는 3보다 높다.
㉡ 자료의 분포가 정규분포보다 낮은 봉우리를 가지면 첨도는 3보다 작다.

10. ① 11. ① 12. ① 13. ④

14 **어느 농구선수의 자유투 성공률은 80%라고 알려져 있다. 자유투를 10개 던지는 실험을 실시할 경우 자유투 성공의 횟수에 관심이 있다고 할 때, 이 확률변수의 기댓값과 표준편차는?**

① 기댓값 : 0.8, 표준편차 : 0.16 ② 기댓값 : 8, 표준편차 : 1.6

③ 기댓값 : 0.8, 표준편차 : $(0.16)^{\frac{1}{2}}$ ④ 기댓값 : 8, 표준편차 : $(0.16)^{\frac{1}{2}}$

tip 기댓값은 $E(X)=np$, 분산은 $V(X)=np(1-p)$,
표준편차는 분산에 루트를 씌운 $\sqrt{np(1-p)}$ 이므로
기댓값 $= 10\times 0.8 = 8$
표준편차 $= \sqrt{10\times 0.8\times 0.2} = (0.16)^{\frac{1}{2}}$

15 **다음 설명 중 포아송분포의 특징으로 옳지 않은 것은?**

① 단위시간이나 단위공간에서 희귀하게 일어나는 사건의 횟수 등에 유용하게 사용될 수 있다.
② 어떤 단위시간이나 공간에서 출연하는 성공횟수는 다른 단위시간이나 공간에서 출현하는 횟수와 독립적이다.
③ 포아송분포는 독립성, 비집락성, 비례성을 만족할 때 적용된다.
④ 포아송분포의 평균을 m이라 하면, 그 분산은 $2m$이다.

tip ④ 포아송분포는 $E(X)=V(X)=m$인 분포이다.

16 **다음 중 정규분포에 대한 설명으로 옳지 않은 것은?**

① 확률밀도함수의 그래프를 가지며 가우스분포라고도 한다.
② 정규분포곡선은 종모양의 곡선이다.
③ 평균값과 중위수가 같다.
④ 확률변수의 값은 평균값의 대소와 상관없이 Z값의 절댓값을 갖는다.

tip ④ 확률변수 값이 평균값보다 클 때는 Z값은 양의 값을, 평균값보다 작을 때는 Z값은 음의 값을 갖는다.

14. ④ 15. ④ 16. ④

17 다음 중 크기가 5인 모집단 3, 4, 5, 2, 1에서 크기 3인 임의표본을 복원추출할 때 숫자의 표본평균 $\overline{X}$의 평균과 분산은 얼마인가?

① $E(\overline{X})=2,\ V(\overline{X})=\frac{1}{3}$　② $E(\overline{X})=3,\ V(\overline{X})=\frac{1}{3}$

③ $E(\overline{X})=2,\ V(\overline{X})=\frac{2}{3}$　④ $E(\overline{X})=3,\ V(\overline{X})=\frac{2}{3}$

tip 모집단의 평균을 μ, 분산을 σ^2이라 하면

$$\mu=\frac{1}{5}(3+4+5+2+1)$$
$$=3$$
$$\sigma^2=\frac{1}{5}(3^2+4^2+5^2+2^2+1^2)-3^2$$
$$=11-9$$
$$=2$$

따라서 $E(\overline{X})=\mu=3$이고, $V(\overline{X})=\frac{\sigma^2}{n}=\frac{2}{3}$

18 다음 중 베르누이 시행의 설명으로 옳지 않은 것은?

① 각 시행의 결과는 두 가지 상호 배타적인 사건으로만 되어 있다.

② 어느 시행에서 나타날 확률이 통계적으로 종속적일 경우 베르누이시행을 할 수 없다.

③ 매 시행의 성공확률을 p라 하면 실패확률 q는 $(1-p)$이다.

④ 베르누이 시행은 이항분포를 포함한다.

tip ④ 이항분포는 베르누이 시행을 포함한다.

19 독립적으로 반복하여 시행하는 경우에 각 시행마다 나타날 수 있는 가능한 결과가 오직 2개, 즉 성공 또는 실패로 나타날 때 그 시행을 무엇이라고 하는가?

① 독립반복 시행　② 베르누이 시행

③ 평균시행　④ 예비시행

tip 독립시행, 결과는 단 2개(성공, 실패)인 시행을 베르누이 시행이라고 하고, 이항분포, 기하, 음이항분포 등이 베르누이 시행을 따른다.

17. ④ 18. ④ 19. ②

20 다음은 포아송분포의 성질을 설명한 것이다. 틀린 것은?

① 주어진 시간 또는 면적, 공간 내에서 발생하는 우연적 현상에 적용된다.

② X가 포와송 분포를 따른다고 할 때 확률함수는 $f(x;\lambda)=\dfrac{e^{-\lambda}\lambda^{x}}{x!}$ 이다.

③ 기댓값과 분산은 동일하게 λ 이다.

④ 포아송분포에서 λ 가 매우 작아지고 n 이 크면 이항분포로 접근한다.

tip 이항분포에서 n 이 아주 크고, p가 매우 작으면 포아송분포에 근사한다.

21 다음 중 정규분포의 성질로써 맞지 않는 것은?

① $x=\mu$ 에 대해 좌우대칭이며 이 점에서 최댓값 $(\sigma\sqrt{2\pi})^{-1}$ 를 갖는다.

② $\mu-\sigma< x<\mu+\sigma$ 에서 아래로 볼록하다

③ 왜도는 0, 첨도는 3이다.

④ 기댓값과 분산은 각각 μ, σ^2이다.

tip ② $\mu-\sigma<x<\mu+\sigma$ 위로 볼록하다.

22 다음 분포 중 대칭인 것은?

① F 분포
② 포아송분포
③ 카이제곱분포
④ 정규분포

tip 정규분포, t-분포는 좌우대칭인 분포이다.

23 다음 중 이항분포를 따르지 않는 것은?

① 일정 시간 내에 도착하는 사람의 수
② 동전을 3회 던졌을 때 나타나는 앞면의 수
③ 한 부모에게서 태어나는 자녀 중 남아의 수
④ 주사위를 5회 던져서 1의 눈이 나오는 횟수

tip ① 포아송분포는 일정 시간, 면적, 공간 등에서의 성공의 횟수를 다룬다.

20. ④ 21. ② 22. ④ 23. ①

24 **사회현안에 대한 찬반 여론조사를 실시한 결과 찬성률이 0.8이었다면 3명을 임의 추출했을 때 2명이 찬성할 확률은?**

① 0.096　　② 0.384

③ 0.533　　④ 0.667

tip 성공횟수를 묻는 이항분포임. $p=0.8$, 시행횟수 $n=3$

$P(X=2)={}_3C_2(0.8)^2\cdot(0.2)^1=0.384$

$=\frac{3\times 2}{2\times 1}\times(0.8)^2\times(0.2)=0.384$

25 **다음 괄호 안에 알맞은 것은?**

> 확률변수 X가 정규분포 $N(\mu,\ \sigma^2)$을 따르는 모집단으로부터 크기 n인 표본을 임의추출하면 표본평균의 분포는 정규분포 (　　)을 따른다.

① $N(\mu,\ \sigma^2)$　　② $N\left(\mu,\ \frac{\sigma^2}{n}\right)$

③ $N\left(\frac{\mu}{n},\ \sigma^2\right)$　　④ $N\left(\mu,\ \frac{\sigma}{n}\right)$

tip $E(\overline{X})=\mu,\ V(\overline{X})=\sigma^2/n$

26 **$X_1,\ X_2,\ \cdots,\ X_n$이 정규모집단 $N(\mu,\ \sigma^2)$으로부터의 랜덤표본이고, 표본평균을 $\overline{X}$, 표본분산을 S^2이라고 할 때, 통계량 $\frac{\overline{X}-\mu}{S/\sqrt{n}}$의 분포는?**

① 자유도가 $(n-1)$인 t-분포

② 자유도가 n인 t-분포

③ 자유도가 $(n-1)$인 카이제곱분포

④ 자유도가 n인 카이제곱분포

tip $\overline{X}\sim N\left(\mu,\ \frac{\sigma^2}{n}\right)$에서 표준화하면 $Z=\frac{\overline{X}-\mu}{\sigma/n}$인데, σ 대신 S 사용할 경우, 즉, $\frac{\overline{X}-\mu}{S/\sqrt{n}}$는 t-분포를 따르고, 자유도 $(n-1)$를 따른다.

24. ②　25. ②　26. ①

27 **정규분포의 일반적인 성질이 아닌 것은?**

① 정규분포는 평균에 대하여 대칭이다.
② 평균과 표준편차가 같은 두 개의 다른 정규분포가 존재할 수 있다.
③ 정규분포에서 평균, 중위수, 최빈수는 모두 같다.
④ 밀도함수 곡선은 수평에서부터 어느 방향으로든지 수평축에 닿지 않는다.

tip 정규분포의 위치와 모양은 평균과 표준편차로 정해짐으로 같은 평균과 표준편차인 정규분포는 다른 정규분포는 존재할 수 없다.

28 **X_1, X_2, $\cdots$, X_n은 서로 독립이고, 성공률이 p인 동일한 베르누이분포를 따른다. 이 때, $X_1+X_2+\cdots+X_n$은 어떤 분포를 따르는가? (단, B는 이항분포를, Poisson은 포아송분포를 나타냄)**

① B($n/2$, p)
② B(n, p)
③ Poisson(p)
④ Poisson(np)

tip 베르누이 분포에서의 확률변수는 시행횟수가 1번일 때 성공의 횟수(0 or 1)이며, 이를 모두 합한 $X_1+X_2+\cdots+X_n$은 시행횟수가 n이며, 각 시행의 성공확률 p를 따르는 이항분포가 된다.

29 **어느 고등학교 1학년 학생의 신장은 평균이 168cm이고, 표준편차가 6cm인 정규분포를 따른다고 한다. 이 고등학교 1학년 학생 100명을 임의 추출할 때, 표본평균이 167cm 이상 169cm 이하일 확률은? (단, P($Z\leq 1.67$) $=0.9525$)**

① 0.9050
② 0.0475
③ 0.8050
④ 0.7050

tip 모집단의 분포 $X\sim N(168,6^2)$이고, 표본평균의 분포 $\overline{X}\sim N(168,6^2/100)$

$$\begin{aligned}P(167\leq \overline{X}\leq 169) &= P\left(\frac{167-168}{0.6}\leq Z\leq \frac{169-168}{0.6}\right)\\ &= P(-1.67\leq Z\leq 1.67)\\ &= P(Z\leq 1.67)-(1-P(Z\leq -1.67))\\ &=0.9050\end{aligned}$$

27. ② 28. ② 29. ①

30 어떤 용기에 들어있는 내용물은 무게가 평균 16g이고 표준편차는 0.6g이다. 그 중 36개의 용기를 뽑아 그 안의 내용물의 무게를 조사했다면, 뽑힌 용기의 내용물의 평균무게는 어떤 분포를 따르는가?

① $N(16, 0.6^2)$
② $N(16, 0.6^2/36)$
③ $N(16, 0.6/\sqrt{36})$
④ $N(16, 0.6 \times 36)$

tip $\overline{X} \sim N(\mu, \sigma^2/n)$

31 $\overline{X}$ 가 $N(\mu_1, \sigma_1^2)$ 을 따르고, $\overline{Y}$ 가 $N(\mu_2, \sigma_2^2)$ 를 다를 때 다음 중 틀린 것은?

① $E(\overline{X}+\overline{Y}) = \mu_1 + \mu_2$
② $Var(\overline{X}-\overline{Y}) = \frac{\sigma_1^2}{n_1} - \frac{\sigma_2^2}{n_2}$
③ $E(\overline{X}-\overline{Y}) = \mu_1 - \mu_2$
④ $Var(\overline{X}+\overline{Y}) = \frac{\sigma_1^2}{n_1} + \frac{\sigma_2^2}{n_2}$

tip 분산의 성질은 상수항이 제곱으로 나오므로, $Var(\overline{X}-\overline{Y}) = \frac{\sigma_1^2}{n_1} + \frac{\sigma_2^2}{n_2}$

32 500명의 성인 남녀를 대상으로 현 정권에 대한 지지여부를 익명으로 찬반의견을 조사하는 경우 이항분포가 되기 위한 조건으로 볼 수 없는 것은?

① 500번의 반복시행으로 이루어진다.
② 개인의 응답결과는 찬성과 반대 및 중립 세 가지 범주로 나눈다.
③ 응답을 하는 경우 다른 사람의 영향을 받지 않는다.
④ 찬성이나 반대에 응답할 가능성은 응답자에게 동일하다.

tip 독립시행 및 결과 2가지, 반복이여야 한다.

30. ② 31. ② 32. ②

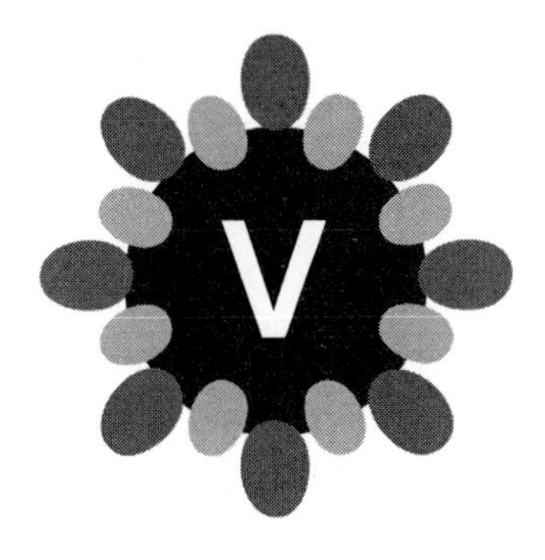

통계적 추정

01 추정

01 추정의 의의

우리가 일상생활에서 미래의 현상이나 사건을 추측하기 위해서는 단순히 데이터를 정리하거나 요약하는 것으로는 부족하다. 따라서 효율적인 의사결정과 정확한 추측을 위해서는 통계적인 추론이 반드시 필요하다.

02 추정의 개념

통계적 추론은 표본을 이용하여 미지의 모수를 추측하는 통계적 추정과 이 값에 대한 가설검정으로 나눌 수 있다. 여기서 추정이란 일정 신뢰수준 하에 표본의 특성을 바탕으로 하여 모집단의 특성을 일정한 추측하는 과정을 말한다. 표본을 추출하는 이유는 모집단의 특성을 알 수 없거나 알려진 모집단의 특성에 대해 신뢰성이 의심될 때 표본의 특성을 파악하여 알려지지 않거나 신뢰성이 없는 모집단의 특성을 추론하기 위함이다. 이러한 추정은 점추정과 구간추정으로 구분할 수 있다.

03 추정의 종류

(1) 점추정

표본의 특성을 바탕으로 **하나의 값**으로 모수를 추정하는 방법을 말한다.

(2) 구간추정

모수를 포함하리라고 기대되는 **구간**으로 추정하는 방법을 말한다.

02 점추정

01 점추정의 의의

어떤 모집단이 미지의 모수 θ를 갖고 이 모집단으로부터 추출된 확률표본을 X_1, …, X_n이라 할 때 함수 $T(X_1, \cdots, X_n)$로써 모수의 참값이라고 추측되는 하나의 값을 측정하는 과정이다.

02 점추정의 기준

최근 6년 출제 경향 : 15문제 / 2012(1), 2013(4), 2014(4), 2015(2), 2016(2), 2017(2)

(1) 불편성(unbiasedness)

① 개념

㉠ 좋은 추정량이 되기 위해 갖추어야 할 가장 중요한 요건

㉡ 불편성이란 편의가 없다는 것으로 추정량의 기댓값과 모수 간에 차이가 없다, 즉 추정량의 평균이 추정하려는 모수와 같음을 나타낸다. 따라서 불편성을 갖는 추정량이란 추정량의 기대치가 모집단의 모수와 같다는 것을 의미한다.

② 불편추정량

㉠ 표본분포에서 추정량 $\hat{\theta}$의 기댓값이 모수 θ와 같을 때의 추정량 $\hat{\theta}$를 말하는 것으로 다음과 같이 정의된다.

$$E(\hat{\theta}) = \theta$$

- 추정량 $= \hat{\theta}$
- 모수 $= \theta$
- 편향 $= E(\hat{\theta}) - \theta$

㉡ 편향(편의)이 0일 때, $E(\hat{\theta}) = \theta$가 바로 불편추정량이 되는 것이다.

③ **특성**

㉠ 표본평균은 모집단 평균의 불편추정량이 된다. → $E(\overline{X})=\mu$

㉡ 분모를 $(n-1)$로 사용한 경우 표준편차는 모집단 표준편차의 불편추정량이 된다.

$$
\begin{aligned}
E\left(\frac{1}{n-1}\sum_{i=1}^{n}(x_i-\overline{x})^2\right) &= \frac{1}{n-1}E\left(\sum_{i=1}^{n}(x_i-\mu+\mu-\overline{x})^2\right) \\
&= \frac{1}{n-1}E\left(\sum_{i=1}^{n}\left\{(x_i-\mu)-(\overline{x}-\mu)\right\}^2\right) \\
&= \frac{1}{n-1}E\left(\sum_{i=1}^{n}\left\{(x_i-\mu)^2-2(\overline{x}-\mu)(x_i-\mu)+(\overline{x}-\mu)^2\right\}\right) \\
&= \frac{1}{n-1}E\left\{\sum_{i=1}^{n}(x_i-\mu)^2-2(\overline{x}-\mu)\sum_{i=1}^{n}(x_i-\mu)+\sum_{i=1}^{n}(\overline{x}-\mu)^2\right\} \\
&= \frac{1}{n-1}\left[\sum_{i=1}^{n}E(x_i-\mu)^2-E\,n(\overline{x}-\mu)^2\right] \\
&= \frac{1}{n-1}\left[n\sigma^2-\sigma^2\right]=\sigma^2
\end{aligned}
$$

(2) 효율성(efficiency)

① **개념** … 좋은 추정량이 되기 위해서는 자료의 흩어짐의 정도인 추정량의 분산을 살펴볼 필요가 있다. 효율성이란 추정량의 분산과 관련된 개념으로 불편추정량 중에서 표본분포의 분산이 더 작은 추정량이 효율적이라는 성질을 말한다.

② **특성** … 추정량 θ_1과 θ_2에 대해 표준편차가 θ_1보다 θ_2가 크면 θ_1이 θ_2보다 더 유효하다고 한다.

$$E(\hat{\theta}_1)=E(\hat{\theta}_2)=\theta,\quad Var(\hat{\theta}_1)<Var(\hat{\theta}_2) \rightarrow \text{효율성은 } \hat{\theta}_1>\hat{\theta}_2$$

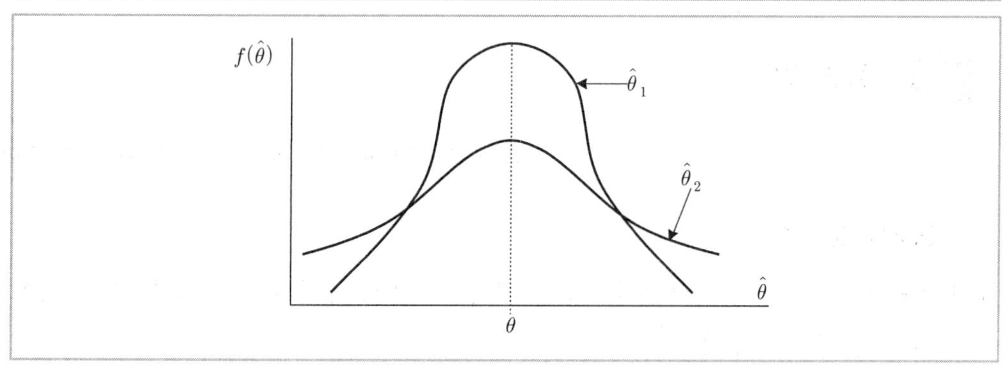

(3) 일치성(consistency)

① 개념

㉠ 표본의 크기가 매우 크다면 참값에 매우 가까운 추정값을 거의 항상 얻게 되기를 요구할 수 있다. 즉 표본의 크기가 커질수록 추정값은 모수에 접근한다는 성질이다.

㉡ $E(\theta)=\theta$, $n \to \infty$이고, $Var(\theta) \to 0$이면 θ는 일치성을 갖는다.

② 정의

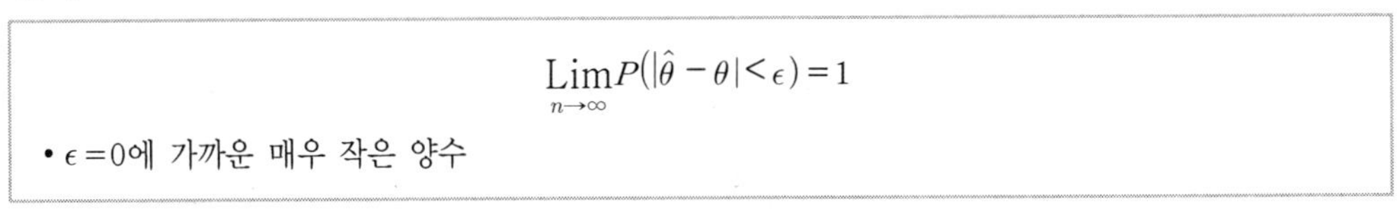

$$\lim_{n\to\infty} P(|\hat{\theta}-\theta|<\epsilon)=1$$

• $\epsilon=0$에 가까운 매우 작은 양수

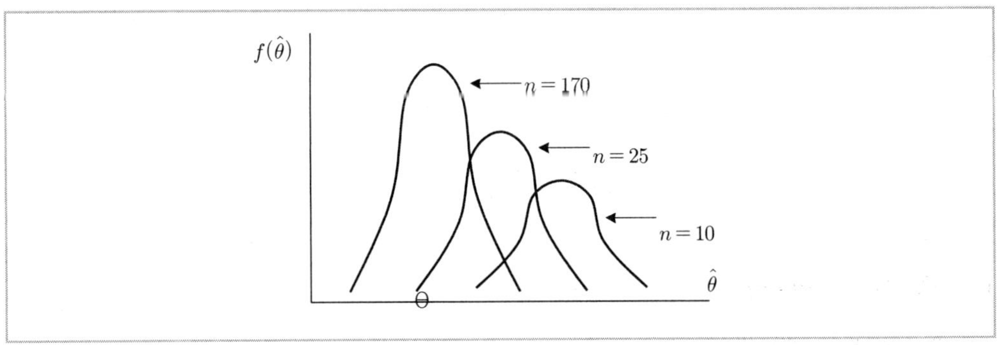

(4) 충족성(sufficient estimator)

추출한 추정량이 얼마나 모수에 대한 정보를 충족시키는 지에 대한 개념으로 추정량이 모수에 대하여 가장 많은 정보를 제공할 때 이 추정량을 충족추정량이라고 한다.

(5) 미지모수 θ에 대한 점추정량에는 최소자승추정량, 베이스추정량, 최우추정량 등이 있다.

03 점추정법

최근 6년 출제 경향 : 8문제 / 2012(1), 2013(1), 2014(2), 2015(3), 2017(1)

(1) 모평균의 점추정

① 모평균의 점추정량에는 표본의 평균, 중앙값, 최빈값 등이 있으나 일반적으로 가장 적합한 것은 표본의 평균 $\overline{X}$ 이다.

② 공식

㉠ 추정량 : 표본평균 $\overline{X} = \frac{\sum_{i=1}^{n} X_i}{n} = \mu$

㉡ 표준오차 : $SE(\overline{X}) = \frac{\sigma}{\sqrt{n}}$

㉢ 표준오차의 추정량 : $SE(\overline{X}) = \frac{s}{\sqrt{n}}$

(2) 모분산의 점추정

① 모분산에 대한 정보를 주는 통계량으로서 $\sum_{i=1}^{n}(X_i - \overline{X})^2, \sum_{i=1}^{n}|X_i - \overline{X}|, \max X_i - \min X_i$가 있으며 이들 중에서 $\sum_{i=1}^{n}(X_i - \overline{X})^2$은 계산이 용이하고 많은 정보를 제공해 준다.

② 공식

㉠ 모표준편차의 추정량 : $\hat{\sigma} = \sqrt{S^2} = S$

㉡ 모분산의 추정량 : $\widehat{\sigma^2} = S^2 = \frac{\sum(X_i - \overline{X})^2}{n-1}$

(3) 모비율의 점추정

① 개념 … 모비율 분포는 이항분포를 따른다.

② 표본의 크기가 클 경우에는 중심극한정리에 의해 표본비율의 분포는 정규분포를 따른다.

③ 공식

㉠ 추정량 : 표본비율 $\hat{p} = \frac{X}{n}$

㉡ 표준오차 : $SE(\hat{p}) = \sqrt{\frac{pq}{n}}$

㉢ 표준오차의 추정량 : $\sqrt{\frac{\hat{p}\hat{q}}{n}}$

단원별 기출문제

[점추정의 기준]

01 **좋은 추정량의 조건이 아닌 것은?**

2012. 8. 26 제3회

① 편의성(biasness)
② 효율성(efficiency)
③ 일치성(consistency)
④ 충분성(sufficiency)

tip 추정량의 결정기준은 불편성, 효율성, 일치성, 충분성이다.

[점추정의 기준]

02 **다음 중 추정량에 요구되는 바람직한 성질이 아닌 것은?**

2013. 3. 10 제1회

① 불편성(unbiasedness)
② 효율성(efficiency)
③ 충분성(sufficiency)
④ 정확성(accuracy)

tip 추정량의 성질 … 불편성, 효율(유효)성, 일치성, 충분성

[점추정의 기준]

03 **어떤 모수에 대한 바람직한 추정량이 되기 위해 요구되는 성질이 아닌 것은?**

2013. 6. 2 제2회

① 비편향성
② 유효성(효율성)
③ 일치성
④ 등분산성

tip 바람직한 추정량의 성질은 불편성, 유효성, 일치성, 충분성이 있다.

01. ① 02. ④ 03. ④

[점추정의 기준]

04 **다음 중 바람직한 추정량(estimator)의 선정기준이 아닌 것은?**

2013. 8. 18 제3회

① 할당성(quota)
② 불편성(unbiasedness)
③ 효율성9efficiency)
④ 일치성(consistency)

tip 바람직한 추정량 선정기준 … 불편성, 유효(효율)성, 일치성, 충분성

[점추정의 기준]

05 **점추정치(point estimate)에 관한 설명 중 틀린 것은?**

2014. 5. 25 제2회

① 표본의 크기가 커질수록, 표본으로부터 구한 추정치가 모수와 다를 확률이 0에 가깝다는 것을 일치성(consistency)이 있다고 한다.
② 표본에 의한 추정치 중에서 중위수는 평균보다 중앙에 위치하기 때문에 더욱 효율성(efficiency)이 있는 추정치가 될 수 있다.
③ 좋은 추정량의 성질 중 하나는 추정량의 기댓값이 모수값이 되는 것인데 이를 불편성(unbiasedness)이라 한다.
④ 좋은 추정량의 성질 중 하나는 추정량의 값이 주어질 때 조건부 분포가 모수에 의존하지 않는다는 것이며 이를 충분성(sufficiency)이라 한다.

tip 점추정치의 결정조건은 불편성, 일치성, 유효성, 충분성이 있다.

[점추정의 기준]

06 **다음 중 추정량의 성질과 가장 거리가 먼 것은?**

2014. 8. 17 제3회

① 불편성
② 효율성
③ 정규성
④ 일치성

tip 추정량의 성질은 불편성, 유효성(효율성), 일치성, 충분성이 있다.

04. ① 05. ② 06. ③

[점추정의 기준]

07 모수의 추정에 사용할 추정량이 가져야 할 바람직한 성질이 아닌 것은?

2016. 5. 8 제2회

① 편의성 ② 일치성
③ 유효성 ④ 비편향성

tip 추정량이 가져야할 바람직한 성질
㉠ **비편향성**(unbiasedness) : 불편성(不偏性)이라고도 한다. 간단히 말해 '치우치지 않음'을 의미한다.
㉡ **효율성**(efficiency) : '분포의 흩어짐'을 나타낸다.
㉢ **일치성** : 표본의 크기 n이 무한히 증가하면 그 표본에서 얻은 추정량이 모수와 일치할 때 그 추정량을 일치추정량이라고 하며, 이와 같은 추정량의 점근적인 성질을 일치성이라고 한다.

[점추정의 기준]

08 모분산의 추정량으로써 편차제곱합 $\sum(X_i - \overline{X})^2$을 n으로 나눈 것보다는 $(n-1)$로 나눈 것을 사용한다. 그 이유는 좋은 추정량이 만족해야 할 바람직한 성질 중 어느 것과 관계있는가?

2017. 3. 5 제1회

① 불편성 ② 유효성
③ 충분성 ④ 일치성

tip ① 추정량이 취하는 확률분포의 중심이 추정하고자 하는 모수에 가까울수록 바람직하다.
② 두개의 추정량이 모두 불편추정량이라고 한다면 변이성이 작은 추정량이 더 좋은 것이다.
③ 추정량이 모집단 특성에 대하여 다른 어떤 추정량보다 더 많은 정보를 제공해 줄 때, 그 추정량을 충분추정량이라고 한다.
④ 표본크기를 크게 하면 할수록 추정치가 모집단 특성에 가까워 질 때 그 추정량은 모수에 대한 일치추정량이다.

[점추정의 기준]

09 추정량이 가져야 할 바람직한 성질이 아닌 것은?

2017. 8. 26 제3회

① 편의성(Biasness) ② 효율성(Efficiency)
③ 일치성(Consistency) ④ 충분성(Sufficiency)

tip ① 추정치는 모수를 구체적으로 추정한 값이며, 추정량은 추정치를 산정하기 위하여 사용되는 추정 도구이다. 추정량을 산정하기 위해서는 불편성, 효율성, 일치성, 충분성을 가져야 한다.

[효율성]

10 **모분산의 추정에서 추정량으로 사용하는 표본분산은 n으로 나누지 않고 n-1로 나눈 것을 사용한다. 그 이유는 무엇 때문인가?**

2013. 3. 10 제1회

① 편향되지 않기 때문이다.
② 효율적이지 않기 때문이다.
③ 일치하지 않기 때문이다.
④ 충분하지 않기 때문이다.

tip 추정량의 성질 중 불편성을 만족하기 위해서
$E(S^2)=\sigma^2$

[효율성]

11 **크기 n의 표본에 근거한 모수 θ의 추정량을 $\hat{\theta}$이라 할 때 다음 설명으로 틀린 것은?**

2015. 8. 16 제3회

① $E(\hat{\theta})=\theta$일 때 $\hat{\theta}$을 불편추정량이라 한다.
② $Var(\hat{\theta_1}) \geq Var(\hat{\theta_2})$일 때 $\hat{\theta_1}$이 $\hat{\theta_2}$보다 유효하다고 한다.
③ $E(\hat{\theta}) \neq \theta$일 때 $\hat{\theta}$을 편의추정량이라 한다.
④ $\lim_{n \to \infty} P(|\hat{\theta}-\theta|<\epsilon)=1$일 때 $\hat{\theta}$을 일치추정량이라 한다.

tip $Var(\hat{\theta_1}) \geq Var(\hat{\theta_2})$이면, $\hat{\theta_2}$가 $\hat{\theta_1}$보다 더 유효하다고 볼 수 있다.

[효율성]

12 **모평균과 모분산이 각각 μ, σ^2인 모집단으로부터 크기 2인 확률표본 X_1, X_2를 추출하고 이에 근거하여 모평균 μ를 추정하고자 한다. 모평균 μ의 추정량으로 다음의 두 추정량 $\hat{\theta_1}=\dfrac{X_1+X_2}{2}$, $\hat{\theta_2}=\dfrac{2X_1+X_2}{3}$을 고려할 때, 일반적으로 $\hat{\theta_2}$보다 $\hat{\theta_1}$이 선호되는 이유는?**

2016. 3. 6 제1회

① 비편향성
② 유효성
③ 일치성
④ 충분성

tip $Var(\hat{\theta_1}) < Var(\hat{\theta_2})$이면, $\hat{\theta_1}$이 $\hat{\theta_2}$보다 유효하다.

10. ① 11. ② 12. ②

[일치성]

13 **모집단의 모수 θ에 대한 추정량(estimator)으로서 지녀야 할 성질 중 일치추정량에 대한 설명으로 가장 적합한 것은?**

2014. 8. 17 제3회

① 추정량의 평균이 θ가 되는 추정량을 의미한다.

② 모집단으로부터 추출한 표본의 정보를 모두 사용한 추정량을 의미한다.

③ 표본의 크기가 커질수록 추정량과 모수와의 차이에 대한 확률이 0으로 수렴함을 의미한다.

④ 여러 가지 추정량 중 분산이 가장 작은 추정량을 의미한다.

tip 일치추정량은 표본의 크기가 클수록 추정량과 모수의 차이가 0에 가까울 확률이 1이다.

[일치성]

14 **표본의 크기가 커짐에 따라 확률적으로 모수에 수렴하는 추정량은?**

2014. 8. 17 제3회

① 불편추정량 ② 유효추정량

③ 일치추정량 ④ 충분추정량

tip 일치추정량은 표본의 크기가 클수록 추정량과 모수의 차이가 0에 가까울 확률이 1이다.

[일치성]

15 **어떤 모수에 대한 추정량이 표본의 크기가 커짐에 따라 확률적으로 모수에 수렴하는 성질은?**

2015. 3. 8 제1회

① 불편성 ② 일치성

③ 충분성 ④ 효율성

tip 일치성은 자료의 수 n이 증가함에 따라 추정량 $\widehat{\theta_n}$이 모수로부터 벗어날 확률이 점차적으로 작아져 추정대상이 되는 모수와 일치하는 경우에 일치추정량이라고 한다. 이는 다시 말해 추정량의 분포가 n이 커지면 커질수록 모수 중심으로 집중하게 되므로 더욱 좋은 추정치이다.

13. ③ 14. ③ 15. ②

[모평균의 점추정]

16 **LCD패널을 생산하는 공장에서 출하 제품의 질적 관리를 위하여 패널 100개를 임의 추출하여 실제 몇 개의 결점이 있는가를 세어본 결과 평균은 5.88개, 표준편차 2.03개이다. 표준오차의 추정치는 얼마인가?**

2014. 3. 2 제1회

① 0.203　　② 0.103

③ 0.230　　④ 0.320

tip 표준오차 : 추정량(표본평균)의 표준편차

$\overline{X} \sim N(\mu,\ \sigma/\sqrt{n})$, 표준오차의 추정치 $s/\sqrt{n} = 2.03/\sqrt{100}$

[모평균의 점추정]

17 **자료 $x_1,\ x_2,\ \cdots,\ x_n$의 표준편차가 3일 때, $-3x_1,\ -3x_2,\ \cdots,\ -3x_n$의 표준편차는?**

2014. 5. 25 제2회

① -3　　② 9

③ 3　　④ -9

tip $s_x = 3,\ s_{-3x}{}^2 = (-3)^2 s_x{}^2 = 9 \cdot 9 = 81$

[모평균의 점추정]

18 **A대학 학생들의 주당 TV시청 시간을 알아보고자 임의로 9명을 추출하여 조사한 결과는 다음과 같다. TV시청 시간은 모평균 μ인 정규분포를 따른다고 가정하자. μ에 대한 추정량으로 표본 평균 $\overline{X}$을 사용했을 때, 추정치는?**

2017. 5. 7. 제2회

9　10　13　13　14　15　17　21　22

① 14.3　　② 14.5

③ 14.7　　④ 14.9

tip $\dfrac{9+10+13+13+14+15+17+21+22}{9} \fallingdotseq 14.889$

16. ①　17. ②　18. ④

[모비율의 점추정]

19 **점 추정치(point estimate)에 관한 설명으로 틀린 것은?**

2012. 3. 4. 제1회

① 표본의 평균으로부터 모집단의 평균을 추정하는 것도 점 추정치이다.

② 점 추정치는 표본의 평균을 정밀하게 조사하여 나온 결과이기 때문에 항상 모집단의 평균치와 거의 동일하다.

③ 점 추정치의 통계적 속성은 일치성, 충분성, 효율성, 불편성 등 4가지 기준에 따라 분석될 수 있다.

④ 점 추정치를 구하기 위한 표본 평균이나 표본비율의 분포는 정규분포를 따른다.

tip 점 추정치는 모집단에서 추출한 표본으로 이는 모집단의 일부이므로 항상 모집단의 평균치와 동일하지 않다.

[모비율의 점추정]

20 **노사문제에 대한 여론을 조사하기 위하여 전국의 사업장에서 조합원 1,200명을 임의로 추출하여 찬반을 조사한 결과 960명이 찬성하였다. 찬성률에 대한 표준오차는?**

2013. 8. 18 제3회

① 0.0811　　② 0.0412

③ 0.0324　　④ 0.0115

tip

$\hat{p}$의 표준오차 $\sqrt{\dfrac{\hat{p}\hat{q}}{n}}$

$\hat{p}=\dfrac{960}{1,200}=0.8 \rightarrow \sqrt{\dfrac{0.8\times0.2}{1,200}}=0.01154$

[모비율의 점추정]

21 **버스전용차로를 유지해야 하는 것에 대해 찬성하는 사람의 비율을 조사하기 위하여 서울에 거주하는 성인 1,000명을 임의로 추출하여 조사한 결과 700명이 찬성한다고 응답하였다. 서울에 거주하는 성인 중 버스전용차로제에 찬성하는 사람의 비율의 추정치는?**

2015. 3. 8 제1회

① 0.4　　② 0.5

③ 0.6　　④ 0.7

tip $\hat{P}=\dfrac{700}{1,000}=0.7$이 된다.

19. ②　20. ④　21. ④

[모비율의 점추정]

22 **모집단으로부터 추출한 크기가 100인 표본으로부터 구한 표본비율이 $\hat{p}=0.42$이다. 모비율에 대한 가설 $H_0 : p=0.4$ vs $H_1 : p>0.4$을 검정하기 위한 검정통계량은?**

2015. 5. 31 제2회

① $\dfrac{0.4}{\sqrt{0.4(1-0.4)/100}}$

② $\dfrac{0.42-0.4}{\sqrt{0.4(1-0.4)/100}}$

③ $\dfrac{0.42+0.4}{\sqrt{0.4(1-0.4)/100}}$

④ $\dfrac{0.42}{\sqrt{0.4(1-0.4)/100}}$

tip 모비율에 따른 검정통계량 $= \dfrac{p-p_0}{\sqrt{p_0 q_0/n}} = \dfrac{0.42-0.4}{\sqrt{0.4(1-0.4)/100}}$ 으로 계산되어진다.

[모비율의 점추정]

23 **A도시에서는 실업률이 5.5%라고 발표하였다. 관련 민간단체에서는 실업률 5.5%가 너무 낮게 추정된 값이라고 여겨 이를 확인하고자 노동력 인구 중 520명을 임의로 추출하여 조사한 결과 39명이 무직임을 알게 되었다. 이를 확인하기 위한 검정을 수행할 때 검정통계량의 값은?**

2015. 8. 16 제3회

① −2.58

② 1.75

③ 1.96

④ 2.00

tip 추정치 $\hat{p}=\dfrac{39}{520}=0.075$

검정통계량 $\dfrac{0.075-0.055}{\sqrt{\dfrac{0.055\times 0.945}{520}}}=2.0005$

22. ② 23. ④

구간추정

01 구간추정의 의의

(1) 의의

표본의 오차로 인해 점추정량은 모수와 같아지는 것이 어려우며 추정의 불확실 정도를 표현 못하는 단점을 지닌다. 이러한 점추정량의 단점을 극복하기 위해 구간추정량을 사용한다.

(2) 개념

미지모수 θ의 참값이 속할 것으로 기대되는 범위, 즉 신뢰구간을 일정한 방법에 따라 추정하는 과정이다.

(3) 예시

- 올해 입사자의 평균연령은 25~27세이다.
- 스키장의 오늘 하루 입장객은 100~120명 정도이다.
- 서원각씨의 주량은 3~5병이다.

02 용어 정리

최근 6년 출제 경향 : 2문제 / 2013(1), 2017(1)

① 신뢰구간(confidence interval) … 추정값(estimate)에 신뢰수준, 표준편차 등을 가감하여 구간을 추정하는 것으로 신뢰도의 구간을 나타낸다.

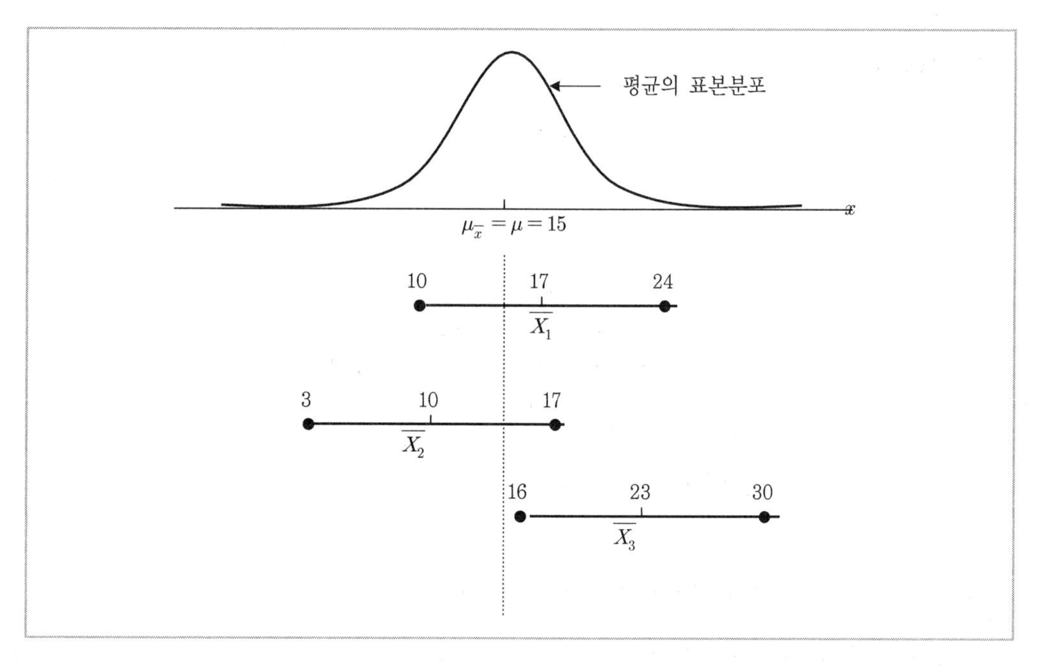

② **신뢰수준**(confidence level) … 신뢰도라고 하며 신뢰구간 내에서 모수가 포함될 확률을 말한다.

③ **오차율**(error rate) … 신뢰구간 내에서 모수가 포함되지 않을 확률을 말한다.

03 신뢰구간 추정

$$(\overline{X} - C) \leq \mu \leq (\overline{X} + C) \quad (\mu : \text{모평균}, \ \overline{X} : \text{표본평균})$$

표본평균을 안다고 할 때 모평균 μ를 추정하는 핵심은 C이다.

$P[(\overline{X} - C) \leq \mu \leq (\overline{X} + C)] = 1 - \alpha$

이 때, $1 - \alpha = 0.9$이면, 모평균 μ를 포함할 확률이 90%라는 의미이다. 여기서 P는 확률 probability의 P이다.

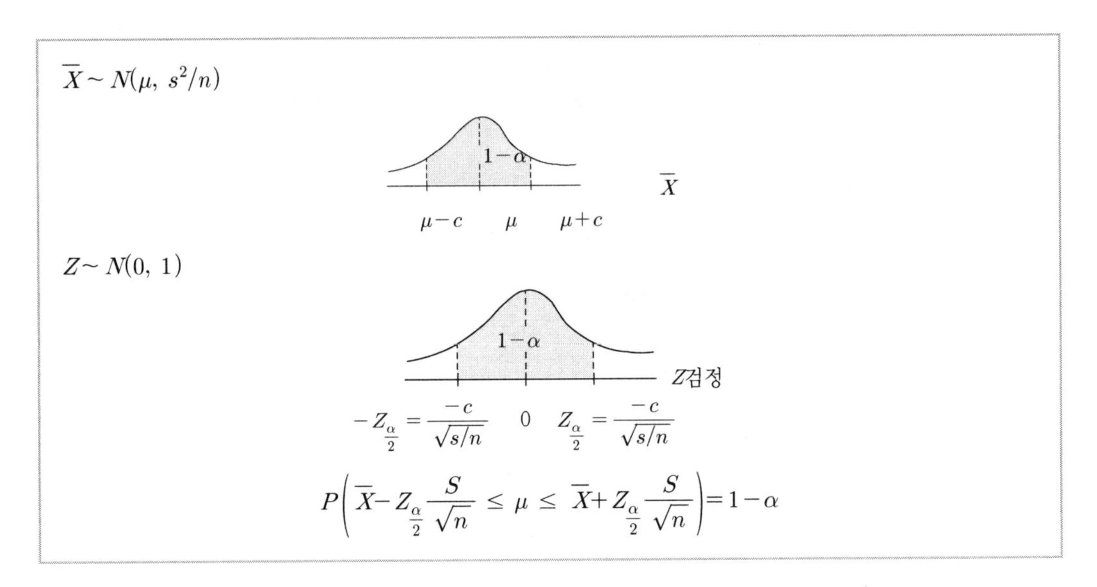

- $\alpha = 0.10$이면 90% 신뢰구간의 $Z_{\alpha/2} = 1.65$가 된다.
- $\alpha = 0.05$이면 95% 신뢰구간의 $Z_{\alpha/2} = 1.96$가 된다.
- $\alpha = 0.01$이면 99% 신뢰구간의 $Z_{\alpha/2} = 2.58$가 된다.

04 신뢰구간 오차의 한계

(1) 오차한계

신뢰구간 안에 모집단의 평균이 포함되어 있을 가능성이 $100(1-\alpha)$%이지만 표본의 평균 $\overline{x}$ 가 바로 우리가 찾는 모집단 평균 μ일 가능성은 적다. 그러나 $\overline{x}$ 와 μ의 차이, 즉 오차가 $Z_{\frac{\alpha}{2}}\frac{\sigma}{\sqrt{n}}$를 넘지 않을 것임을 $100(1-\alpha)$% 확신할 수 있다. 따라서 $Z_{\frac{\alpha}{2}}\frac{\sigma}{\sqrt{n}}$가 오차한계이다.

(2) μ 추정에 필요한 표본의 크기 결정

$\overline{x}$를 이용하여 μ를 추정할 때 표본의 크기를 다음과 같이 정하면 $\overline{x}$와 μ의 차이인 오차가 e를 초과하지 않을 것이라고 $100(1-\alpha)$% 확신할 수 있다. 만약 σ값이 알려져 있지 않으면 $n \ge 30$인 표본을 이용하여 s를 계산한 뒤 σ 대신 사용한다.

$$n \geq \left(\frac{Z_{\frac{\alpha}{2}}\sigma}{e}\right)^2$$

05 단일 모집단 구간추정법

최근 6년 출제 경향 : 26문제 / 2012(4), 2013(3), 2014(4), 2015(6), 2016(5), 2017(4)

(1) 단일 모집단 모평균 구간추정

① 모분산을 아는 경우 … 표본의 크기가 30개 미만인 경우 모평균 μ에 대한 $100(1-\alpha)\%$ 신뢰구간은 $\left(\overline{X}-Z_{\frac{\alpha}{2}}\frac{\sigma}{\sqrt{n}},\ \overline{X}+Z_{\frac{\alpha}{2}}\frac{\sigma}{\sqrt{n}}\right)$이다. 여기서 α는 틀릴 확률, 즉 유의수준(significance level)을 말한다.

② 모분산을 모르는 경우 … 표본의 크기가 큰 경우의 모평균 μ에 대한 $100(1-\alpha)\%$ 신뢰구간은 $\left(\overline{X}-Z_{\frac{\alpha}{2}}\frac{s}{\sqrt{n}},\ \overline{X}+Z_{\frac{\alpha}{2}}\frac{s}{\sqrt{n}}\right)$이다.

(2) 단일 모집단 모분산 구간추정

모분산 σ^2에 대한 $100(1-\alpha)\%$ 신뢰구간은 $\left(\frac{(n-1)S^2}{\chi^2_{\left(n-1,\ \frac{\alpha}{2}\right)}},\ \frac{(n-1)S^2}{\chi^2_{\left(n-1,\ \frac{1-\alpha}{2}\right)}}\right)$

(3) 단일 모집단 모비율 구간추정

모비율 p에 대한 $100(1-\alpha)\%$ 신뢰구간은 $\left(\hat{p}-Z_{\frac{\alpha}{2}}\sqrt{\frac{\hat{p}(1-\hat{p})}{n}},\ \hat{p}+Z_{\frac{\alpha}{2}}\sqrt{\frac{\hat{p}(1-\hat{p})}{n}}\right)$이다.

06 두 모집단 구간추정법

최근 6년 출제 경향 : 1문제 / 2013(1)

(1) 두 모집단 모평균 구간추정

① 두 표본평균의 차이($\overline{x_1}-\overline{x_2}$)의 표본분포의 특성 … 평균과 표준편차가 각각 $(\mu_1,\ \sigma_1)$과 $(\mu_2,\ \sigma_2)$인 두 개의 모집단에서 크기가 n_1, n_2인 독립표본을 추출하였을 때, $\overline{x_1}-\overline{x_2}$의 표본분포의 평균은 $\mu_{\overline{x_1}-\overline{x_2}}=\mu_1-\mu_2$이고 표준오차는 $\sigma_{\overline{x_1}-\overline{x_2}}=\sqrt{\dfrac{{\sigma_1}^2}{n_1}+\dfrac{{\sigma_2}^2}{n_2}}$ 이다.

② 평균과 표준편차가 각각 $(\mu_1,\ \sigma_1)$과 $(\mu_2,\ \sigma_2)$인 두 개의 모집단에서 크기가 n_1, n_2인 독립표본을 추출하였을 때, n_1과 n_2가 모두 30 이상이거나 두 모집단 모두 정규분포를 이룬다면 $\mu_1-\mu_2$의 $100(1-\alpha)\%$ 신뢰구간은 다음과 같이 정의된다.

$$(\overline{x_1}-\overline{x_2})-Z_{\frac{\alpha}{2}}\sqrt{\frac{{\sigma_1}^2}{n_1}+\frac{{\sigma_2}^2}{n_2}}\le \mu_1-\mu_2\le(\overline{x_1}-\overline{x_2})+Z_{\frac{\alpha}{2}}\sqrt{\frac{{\sigma_1}^2}{n_1}+\frac{{\sigma_2}^2}{n_2}}$$

③ 합동분산을 이용한 $\mu_1-\mu_2$의 신뢰구간 … 정규분포에 유사한 두 개의 모집단에서 크기가 각각 n_1과 n_2인 표본을 추출했을 때 ${\sigma_1}^2={\sigma_2}^2$이나 그 값이 알려져 있지 않고 n_1과 n_2가 30을 넘지 못하면, 합동분산 SP^2을 이용하여 다음과 같이 신뢰구간을 구할 수 있다. 여기서 $t_{\frac{\alpha}{2}}$는 자유도가 n_1+n_2-2인 t 분포에서 오른쪽 끝부분의 넓이가 $\frac{\alpha}{2}$인 t값을 의미한다.

$$(\overline{x_1}-\overline{x_2})-t_{\frac{\alpha}{2}}SP\sqrt{\frac{1}{n_1}+\frac{1}{n_2}}\le \mu_1-\mu_2\le(\overline{x_1}-\overline{x_2})+t_{\frac{\alpha}{2}}SP\sqrt{\frac{1}{n_1}+\frac{1}{n_2}}$$

(2) 두 모집단 모비율 구간추정

모집단 비율차이의 $100(1-\alpha)\%$ 신뢰구간은 다음과 같이 정의한다.

$$(\hat{p_1}-\hat{p_2})-Z_{\frac{\alpha}{2}}\sqrt{\frac{\hat{p_1}(1-\hat{p_1})}{n_1}+\frac{\hat{p_2}(1-\hat{p_2})}{n_2}}\le p_1-p_2\le(\hat{p_1}-\hat{p_2})+Z_{\frac{\alpha}{2}}\sqrt{\frac{\hat{p_1}(1-\hat{p_1})}{n_1}+\frac{\hat{p_2}(1-\hat{p_2})}{n_2}}$$

단원별 기출문제

[신뢰구간]

01 모평균 θ에 대한 95% 신뢰구간이 (−0.042, 0.522)일 때, 귀무가설 $H_0: \theta = 0$과 대립가설 $H_1: \theta \neq 0$을 유의수준 0.05에서 검정한 결과에 대한 설명으로 옳은 것은?

2013. 6. 2 제2회, 2017. 5. 7 제2회

① 신뢰구간이 0을 포함하고 있으므로 귀무가설을 기각할 수 없다.

② 신뢰구간과 가설검정은 무관하기 때문에 신뢰구간을 기초로 검증에 대한 어떠한 결론도 내릴 수 없다.

③ 신뢰구간을 계산할 때 표준정규분포의 임계값을 사용했는지 또는 t분포의 임계값을 사용했는지에 따라 해석이 다르다.

④ 신뢰구간의 상한이 0.522로 0보다 크므로 귀무가설을 기각한다.

tip 신뢰구간과 양측검정의 관계 … 양측검정의 검정값 즉 $H_0: \theta = \theta_0$에서 θ_0가 신뢰구간(L, U) 안에 포함하면 귀무가설 채택한다.

[단일 모집단 모평균 구간추정]

02 한 철강회사는 봉강을 생산하는데 5개의 봉강을 무작위로 추출하여 인장강도를 측정했다. 표본평균은 제곱인치(psi)당 22kg이었고, 표본표준편차는 8kg이었다. 이 회사의 봉강의 평균 인장강도를 신뢰도 90%에서 양측신뢰구간으로 추정한 것은? (단, 모집단은 정규분포를 따르고, $t_{4,\ 0.1} = 1.5332$, $t_{5,\ 0.1} = 1.4759$, $t_{4,\ 0.05} = 2.1318$, $t_{5,\ 0.05} = 2.0150$, $p(z > 1.28) = 0.1$, $p(z > 1.96) = 0.025$, $p(z > 1.645) = 0.5$이다.)

2012. 3. 4. 제1회

① 22 ± 7.63 ② 22 ± 7.21

③ 22 ± 5.89 ④ 22 ± 5.22

01. ① 02. ①

tip 모평균에 대한 신뢰구간 추정은 다음과 같다.

$$\left[\overline{X}-t_{(n-1,\alpha/2)}\frac{s}{\sqrt{n}},\ \overline{X}+t_{(n-1,\alpha/2)}\frac{s}{\sqrt{n}}\right]$$
$$=\left[22-t_{(4,0.05)}\frac{8}{\sqrt{5}},\ 22+t_{(4,0.05)}\frac{8}{\sqrt{5}}\right]$$
$$=\left[22-2.1318\frac{8}{\sqrt{5}},\ 22+2.1318\frac{8}{\sqrt{5}}\right]$$
$$=22\pm 7.627$$

[단일 모집단 모평균 구간추정]

03 모평균 μ에 대한 구간추정에서 95% 신뢰수준(confidence level)을 갖는 신뢰구간 100±5 라고 할 때, 신뢰수준 95%의 의미는?

2012. 8. 26 제3회, 2017. 8. 26 제3회

① 구간추정치가 맞을 확률이다.
② 모평균의 추정치가 100±5 내에 있을 확률이다.
③ 모평균과 구간추정치가 95% 같다
④ 동일한 추정방법을 사용하여 신뢰구간을 반복하여 추정할 경우 평균적으로 100회 중에서 95회는 추정구간이 모평균을 포함한다.

tip 확률표본을 계속 반복적으로 추출하여 신뢰구간 추정할 경우 반복 추출횟수의 95%가 모평균을 포함하고 있다.

[단일 모집단 모평균 구간추정]

04 크기 n인 표본으로 신뢰수준 95%를 갖도록 모평균을 추정하였더니 신뢰구간의 길이가 10이었다. 동일한 조건하에서 표본의 크기만을 1/4로 줄이면 신뢰구간의 길이는?

2012. 8. 26 제3회

① 1/4로 줄어든다.
② 1/2로 줄어든다.
③ 2배로 늘어난다.
④ 4배로 늘어난다.

tip $\overline{X}\pm z_{\alpha/2}\,s/\sqrt{n}\ \rightarrow\ \overline{X}\pm z_{\alpha/2}\,s/\sqrt{\frac{n}{4}}=\overline{X}\pm z_{\alpha/2}\cdot 2\cdot s/\sqrt{n}$

03. ④ 04. ③

[단일 모집단 모평균 구간추정]

05 어느 고등학교 1학년생 280명에 대한 국어성적의 평균이 82점, 표준편차가 8점이었다. 66점부터 98점 사이에 포함된 학생들은 몇 명 이상인가?

2013. 6. 2 제2회

① 267명　　② 230명

③ 240명　　④ 22명

고등학생 1학년생의 국어성적을 X라 하자. 그러면 표본크기 $n=280$이고 이들의 국어성적 평균이 82, 표준편차가 8이므로 중심극한정리에 의하여 고등학생 1학년생의 평균 국어성적 $\overline{X}$는 $\overline{X}\sim N(82, 8^2)$와 같은 확률 분포를 갖게 된다.

따라서 66점부터 98점 사이에 포함된 학생들의 비율은 다음과 같이 구할 수 있다.

$$\begin{aligned} P(66 < X < 98) &= P\left(\frac{66-82}{8} < \frac{\overline{X}-\mu}{\sigma} < \frac{98-82}{8}\right) \\ &= P(-2 < Z < 2) \\ &= P(Z < 2) - P(Z < -2) \\ &= 0.97725 - 0.02275 \\ &= 0.9545 \end{aligned}$$

280명의 학생들 중 이 구간에 포함된 학생들의 수는 $280 \times 0.9545 = 267.26$, 즉 267명이다.

[단일 모집단 모평균 구간추정]

06 크기가 100인 표본에서 구한 모평균에 대한 95% 신뢰구간의 길이가 0.2라고 한다면 표본크기를 400으로 늘렸을 때의 95% 신뢰구간의 길이는 얼마인가?

2014. 5. 25 제2회

① 0.05　　② 0.1

③ 0.15　　④ 구할 수 없다.

$\overline{X} \pm z_{\alpha/2}\,\sigma/\sqrt{n}$ 에서

신뢰구간의 길이는 $2 \cdot 1.96\,\sigma/\sqrt{100} = 0.2$, $\sigma = 0.510$

$n=400$일 때 신뢰구간의 길이는 $2 \cdot 1.96 \cdot 0.510/\sqrt{400}$

05. ① 06. ②

[단일 모집단 모평균 구간추정]

07 모평균 μ의 95% 신뢰구간을 추정한 결과에 대한 설명으로 옳은 것은?

2014. 8. 17 제3회

$$37.57 \le \mu \le 50.63$$

① 이 신뢰구간이 모평균 μ를 포함할 확률은 95%이다.
② 신뢰수준을 90%로 낮추면 신뢰구간은 더 좁아진다.
③ 표본크기를 증가시키면 신뢰구간은 더 넓어진다.
④ 모분산을 모를 때의 신뢰구간은 알 때보다 더 좁다.

tip $\overline{X} \pm z_{\alpha/2}\, \sigma/\sqrt{n}$, $Z_{0.025} = 1.96$, $Z_{0.05} = 1.645$ 신뢰구간은 좁아진다.

[단일 모집단 모평균 구간추정]

08 정규모집단의 모평균에 대한 신뢰구간에 관한 설명으로 틀린 것은?

2014. 3. 2 제1회

① 신뢰수준이 높을수록 신뢰구간 폭은 넓어진다.
② 표본 수가 증가할수록 신뢰구간 폭은 넓어진다.
③ 모분산을 아는 경우는 정규분포를, 모르는 경우는 t분포를 이용하여 신뢰구간을 구한다.
④ 95% 신뢰구간이라 함은 동일한 추정방법에 의해 반복하여 신뢰구간을 추정할 경우, 전체 반복횟수의 약 95% 정도는 신뢰구간의 내에 모평균이 포함되어 있음을 의미한다.

tip 모평균에 대한 신뢰구간 : $\overline{X} \pm z_{\alpha/2}\, \sigma/\sqrt{n}$
n이 증가할수록 신뢰구간 폭은 좁아진다.

[단일 모집단 모평균 구간추정]

09 정규모집단 $N(\mu,\ 25)$로부터 크기 25인 확률 표본에 근거하여 구한 평균이 110이었다. 모집단 평균의 95% 신뢰구간은? (단, $Z_{0.025} = 1.96$, $Z_{0.05} = 1.645$이다.)

2015. 8. 16 제3회

① (108.04, 111.96)
② (108.00, 112.00)
③ (108.36, 111.65)
④ (108.32, 111.68)

tip $\overline{x} \pm Z_{\alpha/2}\dfrac{\sigma}{\sqrt{n}}$이기 때문에 $110 \pm 1.96\dfrac{5}{5}$이므로 $110 \pm 1.96 = (108.04,\ 111.96)$

07. ② 08. ② 09. ①

[단일 모집단 모평균 구간추정]

10 **모평균에 대한 95% 신뢰구간 "표본평균 $\pm z_{a/2} \times$ 표준오차"를 계산하기 위한 $z_{a/2}$의 값은?**

2015. 3. 8 제1회

① 1.645
② 1.96
③ 2.33
④ 2.58

tip 신뢰구간에서 $z_{\alpha/2}$의 값은 정규확률분포를 활용하는데, 이 때 신뢰도 95%는 1.96으로 환산된다. 또한, 신뢰도가 90%일 때에는 $z_{\alpha/2} = 1.645$이고, 신뢰도가 99%일 때에는 $z_{\alpha/2} = 2.576$이 된다.

[단일 모집단 모평균 구간추정]

11 **강판을 생산하는 공정에서 25개의 제품을 임의로 추출하여 두께를 측정한 결과 표준편차가 5(mm)이었다. 모분산에서 대한 95% 신뢰구간을 구하기 위해 필요한 값이 아닌 것은? (단, 강판의 두께는 정규분포를 따른다.)**

2015. 3. 8 제1회

① $x^2(24,\ 0.025)$
② $x^2(24,\ 0.975)$
③ $x^2(24,\ 0.95)$
④ 표본분산 25

tip 모분산에 따른 신뢰구간은 $\dfrac{(n-1)S^2}{x^2{}_{\alpha/2},\ (n-1)}$, $\dfrac{(n-1)S^2}{x^2{}_{1-\alpha/2},\ (n-1)}$을 활용해서 얻을 수 있다.

[단일 모집단 모평균 구간추정]

12 **토산품점에 들리는 외국인 관광객 1인당 평균구매액을 추정하려 한다. 10명의 고객을 랜덤추출하여 조사한 결과 표본 평균이 $4,000이었다. 모집단의 분포를 정규분포라 가정할 때, 모평균에 대한 95% 신뢰구간은? (단, 모 표준편차는 $300이라 알려져 있다.)**
$(z_{0.025} = 1.96,\ z_{0.05} = 1.645,\ z_{0.1} = 1.282)$

2015. 5. 31 제2회

① (3,878, 4,122)
② (3,844, 4,156)
③ (3,814, 4,186)
④ (3,800, 4,180)

tip 문제에서 말하는 모평균에 대한 95%의 신뢰구간을 구하게 되면 다음과 같이 나타낼 수 있는데, $4{,}000 \pm 1.96\dfrac{300}{\sqrt{10}} = 4{,}000 \pm 185.94$로 구할 수 있다.

10. ② 11. ③ 12. ③

[단일 모집단 모평균 구간추정]

13 모평균의 신뢰구간에 대한 설명으로 틀린 것은?

2015. 8. 16 제3회

① 일반적으로 표본크기 n이 크면 $P\left\{-z_{a/2} \le \frac{\overline{X}-\mu}{\sigma/\sqrt{n}} \le z_{a/2}\right\} \fallingdotseq 1-\alpha$이다.

② 표본의 크기가 클수록 신뢰구간의 폭은 좁아진다.

③ 모평균의 95% 신뢰구간이 (−10, 10)이라는 의미는 모평균이 −10에서 10 사이에 있을 확률이 95%라는 의미이다.

④ 동일한 표본하에서 신뢰수준을 높이면 신뢰구간의 폭은 넓어진다.

tip 모평균의 95% 신뢰구간이(−10, 10)이라는 의미는 표본평균이 −10에서 10 사이에 있을 확률이 95%라는 것을 뜻한다.

[단일 모집단 모평균 구간추정]

14 모평균과 모분산이 각각 μ와 σ^2인 모집단으로부터 추출한 크기 n의 임의표본에 근거한 표본평균과 표본분산을 각각 $\overline{X}$와 S^2이라고 할 때 모평균의 구간추정에 대한 설명으로 옳은 것은? (단, z_a와 $t_{(n,\ a)}$는 각각 표준정규분포와 자유도 n인 t분포의 100(1−α)% 백분위수를 나타냄)

2016. 3. 6 제1회

① 모집단의 확률분포가 정규분포이며 모분산 σ^2에 대한 정보를 알고 있는 경우, 모평균 μ에 대한 100(1−α)% 신뢰구간은 $\overline{X} \pm z_\alpha \frac{\sigma}{\sqrt{n}}$이다.

② 모집단의 확률분포가 정규분포이며 모분산 σ^2의 값이 미지인 경우, 모평균 μ에 대한 100(1−α)% 신뢰구간은 $\overline{X} \pm Z_\alpha \frac{\sigma}{\sqrt{n}}$이다.

③ 정규모집단이 아니며 표본의 크기 n이 충분히 크고 σ^2에 대한 정보를 알고 있는 경우, 모평균 μ에 대한 100(1−α)% 근사신뢰구간은 $\overline{X} \pm z_{\alpha/2} \frac{\sigma}{\sqrt{n}}$이다.

④ 정규모집단이 아니며 표본의 크기 n이 충분히 크고 σ^2의 값이 미지인 경우, 모평균 μ에 대한 100(1−α)% 근사신뢰구간은 $\overline{X} \pm t_{(n,\ \alpha/2)} \frac{S}{\sqrt{n}}$이다.

13. ③ 14. ②

tip 구간추정이란 미지의 모수 θ의 참값이 들어갈 것으로 기대되는 구간을 추정하는 것으로 구간 $(\hat{\theta}_1,\ \hat{\theta}_2)$를 θ의 $(1-a)100\%$ 신뢰구간 또는 구간추정량이라고 한다.

모분산을 아는 경우의 모평균의 신뢰구간

$$\left(\overline{X}-z_{\alpha/2}\frac{\sigma}{\sqrt{n}},\ \overline{X}+z_{\alpha/2}\frac{\sigma}{\sqrt{n}}\right)$$

모분산을 모르는 경우의 모평균의 신뢰구간

$$\left(\overline{X}-t_{\alpha/2}(n-1)\frac{S}{\sqrt{n}},\ \overline{X}+t_{\alpha/2}(n-1)\frac{S}{\sqrt{n}}\right)$$

[단일 모집단 모평균 구간추정]

15 **형광등을 대량 생산하고 있는 공장이 있다. 제품의 평균수명시간을 추정하기 위하여 100개의 형광등을 임의로 추출하여 조사한 결과, 표본으로 추출한 형광등 수명의 평균은 500시간, 그리고 표준편차는 40시간이었다. 모집단의 평균수명에 대한 95% 신뢰구간을 추정하면? (단, $Z_{0.025}=1.96,\ Z_{0.005}=2.58$)**

2016. 3. 6 제1회

① (492.16, 510.32)
② (492.16, 507.84)
③ (489.68, 507.84)
④ (489.68, 510.32)

$\overline{X}=500,\ \sigma=40$을 대입하면

$500-1.96\times\frac{40}{\sqrt{100}}=492.16,\ 500+1.96\times\frac{40}{\sqrt{100}}=507.84$가 된다.

$$\overline{X}-Z_{\frac{0.05}{2}}\frac{\sigma}{\sqrt{n}}\le\mu\le\overline{X}+Z_{\frac{0.05}{2}}\frac{\sigma}{\sqrt{n}}$$

$$Z_{\frac{0.05}{2}}=Z_{0.025}=1.96$$

15. ②

[단일 모집단 모평균 구간추정]

16 **표본자료로부터 추정한 모평균 μ에 대한 95% 신뢰구간이 (−0.042, 0.522)일 때, 유의 수준 0.05에서 귀무가설 $H_0 : \mu = 0$ 대 대립가설 $H_1 : \mu \neq 0$의 검증 결과는 어떻게 해석할 수 있는가?**

2016. 8. 21 제3회

① 신뢰구간과 가설검증은 무관하기 때문에 신뢰구간을 기초로 검증에 대한 어떠한 결론도 내릴 수 없다.
② 신뢰구간이 0을 포함하기 때문에 귀무가설을 기각할 수 없다.
③ 신뢰구간의 상한이 0.522로 0보다 상당히 크기 때문에 귀무가설을 기각해야 한다.
④ 신뢰구간을 계산할 때 표준정규분포의 임계값을 사용했는지 또는 t분포의 임계값을 사용했는지에 따라 해석이 다르다.

tip ② 신뢰구간 $(-0.042,\ 0.522)$에 귀무가설 $H_0 : \mu = 0$이 포함되었다면 귀무가설을 기각할 수 없다.

[단일 모집단 모평균 구간추정]

17 **모평균에 대한 95% 신뢰구간을 구하였다. 만약 표본의 크기를 4배 증가시키면 신뢰구간의 길이는 어떻게 변화하는가?**

2017. 3. 5 제1회

① $\frac{1}{4}$만큼 감소
② $\frac{1}{4}$만큼 증가
③ $\frac{1}{2}$만큼 감소
④ $\frac{1}{2}$만큼 증가

tip ③ 표본의 크기의 제곱근에 반비례한다. 표본의 크기가 4배 증가하면 신뢰구간은 $\frac{1}{2}$만큼 감소한다.

16. ② 17. ③

[단일 모집단 모평균 구간추정]

18 A대학교 학생 전체에서 100명을 임의 추출하여 신장을 조사한 결과 평균이 170cm이고 표준편차가 10cm이었다. A대학교 학생 평균 신장의 95% 신뢰구간은? (단, $Z \sim N(0,\ 1)$이고 $P(Z > 1.96) = 0.025$이다.)

2017. 3. 5 제1회

① $(168.04,\ 171.96)$ ② $(168.14,\ 171.86)$

③ $(168.24,\ 171.76)$ ④ $(168.34,\ 171.66)$

tip $\bar{x} \pm Z_{\alpha/2}\dfrac{\sigma}{\sqrt{n}} = 170 \pm 1.96 \times \dfrac{10}{\sqrt{100}} = (168.04, 171.96)$

[단일 모집단 모분산 구간추정]

19 성인 남자 20명을 랜덤추출하여 소변 중 요산량(mg/dl)을 조사하니 평균 $\bar{x} = 5.31$, 표준편차 $s = 0.7$이었다. 성인 남자의 요산량이 정규분포를 따른다고 할 때, 모분산 σ^2에 대한 95% 신뢰구간은? (단, $V \sim x^2(19)$일 때 $P(V \geq 32.58) = 0.025$, $P(V \geq 8.91) = 0.975$)

2013. 3. 10 제1회

① $\dfrac{8.91}{19 \times 0.7^2} \leq \sigma^2 \leq \dfrac{32.85}{19 \times 0.7^2}$

② $\dfrac{19 \times 0.7^2}{32.85} \leq \sigma^2 \leq \dfrac{19 \times 0.7^2}{8.91}$

③ $\dfrac{8.91}{20 \times 0.7^2} \leq \sigma^2 \leq \dfrac{32.85}{20 \times 0.7^2}$

④ $\dfrac{20 \times 0.7^2}{32.85} \leq \sigma^2 \leq \dfrac{20 \times 0.7^2}{8.91}$

tip σ^2에 대한 95% 신뢰구간

$\dfrac{(n-1)s^2}{\chi^2_{0.025}} < \sigma^2 < \dfrac{(n-1)s^2}{\chi^2_{0.975}}$

18. ① 19. ②

[단일 모집단 모비율 구간추정]

20 서울에 거주하는 가구 중에서 명절에 귀향하려는 가구의 비율(p)을 알아보기 위해 500가구를 조사한 결과 100가구가 귀향하겠다고 응답하였다. 서울거주 가구의 귀향비율 p의 95%의 신뢰구간은? (단, $\sqrt{5}=2.24$)

2012. 8. 26 제3회

① (0.165, 0.235)　　② (0.15, 0.25)

③ (0.2, 0.235)　　④ (0.1, 0.3)

tip

$$\hat{p}-z_{\alpha/2}\sqrt{\frac{\hat{p}\hat{q}}{n}}<p<\hat{p}+z_{\alpha/2}\sqrt{\frac{\hat{p}\hat{q}}{n}}$$

$$=0.2-1.96\cdot\sqrt{\frac{(0.2)(0.8)}{500}}<p<0.2+1.96\cdot\sqrt{\frac{(0.2)(0.8)}{500}}$$

[단일 모집단 모비율 구간추정]

21 모집단으로부터 추출된 크기 100의 랜덤표본에서 구한 표본 비율이 $\hat{P}=0.42$이다. 귀무가설 $H_0: P=0.4$와 대립가설 $H_1: P>0.3$을 검정하기 위한 검정통계량은?

2013. 6. 2 제2회

① $\dfrac{0.4}{\sqrt{0.4(1-0.4)/100}}$　　② $\dfrac{0.42-0.4}{\sqrt{0.4(1-0.4)/100}}$

③ $\dfrac{0.42+0.4}{\sqrt{0.4(1-0.4)/100}}$　　④ $\dfrac{0.42}{\sqrt{0.4(1-0.4)/100}}$

tip $\hat{p}=0.42,\ p_0=0.4$

$$Z=\frac{\bar{p}-p_0}{\sqrt{\frac{p_0(1-p_0)}{n}}}=\frac{0.42-0.4}{\sqrt{\frac{0.4(1-0.4)}{100}}}$$

20. ①　21. ②

[단일 모집단 모비율 구간추정]

22 어느 지역에서 A후보의 지지도를 알아보기 위하여 무작위로 추출한 100명에게 의견을 물어보았다. 이 중 50명이 A후보를 지지한다고 응답하였다. A후보 지지율에 대한 95% 신뢰구간을 소수 셋째자리에서 반올림하여 둘째자리까지 구하면?

2014. 5. 25 제2회

$[P(\lvert Z\rvert > 1.64) = 0.10,\ P(\lvert Z\rvert > 1.96) = 0.05,\ P(\lvert Z\rvert > 2.58) = 0.01]$

① $0.40 \le P \le 0.60$

② $0.45 \le P \le 0.55$

③ $0.42 \le P \le 0.58$

④ $0.41 \le P \le 0.59$

tip $\hat{p} \pm z_{\alpha/2}\sqrt{\hat{p}\hat{q}/n} = 0.5 \pm 1.96\sqrt{0.5 \cdot 0.5/100}$

[단일 모집단 모비율 구간추정]

23 공정한 동전 두 개를 던지는 시행을 1,200회 하여 두 개 모두 뒷면이 나온 횟수를 X라고 할 때, $P(285 \le X \le 315)$의 값을 구하면?
(단, $Z \sim N(0.1)$일 때, $P(Z < 1) = 0.84$)

2015. 3. 8 제1회

① 0.35 ② 0.68

③ 0.95 ④ 0.99

tip $P(285 \le X \le 315)$ 에서,

$$P\left(\frac{285-300}{15} \le \frac{X-\mu}{\sigma} \le \frac{315-300}{15}\right)$$

$= P(-1 \le Z \le 1) = 2 \times P(Z \le 1) - 1 = 0.68$이 된다.

22. ① 23. ②

[단일 모집단 모비율 구간추정]

24 어느 지역의 청년취업률을 알아보기 위해 조사한 500명 중 400명이 취업을 한 것으로 나타났다. 이 지역의 청년 취업률에 대한 95% 신뢰구간은? (단, Z가 표준정규분포를 따르는 확률변수일 때, $P(Z>1.96)=0.025$)

2016. 5. 8 제2회

① $0.8 \pm 1.96 \times \dfrac{0.8}{\sqrt{500}}$　　② $0.8 \pm 1.96 \times \dfrac{0.16}{\sqrt{500}}$

③ $0.8 \pm 1.96 \times \sqrt{\dfrac{0.8}{500}}$　　④ $0.8 \pm 1.96 \times \sqrt{\dfrac{0.16}{500}}$

tip

$\hat{p}=\dfrac{400}{500}=0.8,\ \hat{q}=1-0.8=0.2,\ \alpha=0.05,\ Z_{\frac{\alpha}{2}}=1.96$

$0.8 \pm 1.96 \times \sqrt{\dfrac{0.8 \times 0.2}{500}}=0.8 \pm 1.96 \times \sqrt{\dfrac{0.16}{500}}$

[단일 모집단 모비율 구간추정]

25 임의의 로트로부터 100개의 표본을 추출하여 측정한 결과 12개의 불량품이 나왔다. 로트의 불량률 p에 대한 95% 신뢰구간은?

2016. 8. 21 제3회

① (0.04, 0.20)　　② (0.06, 0.18)

③ (0.08, 0.16)　　④ (0.10, 0.14)

$\hat{p}-Z_{\frac{\alpha}{2}}\sqrt{\dfrac{\hat{p}\hat{q}}{n}} \le P \le \hat{p}+Z_{\frac{\alpha}{2}}\sqrt{\dfrac{\hat{p}\hat{q}}{n}}$

$\hat{p}=\dfrac{12}{100}=0.12$

$\hat{q}=1-\hat{p}=1-0.12=0.88$

$\alpha=0.05$

$n=100$

$Z_{\frac{0.05}{2}}=1.96$

$0.12-1.96\sqrt{\dfrac{0.12 \times 0.88}{100}} \le P \le 0.12+1.96\sqrt{\dfrac{0.12 \times 0.88}{100}}$

$0.06 \le P \le 0.18$

24. ④　25. ②

[단일 모집단 모비율 구간추정]

26 **대학생들의 정당 지지도를 조사하기 위해 100명을 뽑은 결과 45명이 지지하는 것으로 나타났다. 지지도에 대한 95% 신뢰구간은? (단, $z_{0.025} = 1.96$, $z_{0.05} = 1.645$ 이다.)**

2017. 8. 26 제3회

① 0.45±0.0823
② 0.45±0.0860
③ 0.45±0.0920
④ 0.45±0.0975

$$\hat{p} = 0.45$$

$$\hat{p} \pm z_{a/2}\sqrt{\frac{\hat{p}(1-\hat{p})}{n}} = 0.45 \pm z_{0.025}\sqrt{\frac{0.45 \times 0.55}{100}}$$
$$= 0.45 \pm 1.96\sqrt{0.002475}$$
$$= 0.45 \pm 0.0975$$

[두 모집단 모평균 구간추정]

27 **다음은 경영학과, 컴퓨터정보과에서 15점 만점인 중간고사 결과이다. 두 학과 평균의 차이에 대한 95% 신뢰구간은?**

2013. 6. 2 제2회

구분	경영학과	컴퓨터정보과
표본크기	36	49
표본평균	9.26	9.41
표준편차	0.75	0.86

① $-0.15 \pm 1.96\sqrt{\frac{0.75^2}{36} + \frac{0.86^2}{49}}$

② $-0.15 \pm 1.645\sqrt{\frac{0.75^2}{36} + \frac{0.86^2}{49}}$

③ $-0.15 \pm 1.96\sqrt{\frac{0.75^2}{35} + \frac{0.86^2}{48}}$

④ $-0.15 \pm 1.645\sqrt{\frac{0.75^2}{35} + \frac{0.86^2}{48}}$

tip

대표본 : $(\overline{X_1} - \overline{X_2}) \pm Z_{0.025}\sqrt{\frac{s_1^2}{n_1} + \frac{s_2^2}{n_2}}$

26. ④ 27. ①

04 표본 크기

01 표본 크기의 의의

(1) 개념

표본의 크기를 크게 하면 모집단과 비슷해져 표본오차를 줄일 수 있다. 하지만 표본의 크기가 무조건 커야 정확성이 높아지는 것은 아니다. 따라서 표본통계량으로 모수를 정확하게 알아내려면 표본의 크기가 어느 정도 되는 것이 가장 적절한 것인가가 문제다. 결국 표본의 크기는 신뢰도와 정밀도의 문제이다.

(2) 신뢰구간접근법

모집단의 분산을 알고 있다고 가정하고 우리가 원하는 정확도의 정도를 결정하여 그에 따라 적정 표본의 크기를 산정한다는 논리이다.

(3) 가설검증접근법

기본적인 논리는 신뢰구간 접근법과 동일하나 이 접근법은 type Ⅰ 오차와 type Ⅱ 오차의 최대허용치를 정하고, 이를 통하여 표본의 수를 결정하는 기법이다.

02 표본 크기의 고려요인

(1) 시간과 비용을 고려한다.

(2) 이론과 표본설계를 고려한다.

(3) 모집단의 동질성을 고려한다.

(4) 표본추출 형태 및 조사방법의 형태를 고려한다.

(5) 연구변수 및 분석카테고리 수를 고려한다.

03 표본 크기 결정

최근 6년 출제 경향 : 18문제 / 2012(3), 2013(6), 2014(2), 2015(2), 2016(3), 2017(2)

(1) 모평균 추정

① 모집단의 크기를 아는 경우 … $n \geq \left(\frac{Z_{\frac{\alpha}{2}}\sigma}{d}\right)^2 \frac{N-n}{N-1} = \frac{N}{\left(\frac{d}{Z_{\frac{\alpha}{2}}}\right)^2\left(\frac{N-1}{\sigma^2}\right)+1}$

② 모집단의 크기를 모르는 경우 … $n \geq \left(\frac{Z_{\frac{\alpha}{2}}\sigma}{d}\right)^2$

(2) 모비율 추정

① 모비율 P에 대한 지식이 없는 경우 … $n \geq \frac{Z_{\frac{\alpha}{2}}^{\ 2}}{4d^2}$

② P가 P^* 근방이라 예상되는 경우 … $n \geq P^*(1-p^*)\frac{Z_{\frac{\alpha}{2}}^{\ 2}}{d^2}$

04 표본 크기 특성

최근 6년 출제 경향 : 2문제 / 2012(1), 2016(1)

(1) 신뢰구간과 허용추정오차에 따라 표본의 크기가 결정될 수 있다.

(2) 신뢰구간은 좁을수록 효율적이며, 일반적으로 다른 조건들이 동일하다면 표본 수가 클수록, 분산이 작을수록 신뢰구간의 길이는 짧아진다.

단원별 기출문제

[모평균 표본 크기 결정]

01 **통계조사 시 한 가구를 조사하는데 소요되는 시간을 측정하기 위하여 64가구를 임의 추출하여 조사한 결과 평균 소요시간이 30분, 표준편차가 5분이었다. 한 가구를 조사하는데 소요되는 평균시간에 대한 95%의 신뢰구간하한과 상한은 각각 얼마인가?**
(단, $Z_{0.025}=1.96$, $Z_{0.05}=1.645$)

2012. 8. 26 제3회

① 28.8, 31.2
② 28.4, 31.6
③ 29.0, 31.0
④ 28.5, 31.5

tip 모집단의 표준편차를 모르지만, 샘플의 크기가 30 이상으로 표준정규분포를 이용한다.
$\overline{X}-z_{\alpha/2}\, s/\sqrt{n}<\mu<\overline{X}+z_{\alpha/2}\, s/\sqrt{n}$
$=30-1.96\cdot 5/\sqrt{64}<\mu<30+1.96\cdot 5/\sqrt{64}$
$=(28.775,\ 31.225)$

[모평균 표본 크기 결정]

02 **정규분포 $N(12,\ 2^2)$를 따르는 확률변수 X로부터 크기 n개의 표본을 뽑았다. 표본평균이 10과 14 사이에 있을 확률이 0.9975라면 몇 개의 표본을 뽑은 것인가?**
(단, $P(|Z|<3)=0.9975$, $P(Z<3)=0.9987$)

2013. 3. 10 제1회, 2017. 5. 7 제2회

① 36
② 25
③ 16
④ 9

tip $\overline{X}\sim N\left(12,\ \frac{2^2}{n}\right)$

$P(10<\overline{X}<14)=P\left(\frac{10-12}{2/\sqrt{n}}<Z<\frac{14-12}{2/\sqrt{n}}\right)=0.9975$

$\frac{10-12}{2/\sqrt{n}}=-3,\ n=9$

01. ① 02. ④

[모평균 표본 크기 결정]

03 크기 n인 표본으로 신뢰수준 95%를 갖도록 모평균을 추정하였더니 신뢰구간의 길이가 10이었다. 동일한 조건하에서 표본의 크기만을 4배로 늘이면 신뢰구간의 길이는?

2013. 8. 18 제3회

① 1/4로 줄어든다.

② 1/2로 줄어든다.

③ 2배로 늘어난다.

④ 4배로 늘어난다.

tip $\overline{X} \pm 1.96\,\sigma/\sqrt{n} \rightarrow \overline{X} \pm 1.96\,\sigma/\sqrt{4n}$

[모평균 표본 크기 결정]

04 크기가 100인 확률표본으로부터 얻은 표본평균에 근거하여 구한 모평균에 대한 90% 신뢰구간의 오차의 한계가 3이라고 할 때, 오차의 한계가 1.5가 넘지 않도록 표본설계를 하려면 표본의 크기를 최소한 얼마 이상이 되도록 하여야 하는가?

2014. 3. 2 제1회

① 100　　② 200

③ 400　　④ 1000

 모평균 추론에 대한 표본의 크기

$$\epsilon \geq Z_{\alpha/2}\frac{\sigma}{\sqrt{n}},\ n \geq \left(\frac{Z_{\alpha/2}\,\sigma}{\epsilon}\right)^2$$

먼저 σ을 구하기 위해 $\sigma \leq \dfrac{\epsilon\sqrt{n}}{Z_{\alpha/2}} = \dfrac{3\times\sqrt{100}}{1.645} = 18.237$

$$n \geq \left(\frac{1.645\times 18.237}{1.5}\right)^2 \fallingdotseq 399.99$$

03. ②　04. ③

[모평균 표본 크기 결정]

05 **특수안전모자를 제조하는 회사에서 모자를 착용할 사람들의 머리크기의 평균을 알고 싶어 한다. 사람의 머리둘레는 정규분포를 따른다고 알려져 있으며 이때 표준편차는 약 2.3cm라 한다. 실제 평균 μ를 95% 신뢰수준에서 0.1cm 이하의 오차한계를 추정하려고 할 때 필요한 최소인원은? (단, $Z \sim N(0,\ 1)$, $P(Z > 1.96) = 0.025$, $P(Z > 1.645) = 0.05$)**

2016. 5. 8 제2회

① 2,000명
② 2,021명
③ 2,033명
④ 2,035명

tip

$$Z_{\frac{\alpha}{2}} \times \frac{\sigma}{\sqrt{n}} = 1.96 \times \frac{2.3}{\sqrt{n}} \le 0.1$$

$$n \ge 2032.21$$

[모평균 표본 크기 결정]

06 **σ^2이 알려져 있는 경우, 모평균 Y를 추정하고자 할 때, 표본의 크기를 계산하기 위해 필요한 정보는?**

2017. 5. 7 제2회

① 표본평균의 허용오차와 모집단의 표준편차
② 표본평균의 허용오차와 표본 집단의 평균
③ 표본 집단의 표준편차와 모집단 평균의 허용 오차
④ 표본 집단의 표준편차와 모집단의 평균

tip ① 표본의 크기를 결정하기 위해서는 허용오차와 표준편차를 알아야 한다.

$$n = \left(\frac{Z_{\frac{\alpha}{2}} \sigma}{E} \right)^2$$

[모비율 표본 크기 결정]

07 **어느 선거구의 국회의원 선거에서 특정후보에 대한 지지율을 조사하고자 한다. 지지율의 95% 추정오차한계가 5% 이내가 되기 위한 표본의 크기는 최소한 얼마 이상이어야 하는가? (단, $Z \sim N(0,\ 1)$일 때, $P(Z \le 1.96) = 0.975$)**

2012. 3. 4 제1회

① 235
② 285
③ 335
④ 385

tip $n \geq \frac{1}{4}\left(\frac{Z_{\alpha/2}}{e}\right)^2 = \frac{1}{4}\left(\frac{1.96}{0.05}\right)^2 = 384.16$이므로 최소 385명

[모비율 표본 크기 결정]

09 **어느 여론조사기관에서 고등학교 학생들의 흡연율을 조사하고자 한다. 95% 신뢰수준에서 흡연율 추정의 오차한계가 1% 이내가 되기 위한 표본의 크기는?**
(단, 표준정규분포를 따르는 확률변수 Z는 $P(Z > 1.96) = 0.025$를 만족한다.)

2012. 8. 26 제3회

① 6604 ② 7604
③ 8604 ④ 9604

 비율의 표본의 크기 결정 $n \geq \frac{1}{4}\frac{z_{\alpha/2}^2}{e^2} = \frac{1}{4}\frac{1.96^2}{0.01^2} = 9604$

[모비율 표본 크기 결정]

09 **어느 선거구의 특정 정당에 대한 지지율을 조사하고자 한다. 지지율의 90% 추정오차한계가 5% 이내가 되기 위한 표본의 크기는 최소한 얼마 이상이어야 하는가? (단, $Z \sim N(0,\ 1)$일 때 $P(Z \leq 1.645) = 0.95$)**

2013. 3. 10 제1회

① 371 ② 285
③ 385 ④ 271

tip 모비율 추정에서 표본크기 결정

$$n \geq \frac{1}{4}\left(\frac{Z_{\alpha/2}}{e}\right)^2 = \frac{1}{4}\left(\frac{1.645}{0.05}\right)^2 = 270.6 \fallingdotseq 271$$

08. ④ 09. ④

[모비율 표본 크기 결정]

10 **표본상관계수가 0.32일 때 유의수준 10% 하에서 모집단 상관계수가 0이 아니라고 결론을 내리고자 한다. 다음 결과를 이용하여 표본의 수가 최소한 몇 개가 필요한지 구하면?**

2013. 3. 10 제1회

$$t=\frac{r\sqrt{(n-2)}}{\sqrt{(1-r^2)}}=\frac{0.32\sqrt{(n-2)}}{\sqrt{(1-(0.32)^2}}=0.3378\sqrt{(n-2)}$$

$$(t_{0.05}(23)=1.714,\ t_{0.05}(24)=1.711,\ t_{0.05}(25)=1.708,\ t_{0.05}(26)=1.706)$$

① 25　　② 26
③ 27　　④ 28

tip 모상관계수의 가설검정 $H_0: \rho=0, H_1: \rho\neq 0$ 양측검정이며, 귀무가설을 기각하기 위해 $t=0.3378\sqrt{(n-2)}$ 가 임계치보다 커야 한다.
만약 $n=27$이라고 하면 $t=1.679$로 1.70이 넘지 않아 채택된다.

[모비율 표본 크기 결정]

11 **어느 여론조사기관에서 고등학교 학생들의 흡연율을 조사하고자 한다. 95% 신뢰수준에서 흡연율 추정의 오차한계가 2% 이내가 되도록 하려면 표본의 크기는 얼마이어야 하는가? (단, 표준정규분포를 따르는 확률변수 Z에 대해 $P(Z>1.96)=0.025$를 만족한다.)**

2013. 6. 2 제2회

① 4321　　② 5221
③ 4201　　④ 2401

비율추정 시 표본의 크기 문제, $n\geq\frac{1}{4}\left(\frac{Z_{\alpha/2}}{e}\right)^2=\frac{1}{4}\left(\frac{1.96}{0.02}\right)^2=2401$

10. ④　11. ④

[모비율 표본 크기 결정]

12 어느 공공기관의 민원서비스 만족도에 대한 여론조사를 하기 위하여 적절한 표본크기를 결정하고자 한다. 95% 신뢰수준에서 모비율에 대한 추정오차의 한계가 $\pm 4\%$ 이내에 있게 하려면 표본크기는 최소 얼마가 되어야 하는가? (단, 표준화 정규분포에서 $P(Z \geq 1.96) = 0.025$)

2013. 8. 18 제3회

① 157명 ② 601명

③ 1201명 ④ 2401명

tip 비율추정 시 표본의 크기 문제, $n \geq \frac{1}{4}\left(\frac{Z_{\alpha/2}}{e}\right)^2 = \frac{1}{4}\left(\frac{1.96}{0.04}\right)^2 = 600.25$

[모비율 표본 크기 결정]

13 어떤 정책에 대한 찬성여부를 알아보기 위해 400명을 랜덤하게 조사하였다. 무응답이 없다고 했을 때 신뢰수준 95%하에서 통계적 유의성이 만족하려면 적어도 몇 명이 찬성해야 하는가? (단, $z_{0.05} = 1.645$, $z_{0.025} = 1.96$)

2014. 8. 17 제3회

① 215명 ② 217명

③ 218명 ④ 220명

tip 모비율에 대한 가설검정, $H_0 : p = 0.5 \ vs \ H_1 : p \geq 0.5$, 단측검정

$$Z = \frac{\hat{p} - 0.5}{\sqrt{\frac{0.5 \cdot 0.5}{400}}} = 1.645, \ \hat{p} = 0.541125, \ x = 216.45$$

[모비율 표본 크기 결정]

14 어떤 도시의 특정 정당 지지율을 추정하고자 한다. 지지율에 대한 90% 추정오차한계가 5% 이내이도록 하려면 표본의 크기는? (단, Z가 표준정규분포를 따르는 확률변수일 때, $P(Z \leq 1.645) = 0.95$, $P(Z \leq 1.96) = 0.975$, $P(Z \leq 0.995) = 2.576$이다.)

2015. 5. 31 제2회

① 68 ② 271

③ 385 ④ 664

tip $n = \frac{Z_{\alpha/2}^2}{4 \times \epsilon^2} = \frac{1.645^2}{4 \times 0.05^2} = 270.6$이 되며, 반올림하여 271이 된다.

12. ② 13. ② 14. ②

[모비율 표본 크기 결정]

15 어느 대학교 학생들의 흡연율을 조사하고자 한다. 실제 흡연율과 추정치의 차이가 5% 이내라고 90% 정도의 확신을 갖기 위해서는 표본의 크기를 최소한 얼마 이상으로 하여야 하는가? (단, $Z_{0.1}=1.282$, $Z_{0.05}=1.645$, $Z_{0.025}=1.960$)

2015. 8. 16 제3회

① 165 ② 192
③ 271 ④ 385

tip

$$n=\frac{Z_{\alpha/2}^2}{4\epsilon^2}=\frac{1.645^2}{4\times 0.05^2}=270.60\simeq 271$$

[모비율 표본 크기 결정]

16 한 신용카드회사는 12월 한 달 동안 신용카드를 사용한 카드소지자 비율을 95% 신뢰도로 양측 구간추정하려고 한다. 이 때 추정치의 허용오차가 0.02 미만으로 하려면 표본크기는? (단, 모비율에 대한 정보는 전혀 없으며, $p(z>1.645)=0.05$, $p(z>1.96)=0.025$, $p(z>2.325)=0.01$, $p(z>2.575)=0.005$ 이다.)

2016. 5. 8 제2회

① 981 ② 1,541
③ 2,111 ④ 2,401

$$n=p(1-p)\left(\frac{Z_{\frac{\alpha}{2}}}{e}\right)^2$$

$$\alpha=0.05,\ Z_{\frac{\alpha}{2}}=1.96,\ e=0.02$$

$$n=\frac{1}{2}\left(1-\frac{1}{2}\right)\left(\frac{1.96}{0.02}\right)^2=2{,}401$$

15. ③ 16. ④

[모비율 표본 크기 결정]

17 **어느 여론조사기관에서 고등학교 학생들의 흡연율을 조사하고자 한다. 95% 신뢰수준에서 흡연율 추정의 오차한계가 2% 이내가 되도록 하려면 표본의 크기는 최소 얼마이어야 하는가? (단, 표준정규분포를 따르는 확률변수 Z에 대해 $P(Z>1.96)=0.025$를 만족한다.)**

2016. 8. 21 제3회

① 4,321 ② 5,221

③ 4,201 ④ 2,401

tip $n \geq p(1-p)\left(\frac{Z}{e}\right)^2 = \frac{1}{2}\times\left(1-\frac{1}{2}\right)\times\left(\frac{1.96}{0.02}\right)^2 = 2{,}401$

[표본 크기 결정]

18 **동일한 모집단으로부터 표본을 보다 더 많이 조사하여 얻을 수 있는 이득으로 옳은 것은?**

2013. 6. 2 제2회

① 표준편차가 작아진다. ② 표준오차가 작아진다.

③ 표준편차가 커진다. ④ 표준오차가 커진다.

tip 보통 표준오차의 분모에 표본 수를 나타내는 n이 있어서 n이 커지면 표준오차는 작아짐

[표본 크기 결정]

19 **다음 설명 중 옳은 것은?**

2016. 8. 21 제3회

① 신뢰구간은 넓을수록 바람직하다.

② 검정력은 작을수록 바람직하다.

③ 표본의 수는 통계적 추론에는 영향을 미치지 않는 표본조사 시의 문제이다.

④ 모든 다른 조건이 동일하다면 표본의 수가 클수록 신뢰구간의 길이는 짧아진다.

tip ① 신뢰구간은 좁을수록 바람직하다.
② 검정력은 클수록 바람직하다.
③ 표본의 수는 표본오차에 포함되므로 통계적 추론에서 중요한 역할을 한다.

17. ④ 18. ② 19. ④

05 출제예상문제

01 **전국의 400가구를 대상으로 월평균 가구 총수입을 조사한 결과 평균 200만 원이라는 응답이 나왔다. 모집단의 표준편차가 40만 원으로 알려져 있을 때, 우리나라 가구의 한달 평균 총수입률의 95% 신뢰구간으로 구한 값은? (단, $Z_{0.05}=1.64$, $Z_{0.025}=1.96$이고, 단위는 만 원으로 계산한다)**

① (196.71, 203.29) ② (196.08, 203.92)
③ (198.04, 201.96) ④ (198.35, 201.64)

tip $\overline{X}-Z_{\frac{\alpha}{2}}\frac{S}{\sqrt{n}} \le \mu \le \overline{X}+Z_{\frac{\alpha}{2}}\frac{S}{\sqrt{n}}$에 대입하면

$200-(1.96)\cdot\frac{40}{\sqrt{400}} \le \mu \le 200+(1.96)\cdot\frac{40}{\sqrt{400}}$

$196.08 \le \mu \le 203.92$

신뢰구간 95% 수준은 1.96이다.

02 **총선을 앞두고 한 지역구의 유권자 400명을 대상으로 조사한 결과 A후보의 지지율은 30.5%, B후보의 지지율은 34.8%로 나왔다. 자료에 따르면 이번 조사는 95% 신뢰수준에서 오차한계가 ±5%이라고 하였다. 이때 결과의 해석으로 옳은 것은?**

① 1,000명을 대상으로 조사한다면 오차한계는 ±5%보다 크게 된다.
② B후보가 지지율이 높으므로 당선된다.
③ A후보는 지지율이 낮으므로 포기해야 한다.
④ 실제 선거에서는 A후보가 앞설 수도 있다.

tip ±5%이므로 34.8%는 29.8%에서 39.8% 사이에 있을 수 있다. 30.5% 역시 마찬가지여서 실제로 A후보가 앞설 수도 있다.

01. ② 02. ④

03 모평균 μ의 구간추정치를 구할 경우 95% 신뢰수준을 갖는 모평균 μ의 오차한계를 ±5라고 할 때 신뢰수준 95%의 의미는?

① 같은 방법으로 여러 번 신뢰구간을 만들 경우 평균적으로 100개 중에서 95개는 모평균을 포함한다는 뜻이다.
② 모평균과 구간추정치가 95% 같다는 뜻이다.
③ 표본편차가 100 ± 5 내에 있을 확률을 의미한다.
④ 구간추정치가 맞을 확률을 의미한다.

tip ① 신뢰수준 95%의 의미이다.

04 크기 n인 표본으로 신뢰수준 95%를 갖도록 모평균을 추정하였더니 신뢰구간의 길이가 10이었다. 동일한 조건하에서 표본의 크기만을 1/4로 줄이면 신뢰구간의 길이는?

① $\frac{1}{4}$로 줄어든다.
② $\frac{1}{2}$로 줄어든다.
③ 2배로 늘어난다.
④ 4배로 늘어난다.

tip 신뢰구간은 $\overline{X} \pm Z \cdot \frac{\sigma}{\sqrt{n}}$이므로 표본크기를 $\frac{1}{4}$로 줄이면 신뢰구간의 길이는 2배로 늘어난다.

05 모든 조건이 동일하다면, 표본의 수를 네 배로 늘릴 때 표본평균의 신뢰구간은 몇 배인가?

① 4배
② $\frac{1}{4}$배
③ 2배
④ $\frac{1}{2}$배

tip 표본수를 4배로 늘리면 표본평균의 신뢰구간은 $\frac{1}{2}$배가 된다.

06 다음 중 추정량의 성질이 아닌 것은?

① 불편성
② 정규성
③ 유효성
④ 충분성

tip 추정량의 결정기준은 불편성, 효율(유효)성, 일치성, 충분성이다.

03. ① 04. ③ 05. ④ 06. ②

07 **표본수 100, 표본평균 15.8과 표준편차 4.2에서 신뢰수준 95% 신뢰구간을 구한 것으로 옳은 것은? (단, 신뢰구간 95% = 1.96)**

① 15.2 ~ 16.4
② 14.98 ~ 16.62
③ 14.94 ~ 16.66
④ 15.7 ~ 15.9

tip

$$\overline{X} - Z_{\frac{\alpha}{2}} \frac{S}{\sqrt{n}} \le \mu \le \overline{X} + Z_{\frac{\alpha}{2}} \frac{S}{\sqrt{n}}$$

$$15.8 - (1.96) \cdot \frac{4.2}{\sqrt{100}} \le \mu \le 15.8 + (1.96) \cdot \frac{4.2}{\sqrt{100}}$$

14.98 ~ 16.62가 된다.

08 **어느 선거구에서 갑후보의 지지율을 조사하기 위하여 100명의 유권자를 조사한 결과 갑후보의 지지율이 65%이었다. 갑후보의 지지율에 대한 95%의 신뢰구간은?**

① $0.65 \pm (1.96)\sqrt{\frac{0.65(1-0.65)}{100}}$
② $0.65 \pm (1.96)\frac{0.65(1-0.65)}{100}$
③ $0.65 \pm (1.645)\sqrt{\frac{0.65(1-0.65)}{100}}$
④ $0.65 \pm (1.645)\frac{0.65(1-0.65)}{100}$

tip

모비율의 구간추정은 $\left[\hat{p} - Z_{\frac{\alpha}{2}}\sqrt{\frac{\hat{p}(1-\hat{p})}{n}},\ \hat{p} + Z_{\frac{\alpha}{2}}\sqrt{\frac{\hat{p}(1-\hat{p})}{n}}\right]$이다.

09 **지역 서비스체계의 타당성에 대한 여론을 조사하기 위해서 적절한 표본크기를 결정하고자 한다. 95% 신뢰수준에서 모비율에 대한 추정오차의 한계가 4% 이내에 있게 하려면 표본크기는 어느 정도로 해야 하겠는가? (단, 표준화 정규분포에서 $P(Z \ge 1.96) = 0.025$이다)**

① 157명
② 601명
③ 1201명
④ 2401명

$$n = \frac{\left(\frac{Z}{d}\right)^2}{4} = \frac{\left(\frac{1.96}{0.04}\right)^2}{4} = 600.25$$

07. ② 08. ① 09. ②

10 **평균이 μ, 표준편차가 σ인 모집단에서 크기 n의 임의표본을 반복추출하는 경우, n이 크면 중심극한정리에 의하여 표본평균의 분포는 정규분포로 수렴한다. 이때 정규분포의 형태는?**

① $N\left(\mu,\ \dfrac{\sigma^2}{n}\right)$　　② $N(\mu,\ n\sigma^2)$

③ $N(n\mu,\ n\sigma^2)$　　④ $N\left(n\mu,\ \dfrac{\sigma^2}{n}\right)$

tip 중심극한정리 … 평균이 μ이고 표준편차가 σ인 모집단으로부터 크기가 n인 표본을 취할 때, n이 큰 값이면 표본평균의 표본분포는 평균이 $\mu_{\bar{x}}=\mu$이고 표준오차가 $\sigma_{\bar{x}}=\dfrac{\sigma}{\sqrt{n}}$인 정규분포에 가깝다.

11 **평균이 μ, 표준편차가 σ인 모집단에서 짝수크기 n의 임의표본(확률표본)을 추출하여 임의로 두 부분으로 분할하였다. 앞부분의 평균 $\overline{X_1}$과 뒷부분의 평균 $\overline{X_2}$의 차이는 대략 어떤 표집분포를 따르게 되는가?**

① 평균이 0이고 표준편차가 $\sigma/\sqrt{n}$인 정규분포

② 평균이 0이고 표준편차가 σ/n인 정규분포

③ 평균이 0이고 표준편차가 $2 \cdot \sigma/\sqrt{n}$인 정규분포

④ 평균이 0이고 표준편차가 $2 \cdot \sigma/n$인 정규분포

tip $\overline{x_1}$과 $\overline{x_2}$의 평균은 같으므로 $\overline{x_1}-\overline{x_2}=0$, 표본의 크기 n은 변화가 없다. 중심극한정리에 의해 $\sigma_{\bar{x}}=\sigma/\sqrt{n}$인 정규분포가 된다.

12 **대표본에서 변동계수 C를 이용하여 모평균 μ에 대한 95% 신뢰구간을 표시하고자 한다. 표본평균 $\bar{x}$, 표본크기를 n이라 할 때, 올바른 공식은?**

① $\bar{x}\pm 1.96C/\sqrt{n}$　　② $\bar{x}(1\pm 1.96C/\sqrt{n})$

③ $\bar{x}(1\pm 1.96C)$　　④ $(\bar{x}/c)\pm 1.96C/\sqrt{n}$

tip 변동계수 $C=\dfrac{\sigma}{\bar{x}}$, 95% 신뢰구간 $\bar{x}\pm 1.96\sigma/\sqrt{n}$

$\therefore\ \sigma=C\times\bar{x}\rightarrow\bar{x}\pm 1.96C\times\bar{x}/\sqrt{n}\rightarrow\bar{x}(1\pm 1.96C/\sqrt{n})$

10. ①　11. ①　12. ②

13 **총선을 앞두고 한 지역구의 유권자 400명을 대상으로 조사한 결과 A후보의 지지율은 30.5%, B후보의 지지율은 34.8%로 나왔다. 자료에 따르면 이번 조사는 95% 신뢰수준으로 오차한계 ±5%라고 하였다. 이때 결과의 해석으로 옳은 것은? (단, 오차의 한계는 표본오차로 국한한다)**

① 실제 선거에서 A후보가 앞설 수도 있다.
② A후보는 지지율이 낮으므로 포기하는 편이 낫다.
③ B후보가 지지율이 높으므로 당선 가능성이 높다.
④ 500명을 대상으로 조사한다면 오차한계는 ±5%보다 크게 된다.

tip 95%의 신뢰범위에서 ±5%의 오차범위가 존재하므로 실제 선거에서는 A후보가 앞설 수 있다.

14 **다음 설명 중 추정량의 결정기준으로 옳지 않은 것은?**

① 충족성은 모수에 대한 정보와 지식을 요약해 준다.
② 모수의 모든 참값에 대해 추정량 θ의 기댓값이 참값 θ일 것을 요구한다.
③ 표본의 크기 n이 너무 클 경우 추정값을 구할 수 없다.
④ 두 추정량 θ_1, θ_2의 표준오차에서 θ_2가 더 크면 θ_1이 θ_2보다 더 유효하다고 한다.

tip ③ $n \to \infty$이면 참값에 근접한 추정값을 거의 항상 얻게 된다.

15 **설문을 이용한 여론조사에서 95% 신뢰도에서 ±5% 이내의 정확도를 유지하려면 최소 몇 명 정도를 포집해야 하는가? (단, 오차의 한계는 표본오차에 국한된다)**

① 400 ② 900
③ 1,100 ④ 2,000

모비율 P에 대한 지식이 없는 경우 표본크기를 구하면 $n \geq \frac{Z_{\frac{\alpha}{2}}^2}{4d^2}$ $Z_{\frac{\alpha}{2}} = 1.96$이므로

$n \geq \frac{(1.96)^2}{4(0.05)^2} = 384.16$

따라서 최소한 385명 이상이면 된다.

13. ① 14. ③ 15. ①

16 정규분포를 따르는 집단의 모평균의 값에 대하여 $H_0: \mu=50$, $H_1: \mu<50$을 세우고 표본 100개의 평균을 구한 결과 $\bar{x}=49.02$를 얻었다. 모집단의 표준편차가 5라면 유의확률은 얼마인가? [단, $p(Z \leq -1.96)=0.025$, $p(Z \leq -1.645)=0.05$)]

① 0.025　　② 0.05
③ 0.95　　④ 0.975

$Z=\dfrac{\bar{x}-\mu}{\sigma_{\bar{x}}}$, $\sigma_{\bar{x}}=\sigma/\sqrt{n}=0.5$

$\therefore\ Z=\dfrac{49.02-50}{0.5}=-1.96$

유의확률은 0.025이다.

17 9개의 데이터에서 분산이 36이었다. 표준오차의 값은 얼마인가?

① 2/3　　② 2
③ 3　　④ 4

표준오차는 $\sigma_{\bar{x}}=\sigma/\sqrt{n} \rightarrow \dfrac{\sqrt{36}}{\sqrt{9}}=2$

18 A보건소에서 한 도시의 사람들 중 청각장애자의 비율 p를 추정하고자 할 때 95%의 확신을 갖고 추정오차가 0.05 이하이도록 하려고 하면 필요한 표본의 크기는? (단, 다른 도시의 예로 보아 p는 약 0.2 근방이라고 예상된다)

① 243　　② 246
③ 248　　④ 249

$n \geq p^* q^* \left(Z_{\frac{\alpha}{2}}/d\right)^2$에 의해 $n \geq 0.2 \times 0.8 \times (1.96/0.05)^2 = 245.86$

따라서 필요한 표본의 크기는 246이다.

19 다음 중 모집단의 모수와 추정량 사이에 근사치를 판정하는 기준으로 옳지 않은 것은?

① 불편성　　② 충족성
③ 근사성　　④ 일치성

tip 추정량의 결정기준으로는 일치성, 불편성, 효율성, 충족성을 들 수 있다.

16. ①　17. ②　18. ②　19. ③

20 다음 신뢰구간에 대한 설명 중 옳지 않은 것은?

① 신뢰구간을 감소시키기 위해서는 평균의 표준오차를 감소시켜야 한다.
② 신뢰구간을 감소시키기 위해서는 표본의 크기를 줄여야 한다.
③ 신뢰구간을 감소시키기 위해서는 원집단의 표준편차를 감소시켜야 한다.
④ 모평균에 대한 신뢰의 정확도를 높이기 위해서는 신뢰구간을 감소시켜야 한다.

tip ② 표준오차는 $\sigma/\sqrt{n}$로 구할 수 있다. 따라서 표본오차와 표본크기가 반비례 관계에 있으므로 표본오차를 감소시키려면 표본의 크기를 늘려야 한다.

21 다음 한 도시의 실업률을 조사하기 위해 취업적령자를 대상으로 조사한 결과 임의추출한 200명 중 150명이 실업자였다면 95% 오차한계는?

① 0.6076　　② 0.06
③ 6.076　　④ 0.006076

tip $p=\frac{150}{200}=0.75,\ Z_{\frac{\alpha}{2}}=1.96$

따라서 95% 오차한계 $=1.96\sqrt{\frac{\bar{p}(1-\bar{p})}{n}}$

$$=1.96\sqrt{\frac{0.75\times0.25}{200}}$$
$$=1.96\times0.0306$$
$$=0.0599$$
$$\fallingdotseq 0.06$$

22 A대학 학생들의 주당 TV 보는 시간을 알아보고자 임의로 9명을 추출하여 조사해 본 결과 다음과 같다. TV 보는 시간은 모평균이 μ인 정규분포에 따른다고 가정하자. μ에 대한 가장 적합한 추정치는?

9, 10, 13, 13, 14, 15, 17, 21, 22

① 13　　② 14
③ 14.5　　④ 14.9

tip 표본의 분포간 간격이 큰 폭의 변화가 없이 일정하므로 평균치를 적용치를 적용해도 무방하므로 $\frac{9+10+13+13+14+15+17+21+22}{9}=\frac{134}{9}=14.888$ 이므로 14.9가 적합하다.

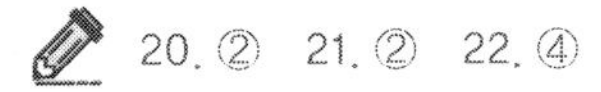
20. ②　21. ②　22. ④

23 **다음 중 평균치를 추정하기 위한 신뢰구간에서 표본의 크기가 커질수록 신뢰구간은 어떻게 되는가?**

① 감소한다. ② 변하지 않는다.
③ 증가한다. ④ 알 수 없다.

tip 신뢰구간을 감소시키기 위해서는 표본크기의 감소, 원집단의 표준편차 감소 등이 일어나야 한다.

24 **다음 중 표본크기의 결정에 대한 설명으로 옳은 것은?**

① 모분산을 알고 모집단이 정규분포일 경우 표본크기는 $n \geq \frac{Z_{\frac{\alpha}{2}}^{2-}\sigma^2}{4d^2}$이다.

② 모비율 추정에서 p가 p^* 근방이라고 예상되는 경우 표본의 크기는 $n < p^* q^* \frac{Z_{\frac{\alpha}{2}}^{2}}{d^2}$이다.

③ 모분산만으로도 쉽게 표본크기를 결정할 수 있다.

④ 모비율 p에 대한 지식이 없는 경우의 표본의 크기는 $n \geq \frac{Z_{\frac{\alpha}{2}}^{2}}{4d^2}$이다.

tip
① $n \leq \frac{Z_{\frac{\alpha}{2}}^{2} - \sigma^2}{d^2}$
② $n \geq p^* q^* \frac{Z_{\frac{\alpha}{2}}^{2}}{d^2}$
③ 모분산 뿐만 아니라 신뢰구간과 허용추정오차에 따라 표본의 크기가 결정된다.

25 **다음 중 $\overline{X} = 62$, $\sigma_{\overline{X}} = 0.73$일 때 μ에 대한 표준편차의 2배 이내의 신뢰구간은 얼마인가?**

① $60.54 \leq \mu \leq 63.46$ ② $63.90 \leq \mu \leq 66.10$
③ $66.62 \leq \mu \leq 67.38$ ④ $127.76 \leq \mu \leq 132.24$

tip $\overline{X} \pm 2\sigma_{\overline{X}} = 62 \pm 1.46$
$= 60.54 \sim 63.46$

23. ① 24. ④ 25. ①

26 다음 $n=16$으로 얻은 평균의 표준오차가 7일 때, 이 표준오차를 반으로 줄이기 위해서는 표본의 크기를 얼마로 해야 하는가?

① 8
② 16
③ 32
④ 64

tip $\sigma_{\bar{x}}=\dfrac{\sigma}{\sqrt{n}}$에서 $7=\dfrac{\sigma}{\sqrt{16}}$이므로 $\sigma=28$이며

표준오차가 3.5일 때는 $3.5=\dfrac{28}{\sqrt{n}}$, $\sqrt{n}=\dfrac{28}{3.5}=8$이 된다.

따라서 표본의 크기 $n=64$이다.

27 다음 중 통계적 추론에 대한 설명으로 옳지 않은 것은?

① 신뢰도를 높이기 위해선 신뢰구간이 넓어져야 한다.
② 표본의 크기는 허용추정오차의 결정에 따라 정해진다.
③ 모집단의 분포가 반드시 정규분포이어야만 $\overline{X}$는 정규분포를 따른다.
④ n이 중심극한정리에 의해 클 때 표본의 크기는 $\dfrac{X-np}{\sqrt{np(1-p)}} \sim N(0,\ 1)$이다.

tip ③ 모집단의 분포가 반드시 정규분포가 아니더라도 n이 충분히 크면 중심극한정리에 의하여 $\overline{X}$는 근사적으로 정규분포를 따른다.

28 모수 θ의 모든 값에 대하여 $E(\hat{\theta})=\theta$를 만족하는 추정량 $\hat{\theta}$는 무슨 추정량인가?

① 유효추정량
② 충분추정량
③ 일치추정량
④ 불편추정량

tip 편의(bias) $=E(\hat{\theta})-\theta$이며, 편의가 0이면 $\hat{\theta}$는 불편추정량이다.

29 다음 중 추정량 $\hat{\theta}$의 편의 $b(\hat{\theta})$를 바르게 나타낸 것은?

① $E(\hat{\theta})-\theta$
② $E(\hat{\theta})+\theta$
③ $\theta E(\hat{\theta})$
④ $\dfrac{E(\hat{\theta})}{\theta}$

tip 편의(bias) $=E(\hat{\theta})-\theta$

26. ④ 27. ③ 28. ④ 29. ①

30 다음은 추정량의 성질을 설명한 것이다. 바른 설명은?

① $E(\hat{\theta}) = \theta$ 를 만족하는 $\hat{\theta}$ 는 유효추정량이다.

② 모수 θ 에 대해서 두 추정량 $\widehat{\theta_1}$, $\widehat{\theta_2}$ 의 분산을 $V(\widehat{\theta_1})$, $V(\widehat{\theta_2})$라 할 때, $V(\widehat{\theta_1}) < V(\widehat{\theta_2})$면 $\widehat{\theta_2}$는 $\widehat{\theta_1}$보다 더 유효한 추정량이다.

③ $\lim_{n \to \infty} P(|\hat{\theta} - \theta| < \epsilon) = 1$ 을 만족하는 $\hat{\theta}$ 는 일치추정량이다.

④ $E(\hat{\theta} - \theta) = 0$ 을 만족하는 $\hat{\theta}$ 는 편의추정량이다.

tip 편의(bias) $= E(\hat{\theta}) - \theta$이며, 편의가 0이면 $\hat{\theta}$는 불편추정량이다.

31 $P(a < \theta < b) = 1 - \alpha$를 만족하는 θ가 있다고 하자. 틀린 설명은?

① 구간 $(a,\ b)$를 $(1-\alpha)100\%$ 신뢰구간이라 한다.

② $(1-\alpha)$를 신뢰수준 또는 신뢰도라고 한다.

③ a, b를 신뢰표본이라 한다.

④ a를 신뢰 하한, b를 신뢰 상한이라 한다.

tip a : 신뢰 하한, b : 신뢰 상한

32 표본 $X_1, \cdots, X_n$이 주어졌다. 다음 중 모평균에 대해서 가장 유효한 추정량은?

① $T_1 = \frac{1}{2}X_1 + \frac{1}{3}X_2 + \frac{1}{6}X_3$

② $T_2 = \frac{1}{4}X_1 + \frac{3}{4}X_2$

③ $T_3 = \frac{1}{5}X_1 + \frac{2}{5}X_2 + \frac{2}{5}X_3$

④ $T_4 = \frac{1}{3}X_1 + \frac{1}{3}X_2 + \frac{1}{3}X_3$

tip 가장 작은 분산을 갖는 추정량을 유효추정량이라 한다.
$V(X_1), \cdots, V(X_n) = \sigma^2$,
$V(T_4) = V\left(\frac{1}{3}X_1 + \frac{1}{3}X_2 + \frac{1}{3}X_3\right) = \frac{1}{9}V(X_1) + \frac{1}{9}V(X_2) + \frac{1}{9}V(X_3) = \frac{3}{9}\sigma^2$

30. ④ 31. ② 32. ④

33 다음 중 모평균에 대한 불편추정량이 아닌 것은?

① $T_1 = \frac{1}{2}X_1 + \frac{1}{2}X_2$
② $T_2 = \frac{2}{7}X_1 + \frac{3}{7}X_2 + \frac{2}{7}X_3$
③ $T_3 = \frac{2}{5}X_1 + \frac{2}{5}X_2$
④ $T_1 = \frac{1}{3}X_1 + \frac{2}{3}X_2$

tip $E(\hat{\theta}) = \theta$ 을 만족하는 추정량을 불편추정량이라 한다.
$E(X_1), \cdots, E(X_n) = \mu$
$E(T_3) = E\left(\frac{2}{5}X_1 + \frac{2}{5}X_2\right) = \frac{2}{5}E(X_1) + \frac{2}{5}E(X_2) = \frac{4}{5}\mu$이므로, 편의추정이다.

34 $X_1, \cdots, X_n$을 임의표본이라 할 때, 잘못된 설명은?

① 모두 동일한 분포를 따른다.
② 서로 독립이다.
③ $X_1, \cdots, X_n$로 이루어진 함수는 확률변수이나 $X_1, \cdots, X_n$ 각각은 확률변수가 아니다.
④ 표본분포를 유도할 수 있다.

tip $X_1, \cdots, X_n$이 각각 확률변수이므로 $X_1, \cdots, X_n$로 이루어진 함수도 확률변수이다.

35 다음 중 카이제곱분포를 이용하기에 적당한 것은?

① 모평균의 구간추정
② 모표준편차의 구간추정
③ 분산비에 대한 구간추정
④ 평균차에 대한 구간추정

tip 모표준편차의 추론은 카이제곱분포를 분산비는 F-검정을 사용한다.

36 점 추정치(Point estimate)에 관한 설명으로 틀린 것은?

① 표본의 평균으로부터 모집단의 평균을 추정하는 것도 점 추정치이다.
② 점 추정치는 표본의 평균을 정밀하게 조사하여 나온 결과이기 때문에 항상 모집단의 평균치와 거의 동일하다.
③ 점 추정치의 통계적 속성은 일치성, 충분성, 효율성, 불편성 등 4가지 기준에 따라 분석될 수 있다.
④ 점 추정치를 구하기 위한 표본 평균이나 표본비율의 분포는 정규분포를 따른다.

tip 점 추정치는 모집단에서 추출한 표본으로 이는 모집단의 일부이므로 항상 모집단의 평균치와 동일하지 않다.

33. ③ 34. ③ 35. ② 36. ②

37 어느 선거구의 국회의원 선거에서 특정후보에 대한 지지율을 조사하고자 한다. 지지율의 95% 추정오차한계가 5% 이내가 되기 위한 표본의 크기는 최소한 얼마 이상이어야 하는가? (단, $Z \sim N(0, 1)$일 때, $P(Z \leq 1.96) = 0.975$)

① 235 ② 285

③ 335 ④ 385

tip $n \geq \frac{1}{4}\left(\frac{Z_{\alpha/2}}{e}\right)^2 = \frac{1}{4}\left(\frac{1.96}{0.05}\right)^2 = 384.16$이므로 최소 385명

38 한 철강회사는 봉강을 생산하는데 5개의 봉강을 무작위로 추출하여 인장강도를 측정했다. 표본평균은 제곱인치(psi)당 22kg이었고, 표본표준편차는 8kg이었다. 이 회사는 봉강의 평균 인장강도를 신뢰도 90%에서 양측신뢰구간으로 추정한 것은? (단, 모집단은 정규분포를 따르고, $t_{4,\ 0.1} = 1.5332$, $t_{5,\ 0.1} = 1.4759$, $t_{4,\ 0.05} = 2.1318$, $t_{5,\ 0.05} = 2.0150$, $p(z > 1.28) = 0.1$, $p(z > 1.96) = 0.025$, $p(z > 1.645) = 0.5$이다.)

① 22 ± 7.63 ② 22 ± 7.21

③ 22 ± 5.89 ④ 22 ± 5.22

tip 모평균에 대한 신뢰구간 추정은 다음과 같다.

$$\left[\overline{X} - t_{(n-1,\ \alpha/2)}\frac{s}{\sqrt{n}},\ \overline{X} + t_{(n-1,\ \alpha/2)}\frac{s}{\sqrt{n}}\right]$$

$$= \left[22 - t_{(4,\ 0.05)}\frac{8}{\sqrt{5}},\ 22 + t_{(4,\ 0.05)}\frac{8}{\sqrt{5}}\right]$$

$$= \left[22 - 2.1318\frac{8}{\sqrt{5}},\ 22 + 2.1318\frac{8}{\sqrt{5}}\right]$$

$$\fallingdotseq 22 \pm 7.627$$

37. ④ 38. ①

39 **한 공장에서 근무하는 외국인 노동자의 월소득 평균을 알아보기 위하여 단순무작위 표본추출방식으로 5명의 노동자를 추출하여 조사해본 결과 월소득이 80만, 80만, 85만, 90만, 90만원으로 나타났다. 이 정보를 기초로 외국인노동자들의 월소득 평균의 90% 신뢰구간을 설정할 때 t값과 구간을 가장 잘 나타내고 있는 것을 고르시오. (여기서 μ는 모집단 평균이며 단위는 일만이다.)**

> 자유도가 3일 경우 90%신뢰구간은 ±2.353
> 자유도가 4일 경우 90%신뢰구간은 ±2.132
> 자유도가 5일 경우 90%신뢰구간은 ±2.015

① $(80-\mu)\sqrt{5}/5$, $-2.353 \le t \le 2.353$
② $(85-\mu)\sqrt{5}/5$, $-2.015 \le t \le 2.015$
③ $(80-\mu)\sqrt{5}/5$, $-2.132 \le t \le 2.132$
④ $(85-\mu)\sqrt{5}/5$, $-2.132 \le t \le 2.132$

tip $t = \dfrac{\overline{X}-\mu}{s/\sqrt{n}}$ 이며, 자유도는 $n-1=4$

40 **추측통계학의 정의로 가장 적절한 것은?**

① 통계자료를 수집 · 정리하여 표나 그래프로 표현하고, 자료를 요약하여 대푯값이나 산포도와 같은 수량화된 값으로 나타내는 방법을 다루는 분야
② 불확실성이 내포된 상황 아래서 올바른 의사결정을 하기 위해 주어진 자료를 분석하여 현재의 상태를 파악하거나 미래의 현상을 예측하는데 도움을 주는 통계적 추론을 다루는 분야
③ 분석을 하고자 하는 자료가 생물과학이나 의학에서 나온 경우 통계적 방법이나 개념 등을 이러한 분야에 맞게 적절하게 응용하여 사용하도록 한 통계학
④ 어떤 특성을 관찰할 때 그것을 가진 장소나 사람, 기타 등등이 달라짐에 따라 그 값들이 달라지는 특성

tip 추론통계학(Inferential Statistics)
㉠ 모집단에서 추출한 표본(확률 표본)을 이용하여 표본이 지니고 있는 정보를 분석하고 이를 기초로 모집단의 여러 가지 특성(평균, 분산, 표준편차, 비율)을 확률의 개념을 이용하여 과학적으로 추론하는 방법을 다루는 지식체계를 말한다.
㉡ 모수의 추정과 가설검증, 이론추정, 확률론, 통계량의 확률분포 등을 그 대상으로 하며 추출된 표본은 모집단의 특성 등을 예측한다.

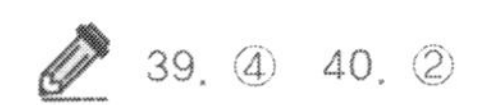

41 아래 사례를 보고 표준오차(standard error)에 관한 설명 중 틀린 것은 어느 것인가?

> 제15대 대통령선거 직전인 1997년 12월 18일에 유권자 2,500명을 대상으로 지지도를 조사하였다.

① 조사의 오차한계는 95% 신뢰수준에서 오차범위가 2%이다.
② 표본의 크기를 늘리려면 오차를 줄일 수 있다.
③ 신뢰수준을 높이면 오차는 줄어든다.
④ 표본오차는 표본추출방법과 관련이 있다.

tip 지지도 즉 비율에 관한 표준오차는 표본비율 $\hat{p}$의 표준편차로 $\sqrt{\frac{pq}{n}}$ 이므로 신뢰수준과 무관하며, 신뢰수준을 높이면 신뢰구간은 넓어진다.

41. ③

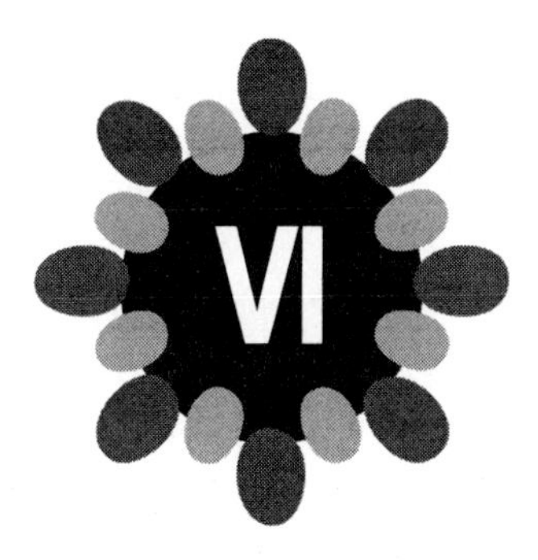

가설검정

가설검정의 개념

가설검정의 의의

모집단이 갖는 미지의 특성에 관한 예상이나 주장을 기초로 가설의 채택이나 기각을 결정하는 통계적 기법으로서 표본으로 얻은 정보를 확실히 입증하고자 하는 과정을 가설검정이라고 한다.

02 가설검정의 종류

최근 6년 출제 경향 : 7문제 / 2012(1), 2013(2), 2015(3), 2016(1)

(1) 가설검정

① **귀무가설**(null hypothesis, H_0) … 기존의 가설 즉, 일반적으로 통용되거나 기존의 가설로 기각되기를 바라면서 세운 가설

② **대립가설**(alternative hypothesis, H_1) … 새로운 주장이나 기존의 가설과 반대되는 내용으로 분석자가 증명하고자 하는 내용을 설정한 가설

(2) 가설검정의 형태

① 단측검정

㉠ 대립가설의 모수영역이 한쪽에 주어지는 검정

㉡ 가설검정

귀무가설 $H_0 :\ A = B$

대립가설 $H_1 :\ A < B$ or $H_1 :\ A > B$

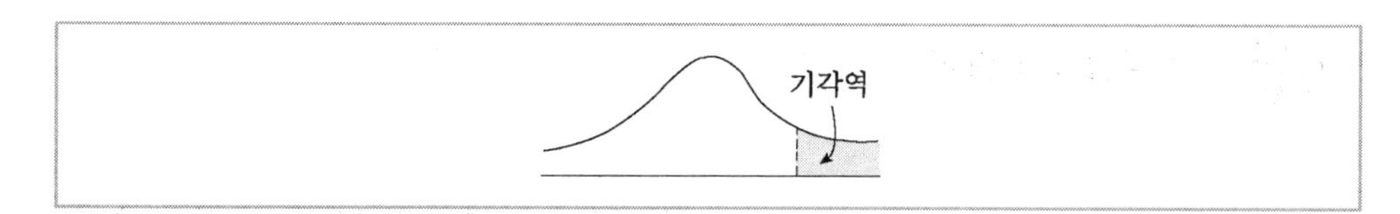

② 양측검정

㉠ 대립가설의 모수영역이 양쪽에 주어지는 검정

㉡ 가설검정

귀무가설 H_0 : $A = B$

대립가설 H_1 : $A \neq B$

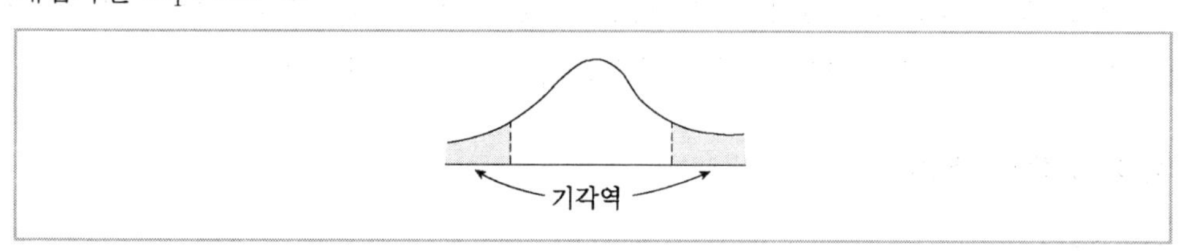

03 기각역(critical region)

최근 6년 출제 경향 : 2문제 / 2015(1), 2017(1)

(1) 개념

귀무가설을 기각하는 관측값의 영역

(2) 특징

① 검정통계량 값이 기각역 안에 들어가면 귀무가설 H_0는 기각하고, 반대로 채택역에 있으면 H_0을 채택한다.

② **임계치**(critical value) ··· 기각역의 경계를 정하는 값

③ 기각역과 임계치는 유의수준에 의해서 결정됨

04 가설검정의 방법

최근 6년 출제 경향 : 11문제 / 2012(2), 2013(2), 2014(1), 2016(3), 2017(3)

(1) 용어 정리

① 유의수준(α) … 귀무가설의 값이 참일 경우 이를 기각할 확률의 허용한계이다.

② 검정통계량 … 귀무가설과 대립가설의 판정을 위하여 사용되는 표본통계량이다.

③ 유의확률(P-value) … 표본을 토대로 계산한 검정통계량. 귀무가설 H_0가 사실이라는 가정 하에 검정통계량보다 더 극단적인 값이 나올 확률이다.

(2) 가설검정의 절차

① 가설설정

② 유의수준(α) 결정 ⇒ 0.1, 0.05, 0.01 등 주관적 선택 가능. 다만 주로 0.05 사용

③ 검정통계량의 설정

④ P값을 계산 후 유의수준과 비교 판단(또는 임계치를 계산하여 검정통계량과 비교)

⑤ 귀무가설(H_0)의 기각여부 결정

(3) P값을 이용한 가설검정

㉠ P값$<\alpha$이면 귀무가설 H_0를 기각, 대립가설 H_1을 채택

㉡ P값$\geq\alpha$이면 귀무가설 H_0를 기각하지 못한다.

단원별 기출문제

[가설검정]

01 성인의 흡연율은 40%로 알려져 있다. 금연의 중요성을 강조하는 공익광고를 실시하면 흡연율이 감소할 것이라는 주장을 확인하기 위한 귀무가설 H_0와 대립가설 H_1은?

2013. 3. 10 제1회

① $H_0 : P = 0.4$, $H_1 : P \neq 0.4$

② $H_0 : P < 0.4$, $H_1 : P \geq 0.4$

③ $H_0 : P > 0.4$, $H_1 : P \leq 0.4$

④ $H_0 : P = 0.4$, $H_1 : P < 0.4$

tip 기존 흡연율이 0.4이며(귀무가설), 공익광고 후 흡연율 감소한다고 주장하는 가설을 대립가설로 설정하면 된다.

[가설검정]

02 통계적 가설검정에 대한 설명으로 옳지 않은 것은?

2015. 8. 16 제3회

① 귀무가설은 표본에 근거한 강력한 증거에 의하여 입증하고자 하는 가설이다.

② 기각역은 귀무가설을 기각하게 되는 검정통계량의 관측값의 영역이다.

③ 유의수준은 제1종 오류를 범할 확률의 최대 허용한계이다.

④ 제2종 오류는 대립가설이 참임에도 불구하고 귀무가설을 기각하지 못하는 오류이다.

tip 대립가설은 표본에 입각한 강력한 증거에 의해서 입증하고자 하는 가설을 의미한다.

01. ④ 02. ①

[가설검정]

03 다음 중 유의수준에 대한 설명으로 옳은 것은?

2016. 8. 21 제3회

① 검정을 할 때 기준이 되는 것으로 제1종의 오류를 허용하는 확률범위이다.
② 유의수준은 제2종의 오류를 허용하는 확률범위이다.
③ 유의수준이 정해지면 단측검정과 양측검정에서 같은 임계값이 사용된다.
④ 보통 0.05와 0.01이 많이 쓰이며, 0.05에서 채택된 귀무가설이 0.01에서 기각될 수도 있다.

tip ③ 유의수준이 정해지면 단측검정과 양측검정에서 다른 임계값이 사용된다.
④ 보통 0.05와 0.01이 많이 쓰이며, 0.05에서 채택된 귀무가설이 0.01에서 기각될 수 없다.

[가설검정의 형태]

04 다음 내용에 대한 가설형태로 옳은 것은?

2012. 3. 4 제1회, 2015. 3. 8 제1회

> 기존의 진통제는 진통효과가 지속되는 시간이 평균 30분이고, 표준편차는 5분이라고 한다. 새로운 진통제를 개발하였는데, 개발팀은 이 진통제의 진통효과가 30분 이상이라고 주장한다.

① $H_0 : \mu < 30$, $H_1 : \mu = 30$
② $H_0 : \mu = 30$, $H_1 : \mu > 30$
③ $H_0 : \mu > 30$, $H_1 : \mu = 30$
④ $H_0 : \mu = 30$, $H_1 : \mu \neq 30$

tip 통계적 가설은 귀무가설(H_0), 대립가설(H_1)로 나누어지며, 특히 연구자가 주장하고자 하는 내용을 대립가설로 정할 수 있다. 그래서 위 문제는 개발팀이 진통제의 진통효과가 30분 이상이라는 주장을 대립가설로 정한다.

[가설검정의 형태]

05 다음 중 가설검정에 관한 설명으로 옳은 것은?

2013. 6. 2 제2회

① 제2종의 오류를 유의수준이라고 한다.
② 동일한 유의수준에서 단측검정의 기각영역이 양측검정보다 넓다.
③ 고전적 가설검정의 결과와 구간추정의 가설검정 결과는 언제나 반대로 나타난다.
④ p-값은 귀무가설 또는 대립가설을 입증하는 정도와 상관없는 개념이다.

tip 동일한 유의수준에서 단측검정의 기각영역이 양측검정보다 넓다.(한쪽 영역에서)

03. ① 04. ② 05. ②

[가설검정의 형태]

06 모평균(μ)에 대한 검정을 수행할 때, 가설의 형태로 잘못된 것은?

2015. 5. 31 제2회

① $H_0 : \mu \geq \mu_0$
$H_1 : \mu < \mu_0$

② $H_0 : \mu = \mu_0$
$H_0 : \mu \neq \mu_0$

③ $H_0 : \mu > \mu_0$
$H_1 : \mu \leq \mu_0$

④ $H_0 : \mu \leq \mu_0$
$H_1 : \mu > \mu_0$

tip 귀무가설은 $H_0 : \mu \geq \mu_0$의 형태가 되어야 하며, 이에 반해 대립가설은 $H_1 : \mu < \mu_0$가 되어야 한다.

[기각역]

07 가설검정에 관한 설명으로 틀린 것은?

2015. 5. 31 제2회

① 귀무가설이 참임에도 불구하고 귀무가설을 기각했을 때 제1종 오류(type Ⅰ error)가 일어났다고 한다.
② 유의확률이 유의수준보다 작으면 귀무가설을 기각한다.
③ 검정력은 대립가설이 참일 때, 귀무가설을 기각할 확률을 말한다.
④ 검정통계량의 관측값이 기각역에 속하면 대립가설을 기각한다.

tip ④ 검정통계량의 관측값이 기각역에 속하게 되면 귀무가설을 기각하게 된다.

[기각역]

08 유의수준 α에서 단측가설검정을 시행하고자 한다. 다음 중 귀무가설 (H_0)을 기각할 수 있는 유의확률 p값의 조건으로 옳은 것은?

2017. 3. 5 제1회

① $\alpha > p$값
② $\alpha < p$값
③ $1 - \alpha > p$값
④ $1 - \alpha < p$값

tip ① p값이 유의수준보다 같거나 작으면, 검정통계량의 값은 기각면적 내에 있게 된다. 만약 $p < \alpha$이면, H_0를 기각한다.

06. ③ 07. ④ 08. ①

[가설검정의 방법]

09 가설검정에서 사용하는 용어에 대한 설명으로 틀린 것은?

2017. 5. 7 제2회

① 제1종 오류란 귀무가설 H_0가 참임에도 불구하고 H_0을 기각하는 오류를 말한다.

② 제2종 오류란 대립가설 H_1이 참임에도 불구하고 H_0을 기각하지 못하는 오류를 말한다.

③ 제1종 오류를 범할 확률의 최대허용한계를 유의수준이라 한다.

④ 제2종 오류를 범할 확률의 최대허용한계를 유의확률이라 한다.

tip ④ 귀무가설이 참일 때 실제로 관찰된 값처럼 대립가설을 지지하는 검정통계치를 모을 확률을 유의확률이라 한다.

[가설검정의 방법]

10 귀무가설이 사실임에도 불구하고 귀무가설을 기각하는 오류를 범할 확률의 최대 허용한계는?

2017. 8. 26 제3회

① 유의수준 ② 검정력

③ 통계적 유의성 ④ 제1종 오류

① 제1종 오류란 귀무가설이 실제 옳은데도 불구하고 검정 결과가 그 가설을 기각하는 오류를 말한다. 유의수준이란 귀무가설이 맞는데 잘못해서 기각할 확률의(1종 오류)의 최댓값을 뜻한다.

[P값을 이용한 가설검정]

11 다음은 보험가입자 30명에 대한 보험가입액을 조사한 자료이다. 보험가입액의 모평균이 1억 원이라고 볼 수 있는가를 검정하고자 한다. 이에 대한 t-검정통계량이 1.201이고, 유의확률이 0.239이었다. 유의수준 5%에서 검정한 결과로 옳은 것은?

2012. 3. 4 제1회, 2016. 3. 6 제1회

(단위 : 천만 원)

15.0	10.0	8.0	12.0	10.0	2.5	9.0	7.5	5.5	25.0
10.5	3.5	9.7	12.5	30.0	11.0	8.8	4.5	7.8	6.7
7.0	33.0	15.0	20.0	4.0	5.0	15.0	30.0	5.0	10.0

① '유의확률 > 유의수준'이므로 모평균이 1억 원이라는 가설을 기각하지 못한다.

② '유의확률 > 유의수준'이므로 모평균이 1억 원이라는 가설을 기각한다.

③ '검정통계량 1.201 > 유의수준'이므로 모평균이 1억 원이라는 가설을 기각하지 못한다.

④ '검정통계량 1.201 > 유의수준'이므로 모평균이 1억 원이라는 가설을 기각한다.

tip 가설검정 시 귀무가설 기각여부는 유의확률과 유의수준으로 비교하는데, 유의확률 > 유의수준이면 귀무가설을 기각하지 못한다.

[P값을 이용한 가설검정]

12 가설검정시, 유의확률(P값)과 유의수준(α level)의 관계에 대한 설명으로 옳은 것은?

2012. 8. 26 제3회, 2013. 6. 2 제2회

① 유의확률 < 유의수준일 때 귀무가설을 기각한다.
② 유의확률 > 유의수준일 때 귀무가설을 기각한다.
③ 유의확률 = 유의수준일 때만 귀무가설을 기각한다.
④ 유의확률과 유의수준 중 어느 것이 큰가하는 문제와 가설검정과는 아무런 관계가 없다.

tip 유의확률 ≦ 유의수준일 때 귀무가설을 기각한다.

[P값을 이용한 가설검정]

13 어떤 가설검정에서 유의확률 (P-값)이 0.044일 때, 검정결과로 옳은 것은?

2013. 3. 10 제1회, 2016. 5. 8 제2회

① 귀무가설을 유의수준 1%와 5%에서 모두 기각할 수 없다.
② 귀무가설을 유의수준 1%와 5%에서 모두 기각할 수 있다.
③ 귀무가설을 유의수준 1%에서 기각할 수 없으나 5%에서는 기각할 수 있다.
④ 귀무가설을 유의수준 1%에서 기각할 수 있으나 5%에서는 기각할 수 없다.

tip 유의확률 ≤ 유의수준이면 귀무가설을 기각한다.

[P값을 이용한 가설검정]

14 P-값(P-value)과 유의수준(significance level) α에 대한 설명으로 옳은 것은?

2014. 3. 2 제1회, 2017. 8. 26 제3회

① p-값 $> \alpha$이면 귀무가설을 기각할 수 있다.
② p-값 $< \alpha$이면 귀무가설을 기각할 수 있다.
③ p-값 $= \alpha$이면 귀무가설은 반드시 채택된다.
④ p-값과 귀무가설 채택여부와는 아무 관계가 없다.

tip p-값과 유의수준의 관계
p-값 ≤ 유의수준이면 귀무가설 기각

12. ① 13. ③ 14. ②

[P값을 이용한 가설검정]

15 **다음 자료는 새로 개발한 학습방법에 의해 일정기간 교육을 실시하기 전·후에 시험을 통해 얻은 자료이다. 학습효과가 있는지에 관한 가설검정에 관한 설명으로 틀린 것은?**

2016. 3. 6 제1회

학생	학습 전	학습 후	차이(d)
1	50	90	40
2	40	40	0
3	50	50	0
4	70	100	30
5	30	50	20

(단, $\overline{d} = \sum_{i=1}^{5} d_i/5 = 18$, $S_D = \sqrt{\sum_{i=1}^{5}(d_i - \overline{d})^2/4} = 17.889$)

① 가설의 형태는 $H_0 : \mu_d = 0 \ vs \ H_1 : \mu_d > 0$이다. 단, μ_d는 학습 전후 차이의 평균이다.

② 가설 검정에는 자유도가 4인 t분포가 이용된다.

③ 검정통계량 값은 2.25이다.

④ 조사한 학생의 수가 늘어날수록 귀무가설을 채택할 가능성이 많아진다.

tip ④ 조사한 학생의 수와 귀무가설을 채택할 가능성은 관련이 없다.

15. ④

가설검정의 오류

01 제1종 오류(type Ⅰ error)

최근 6년 출제 경향 : 8문제 / 2014(2), 2015(2), 2016(1), 2017(3)

① **개념** … 귀무가설(H_0)이 참임에도 불구하고, 이를 기각하였을 때 생기는 오류(α)

② **특징** … 제1종 오류는 유의수준과도 관련이 있으며, 제1종 오류 감소는 유의수준 감소를 의미한다.

02 제2종 오류(type Ⅱ error)

최근 6년 출제 경향 : 14문제 / 2012(3), 2013(1), 2014(3), 2015(4), 2016(2), 2017(1)

① **개념** … 대립가설(H_1)이 참임에도 불구하고, 귀무가설을 기각하지 못하는 오류(β)

② **특징**

㉠ 제1종 오류와 제2종 오류는 반비례 관계. 즉, 제1종 오류의 가능성을 줄일 경우 제2종 오류의 가능성이 커진다.

㉡ 일반적으로 최적의 검정은 제1종 오류를 범할 확률을 특정 수준으로 고정하고(일반적으로는 0.05), 제2종 오류를 범할 확률을 가장 최소화하는 검정을 구하는 것을 의미한다.

③ **검정력**(power) … 대립가설이 참일 때, 귀무가설을 기각할 확률($1-\beta$)

단원별 기출문제

[제1종 오류]

01 귀무가설이 참임에도 불구하고 귀무가설을 기각하는 판정을 내릴 확률은?

2014. 3. 2 제1회

① 제1종 오류를 범할 확률　　② 제2종 오류를 범할 확률
③ 유의확률　　④ 유의수준

tip 제1종 오류 … 귀무가설이 참임에도 불구하고 귀무가설을 기각할 확률

[제1종 오류]

02 제1종 오류를 범할 확률의 허용한계를 뜻하는 통계적 용어는?

2014. 8. 17 제3회

① 유의수준　　② 기각역
③ 검정통계량　　④ 대립가설

tip 유의수준 … 제1종 오류을 범할 최대 확률

[제1종 오류]

03 통계적 가설검정에서 귀무가설이 참일 때 귀무가설을 기각하는 오류를 무엇이라 하는가?

2015. 3. 8 제1회

① 제1종 오류　　② 제2종 오류
③ P-값　　④ 검정력

tip 제1종 오류는 귀무가설이 사실일 시에 귀무가설을 기각하는 오류를 말하며, 제2종 오류는 귀무가설이 거짓일 시에 귀무가설을 기각하지 않는 오류를 말한다.

01. ① 02. ① 03. ①

[제1종 오류]

04 다음 중 제1종 오류가 발생하는 경우는?

2015. 5. 31 제2회

① 참이 아닌 귀무가설(H_0)을 기각하지 않을 경우

② 참인 귀무가설(H_0)을 기각하지 않을 경우

③ 참이 아닌 귀무가설(H_0)을 기각할 경우

④ 참인 귀무가설(H_0)을 기각할 경우

tip 제1종 오류(type I-error)는 귀무가설이 실제로 옳음에도 불구하고 검정의 결과가 그 가설을 기각하는 오류를 의미한다. 다른 말로 알파오류(α-error)라고도 한다. 참고로, 이에 대해 틀린 귀무가설이 옳은 것으로 받아들여지는 오류를 제2종 오류라 한다.

[제1종 오류]

05 귀무가설이 참임에도 불구하고 이를 기각하는 결정을 내리는 오류를 무엇이라고 하는가?

2016. 8. 21 제3회

① 제1종 오류　② 제2종 오류

③ 제3종 오류　④ 제4종 오류

tip ① **제1종 오류** : 유의수준, Alpha라고도 표현하며 귀무가설이 옳은데 귀무가설을 기각할 확률이다.

② **제2종 오류** : Beta라고 표현하며 귀무가설이 틀린데 귀무가설을 기각하지 못할 확률이다.

[제1종 오류]

06 귀무가설 H_0가 참인데 대립가설 H_1이 옳다고 잘못 결론을 내리는 오류는?

2017. 5. 7 제2회

① 제1종 오류　② 제2종 오류

③ 알파오류　④ 베타오류

tip ① 귀무가설이 실제 옳은데도 불구하고 검정 결과가 그 가설을 기각하는 오류를 말한다.

[제1종 오류]

07 가설검정에서 유의수준으로 1% 또는 5% 중 어느 것을 선택할 것인가에 대한 설명으로 옳은 것은?

2017. 8. 26 제3회

① 제1종의 오류를 범할 확률이 보다 작은 검정을 수행하기 위해 유의수준 1%를 선택한다.

② 제2종의 오류를 범할 확률이 보다 작은 검정을 수행하기 위해 유의수준 1%를 선택한다.

③ 제1종의 오류를 범할 확률이 보다 작은 검정을 수행하기 위해 유의수준 5%를 선택한다.

④ 제2종의 오류를 범할 확률이 보다 작은 검정을 수행하기 위해 유의수준 5%를 선택한다.

tip 유의수준은 귀무가설의 값이 참일 경우, 이를 기각할 확률의 허용한계를 의미한다. 또한, 제1종 오류는 귀무가설이 참임에도 불구하고 이를 기각하였을 때 생기는 오류로 제1종 오류는 유의수준과 관련이 있으며 제1종 오류의 감소는 유의수준의 감소를 의미한다. 따라서 유의수준이 작아지면, 제1종 오류를 범할 확률이 보다 작은 검정을 수행하기 위한 검정이다. 즉, 5%보다 1% 유의수준이었을 경우, 제1종 오류를 범할 확률이 보다 작은 검정에 해당된다.
따라서 정답은 ① 제1종의 오류를 범할 확률이 보다 작은 검정을 수행하기 위해 유의수준 1%를 선택한다.

[제1종 오류]

08 제1종 오류와 제2종 오류를 범할 확률을 각각 α와 β라 할 때 다음 설명 중 옳은 것은?

2017. 8. 26 제3회

① $\alpha + \beta = 1$이면 귀무가설을 기각해야 한다.

② $\alpha = \beta$이면 귀무가설을 채택해야 한다.

③ 주어진 표본에서 α와 β를 동시에 줄일 수는 없다.

④ $\alpha \neq \beta$이면 항상 귀무가설을 채택해야 한다.

tip ③ 주어진 표본크기로는 오류가 발생할 확률 α, β를 동시에 줄일 수 없다.(α의 크기를 줄이면 β가 커지고, β의 크기를 줄이면 α가 커지기 때문에)

	귀무가설 H_0 참	귀무가설 H_0 거짓
귀무가설 H_0 채택	옳은 결정($1-\alpha$)	제2종 오류(β – 오류)
귀무가설 H_0 기각	제1종 오류(α – 오류)	옳은 결정($1-\beta$)

07. ① 08. ③

[제2종 오류]

09 **검정력(power)에 관한 설명으로 옳은 것은?**

2012. 3. 4 제1회

① 귀무가설이 옳음에도 불구하고 이를 기각시킬 확률이다.

② 옳은 귀무가설을 채택할 확률이다.

③ 귀무가설이 거짓일 때 이를 기각시킬 확률이다.

④ 거짓인 귀무가설을 채택할 확률이다.

tip 가설검정에서 오류는 다음과 같다.

H_0 진위 / 의사결정	H_0가 사실	H_0가 거짓
H_0 채택	옳은 결정	제2종 오류(β)
H_0 기각	제1종 오류(α)	옳은 결정 검정력($1-\beta$)

[제2종 오류]

10 **평균이 μ이고, 분산이 16인 정규모집단으로부터 크기가 100인 랜덤표본을 얻고 그 표본평균을 $\overline{X}$라 하자. 귀무가설 $H_0 : \mu = 8$과 대립가설 $H_1 : \mu = 6.416$의 검정을 위하여 기각역을 $\overline{X} < 7.2$로 둘 때, 제1종 오류와 제2종 오류의 확률은?**

2012. 3. 4 제1회, 2015. 5. 31 제2회

① 제1종 오류의 확률 0.05, 제2종 오류의 확률 0.025

② 제1종 오류의 확률 0.023, 제2종 오류의 확률 0.025

③ 제1종 오류의 확률 0.023, 제2종 오류의 확률 0.05

④ 제1종 오류의 확률 0.05, 제2종 오류의 확률 0.023

tip

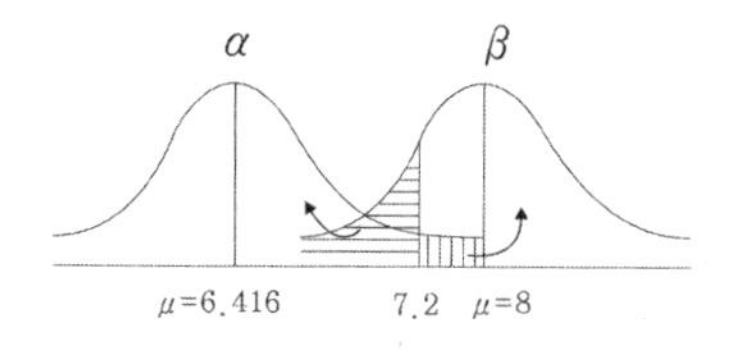

표준화시키면,

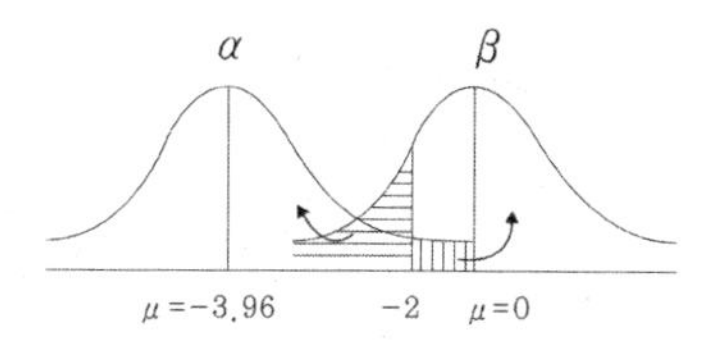

제1종 오류의 확률은 아래쪽 그래프에서 −2보다 작은 확률이고, 제2종 오류의 확률은 위쪽 그래프에서 −2보다 클 확률로 각각 0.023, 0.025이다.

09. ③ 10. ②

[제2종 오류]

11 다음 중 가설검정에 관한 설명으로 틀린 것은?

2012. 8. 26 제3회

① 귀무가설이 참임에도 불구하고 귀무가설을 기각했을 때 제1종 오류(type 1 error)가 일어났다고 한다.

② 유의확률이 유의수준보다 작으면 귀무가설을 기각한다.

③ 검정력(power)은 귀무가설이 참이 아닐 때, 귀무가설을 기각할 확률을 말한다.

④ 검정통계량의 관측값이 기각역(rejection region)에 속하면 대립가설을 기각한다.

tip 검정통계량의 관측값이 기각역에 속하면 귀무가설을 기각한다. 항상 가설검정 시 채택 · 기각여부는 검정 대상인 귀무가설로 논한다.

[제2종 오류]

12 통계적 가설의 기각여부를 판정하는 가설검정에 대한 설명으로 옳은 것은?

2013. 3. 10 제1회

① 표본으로부터 확실한 근거에 의하여 입증하고자 하는 가설을 귀무가설이라고 한다.

② 유의수준은 제2종 오류를 범할 확률의 최대허용한계이다.

③ 대립가설을 채택하게 하는 검정통계량의 영역을 채택역이라 한다.

④ 대립가설이 옳은데도 귀무가설을 채택함으로써 범하게 되는 오류를 제2종 오류라 한다.

tip ① 입증하고자 하는 가설은 대립가설
② 유의수준은 제1종 오류를 범할 확률의 최대 허용 한계
③ 채택역은 귀무가설을 채택하게 하는 검정통계량의 영역

[제2종 오류]

13 가설검증의 오류에 대한 설명으로 틀린 것은?

2014. 5. 25 제2회

① 제2종 오류는 대립가설(H_1)이 사실일 때 귀무가설(H_0)을 채택하는 오류이다.

② 가설검증의 오류는 유의수준과 관계가 있다.

③ 제1종 오류를 적게 하기 위해서는 유의수준을 크게 할 필요가 있다.

④ 제1종 오류와 제2종 오류를 범할 가능성은 반비례관계에 있다.

tip 제1종 오류의 최대 확률은 유의수준이므로 제1종 오류를 적게 하기 위해서 유의수준을 적게 해야 한다.

11. ④ 12. ④ 13. ②

[제2종 오류]

14 **가설검정 시 대립가설(H_1)이 사실인 상황에서 귀무가설(H_0)을 기각할 확률은?**

2014. 5. 25 제2회

① 검정력　② 신뢰수준
③ 유의수준　④ 제2종 오류를 범할 확률

tip 검정력 … 대립가설이 사실인데 귀무가설을 기각할 확률

[제2종 오류]

15 **다음 설명 중 틀린 것은?**

2014. 8. 17 제3회

① 제1종 오류는 귀무가설이 사실일 때 귀무가설을 기각하는 오류이다.
② 양측검정은 통계량의 변화방향에는 관계없이 실시하는 검정이다.
③ 가설검정에서 유의수준이란 제1종 오류를 범할 때 최대허용오차이다.
④ 유의수준을 감소시키면 제2종 오류의 확률 역시 감소한다.

tip 유의수준(제1종 오류의 최대 확률)과 제2종 오류의 관계는 반비례 관계이다.

[제2종 오류]

16 **동물학자인 K박사는 개들이 어두운 곳에서 냄새를 더 잘 맡을 것이라는 생각을 하였고, 이를 입증하기 위해 다음과 같은 실험을 하였다. 같은 품종의 비슷한 나이의 개 20마리를 임의로 10마리씩 두 그룹으로 나눈 뒤 한 그룹은 밝은 곳에서, 다른 그룹은 어두운 곳에서 숨겨진 음식을 찾도록 하고, 그 때 걸린 시간을 초단위로 측정하였다. 음식을 찾는데 걸린 시간은 정규분포를 따르고 두 그룹의 분산은 모르지만 같다고 가정한다. μ_X = 밝은 곳에서 걸리는 평균 시간, μ_Y = 어두운 곳에서 걸리는 평균 시간이라고 하자. K박사의 생각이 옳은지를 유의수준 1%로 검정할 때, 다음 중 필요하지 않은 것은? (단, $t_{(0.01,\ 18)} = 2.552$)**

2015. 3. 8 제1회

① $H_0 : \mu_X = \mu_Y \ vs \ H_1 : \mu_X > \mu_Y$　② 제2종 오류
③ 공통분산 $S_P^{\ 2}$　④ $t_{(0.01,\ 18)}$

tip 분산을 모르고 표본의 크기가 작은 경우에 정규분포를 따르는 가정 및 분산이 서로 동일하다는 가정이 존재해야 하고 또한 가설을 검정하기 위해 유의수준 α값, 다시 말해 제1종 오류를 알고 있어야 한다.

14. ①　15. ④　16. ②

[제2종 오류]

17 **검정력(power)에 대한 설명으로 옳은 것은?**

2015. 3. 8 제1회, 2015. 8. 16 제3회

① 귀무가설이 참임에도 불구하고 이를 기각시킬 확률이다.

② 참인 귀무가설을 채택할 확률이다.

③ 대립가설이 참일 때 귀무가설을 기각시킬 확률이다.

④ 거짓인 귀무가설을 채택할 확률이다.

tip 검정력은 대립가설이 참일 시에 귀무가설을 기각시킬 확률을 말한다.

[제2종 오류]

18 **평균이 μ이고 분산이 16인 정규모집단으로부터 크기 100인 랜덤표본을 추출하여 표본평균 $\overline{X}$를 얻었다. 귀무가설 $H_0 : \mu = 8$과 대립가설 $H_1 : \mu = 6.416$에 대하여 검정할 때 기각역을 $\{\overline{X} < 7.2\}$로 둘 때 제2종 오류의 확률은?**

2016. 3. 6 제1회

① 0.05　　② 0.024

③ 0.025　　④ 0.026

tip $\mu_0 = 8,\ \sigma^2 = 16,\ n = 100$

채택역 $\overline{X} > 7.2 \rightarrow Z = \dfrac{\overline{X} - \mu_1}{\dfrac{\sigma}{\sqrt{n}}} < \dfrac{7.2 - 6.416}{\dfrac{4}{\sqrt{100}}} = 1.96$

따라서 0.025가 된다.

17. ③　18. ③

[제2종 오류]

19 **모평균 μ에 대한 귀무가설 H_0 : $\mu=70$ 대 대립가설 H_1 : $\mu=80$의 검정에서 표본평균 $\overline{X}\geq c$이면 귀무가설을 기각한다. $P(\overline{X}\geq c|\mu=70)=0.045$이고 $P(\overline{X}\geq c|\mu=80)=0.921$일 때, 다음 설명 중 옳은 것은?**

2016. 5. 8 제2회

① 유의확률(p-값)은 0.045이다.
② 제1종 오류는 0.079이다.
③ 제2종 오류는 0.045이다.
④ $\mu=80$일 때의 검정력은 0.921이다.

tip ① 유의수준(σ)이 0.045이다.
② 제1종 오류는 0.045이다.

[제2종 오류]

20 **귀무가설이 거짓임에도 불구하고 귀무가설을 기각하지 못하는 오류는?**

2017. 3. 5 제1회

① 제1종 오류
② 제2종 오류
③ α-오류
④ 임계오류

tip ② 귀무가설이 실제로는 틀린 데도 불구하고 그것을 기각하지 못하는 오류를 말한다.
① 귀무가설이 실제 옳은데도 불구하고 검정 결과가 그 가설을 기각하는 오류를 말한다.

19. ④ 20. ②

단일모집단의 가설검정

모평균의 가설검정

(1) σ^2을 아는 경우

① 모집단의 분산(σ^2)을 알고, 정규분포를 따르는 모집단에 대한 가설의 검정통계량은 Z 분포를 사용하며 다음과 같이 정의된다.

$$Z=\frac{\overline{X}-\mu_0}{\frac{\sigma}{\sqrt{n}}}$$

② 기각역

귀무가설	합격대립가설	기각역(유의수준 : α)
$H_0:\mu=\mu_0$	$H_A:\mu\neq\mu_0$	$\lvert Z\rvert\geq z_{\frac{\alpha}{2}}\rightarrow H_0$ 기각
$H_0:\mu\geq\mu_0$	$H_A:\mu<\mu_0$	$Z\leq -z_\alpha\rightarrow H_0$ 기각
$H_0:\mu\leq\mu_0$	$H_A:\mu>\mu_0$	$Z\geq z_\alpha\rightarrow H_0$ 기각

(2) σ^2을 모르는 경우

① 대표본의 경우($n\geq 30$)

㉠ 표본의 크기가 충분히 크고 분산(σ^2)을 모르는 경우, 가설의 검정은 σ^2 대신 S^2을 사용하며 검정통계량의 정의는 다음과 같다.

$$Z=\frac{\overline{X}-\mu_0}{\frac{s}{\sqrt{n}}}$$

㉡ 기각역

귀무가설	대립가설	기각역(유의수준 : α)
$H_0 : \mu = \mu_0$	$H_A : \mu \neq \mu_0$	$\lvert Z \rvert \geq z_{\frac{\alpha}{2}} \rightarrow H_0$ 기각
$H_0 : \mu \geq \mu_0$	$H_A : \mu < \mu_0$	$Z \leq -z_\alpha \rightarrow H_0$ 기각
$H_0 : \mu \leq \mu_0$	$H_A : \mu > \mu_0$	$Z \geq z_\alpha \rightarrow H_0$ 기각

② 소표본의 경우($n < 30$)

㉠ 표본이 적고 σ^2을 모르는 경우, 가설의 검정은 t분포를 사용하며 검정통계량의 정의는 다음과 같다.

$$T = \frac{\overline{X} - \mu_0}{\frac{s}{\sqrt{n}}}$$

㉡ 기각역

귀무가설	대립가설	기각역(유의수준 : α)
$H_0 : \mu = \mu_0$	$H_A : \mu \neq \mu_0$	$\lvert T \rvert \geq t\left(n-1, \frac{\alpha}{2}\right) \rightarrow H_0$ 기각
$H_0 : \mu \geq \mu_0$	$H_A : \mu < \mu_0$	$t \leq -t(n-1, \alpha) \rightarrow H_0$ 기각
$H_0 : \mu \leq \mu_0$	$H_A : \mu > \mu_0$	$T \geq t(n-1, \alpha) \rightarrow H_0$ 기각

02 모비율의 가설검정

(1) 검정통계량

$$Z = \frac{\hat{p} - p_0}{\sqrt{\frac{p_0(1-p_0)}{n}}}$$

- $\hat{p}$: 표본비율
- p_0 : 귀무가설의 모집단 비율

(2) 기각역

귀무가설	대립가설	기각역(유의수준 : α)
$H_0 : \hat{p} = p_o$	$H_A : \hat{p} \neq p_o$	$\lvert Z \rvert \geq z_{\frac{\alpha}{2}} \rightarrow H_0$ 기각
$H_0 : \hat{p} \geq p_o$	$H_A : \hat{p} < p_o$	$Z \leq -z_{\alpha} \rightarrow H_0$ 기각
$H_0 : \hat{p} \leq p_o$	$H_A : \hat{p} > p_o$	$Z \geq z_{\alpha} \rightarrow H_0$ 기각

(3) 모비율 가설검정 예시

참고 〉〉 모비율 가설검정의 계산하는 순서의 예

예 사회조사분석사의 시험을 앞두고 시행기관에서는 각 수험서에 대한 선호도의 조사를 실시하였다. 수험생 150명을 무작위로 추출하여 S도서에 대한 선호도를 조사한 결과 30%였고 일주일이 지난 오늘, 같은 수험생을 대상으로 조사한 선호도가 28%라면, 신뢰수준 99%에서 지난주에 비해 선호도가 변하였다고 할 수 있는가?

풀이) ㉠ 가설의 설정 : 지난주의 선호도 30%의 변동을 증명하는 것이므로

$H_0 : p_o = 30\%,\ H_A \neq 30\%$

㉡ 유의수준의 결정 : $\alpha = 0.01$,

㉢ 임계값 및 기각영역의 결정 : $Z_{\frac{\alpha}{2}} = Z_{0.005}$

$\therefore\ Z_{\frac{\alpha}{2}} = 2.575,\ \ Z_{\frac{\alpha}{2}} = -2.575$

㉣ 검정통계량의 계산 : $Z = \dfrac{\hat{p} - p_o}{\sigma_p} = \dfrac{\hat{p} - p_o}{\sqrt{\dfrac{p_o(1-p_o)}{n}}}$

$\therefore\ \sigma_p = \sqrt{\dfrac{(0.3)(1-0.3)}{150}} = 0.0374$

$\therefore\ Z = \dfrac{(0.28 - 0.3)}{0.0374} = -0.5347$

㉤ 결론 및 해석 : $Z(=-0.534) > Z_{\frac{\alpha}{2}}(-2.575)$

∴ S도서에 대한 선호도가 지난주에 비해 변했다고 할 수 없다.

04 두 모집단의 가설검정

01 두 모집단 평균의 가설검정

(1) σ^2을 아는 경우

① 두 모집단의 분산(σ^2)을 알고, 정규분포를 이룬다면 표본의 크기와 상관없이 표본평균의 차이도 정규분포를 따른다. 따라서 Z분포를 사용한다. 평균의 차이에 대한 검정통계량의 정의는 다음과 같다.

$$Z = \frac{(\overline{X}_1 - \overline{X}_2) - \mu_o}{\sigma_d}$$

- $\mu_o = \mu_1 - \mu_2$
- $\sigma_d = \sqrt{\frac{{\sigma_1}^2}{n_1} + \frac{{\sigma_2}^2}{n_2}}$

② 기각역

귀무가설	대립가설	기각역(유의수준 : α)
$H_0 : \mu_1 = \mu_2$	$H_A : \mu_1 \neq \mu_2$	$\lvert Z \rvert \geq z_{\frac{\alpha}{2}} \rightarrow H_0$ 기각
$H_0 : \mu_1 \geq \mu_2$	$H_A : \mu_1 < \mu_2$	$Z \leq -z_{\alpha} \rightarrow H_0$ 기각
$H_0 : \mu_1 \leq \mu_2$	$H_A : \mu_1 > \mu_2$	$Z \geq z_{\alpha} \rightarrow H_0$ 기각

(2) σ^2을 모르는 경우

① 대표본의 경우($n \geq 30$)

㉠ 표본 n_1, n_2의 크기가 충분히 크고 분산(σ^2)을 모르는 경우, 검정통계량의 정의는 다음과 같다.

$$Z = \frac{(\overline{X}_1 - \overline{X}_2) - \mu_o}{\sqrt{\frac{{s_1}^2}{n_1} + \frac{{s_2}^2}{n_2}}}$$

- $\mu_o = \mu_1 - \mu_2$

㉡ 기각역

귀무가설	대립가설	기각역(유의수준 : α)
$H_0 : \mu_1 = \mu_2$	$H_A : \mu_1 \neq \mu_2$	$\lvert Z \rvert \geq z_{\frac{\alpha}{2}} \rightarrow H_0$ 기각
$H_0 : \mu_1 \geq \mu_2$	$H_A : \mu_1 < \mu_2$	$Z \leq -z_\alpha \rightarrow H_0$ 기각
$H_0 : \mu_1 \leq \mu_2$	$H_A : \mu_1 > \mu_2$	$Z \geq z_\alpha \rightarrow H_0$ 기각

② 소표본의 경우($n < 30$)

㉠ 두 모집단의 분포가 정규분포를 따르며 표본이 적을 경우, 검정통계량의 정의는 다음과 같다.

$$t = \frac{(\overline{X}_1 - \overline{X}_2) - \mu_o}{s_p \sqrt{\frac{1}{n_1} + \frac{1}{n_2}}}$$

- $\mu_o = \mu_1 - \mu_2$
- $s_p = \sqrt{\frac{(n_1 - 1){s_1}^2 + (n_2 - 1){s_2}^2}{n_1 + n_2 - 2}}$

㉡ 기각역

귀무가설	대립가설	기각역(유의수준 : α)
$H_0 : \mu_1 = \mu_2$	$H_A : \mu_1 \neq \mu_2$	$\lvert T \rvert \geq t(n_1 + n_2 - 2,\ \frac{\alpha}{2}) \rightarrow H_0$ 기각
$H_0 : \mu_1 \geq \mu_2$	$H_A : \mu_1 < \mu_2$	$T \leq -t(n_1 + n_2 - 2,\ \alpha) \rightarrow H_0$ 기각
$H_0 : \mu_1 \leq \mu_2$	$H_A : \mu_1 > \mu_2$	$T \geq t(n_1 + n_2 - 2,\ \alpha) \rightarrow H_0$ 기각

02 대응모집단의 평균차의 가설검정

(1) 개념

두 모집단의 평균을 비교하고자 할 때, 두 집단이 독립이라는 가정이 성립하지 않으면 두 집단의 평균차를 t분포나 Z분포로 비교하기 어렵다. 즉, 서로 짝을 이루는 두 집단(예 동일 집단의 처리 전, 후 비교 등)의 경우 독립성이 성립하지 않으므로 이때는 대응검정으로 분석하여야 한다.

(2) 대응검정의 예시

① 치료제를 처리하기 전과 후의 약 효과의 차이 비교

② 피부 보호제 A, B의 약 효과를 알아보기 위해 오른손에는 A 약제를, 왼손에는 B 약제를 처리한 후 약제효과 비교

③ 두 가지 치료제 C, D를 비교하기 위해 일란성 쌍둥이를 대상으로 한 명에게는 치료제 C, 다른 한 명에게는 치료제 D를 투여한 후 치료효과 비교

(3) 검정통계량

$$Z=\frac{\bar{d}-\mu_o}{\frac{s_d}{\sqrt{n}}}$$

- $\mu_o=\mu_1-\mu_2$

(4) 기각역

귀무가설	대립가설	기각역(유의수준 : α)
$H_0:\mu_1-\mu_2=\mu_o$	$H_A:\mu_1-\mu_2\neq\mu_o$	$\lvert T\rvert\geq t(n-1,\ \frac{\alpha}{2})\rightarrow H_0$ 기각
$H_0:\mu_1-\mu_2\geq\mu_o$	$H_A:\mu_1-\mu_2<\mu_o$	$T\leq -t(n-1,\ \alpha)\rightarrow H_0$ 기각
$H_0:\mu_1-\mu_2\leq\mu_o$	$H_A:\mu_1-\mu_2>\mu_o$	$T\geq t(n-1,\ \alpha)\rightarrow H_0$ 기각

03 두 모집단 비율의 가설검정

최근 6년 출제 경향 : 4문제 / 2013(2), 2016(2)

(1) 검정통계량

$$Z = \frac{(\hat{p_1} - \hat{p_2}) - (p_1 - p_2)}{\sqrt{pq\left(\frac{1}{n_1} + \frac{1}{n_2}\right)}}, \quad p = \frac{n_1\hat{p_1} + n_2\hat{p_2}}{n_1 + n_2} = \frac{X_1 + X_2}{n_1 + n_2}$$

(2) 기각역

귀무가설	대립가설	기각역(유의수준 ; α)
$H_0 : p_1 - p_2 = 0$	$H_A : p_1 - p_2 \neq 0$	$\lvert Z \rvert \geq z_{\frac{\alpha}{2}} \rightarrow H_0$ 기각
$H_0 : p_1 - p_2 \geq 0$	$H_A : p_1 - p_2 < 0$	$Z \leq -z_{\alpha} \rightarrow H_0$ 기각
$H_0 : p_1 - p_2 \leq 0$	$H_A : p_1 - p_2 > 0$	$Z \geq z_{\alpha} \rightarrow H_0$ 기각

단원별 기출문제

[두 모집단 비율의 가설검정]

01 **국회의원 후보 A에 대한 청년층 지지율 p_1과 노년층 지지율 p_2의 차이 $p_1 - p_2$는 6.6%로 알려져 있다. 청년층과 노년층 각각 500명씩을 랜덤추출하여 조사하였더니, 위 지지율 차이는 3.3%로 나타났다. 지지율 차이가 줄어들었다고 할 수 있는지를 검정하기 위한 귀무가설 H_0와 대립가설 H_1은?**

2013. 3. 10 제1회, 2016. 5. 8 제2회

① $H_0 : p_1 - p_2 = 0.033$, $H_1 : p_1 - p_2 > 0.033$

② $H_0 : p_1 - p_2 > 0.033$, $H_1 : p_1 - p_2 \le 0.033$

③ $H_0 : p_1 - p_2 < 0.066$, $H_1 : p_1 - p_2 \ge 0.066$

④ $H_0 : p_1 - p_2 = 0.066$, $H_1 : p_1 - p_2 < 0.066$

tip 기존 지지율의 차가 0.066이며(귀무가설), 이보다 작다고 주장하는 가설을 대립가설로 설정하면 된다.

[두 모집단 비율의 가설검정]

02 **어느 지역 고등학교 학생 중 안경을 착용한 학생들의 비율을 추정하기 위해 이 지역 고등학생 성별 구성비에 따라 남학생 600명, 여학생 400명을 각각 무작위로 추출하여 조사하였더니 남학생 중 240명, 여학생 중 60명이 안경을 착용한다는 조사결과를 얻었다. 이 지역 전체 고등학생 중 안경을 착용한 학생들의 비율에 대한 가장 적절한 추정값은?**

2013. 8. 18 제3회

① 0.4 ② 0.3

③ 0.275 ④ 0.15

tip 합동 비율 $\hat{p} = \frac{X_1 + X_2}{n_1 + n_2} = \frac{240 + 60}{600 + 400}$

01. ④ 02. ②

[두 모집단 비율의 가설검정]

03 어느 정당에서든 새로운 정책에 대한 찬성과 반대를 남녀별로 조사하여 다음의 결과를 얻었다.

	남자	여자	합계
표본수	250	200	450
찬성자수	110	104	214

남녀별 찬성률에 차이가 있다고 볼 수 있는가에 대하여 검정할 때 검정통계량을 구하는 식은?

2016. 5. 8 제2회

① $Z=\dfrac{\dfrac{110}{250}-\dfrac{104}{200}}{\sqrt{\dfrac{214}{450}\left(1-\dfrac{214}{450}\right)\left(\dfrac{1}{250}-\dfrac{1}{200}\right)}}$

② $Z=\dfrac{\dfrac{110}{250}-\dfrac{104}{200}}{\sqrt{\dfrac{214}{450}\left(1-\dfrac{214}{450}\right)\left(\dfrac{1}{250}+\dfrac{1}{200}\right)}}$

③ $Z=\dfrac{\dfrac{110}{250}+\dfrac{104}{200}}{\sqrt{\dfrac{214}{450}\left(1-\dfrac{214}{450}\right)\left(\dfrac{1}{250}+\dfrac{1}{200}\right)}}$

④ $Z=\dfrac{\dfrac{110}{250}+\dfrac{104}{200}}{\sqrt{\dfrac{214}{450}\left(1-\dfrac{214}{450}\right)\left(\dfrac{1}{250}-\dfrac{1}{200}\right)}}$

tip $n_1=250,\ n_2=200,\ X_1=110,\ X_2=104,$

$\hat{p_1}=\dfrac{X_1}{n_1}=\dfrac{110}{250},\ \hat{p_2}=\dfrac{X_2}{n_2}=\dfrac{104}{200},\ \hat{p}=\dfrac{X_1+X_2}{n_1+n_2}=\dfrac{214}{450}$

$$Z=\frac{\hat{p_1}-\hat{p_2}}{\sqrt{\hat{p}(1-\hat{p})\left(\dfrac{1}{n_1}+\dfrac{1}{n_2}\right)}}=\frac{\dfrac{110}{250}-\dfrac{104}{200}}{\sqrt{\dfrac{214}{450}\left(1-\dfrac{214}{450}\right)\left(\dfrac{1}{250}+\dfrac{1}{200}\right)}}$$

03. ②

05 출제예상문제

01 평균이 μ이고 분산이 $\sigma^2 = 9$인 정규모집단에서 크기가 100인 확률표본에서 얻은 표본평균 $\overline{X}$를 이용하여 가설 $H_0 : \mu = 0$, $H_1 : \mu \geq 0$을 유의수준 0.05로 검정하는 경우 기각역 $Z \geq 1.645$일 때 검정통계량 Z에 해당하는 것은?

① $\dfrac{100\overline{X}}{9}$ ② $\dfrac{100\overline{X}}{3}$

③ $\dfrac{10\overline{X}}{9}$ ④ $\dfrac{10\overline{X}}{3}$

tip $Z = \dfrac{\overline{X} - \mu_0}{\dfrac{\sigma}{\sqrt{n}}} = \dfrac{(\overline{X} - 0)}{\left(\dfrac{3}{\sqrt{100}}\right)} = \dfrac{10\overline{X}}{3}$

02 정규분포를 따르는 어떤 집단의 모평균이 10인지를 검정하기 위하여 크기가 25인 표본을 추출하여 관찰한 자료의 표본평균은 9, 표본표분편차는 2.5이었다. t 검정통계량의 자유도는 얼마인가?

① 24 ② 25

③ 26 ④ 27

tip t 통계량의 자유도는 (표본수 − 1)이다.

03 가설검증에서 제1종 오류를 범할 확률을 무엇이라고 하는가?

① 유의수준 ② 유의확률(p값)

③ 오차한계 ④ 신뢰수준

tip 유의수준(α)이란 제1종 오류를 범할 확률을 말한다.

01. ④ 02. ① 03. ①

04 통계적 가설검증을 실시할 때 유의수준과 오류의 발생확률과의 관계에 대해서 잘못 서술한 것은?

① 가설검증에서 유의수준이란 제1종 오류를 범할 때 최대허용오차이다.

② 유의수준을 감소시키면(예를 들어 0.05에서 0.01로) 제2종 오류의 확률 역시 감소한다.

③ 제2종 오류의 확률, 즉 거짓인 귀무가설을 받아들인 확률은 쉽게 결정할 수 없다.

④ 유의수준은 표본의 결과가 모집단의 성질을 반영하는 것이 아니라 표본의 특성에 따라 나타날 확률의 범위이다.

tip ② 유의수준을 감소시키면 제2종 오류, 즉 잘못된 귀무가설을 채택할 확률이 증가한다.

05 '남녀 월급액수에는 차이가 있다'라는 주장을 검증하기 위하여 사회조사를 실시하였다. 조사결과 남자집단의 평균액수는 μ_1, 여자집단의 평균액수는 μ_2라고 한다면 귀무가설은?

① $\mu_1 > \mu_2$　　② $\mu_1 = \mu_2$

③ $\mu_1 < \mu_2$　　④ $\mu_1 \neq \mu_2$

tip 귀무가설은 '아무런 차이 없음' 또는 '전혀 효과 없음'의 내용을 의미하며, 대립가설은 '차이 있음' 또는 '있음'의 내용을 의미한다.

06 만일 자료에서 모평균 μ에 대한 95%의 신뢰구간이(−0.042, 0.522)로 나왔다면, 이 유의수준 0.05에서 귀무가설 $H_0 : \mu = 0$일 때 대립가설 $H_1 : \mu \neq 0$의 검증결과는 어떻게 해석할 수 있는가?

① 신뢰구간과 가설검증은 무관하기 때문에 신뢰구간을 기초로 검증에 대한 어떠한 결론도 내릴 수 없다.

② 신뢰구간이 0을 포함하기 때문에 귀무가설을 기각할 수 없다.

③ 신뢰구간의 상한이 0.522로 0보다 상당히 크기 때문에 귀무가설을 기각한다.

④ 신뢰구간을 계산할 때 표준정규분포의 임계값을 사용했는지, 또는 t 분포의 임계값을 사용했는지에 따라 해석이 다르다.

tip 신뢰구간이 0을 포함한다는 것은 95% 신뢰구간 안에 포함된다는 뜻이다.

04. ②　05. ②　06. ②

07 다음 중 가설검정의 경우에 단측검정과 양측검정의 판별기준으로 옳은 것은?

① 가설의 비교기준의 합리성　② 가설의 비교기준의 단순성
③ 가설의 비교기준의 절대성　④ 가설의 비교기준의 명확성

tip 가설검정은 기각역의 형태에 따라 단측검정과 양측검정으로, 모집단의 형태에 따라 단순검정과 복합검정으로 구분된다.

08 다음 표본통계량을 이용하여 가설을 검증할 경우에 대한 설명으로 옳지 않은 것은?

① 표본평균이 기각영역 내에 위치하면 귀무가설을 기각하게 된다.
② 제1종 오류를 범할 가능성이 유의수준보다 작을 경우 귀무가설을 받아들인다.
③ 표본평균값이 증가함에 따라 대립가설을 받아들일 가능성이 높아진다.
④ 한계치를 구하는 계산에서 정규분포 Z값 대신 t값을 사용한 것은 모집단의 표준편차를 알 수 없기 때문이다.

tip ② 제1종 오류를 범할 가능성이 유의수준보다 작은 경우에는 귀무가설을 기각하고 큰 경우에는 귀무가설을 받아들인다.

09 다음 가설검정 중 틀린 귀무가설을 받아들이는 것을 무슨 오류라 하는가?

① 제1종 오류　② 제2종 오류
③ 제3종 오류　④ 제4종 오류

tip ② β오류라고도 하며 귀무가설을 기각하고 대립가설을 채택하는 제1종 오류와 반대성격을 갖는다.

10 다음 중 귀무가설에 대한 설명으로 옳지 않은 것은?

① 미지의 모집단 특성에 관한 것이다.
② 귀무가설을 기각하게 하는 검정통계량을 기각역이라 한다.
③ 귀무가설의 값이 참일 경우 이를 기각할 확률의 최대치를 유의수준이라 한다.
④ 귀무가설의 검정방법은 유의수준과 검정통계량에 의해 결정된다.

tip ④ 검정통계량과 기각역에 의하여 결정된다.

07. ④　08. ②　09. ②　10. ④

11 **다음 중 T-Test와 Z-Test의 설명으로 옳지 않은 것은?**

① T-Test는 표본평균이 세 개 이상일 경우에 이용이 가능하다.
② Z-Test는 모집단의 분산을 알 경우에 이용한다.
③ 일반적으로 마케팅조사에서는 T-Test를 이용한다.
④ Z-Test는 표본의 수가 30개 이상으로 정규분포를 예측할 수 있을 때 이용한다.

tip ① T-Test는 두 개의 표본평균 간의 차를 검정할 때 이용하는 것으로 세 개 이상일 경우 이용할 수 없다.

12 **다음 중 가설설정시 유의해야 할 사항으로 옳지 않은 것은?**

① 두 가설은 미지의 모집단 특성에 관한 것이어야 한다.
② 귀무가설은 자료에 의해 정확히 옳지 않다고 판명될 때까지는 올바른 주장이라 가정한다.
③ 두 가설은 모집단이 취할 수 있는 모든 가능한 값을 포함해야 한다.
④ 두 가설은 상호보완적 관계로 동시에 관리할 수 있다.

tip ④ 두 가설은 하나의 가설을 받아들일 경우 다른 가설은 받아들일 수 없다.

13 **다음 7개 변량의 표본평균은 11.0, 표준편차는 1.5이다. 5% 유의수준으로 그 모집단의 평균이 18이라는 가설은 어떻게 되겠는가? (단, $t_{0.025}(6) = 2.447$)**

① 가설은 채택된다.
② 가설은 기각할 수 없다.
③ 가설은 기각된다.
④ 가설은 채택도 기각도 할 수 없다.

tip $\overline{X} \pm t_{\frac{\alpha}{2}} \frac{S}{\sqrt{n}} = 11 \pm 2.145 \times 1.5$

$= 7.78 \sim 14.21$

신뢰구간 내에 속하지 않으므로 기각된다.

14 **통계적 가설 검정 시 가설의 기각유무 판단에 사용되는 통계량은?**

① 일치통계량
② 검정통계량
③ 추측통계량
④ 불편통계량

tip 가설 검정 시 사용하는 통계량을 검정통계량이다.

11. ① 12. ④ 13. ③ 14. ②

15 **다음은 가설검정의 순서를 나타낸 것이다. 빈칸에 알맞은 것은?**

> ㉮ 귀무가설과 대립가설을 세운다. → ㉯ 유의수준을 설정한다. → ㉰ (　　　　　　)
> → ㉱ 기각역을 구한 후 판정한다.

① 제2종 과오 β를 설정한다.
② 표본수 n을 결정한다.
③ 가설을 기각한다.
④ 검정통계량을 계산한다.

tip 유의수준을 설정한 후 검정통계량을 계산하여 기각역에 속하면 귀무가설을 기각한다.

16 **다음 설명 중 맞지 않는 것은?**

① 귀무가설과 대립가설 중 어느 하나를 택하는데 사용되는 표본통계량을 검정 통계량이라 한다.
② 제2종 과오를 범할 확률을 β라 할 때, $1-\beta$를 검정력이라 한다.
③ 표본분산 $s^2 = \dfrac{1}{n}\sum_{i=1}^{n}(X_i - \overline{X})^2$은 모분산 σ^2의 불편추정량이다.
④ 표본평균 $\overline{X}$는 모평균의 불편추정량이며, 일치추정량이다.

tip 모분산 σ^2의 불편추정량은 $s^2 = \dfrac{1}{n-1}\sum_{i=1}^{n}(X_i - \overline{X})^2$이다.

17 **귀무가설 H_0 : $\mu = 300$(kg), 대립가설 H_1 : $\mu \neq 300$(kg)일 때, $|Z_0|$값이 4.0이 나왔다면 유의수준 $\alpha = 0.05$로써 H_0 : $\mu = 300$(kg)라고 할 수 있는가?**

① 할 수 있다.
② 할 수 없다
③ 판정보류
④ 알 수 없다.

tip $|Z_0|=4.0 > Z_{\alpha/2}=1.96$ 이므로 H_0 기각한다.

15. ④ 16. ③ 17. ②

18 검정통계량 t_0 의 값이 다음과 같을 때, 귀무가설 $H_0 : \mu = \mu_0$ 의 채택, 또는 기각 여부를 판정한다면 어떻게 되겠는가?

$$|t_0| < t_{(n-1,\ \alpha/2)}$$

① 귀무가설기각
② 귀무가설 채택
③ 판정보류
④ 알 수 없다.

tip 검정통계량 값이 임계치보다 작으면 $|t_0| < t_{(n-1,\ \alpha/2)}$, H_0 채택된다.

19 다음과 같은 가설이 있다면 이 가설에 대한 채택 또는 기각 여부를 설명한 것 중 틀린 것은?

$$H_0 : \mu = 50,\ H_1 : \mu \neq 50$$

① 검정통계량이 $|Z_0| < Z_{0.025}$ 일 경우 귀무가설 채택
② 검정통계량이 $|Z_0| > Z_{0.025}$ 일 경우 귀무가설 기각
③ 검정통계량이 $|t_0| < t_{(n-1, 0.025)}$ 일 경우 귀무가설 채택
④ 검정통계량이 $|t_0| > t_{(n-1, 0.025)}$ 일 경우 귀무가설 채택

tip 검정통계량 값이 임계치보다 크면 H_0 기각한다.

20 아래 내용에 대한 가설형태는?

> 기존의 진통제는 진통효과가 나타나는 시간이 평균 30분이고 표준편차는 5분이라고 한다. 새로운 진통제를 개발하였는데, 개발팀은 이 진통제의 진통효과가 30분 미만이라고 주장한다.

① $H_0 : \mu < 30,\ H_1 : \mu > 30$
② $H_0 : \mu = 30,\ H_1 : \mu < 30$
③ $H_0 : \mu > 30,\ H_0 : \mu = 30$
④ $H_0 : \mu = 30,\ H_1 : \mu \neq 30$

tip 분석자가 증명하고자 하는 가설을 대립가설(H_1)로 설정한다.

18. ② 19. ④ 20. ②

21 **독립인 두 그룹의 평균비교에 있어서 모분산을 모른다고 할 때, 먼저 실시해야 하는 검정은?**

① Z검정 ② C-검정
③ T검정 ④ F검정

tip 독립표본 T-검정 시 두 그룹의 분산 비 검정에 따라 검정통계량이 다르게 되며, 두 그룹의 분산 비 검정은 F-검정이다.

22 **다음 중 종속인 표본이라고 볼 수 있는 것은?**

① 헬스클럽 회원을 대상으로한 다이어트 효과의 검토
② 두 개의 편의점 간 매상의 비교
③ 국가간 TOEIC성적 비교
④ 두 반의 자율학습 효과 비교

tip 종속인 표본은 대응표본이라고도 하는데, 한 개체나 사람이 두 번 측정하게 되며, 다이어트 효과를 검토할 때, 다이어트 전과 후 몸무게를 측정하게 된다.

23 **독립인 두 그룹의 평균비교에 있어서 한 그룹의 표본수는 20이고 다른 한 그룹의 표본수는 25일 때, t검정을 사용하고 모분산이 같다고 가정하다면 자유도는?**

① 19 ② 20
③ 38 ④ 43

tip 독립인 두 그룹의 평균비교 시 모분산이 같은 경우 T-검정의 자유도는 n_1+n_2-2이다.

24 **정규분포를 따르는 집단의 모평균의 값에 대하여 $H_0: \mu=50$ VS $H_1: \mu \neq 50$을 세우고 표본 100개의 평균을 구한 결과 $\bar{x}=49.02$를 얻었다. 모집단의 표준편차가 5라면 유의확률은 얼마인가? (단, $P(Z \leq -1.96)=0.025$, $P(Z \leq -1.645)=0.05$)**

① 0.025 ② 0.05
③ 0.95 ④ 0.975

tip 양측검정이며, 유의확률은 $2 \times P(Z < z_0)$

$$z_0 = \frac{\bar{x}-\mu_0}{\sigma/\sqrt{n}} = \frac{49.02-50}{5/\sqrt{100}} = -1.96 \rightarrow 0.025$$

21. ④ 22. ① 23. ④ 24. ①

25 **다음 중 t검정을 사용하는 경우가 아닌 것은?**

① 회귀계수의 유의성 검정
② 평균검정
③ 최소유의차 검정
④ 중위수 검정

tip 평균에 관한 검정(일표본, 독립표본, 대응표본 검정), 회귀계수 검정, 분산분석의 다중비교 중 최소유의차 검정(LSD)의 검정통계량은 T-분포를 사용한다.

26 **다음 중 Z검정을 사용해야 하는 경우가 아닌 것은?**

① 모비율차에 대한 검정
② 대표본의 평균검정
③ 분산의 동질성 검정
④ 두 그룹간의 평균차 검정(모분산을 아는 경우)

tip 분산의 동질성 검정은 F-검정이다.

27 **운전자에게 의무적으로 안전띠(seat belt)를 매도록 한 정책이 교통사고로 인한 사망률을 줄이려는 정책목표에 어느 정도 기여했는가를 밝히기 위하여, 정책실시 사전적 시점과 사후적 시점에서 일정한 기간동안 매일 발생한 사망자수를 조사하였다. 어떤 분석방법이 적절한가?**

① 대응표본 t-검증
② 상관관계분석
③ 요인분석
④ ANOVA

tip 대응표본은 효과 전과 후를 측정하며 그 차이분석은 대응표본 t-검증이다.

25. ④ 26. ③ 27. ①

28 공무원교육원에서 계량분석에 관한 교육을 실시하였다. 교육실시 전과 후에 계량분석의 활용에 대한 이해력에 유의미한 차이가 있는가를 알아보기 위하여 다음과 같은 자료를 수집하였다. 어떤 통계분석방법이 적절한가?

교육 실시 전	교육 실시 후	교육 실시 전	교육 실시 후	교육 실시 전	교육 실시 후	교육 실시 전	교육 실시 후
65	78	83	95	71	87	86	90
72	80	58	67	58	65	70	80
64	65	65	75	75	83	73	80
62	63	68	65	58	75	71	65
62	58	60	56	86	95	74	72
58	62	76	74	64	70	78	90

① 회귀분석
② ANOVA
③ 대응표본 t-검증
④ 요인분석

tip 교육 실시 전과 후를 측정하였으며 그 차이분석은 대응표본 t-검증이다.

29 대구지역 주민과 경북지역 주민의 평균 소득을 가지고 가설검정을 실시하고자 한다. 가설 설정에서 잘못된 것은?

① 귀무가설 : 대구지역 주민과 경북지역 주민의 평균 소득은 같다.
② 귀무가설 : 대구지역 주민보다 경북지역 주민의 평균 소득이 낮다.
③ 대립가설 : 대구지역 주민과 경북지역 주민의 평균 소득은 같지 않다.
④ 대립가설 : 대구지역 주민보다 경북지역 주민의 평균 소득이 낮다.

tip 귀무가설 설정 시 무조건 $=$이 필요하며, 대립가설은 $\neq$, $>$, $<$이 필요하다.

28. ③ 29. ②

30 **토익 특강을 실시하기 전에 학생의 토익성적을 조사하고 특강 실시 후 토익성적을 조사하여 특강이 일정한 효과를 얻었는지 분석하고자 하는 경우 적절한 분석 방법은?**

① 일표본 T검증
② 집단별 평균분석
③ 독립표본 T검증
④ 대응표본 T검증

tip 토익 특강 실시 전과 후를 측정하였으며 그 차이 즉 효과를 알아보기 위해 대응표본 t-검증을 실시하여야 한다.

31 **어떤 회사의 직원의 월평균 매출이 12억 원이었다. 올해에는 그 보다 많을 것이라고 생각하여 임의로 400명을 골라 조사해보니, 평균이 12.9억 원, 표준편차 10억 원이었다. 매출이 12억보다 많을 것이라는 주장을 유의수준 5%에서 검정하고자 한다. 이 경우 가설검정에 적당한 방법은?**

① Z-분포표 이용, 양측검정
② Z-분포표 이용, 단측검정
③ t-분포표 이용, 양측검정
④ t-분포표 이용, 단측검정

tip 표본 수가 30 이상이므로 중심극한정리에 의해 정규분포를 사용할 수 있으며, 주장하고 싶은 것은 매출이 12억 이상 즉 대립가설은 $H_1 : \mu > 12$이므로 단측검정이다.

32 **다음 설명 중 올바른 것은?**

① 귀무가설이 진이 아닌데 귀무가설을 받아들이는 경우는 제2종 오류이다.
② 귀무가설이 진인데 귀무가설을 기각하는 경우는 제2종 오류이다.
③ 귀무가설이 진이 아닌데 귀무가설을 기각하지 못하는 경우는 제1종 오류이다.
④ 귀무가설이 진인데 귀무가설을 받아들이는 경우는 제1종 오류이다.

tip 귀무가설이 진인데 귀무가설을 기각하는 경우 제1종 오류이며, 귀무가설이 진이 아닌데 귀무가설을 채택하는 경우 제2종 오류이다.

30. ④ 31. ② 32. ①

33 **노동자들의 봉급이 성별에 따라 유의미한 차이가 있는가를 알아보기 위해서는 어떤 통계분석기법이 적절한가?**

① ANOVA ② 상관관계분석
③ t-검증 ④ 판별분석

tip 두 집단의 평균 차이를 알아보는 분석 방법은 독립표본 t-검정이다.

33. ③

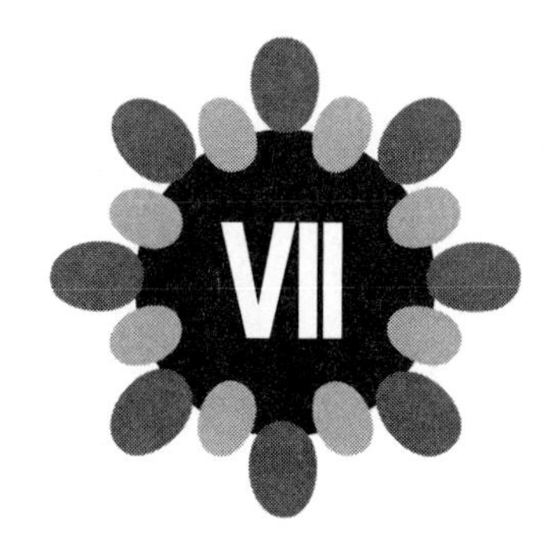

(범주형 자료) 빈도분석

01 빈도분석

01 빈도분석의 의의

빈도분석을 실시할 때, 통계량은 빈도, 상대도수, 누적상대도수 등이 있으며, 그 결과는 막대그래프나 원도표 등으로 도식화시킬 수도 있다.

02 빈도분석의 자료 형태

명목척도 또는 순서척도(범주형)

예 • 당신의 성별은?	
① 남	② 여
• 당신의 나이는?	
① 만 20세 미만	② 만 20세 - 24세 미만
③ 24세 - 28세 미만	④ 만 28세 - 32세 미만
⑤ 32세 - 36세 미만	⑥ 만 36세 - 40세 미만
⑦ 40세 - 44세 미만	⑧ 만 44세 이상

적합도 검정

01 적합도 검정의 의의

① 목적 … 어떤 확률변수가 가정한 분포를 따르는지의 여부를 표본 자료를 이용하여 검정하는 것

② 가설

㉠ 귀무가설 H_0 : 확률변수 X가 특정한 분포를 따른다.

㉡ 대립가설 H_1 : 확률변수 X가 특정한 분포를 따르지 않는다.

㉢ 유의수준 0.05에서 $p > 0.05$이면 대립가설을 기각하게 되어, 확률변수 X가 특정한 분포를 따른다고 해석할 수 있다.

02 적합도 검정 방법

최근 6년 출제 경향 : 5문제 / 2013(1), 2014(2), 2015(1), 2016(1)

(1) 적합도 검정의 원리

① 빈도표

범주	1	2	3	…	J
관측빈도수	O_1	O_2	O_3	…	O_J
기대빈도수	E_1	E_2	E_3	…	E_J

$O_j(j=1, 2, \cdots, J)$: 관측된 확률변수의 빈도수

$E_j(j=1, 2, \cdots, J)$: J개의 범주에 대한 기대빈도수

② 검정통계량

$$\chi^2 = \sum_{j=1}^{J} \frac{(O_j - E_j)^2}{E_j} \sim app\ \chi^2_{(J-1)}$$

(2) 예제

어떤 주사위가 공정하다는 가설을 검정하고자 한다. p_i를 i번째 면이 나타날 확률이라 할 때 실제 주사위를 던졌을 때 다음과 같이 나왔다. 유의수준 0.01에서 공정한지 검정하시오.

범주(주사위의 눈)	1	2	3	4	5	6	합계
관측빈도수(O_j)	4	7	8	13	11	5	48
기대빈도수(E_j)	8	8	8	8	8	8	48

(풀이)

㉠ 가설검정

$H_0 : p_i = \frac{1}{6}$, i=1, 2, …, 6

H_1 : 최소한 한 개는 $p_i \neq \frac{1}{6}$

㉡ 검정통계량 계산

각 기대빈도수는 $n \times p_i = 48 \times \frac{1}{6} = 8$

$$\begin{aligned}\chi^2 &= \sum_{i=1}^{6} \frac{(O_i - 8)^2}{8} \\ &= \frac{1}{8}\{(4-8)^2 + (7-8)^2 + (8-8)^2 + (13-8)^2 + (11-8)^2 + (5-8)^2\} \\ &= \frac{1}{8}(16 + 1 + 25 + 9 + 9) = \frac{60}{8} = 7.5\end{aligned}$$

$P(x_5{}^2 > 6.63) = 0.25 > P(x_5{}^2 > 7.5) > P(x_5{}^2 > 9.24) = 0.1 > \alpha = 0.01$

따라서 $P(x_5{}^2 > 7.5) > 0.1$이므로 유의수준(α) 0.01에서 주사위의 발생확률은 같다고 할 수 있다. 즉, 이 주사위는 공정하다고 할 수 있다.

단원별 기출문제

[적합도]

01 작년도 자료에 의하면 어느 대학교의 도서관에서 도서를 대출한 학부 학생들의 학년별 구성비는 1학년 12%, 2학년 20%, 3학년 33%, 4학년 35%였다. 올해 이 도서관에서 도서를 대출한 학부 학생들의 학년별 구성비가 작년도와 차이가 있는가를 분석하기 위해 학부생 도서대출자 400명을 랜덤하게 추출하여 학생들의 학년별 도수를 조사하였다. 이 자료를 갖고 통계적인 분석을 하는 경우 사용하게 되는 검정 통계량은?

2013. 3. 10 제1회

① 자유도가 4인 카이제곱 검정통계량
② 자유도가 (3, 396)인 F-검정통계량
③ 자유도가 (1, 398)인 F-검정통계량
④ 자유도가 3인 카이제곱 검정통계량

tip 적합도 검정으로 χ^2-검정이며 자유도는 $4(범주수)-1=3$

[적합도]

02 결혼시기가 계절(봄, 여름, 가을, 겨울)별로 동일한 비율인지를 검정하려고 신혼부부 200쌍을 조사하였다. 가장 적합한 가설검정 방법은?

2014. 8. 17 제3회

① 카이제곱 적합도 검정
② 카이제곱 독립성 검정
③ 카이제곱 동질성 검정
④ 피어슨 상관계수 검정

tip 범주형 자료 비율의 적합도 검정 … 카이제곱
※ 카이제곱 적합도 검정 … 한 모집단 내에 하나의 범주형 변수를 가진 경우에 사용하며, 표준자료가 가정한 분포와 일치하는지를 결정한다.

01. ④ 02. ①

[적합도]

03 **다음은 어느 공장의 요일에 따른 직원들의 지각 건수이다. 지각 건수가 요일별로 동일한 비율인지 알아보기 위해 카이제곱(χ^2)검정을 실시할 경우, 이 자료에서 χ^2값은 얼마인가?**

2014. 8. 17 제3회

요일	월	화	수	목	금	합계
지각횟수	65	43	48	41	73	270

① 14.96
② 16.96
③ 18.96
④ 20.96

tip 카이제곱의 적합도 검정

$$\sum_{i=1}^{5}\frac{(O_i-e_i)^2}{e_i}=\frac{(65-54)^2}{54}+\frac{(43-54)^2}{54}+\frac{(48-54)^2}{54}+\frac{(41-54)^2}{54}+\frac{(73-54)^2}{54}$$

$$=\frac{808}{54}=14.962$$

[적합도]

04 **6면 주사위의 각 눈이 나타날 확률이 동일한지를 알아보기 위하여 주사위를 60번 던진 결과가 다음과 같다. 다음 설명 중 잘못된 것은?**

2015. 5. 31 제2회

눈	1	2	3	4	5	6
관측도수	10	12	10	8	10	10

① 귀무가설은 "각 눈이 나올 확률은 1/6이다"이다.
② 카이제곱 동질성검정을 이용한다.
③ 귀무가설하에서 각 눈이 나올 기대도수는 10이다.
④ 카이제곱 검정통계량 값은 0.8이다.

tip 주사위를 활용해 나온 실험에서 검정은 적합성검정에 속한다.

02. ① 04. ②

[적합도]

05 주사위를 120번 던져서 나타난 눈의 수를 관측한 결과가 다음과 같았다.

눈의 수	1	2	3	4	5	6
관측도수	18	23	16	21	18	24

이 주사위가 공정한 주사위인가를 검정하기 위한 검정통계량의 값을 구하면?

2016. 5. 8 제2회

① 0
② 0.125
③ 2.0
④ 2.5

	1	2	3	4	5	6	합계
관찰도수	18	23	16	21	18	24	120
기대도수	20	20	20	20	20	20	120
(관찰도수 − 기대도수)²	4	9	16	1	4	16	50
(관찰도수 − 기대도수)² / 기대도수	$\frac{4}{20}$	$\frac{9}{20}$	$\frac{16}{20}$	$\frac{1}{20}$	$\frac{4}{20}$	$\frac{16}{20}$	$\frac{50}{20}=2.5$

05. ④

교차분석

분할표(contingency table)

최근 6년 출제 경향 : 8문제 / 2012(2), 2014(1), 2015(3), 2016(1), 2017(1)

(1) 분할표의 개념

변수의 속성에 의하여 구분된 각 칸에 두 개 또는 그 이상의 변수에 대한 분포현황을 나타내 주는 빈도표이다.

(2) 분할계수

분할표의 2개의 분류변수 간의 관계 또는 상관정도를 나타내주는 상수이다.

02 카이제곱분포

(1) 의의

① 카이제곱통계량이나 χ^2 통계량의 값이 유의한지 여부를 결정하는 분석 방법이다.

② 1990년경 Pearson에 의해 개발되었으며 이 분포는 통계분할분표분석에 매우 유용하게 사용되고 있다.

(2) Pearson의 분할계수

① 분할계수

$$p=\sqrt{\frac{\chi^2}{\chi^2+n}}$$ (χ^2 : 계산된 χ^2 −통계량값, n : 표본의 크기)

② Pearson 분할계수의 성질

㉠ 분할계수값의 범위는 $0 \le p \le 1$이다.

㉡ p값이 커질수록 상관의 정도도 커진다.

㉢ p값의 최대극한값은 변수의 분류수에 따라 달라진다.

(3) 연관성 계수

① 율의 Q

2×2 통계분할표에서 두 변수 간의 연관성을 측정하기 위한 지표로 사용되며 교차곱비율 또는 승산비율 α로 정의한다.

A회사의 입사시험자료에서 성별과 합격여부의 연관성을 알아보기 위해 작성한 통계분할표의 실제 관찰도수라 하고 $ad=bc$, $(ad/bc)=1$, $ad-bc=0$일 때

	합격	불합격	계
남	a	b	$a+b$
여	c	d	$c+d$
계	$a+c$	$b+d$	$a+b+c+d$

$\alpha=\dfrac{ad}{bc}$이면, $Q=\dfrac{\alpha-1}{\alpha+1}=\dfrac{ad-bc}{ad+bc}$로 정의된다.

$\alpha=1$이면 두 변수는 독립적이며, $\alpha \neq 1$이면 두 변수는 서로 연관되어 있음을 나타낸다.

율의 Q에 대한 분산 $=\dfrac{1}{4}(1-Q^2)\left(\dfrac{1}{a}+\dfrac{1}{b}+\dfrac{1}{c}+\dfrac{1}{d}\right)$

$$Z값 = \frac{Q}{\sqrt{\frac{1}{4}(1-Q^2)\left(\frac{1}{a}+\frac{1}{b}+\frac{1}{c}+\frac{1}{d}\right)}}$$

Z값이 유의수준의 정규분포 검정치보다 작을 경우 Q가 0이라는 귀무가설을 기각할 수 없다.

② 파이계수(ϕ)

율의 Q와 같이 비서열적인 두 변수 간의 연관성을 나타내는 계수로,

파이계수$(\phi)=\dfrac{ad-bc}{\sqrt{(a+b)(c+d)(a+c)(b+d)}}$로 정의된다.

③ 율의 Q와 파이계수(ϕ)의 성질

㉠ -1과 $+1$ 사이의 값을 가진다.

㉡ 두 변수가 서로 독립이면 0의 값을 가진다.

㉢ 두 변수가 완전히 연관성을 가질 때 -1이나 $+1$을 가진다.

(4) 특성

① 명목척도들 간의 측정된 변수들 사이의 관계를 분석하고자 할 때 이용한다.

② 관찰도수와 기대도수의 차이를 평가하기 위한 검정통계량이다.

③ 몇 개의 카테고리를 갖고 있는 자료들의 동질성 등을 검정할 때 이용한다.

④ 통계분할표에서 변수들 간의 연관성을 검정하는 가장 일반적인 형태이다.

⑤ 통계분할표분석 뿐만 아니라 모형의 적합도 검정에도 사용한다.

03 카이제곱검정

최근 6년 출제 경향 : 20문제 / 2012(3), 2013(1), 2014(6), 2015(4), 2016(4) 2017(2)

(1) 2×2 교차분석

① 개념 … 각 변수가 두 개의 속성만을 가질 때 작성되는 분할표이다.

② χ^2 분포가 이산형이므로 연속성 수정이 통계 검정량에 적용된다.

③ 2×2 분할표의 연관성 분석방법으로 연관성 계수를 이용한다.

④ 2×2 분할표의 행과 열의 수가 항상 2이므로 자유도는 언제나 1이다.

(2) $r \times c$ 교차분석

① 개념 … 2×2 분할표의 변형된 형태로 각 변수의 범주가 둘 이상으로 확장되었을 때 작성된다.

② 내용

㉠ $r \times c$ 분할표 검정에는 χ^2 분포가 적용된다.

㉡ 자유도는 (행의 수-1)(열의 수-1), 즉 $(r-1)(c-1)$로 표시한다.

(3) 독립성 검정

① 가설

㉠ 귀무가설 H_0 : 두 변수가 관계가 없다.(독립)

㉡ 대립가설 H_1 : 두 변수가 관계가 있다.(독립이 아니다)

② 분할표 ··· 두 변수를 각각 r개와 c개를 분할해 각 칸에 관측수를 나타낸 표

	1	2	···	c	합계
1	O_{11}	O_{21}	···	O_{c1}	$O_{\cdot 1}$
2	O_{12}	O_{22}	···	O_{c2}	$O_{\cdot 2}$
⋮	⋮	⋮		⋮	⋮
r	O_{1r}	O_{2r}	···	O_{rc}	$O_{\cdot r}$
합계	$O_{1\cdot}$	$O_{2\cdot}$	···	$O_{c\cdot}$	$O_{\cdot\cdot}$

$O_{ij}(i=1,\ 2,\ \cdots\ r,\ j=1,\ 2,\ \cdots,\ c)$: 두 범주형 변수의 범주에 관측빈도

$E_{ij}(i=1,\ 2,\ \cdots\ r,\ j=1,\ 2,\ \cdots,\ c)$: 두 범주형 변수의 범주의 기대빈도

③ 독립성 검정의 기대빈도

$$E_{ij} = \frac{O_{i.}\ O_{.j}}{O_{...}}$$

④ 검정통계량

$$\chi^2 = \sum_{i=1}^{r}\sum_{j=1}^{c}\frac{(O_{ij}-E_{ij})^2}{E_{ij}} \sim app \quad \chi^2_{(r-1)(c-1)}$$

단, $E_{ij} \geq 5$ 인 조건을 만족하는 경우 H_0 하에서 χ^2분포를 한다.

⑤ 독립성 검정의 예제

대통령 선거에서 사람들의 교육수준과 투표참여도 사이에 어떠한 관계가 있는지를 살펴보고자 유권자 150명을 무작위로 추출하여 조사한 자료가 다음 표에 정리되어 있다.

교육수준	투표참여 여부				합계
	예		아니오		
고졸이하	10	14	20	16	30
고졸	30	33	40	37	70
대졸	30	23	20	27	50
합계	70		80		150

유의수준 1%에서 교육수준과 투표참여도 사이에 관계가 있는지를 검정하라.

〈해설〉

㉠ H_0 : 교육수준과 투표참여도 사이에는 관계가 없다.(독립)

H_1 : 교육수준과 투표참여도 사이에는 관계가 있다.

㉡ $\alpha = 0.01$

㉢ $\chi^2 = \sum_{i=1}^{2}\sum_{j=1}^{3}\frac{(O_{ij}-E_{ij})^2}{E_{ij}} = 6.59$

㉣ $df = (3-1)\times(2-1) = 2$, $\chi^2 = 6.59 < \chi^2_{(2,\ 0.01)}$

㉤ H_0 채택임으로 유의수준 0.01에서 교육수준과 투표참여에는 관계가 없다고 할 수 있다.

(4) 동일성 검정

① 가설

㉠ 귀무가설 H_0 : 각 분포는 동일하다.

㉡ 대립가설 H_1 : $not\ H_0$

② 분할표, 기대빈도, 검정통계량 모두 독립성 검정과 동일

③ 동일성 검정의 예제

A, B, C의 3지구의 표본세대의 소득분포를 조사하여 다음 표를 얻었다. 3지구에 소득분포의 차이가 인정되는가?

지구명 \ 소득계층	1~3만원		3~5만원		5~15만원		합계
A	160	186	185	162	42	39	387
B	95	88	70	77	18	18	183
C	64	45	22	38	6	9	92
합계	319		277		66		662

유의수준 5%에서 검정하라.

〈해설〉

㉠ H_0 : 세 지역의 소득분포는 같다.

H_1 : 세 지역의 소득분포는 다르다.

㉡ $\alpha = 0.05$

㉢ $df = (3-1) \times (3-1) = 4$, $X^2(4,\ 0.05) = 9.488$

㉣ $X^2 = 25.821 > X^2_{(4,\,0.05)}$

㉤ H_0 기각임으로, 유의수준 0.05에서 지역에 따라 소득분포는 다르다고 할 수 있다.

단원별 기출문제

[분할표]

01 **행 변수가 M개의 범주를 갖고 열 변수가 N개의 범주를 갖는 분할표에서 행 변수와 열 변수가 서로 독립인지를 검정하고자 한다. $(i,\ j)$ 셀의 관측도수를 O_{ij}, 귀무가설 하에서의 기대도수의 추정치를 $\widehat{E_{ij}}$라 할 때, 이 검정을 위한 검정통계량은?**

2012. 3. 4 제1회, 2012. 8. 26 제3회, 2014. 5. 25 제2회, 2015. 8. 16 제3회, 2016. 3. 6 제1회, 2017. 3. 5 제1회

① $\sum_{i=1}^{M}\sum_{j=1}^{N}\frac{(O_{ij}-\widehat{E_{ij}})^2}{O_{ij}}$

② $\sum_{i=1}^{M}\sum_{j=1}^{N}\frac{(O_{ij}-\widehat{E_{ij}})^2}{\widehat{E_{ij}}}$

③ $\sum_{i=1}^{M}\sum_{j=1}^{N}\frac{(O_{ij}-\widehat{E_{ij}})}{O_{ij}}$

④ $\sum_{i=1}^{M}\sum_{j=1}^{N}\frac{(O_{ij}-\widehat{E_{ij}})}{\sqrt{n\widehat{E_{ij}}O_{ij}}}$

tip 위 교차분석(분할표 분석)의 검정통계량은 $\sum_{i=1}^{M}\sum_{j=1}^{N}\frac{(O_{ij}-\widehat{E_{ij}})^2}{\widehat{E_{ij}}}$ 이다.

[분할표]

02 **2차원 교차표에서 행 변수의 범주 수는 5이고, 열 변수의 범주 수는 4개이다. 두 변수 간의 독립성 검정에 사용되는 검정통계량의 분포는?**

2015. 3. 8 제1회

① 자유도 9인 카이제곱 분포

② 자유도 12인 카이제곱 분포

③ 자유도 9인 t분포

④ 자유도 12인 t분포

tip 2차 교차표에서 독립성 검정을 위해 통계량 $x^2(n_1-1)\times(n_2-1)$로 결정되어지기 때문에 $x^2(4\times3)=x^2(12)$로 결정하게 된다.

01. ② 02. ②

[분할표]

03 두 명목범주형 변수 사이의 연관성을 보고자 할 때 가장 적합한 것은?

2015. 8. 16 제3회

① 피어슨 상관계수 ② 순위(스피어만) 상관계수

③ 산점도 ④ 분할표(교차표)

tip 분할표(교차표)는 두 명목범주형 변수 사이에서의 관련성을 알아보고자 할 시에 쓰인다. 이러한 분할표는 각각의 개체를 어떠한 특성에 의해 분류할 때에 얻게 되는 자료 정리표를 말한다. 두 가지 변수만으로 구성될 경우에 이차원 분할표나 또는 이원분할표가 만들어지고, 여러 가지 변수로 구성될 경우에는 다차원 분할표가 만들어진다.

[카이제곱검정]

04 다음 표는 새로운 복지정책에 대해 성별에 따른 찬성여부의 차이를 알아보기 위해 남녀 100명씩 랜덤하게 추출하여 조사한 결과이다. 이 자료로부터 남녀 간의 차이 검정을 위해서는 카이제곱검정이 이용될 수 있다. 이에 관한 설명으로 틀린 것은?

2013. 8. 18 제3회

	찬성	반대
남자	40	60
여자	60	40

① 가설검정에 이용되는 카이제곱 통계량의 자유도는 1이다.

② 찬성과 반대의견 외에 중립의견을 갖는 사람들이 존재한다면 남녀 간 차이 검정을 위한 카이제곱 통계량은 자유도가 2로 늘어난다.

③ 검정통계량인 카이제곱 통계량의 기각역의 임계값이 유의수준 0.05에서 3.84라면 남녀 간 차이검정의 p값은 0.05보다 크다.

④ 남자와 여자의 찬성율비에 대한 오즈비(odds ratio)는 $\dfrac{P(\text{찬성}|\text{남자})/P(\text{반대}|\text{남자})}{P(\text{찬성}|\text{여자})/P(\text{반대}|\text{여자})}$

$= \dfrac{(0.4/0.6)}{(0.6/0.4)} = 0.4444$로 구해진다.

tip $\chi^2 = \sum_{i=1}^{2}\sum_{j=1}^{2}\dfrac{(O_{ij}-E_{ij})^2}{E_{ij}} = \dfrac{(40-50)^2}{50} + \dfrac{(60-50)^2}{50} + \dfrac{(60-50)^2}{50} + \dfrac{(40-50)^2}{50} = 8$

$P(\chi^2 > 3.84) = 0.05$, $P(\chi^2 > 8) < 0.05$

임계치 3.84보다 크므로 귀무가설은 기각

P값은 유의수준보다 작다.

03. ④ 04. ③

[카이제곱검정]

05 행의 수가 2, 열의 수가 3인 이원교차표에 근거한 카이제곱 검증을 하려고 한다. 검정통계량의 자유도는 얼마인가?

2014. 3. 2 제1회

① 1 ② 2

③ 3 ④ 4

tip 자유도 = (행의 수 − 1) × (열의 수 − 1)

[카이제곱검정]

06 액화천연가스의 저장기지 후보지로 고려되고 있는 세 지역으로부터 90명을 조사하여 90명 중 후보지를 지지하는 사람 수가 각각 다음과 같이 나타났다.

지역	A	B	C
지지자 수	24	35	31

후보지에 대한 지지율이 동일한 지를 검정하는 카이제곱 통계량과 자유도를 구하면?

2014. 5. 25 제2회

① $\frac{(24-30)^2+(35-30)^2+(31-30)^2}{15}$, 2

② $\frac{(24-30)^2+(35-30)^2+(31-30)^2}{15}$, 3

③ $\frac{(24-30)^2+(35-30)^2+(31-30)^2}{30}$, 2

④ $\frac{(24-30)^2+(35-30)^2+(31-30)^2}{30}$, 3

tip $\sum\frac{(O_i-e_i)^2}{e_i}$, 기대빈도 $e_i = 90\times1/3 = 30$, 자유도 = 범주수 − 1

[카이제곱검정]

07 단일 모집단의 모분산의 검정에 사용되는 분포는?

2014. 5. 25 제2회

① 정규분포 ② 이항분포

③ 카이제곱분포 ④ $F-$분포

tip 단일 모집단의 모분산 검정통계량의 분포는 카이제곱분포
$\chi^2=(n-1)s^2/\sigma^2 \sim \chi^2_{(n-1)}$

05. ② 06. ③ 07. ③

[카이제곱검정]

08 **표준정규분포를 따르는 확률변수의 제곱은 어떤 분포를 따르는가?**

2014. 5. 25 제2회

① 정규분포 ② t − 분포
③ F − 분포 ④ 카이제곱분포

tip $Z \sim N(0,\ 1),\ Z^2 \sim \chi_1^2$

[카이제곱검정]

09 **금연교육을 받은 흡연자들 중 많아야 30%가 금연을 하는 것으로 알려져 있다. 어느 금연운동 단체에서는 새로 구성한 금연교육 프로그램이 기존의 교육보다 훨씬 효과가 높다고 주장한다. 이 주장을 검정하기 위해 임의로 택한 20명의 흡연자에게 새 프로그램으로 교육을 실시하였다. 검정해야 할 가설은 $H_0: p \le 0.3$ (p : 새 금연교육을 받은 후 금연율)이며, 20명 중 금연에 성공한 사람이 많을수록 H_1에 대한 강한 증거로 볼 수 있으므로, X를 20명 중 금연한 사람의 수라 하면 기각역은 "$X \ge c$"의 형태이다. 유의수준 22.8%에서 귀무가설 H_0을 기각하기 위해서는 새 금연교육을 받은 20명 중 최소한 몇 명이 금연에 성공해야 하겠는가?**

2014. 8. 17 제3회, 2017. 3. 5 제1회

$$P(X \ge c \mid \text{금연교육 후 금연율} = p)$$

c \ p	0.2	0.3	0.4	0.5
⋮	⋮	⋮	⋮	⋮
5	0.370	0.762	0.949	0.994
6	0.196	0.584	0.874	0.979
7	0.087	0.392	0.750	0.942
8	0.032	0.228	0.584	0.868
	⋮	⋮	⋮	⋮

① 5명 ② 6명
③ 7명 ④ 8명

tip 가설검정은 귀무가설 하에서 하므로 $p = 0.3$이며, 우단측 검정으로 8명 이상이 유의수준에 해당된다.

08. ④ 09. ④

[카이제곱검정]

10 **어느 지방선거에서 각 후보자의 지지도를 알아보기 위하여 120명을 표본으로 추출하여 다음과 같은 결과를 얻었다. 세 후보 간의 지지도가 같은지를 검정하기 위한 검정통계량의 값은?**

2015. 3. 8 제1회

후보자 명	지지자 수
갑	40
을	30
병	50

① 2 ② 4
③ 5 ④ 8

tip $x^2 = \sum \frac{(\text{관측빈도} - \text{기대빈도})^2}{\text{기대빈도}}$ 이므로,

$x^2 = \frac{(40-40)^2 + (30-40)^2 + (50-40)^2}{40} = 5$가 된다.

[카이제곱검정]

11 **10대 청소년 480명을 대상으로 인터넷 사용시 가장 많이 이용하는 서비스가 무엇인지를 조사하여 다음의 결과를 얻었다. 서비스 이용 빈도 간에 서로 차이가 없다는 귀무가설을 검정하기 위한 카이제곱 통계량의 값과 자유도는?**

2015. 5. 31 제2회

서비스	빈도
이메일	175
뉴스 등 정보검색	92
게임	213
합계	480

① 카이제곱 통계량 = 136.1235, 자유도 = 2
② 카이제곱 통계량 = 136.1235, 자유도 = 3
③ 카이제곱 통계량 = 47.8625, 자유도 = 2
④ 카이제곱 통계량 = 47.8625, 자유도 = 3

10. ③ 11. ③

tip $x^2 = \frac{(175-160)^2 + (92-160)^2 + (213-160)^2}{160} = 47.8625$이며, 3개 서비스로 주어져 있기 때문에 자유도 $k-1=2$이다.

[카이제곱검정]

12 **다음은 서로 다른 3가지 포장방법(A, B, C)의 선호도가 같은지를 90명을 대상으로 조사한 결과이다. 선호도가 동일한지를 검정하는 카이제곱 검정통계량의 값은?**

2015. 5. 31 제2회

포장형태	A	B	C
응답자 수	23	36	31

① 2.87
② 2.97
③ 3.07
④ 4.07

tip $x^2 = \frac{(23-30)^2 + (36-30)^2 + (31-30)^2}{30} = 2.87$

[카이제곱검정]

13 **다음은 성별과 안경착용 여부를 조사하여 요약한 자료이다. 두 변수의 독립성을 검정하기 위한 카이제곱 통계량의 값은?**

2016. 3. 6 제1회

구분	안경 착용	안경 미착용
남자	10	30
여자	30	10

① 40
② 30
③ 20
④ 10

구분	안경 착용	안경 미착용
남자	$\frac{(10-20)^2}{20}=5$	$\frac{(30-20)^2}{20}=5$
여자	$\frac{(30-20)^2}{20}=5$	$\frac{(10-20)^2}{20}=5$

$$X^2 = \sum \frac{(f_O - f_e)^2}{f_e} = 5+5+5+5 = 20$$

 12. ① 13. ③

[카이제곱검정]

14 **화장터 건립의 후보지로 거론되는 세 지역의 여론을 비교하기 위해 각 지역에서 500명, 450명, 400명을 임의추출하여 건립에 대한 찬성 여부를 조사하고 분할표를 작성하여 계산한 결과 검정통계량의 값이 7.55이었다. 유의수준 5%에서 검정 결과는? (단, $X \sim \chi^2(r)$일 때, $P[X > \chi^2_\alpha(r)] = \alpha$이며, $\chi^2_{0.025}(2) = 7.38$, $\chi^2_{0.05}(2) = 5.99$, $\chi^2_{0.025}(2) = 9.35$, $\chi^2_{0.05}(3) = 7.81$)**

2016. 3. 6 제1회

① 지역에 따라 건립에 대한 찬성률에 차이가 있다.
② 지역에 따라 건립에 대한 찬성률에 차이가 없다.
③ 표본의 크기가 지역에 따라 다르므로 말할 수 없다.
④ 비교해야 하는 카이제곱 분포의 값이 주어지지 않아서 말할 수 없다.

tip 검정통계량이 유의수준 5%에서 임계값($x^2_{0.05}(2) = 5.99$)보다 크므로 귀무가설이 기각된다. 따라서 ①이 옳다.

[교차분석 $r \times c$]

15 **성별에 따른 모 입학시험 합격자의 지역별 자료이다. 성별과 지역별로 차이가 있는지 검정하기 위해 교차분석을 하고자 한다. 카이제곱(x^2)검정을 한다면 자유도는 얼마인가?**

2012. 3. 4 제1회

구분	A 지역	B 지역	C 지역	D 지역	합계
남	40	30	50	50	170
여	60	40	70	30	200
합계	100	70	120	80	370

① 1　　② 2
③ 3　　④ 4

tip 교차분석 시 통계량의 자유도는 $(a-1)(b-1) = (2-1)(4-1) = 3$이다.
여기서 a, b는 각 변수의 범주 수를 의미한다.

14. ①　15. ③

[교차분석 $r \times c$]

16 4×5 **분할표 자료에 대한 독립성 검정을 위한 카이제곱 통계량의 자유도는?**

2012. 8. 26 제3회, 2015. 5. 31 제2회

① 9　② 12

③ 19　④ 20

tip 자유도 = (a−1)×(b−1) = (4−1)×(5−1) = 12

[교차분석 $r \times c$]

17 **성별과 지지하는 정당 사이에 관계가 있는지 알아보기 위해 다음 자료를 통해 카이제곱 검증을 하려고 한다. 남자 100명 중 A정당 지지자 80명, B정당 지지자 20명, 여자 100명 중 A정당 지지자 40명, B정당 지지자 60명이다. 성별과 정당 사이에 관계가 없을 경우 남자와 여자 각각 몇 명이 A정당을 지지한다고 기대할 수 있는가?**

2012. 8. 26 제3회

① 남자 : 40명, 여자 : 60명

② 남자 : 50명, 여자 : 50명

③ 남자 : 60명, 여자 : 60명

④ 남자 : 70명, 여자 : 30명

tip 교차표 작성

	A정당	B정당	주변합
남자	80(?)	20	100
여자	40(?)	60	100
주변합	120	80	200

남자(?), 여자(?)가 A정당을 지지한 기대빈도를 구하는 문제이다.
기대빈도 = (120×100)/200 = 60명

16. ② 17. ③

[교차분석 $r \times c$]

18 **한 여론조사에서 어느 지역의 유권자 중에서 940명을 임의로 추출하여 연령세대별로 가장 선호하는 정당을 조사한 결과의 이차원 분할표가 다음과 같다. 독립성 검정을 위한 어느 통계소프트웨어의 출력결과에서 유의수준 0.05에서 검정할 때 올바른 해석은?**

2014. 3. 2 제1회

[연령별 정당의 선호도 분할표]

정당 / 연령	A정당	B정당	C정당	합계
30 미만	158	53	62	273
30~49	172	128	83	383
50 이상	95	162	27	284
합	425	343	172	940

[카이제곱 검정]

	값	자유도	점근유의확률 (양쪽 검정)
Pearson카이제곱	91.341[a]	4	.000
우도비	93.347	4	.000
선형 대 선형결합	3.056	1	.000
유효케이스 수	940		

① 카이제곱 통계량에 대한 유의확률이 유의수준보다 작으므로 독립이라는 가설을 기각한다.

② 우도비 통계량에 대한 유의확률이 유의수준보다 작으므로 독립이라는 가설을 기각할 수 없다.

③ 카이제곱 통계량이 유의수준보다 크므로 독립이라는 가설을 기각한다.

④ 우도비 통계량이 유의수준보다 크므로 독립이라는 가설을 기각할 수 없다.

tip 귀무가설 채택/기각 여부는 유의확률 ≤ 유의수준이면 귀무가설 기각한다.

18. ①

[교차분석 $r \times c$]

19

행 변수가 M개의 범주를 갖고 열 변수가 N개의 범주를 갖는 분할표에서 행 변수와 열 변수가 서로 독립인지를 검정하고자 한다. $(i,\ j)$셀의 관측도수를 O_{ij}, 귀무가설하에서의 기대도수의 추정치를 $\widehat{E_{ij}}$라 하고, 이때 사용되는 검정통계량은 $\sum_{i=1}^{M}\sum_{j=1}^{N}\frac{(O_{ij}-\widehat{E_{ij}})^2}{\widehat{E_{ij}}}$이다. 여기서 $\widehat{E_{ij}}$는?

(단, 전체 데이터 수는 n이고 i번째 행의 합은 n_{i+}, j번째 열의 합은 n_{+j}이다.)

2016. 5. 8 제2회

① $\widehat{E_{ij}} = n_{i+}n_{+j}$

② $\widehat{E_{ij}} = \frac{n_{i+}n_{+j}}{n}$

③ $\widehat{E_{ij}} = \frac{n_{i+}}{n}$

④ $\widehat{E_{ij}} = \frac{n_{+j}}{n}$

tip $\widehat{E_{ij}} = \frac{n_{i+}}{n} \times \frac{n_{+j}}{n} \times n = \frac{n_{i+}n_{+j}}{n}$

[교차분석 $r \times c$]

20

3×4 분할표 자료에 대한 독립성 검정을 위한 카이제곱 통계량의 자유도는?

2016. 8. 21 제3회

① 12

② 10

③ 8

④ 6

tip $(r-1)(c-1)=(3-1)(4-1)=6$

19. ② 20. ④

[교차분석 $r \times c$]

21 **다음은 어느 손해보험회사에서 운전자의 연령과 교통법규 위반횟수 사이의 관계를 알아보기 위하여 무작위로 추출한 18세 이상, 60세 이하인 500명의 운전자 중에서 지난 1년 동안 교통법규위반 횟수를 조사한 자료이다. 두 변수 사이의 독립성검정을 하려고 할 때 검정 통계량의 자유도는?**

2017. 8. 26 제3회

위반횟수	연 령			합 계
	18~25	26~50	51~60	
없음	1회	2회 이상	60	60
30	110	50	20	120
40	10	290	150	60
합 계	150	180	170	500

① 1
② 3
③ 4
④ 9

tip 자유도는 (연령 범주 개수−1)×(위반횟수 범주 개수−1)=(3−1)×(3−1)=2×2=4

21. ③

04 출제예상문제

01 **직업별로 소비자행동에 어떤 차이가 있는지를 보기 위해서 취업주부를 대상으로 전문직, 세무직, 생산직으로 나누어 소비성향을 측정하였다. 이때 소비행동은 여러 개의 문항을 이용하여 연속변수의 척도를 구성하였다. 직업별로 소비행동의 차이가 있는지를 알아보려면 어떤 통계적 분석을 실시하는 것이 적합한가?**

① 분할표분석　　② 회귀분석
③ 상관관계분석　　④ 분산분석

tip 명목척도(전문직, 사무직, 생산직)를 독립변수로 하고 빈도 차이를 검정할 때에는 분할표분석을 사용한다.

02 **두 정당(A, B)에 대한 선호도가 성별에 따라 다른지 알아보기 위하여 1,000명을 임의추출하였다. 이 경우에 가장 적합한 통계분석법은?**

① 분산분석　　② 회귀분석
③ 인자분석　　④ 교차분석

tip 성별에 따라 두 정당선호도의 분포를 검정할 때 교차분석을 이용한다.

03 **다음 중 통계량의 자유도는 무엇에 의하여 결정되는가?**

① 관찰수　　② 모집단의 크기
③ 유한모집단의 크기　　④ 제약조건수

tip 통계량의 자유도는 $(r-1)(c-1)$로 행과 열의 관찰수를 필요로 한다.

01. ①　02. ④　03. ①

04 다음 중 χ^2-검정에 대한 설명으로 옳은 것은?

① 2×2 통계분할표의 자유도는 값이 가변적이다.

② 관찰도수와 기대도수의 차의 제곱값이다.

③ 자유도가 커짐에 따라 대칭형태를 이룬다.

④ χ^2-검정은 ϕ보다 작은 값의 범위에서도 정의할 수 있다.

tip ① 자유도 $(r-1)(c-1)$로 2×2 통계분할표는 항상 1이다.
② 차의 제곱값을 기대도수로 나눈 값의 합이다.
④ ϕ보다 큰 값을 갖는 범위에서만 정의된다.

05 다음 중 Pearson의 분할계수에 대한 설명으로 옳지 않은 것은?

① $p=0$ 일 때 두 변수 간의 관계가 없다고 본다.

② 분할계수 $p=\sqrt{\dfrac{\chi^2}{\chi^2-n}}$ 으로 구한다.

③ p값과 상관의 정도는 비례관계에 있다.

④ p값의 최대극한값은 변수의 분류수에 따라 달라진다.

tip Pearson 분할계수 $p=\sqrt{\dfrac{\chi^2}{\chi^2+n}}$ 으로 n은 표본크기를 뜻한다.

06 다음 중 χ^2-분포에 대한 설명으로 옳지 않은 것은?

① $\chi^2=\dfrac{\Sigma(f_o-f_e)^2}{f_e}$

② n이 커질수록 오른쪽 꼬리가 길게 뻗는 분포가 된다.

③ 자유도 df는 표본의 크기 n에서 1을 뺀 것이다.

④ χ^2-분포는 자유도에 따라 분포의 양상이 달라진다.

tip ② χ^2-분포는 n이 커질수록 비대칭분포에서 대칭형태로 바뀌어 간다.

04. ③ 05. ② 06. ②

07 다음 중 $r \times c$ 분할표를 이용한 가설검정에 있어서 행의 수가 5이고 열의 수가 3일 때 자유도는 얼마인가?

① $df = 8$　　② $df = 1$
③ $df = 5$　　④ $df = 4$

tip $df = (r-1)(c-1)$
$= (5-1)(3-1) = 8$

08 다음 χ^2-검정에서 기각역의 임계치의 자유도는? (단, r : 행의 수, c : 열의 수)

① rc　　② $(r-1)(c-1)$
③ $rc-1$　　④ $c(r-1)$

tip χ^2-검정의 자유도는 $(r-1)(c-1)$인 χ^2-분포를 따른다.

※ 다음은 자동차를 생산하는 甲회사에서 자동차의 빛깔에 대한 소비자들의 성향을 조사하기 위하여 서울지방에서 300명을 임의추출하여 설문조사한 결과이다. 이때 $H_o : p_1 = p_2 = p_3 = p_4 = 0.25$가 성립하는가를 검정할 때($\alpha$ = 0.05) 다음 물음에 답하시오. [09~10]

흰색	노란색	회색	하늘색	합계
103	55	72	50	280

09 위 자료에 대한 χ^2-검정시의 자유도는?

① 1　　② 2
③ 3　　④ 4

tip χ^2-검정의 자유도는 $(n-1)$이므로 $4-1=3$이다.

07. ①　08. ②　09. ③

10 **위 자료의 χ^2 - 검정통계량으로 옳은 것은?**

① 20.54　　② 23.54
③ 27.54　　④ 24.54

tip $\sum \frac{(f_o - f_e)^2}{f_e} = \frac{(103-70)^2}{70} + \frac{(55-70)^2}{70} + \frac{(72-70)^2}{70} + \frac{(50-70)^2}{70}$
$= 24.54$

11 **다음 χ^2 - 검정에 대한 설명으로 옳지 않은 것은?**

① 적합도의 검정 및 독립성의 검정에 주로 이용한다.
② 적합도 검정이란 한 모집단의 비율을 검정하는 것이며 독립성의 검정이란 2개 이상의 모집단의 비율을 비교하는 것이다.
③ χ^2-검정은 몇 개의 카테고리를 갖고 있는 자료들의 동질성 등을 검정할 때 이용한다.
④ 자유도에 상관없이 항상 비대칭형태를 이룬다.

tip ④ 자유도가 커질수록 비대칭 분포형태에서 대칭형태로 바뀐다.

12 **다음 중 몇 개의 카테고리를 갖고 있는 자료의 동질성을 검사하는 검정법은?**

① Z-검정　　② t-검정
③ χ^2-검정　　④ F-검정

tip χ^2-검정은 카테고리 자료의 동질성 검사 이외에 명목척도간의 측정된 변수 사이의 관계분석이나 모형의 적합도 검정에 사용된다.

10. ④　11. ④　12. ③

13 어느 지역의 금연훈련학교에 월요일부터 금요일까지 걸려오는 전화의 횟수가 다음과 같을 때 유의수준 5%에서 걸려오는 전화의 횟수와 요일과 무관한지의 여부결과를 검정한다면 그 결과는?

월요일	화요일	수요일	목요일	금요일
152	137	146	115	185

① 귀무가설을 기각한다.
② 위의 자료만으로는 알 수 없다.
③ 귀무가설을 채택한다.
④ 유의성이 있다.

tip ㉠ 매일 걸려 오는 전화횟수의 기댓값$=\frac{152+137+146+115+185}{5}=147$

㉡ $\chi^2=\sum\frac{(f_o-f_e)^2}{f_e}$

$=\frac{(152-147)^2}{147}+\frac{(137-147)^2}{147}+\frac{(146-147)^2}{147}+\frac{(115-147)^2}{147}+\frac{(185-147)^2}{147}$

$=\frac{25}{147}+\frac{100}{147}+\frac{1}{147}+\frac{1024}{147}+\frac{1444}{147}$

$=17.646$

㉢ 자유도는 $df=5-1=4$

㉣ $\chi_{0.05}{}^2(4)=9.49$

따라서, χ^2−통계량 값 17.646이 크므로 전화횟수와 요일과는 무관하다는 귀무가설을 기각한다.

14 질적인 두 변수 간의 연관성을 알아보는 방법은?

① 교차분석
② 상관분석
③ 회귀분석
④ 분산분석

tip 범주형(질적) 변수 간의 연관성을 알아보는 분석를 교차분석이라 한다.

15 교차분석과 관련이 없는 것은?

① 확률의 독립
② χ^2 검정
③ 범주형 변수
④ F검정

tip F검정은 분산 비 검정, 분산분석에서 사용한다.

13. ① 14. ① 15. ④

16 교차분석에서 사용하는 χ^2 값은?

① (기대빈도-관측빈도)^2/관측빈도　　② (기대빈도-관측빈도)/관측빈도

③ (관측빈도-기대빈도)^2/기대빈도　　④ (관측빈도-기대빈도)/기대빈도

tip $\sum_{i=1}^{M}\sum_{j=1}^{N}\frac{(O_{ij}-\widehat{E_{ij}})^2}{\widehat{E_{ij}}}$, O_{ij} : 관측빈도, $\widehat{E_{ij}}$: 기대빈도

17 성별에 따른 모 입학시험 합격자의 지역별 자료이다. 성별과 지역별로 차이가 있는지 검정하기 위해 교차분석을 하고자 한다. 카이제곱(x^2)검정을 한다면 자유도는 얼마인가?

	A 지역	B 지역	C 지역	D 지역	합계
남	40	30	50	50	170
여	60	40	70	30	200
합계	100	70	120	80	370

① 1　　② 2

③ 3　　④ 4

tip 교차분석 시 통계량의 자유도는 $(a-1)(b-1)=(2-1)(4-1)=3$
여기서 a, b는 각 변수의 범주 수를 의미한다.

18 행 변수가 M개의 범주를 갖고 열 변수가 N개의 범주를 갖는 분할표에서 행 변수와 열 변수가 서로 독립인지를 검정하고자 한다. $(i,\ j)$ 셀의 관측도수를 O_{ij}, 귀무가설 하에서의 기대도수의 추정치를 $\widehat{E_{ij}}$라 할 때, 이 검정을 위한 검정통계량은?

① $\sum_{i=1}^{M}\sum_{j=1}^{N}\frac{(O_{ij}-\widehat{E_{ij}})^2}{O_{ij}}$　　② $\sum_{i=1}^{M}\sum_{j=1}^{N}\frac{(O_{ij}-\widehat{E_{ij}})^2}{\widehat{E_{ij}}}$

③ $\sum_{i=1}^{M}\sum_{j=1}^{N}\frac{(O_{ij}-\widehat{E_{ij}})}{O_{ij}}$　　④ $\sum_{i=1}^{M}\sum_{j=1}^{N}\frac{(O_{ij}-\widehat{E_{ij}})}{\sqrt{n\widehat{E_{ij}}O_{ij}}}$

tip 위 교차분석(분할표 분석)의 검정통계량은 $\sum_{i=1}^{M}\sum_{j=1}^{N}\frac{(O_{ij}-\widehat{E_{ij}})^2}{\widehat{E_{ij}}}$ 이다.

16. ③　17. ③　18. ②

19 두 변수에 대한 분할표(Contingency table)에서 두 변수의 독립성 여부를 검정하기 위하여 카이제곱(Chi-square) 검정을 실시하고자 할 때 필요한 항목만으로 구성된 것은?

① 실측도수, 이론도수, 자유도, 평균
② 실측도수, 이론도수, 자유도, 분산
③ 실측도수, 이론도수, 자유도, 유의수준
④ 실측도수, 이론도수, 변동계수, 유의수준

tip χ^2검정에서는 실측(관측)도수, 이론(기대)도수, χ^2분포의 자유도, 유의수준이 필요하다.

20 아래 자료는 어느 여론조사에서 나타난 학력과 연령대별 Chi-Square 검정이다. 다음의 설명 중 옳은 것은?

	Chi-Square Tests		
	value	df	Asymp. sig.(2-tailed)
Pearson Chi-Square	137.355(a)	8	.00
Likelihood Ratio	131.352	8	.00
N of Valid Cases	604		

a : 0 cells have expected count less than 5.
The minimum expected count is 8.27

① 학력과 연령대는 아무런 관련성이 없다.
② 연령대별로 학력의 차이가 유의미하다.
③ 셀의 기대빈도가 5보다 작은 것이 없기 때문에 카이자승의 결과가 신뢰성이 없다.
④ Chi-Square 검증으로는 관계의 방향이나 정도를 정확히 알 수 없다.

tip 유의확률이 .00임으로 귀무가설을 기각함. 즉 연령대별로 학력의 차이가 있다.

19. ③ 20. ②

21 가설검증에 적용되는 Z, t, F 및 Chi-square의 차이점에 대한 설명으로 옳지 않은 것은?

① 모집단의 분포가 정규분포이고 표준편차를 알고 있거나 표본크기가 30 이상인 경우는 Z검증을 한다.

② 모집단의 표준편차를 모르고 표본의 크기도 30보다 작은 경우에는 t검증을 한다.

③ Chi-square 검증은 주로 구간변수 간의 관련 정도와 방향성을 검증하는 경우다.

④ F검증은 주로 세 집단 이상의 평균 차이 검증에 이용되고 있다.

tip χ^2 검정은 범주형 변수 간의 연관성을 알아보는 분석이다.

21. ③

(연속형 자료) 평균 비교

01 두 집단 평균 비교

01 기본 개념

두 표본이 같은 평균을 갖는 모집단에서 추출되었는지 여부를 확인하는 것이 목적이다. 이 때, 두 표본이 독립성, 등분산성, 요하이 정규성을 가정한다면 독립표본 t검정(스튜던트 t 검정, student t test)을 수행할 수 있다.

02 독립표본 t 검정

최근 6년 출제 경향 : 7문제 / 2013(2), 2014(2), 2016(3)

① 두 모집단의 평균을 비교하고자 할 때, 표본의 크기에 따라 Z분포 또는 t분포를 사용하여 추정, 검정하는 방법

② 모수적 방법 … 독립표본 t 검정

$$Z = \frac{(\overline{X_1} - \overline{X_2}) - (\mu_1 - \mu_2)}{\sqrt{\frac{{s_1}^2}{n_1} + \frac{{s_2}^2}{n_2}}}$$

③ 비모수 방법 … Wilcoxon's Rank Sum Test(=Mann Whitney U test)

참고 》 모수적 방법 vs 비모수 방법

- 모수적 방법 : 모수의 분포를 예측할 수 있는 경우(대부분 정규분포) 사용
- 비모수적 방법 : 모수의 분포를 예측할 수 없거나, 한쪽으로 치우쳐져 있거나, 표본수가 현저히 적을 경우 사용

03 분산의 동질성

최근 6년 출제 경향 : 4문제 / 2013(2), 2016(2)

① 개념 … 두 표본의 평균을 비교하기 전에 집단의 분산이 통계적으로 같은지 여부를 먼저 확인해야 한다. 분산은 변동성(variability)을 나타내며 변동성이 클수록 데이터로부터 얻은 모수의 추정치가 불확실하기 때문이다. 이러한 분산의 동질성은 Levene Test를 통해 확인할 수 있다.

② 가설 검정

H_0 : k개의 집단에 대한 분산이 동일하다. ($\sigma^1 = \sigma^2 = \cdots = \sigma^k$)

H_1 : k개 중 하나라도 다른 분산이 존재한다. (최소 어느 한 쌍에 대해서, $\sigma^i \neq \sigma^j$)

04 대응표본 t 검정

최근 6년 출제 경향 : 8문제 / 2013(2), 2014(3), 2016(1), 2017(2)

① 개념 … 비교하고자 하는 두 그룹이 서로 짝을 이루고 있어 독립집단이라는 가정을 만족하지 못할 경우의 평균 차이를 비교하려는 목적이다.

② 모수적 방법 … 대응표본 t 검정(paired t test)

③ 비모수 방법 … 차이값을 계산한 후 Wilcoxon's Signed Rank Test

단원별 기출문제

[독립표본 t 검정]

01 **다음에 적합한 가설검정법과 검정통계량은?**

2013. 8. 18 제3회

> 중량이 50g으로 표기된 제품 10개를 랜덤추출하니 평균 $\overline{x}=49\text{g}$, 표준편차 $s=0.6\text{g}$이었다. 제품의 중량이 정규분포를 따를 때, 평균중량 μ에 대한 귀무가설 $H_0: \mu=50$ 대 대립가설 $H_1: \mu<50$을 검정하고자 한다.

① 정규검정법, $Z_0=\dfrac{49-50}{\sqrt{0.6/10}}$

② 정규검정법, $Z_0=\dfrac{49-50}{0.6/\sqrt{10}}$

③ $t-$검정법, $T_0=\dfrac{49-50}{\sqrt{0.6/10}}$

④ $t-$검정법, $T_0=\dfrac{49-50}{0.6/\sqrt{10}}$

tip 제품의 중량이 정규분포, 표본 수는 30 이하, σ^2를 모르므로 $t-$검정법을 이용하며,
$t=\dfrac{\overline{x}-\mu_0}{s/\sqrt{n}}$

[독립표본 t 검정]

02 **환자군과 대조군의 혈압을 비교하고자 한다. 각 집단에서 혈압은 정규분포를 따르며, 각 집단의 혈압의 분산은 같다고 한다. 환자군 12명, 대조군 12명을 추출하여 평균을 조사하였다. 두 표본 t - 검정을 실시할 때 적합한 자유도는?**

2013. 8. 18 제3회, 2016. 8. 21 제3회

① 11

② 12

③ 22

④ 24

tip $n_1=12$, $n_2=12$
$n_1+n_2-2=12+12-2=22$

01. ④ 02. ③

[독립표본 t 검정]

03 **어느 회사에서는 남녀사원이 퇴직할 때까지의 평균근무연수에 차이가 있는지를 알아보기 위하여 무작위로 추출하여 다음과 같은 자료를 얻었다. 남자사원의 평균근무연수가 여자사원에 비해 2년보다 더 길다고 할 수 있는가에 대해 유의수준 5%로 검정한 결과는?**

2014. 3. 2 제1회

구분	남자사원	여자사원
표본크기	50	35
평균근무연수	21.8	18.5
표준편차	5.6	2.4

① 귀무가설을 기각한다. 따라서 남자사원의 평균근무연수는 여자사원보다 더 길다.

② 귀무가설을 채택한다. 따라서 남자사원의 평균근무연수는 여자사원보다 더 길지 않다.

③ 귀무가설을 기각한다. 따라서 남자사원의 평균근무연수는 여자사원에 비해 2년보다 더 길다.

④ 귀무가설을 채택한다. 따라서 남자사원의 평균근무연수는 여자사원에 비해 2년보다 더 길지 않다.

tip 독립표본 t-검정, 표본이 큰 경우, 단측검정

- 귀무가설 : 남자사원의 평균근무연수는 여자사원에 비해 2년보다 길지 않다.
- 대립가설 : 남자사원의 평균근무연수는 여자사원에 비해 2년보다 길다.

$$Z=\frac{(\overline{X_1}-\overline{X_2})-(\mu_1-\mu_2)}{\sqrt{\frac{{s_1}^2}{n_1}+\frac{{s_2}^2}{n_2}}}=3.709,\ Z_{0.05}=1.645$$

Z값 $> Z_{0.05}$ 이므로 귀무가설 기각, 남자사원의 평균근무연수는 여자사원에 비해 2년보다 길다.

03. ③

[독립표본 t 검정]

04 **다음은 두 종류의 타이어 평균수명에 차이가 있는지를 확인하기 위하여 각각 30개의 표본을 추출하여 조사한 결과이다. (두 표본은 독립이고, 대표본임을 가정한다.) 두 타이어의 평균수명에 차이가 있는지를 유의수준 5%에서 검정한 결과는?**

2014. 5. 25 제2회

타이어	표본크기	평균수명	표준편차
A	30	48500(km)	3600(km)
B	30	52000(km)	4200(km)

① 두 타이어의 평균수명에 통계적으로 유의한 차이가 없다.

② 두 타이어의 평균수명에 통계적으로 유의한 차이가 있다.

③ 두 타이어의 평균수명이 완전히 일치한다.

④ 주어진 정보만으로 알 수 없다.

tip 독립표본 t-검정, 양측검정

$$Z=\frac{(\overline{X_1}-\overline{X_2})-(\mu_1-\mu_2)}{\sqrt{\frac{s_1^2}{n_1}+\frac{s_2^2}{n_2}}}=-3.466,\ Z_{0.025}=1.96$$

Z값 $> Z_{0.025}$이므로 귀무가설 기각, 두 타이어의 평균수명에 통계적 유의한 차이가 있다.

[독립표본 t 검정]

05 **다음 사례에 알맞은 검정방법은?**

2016. 3. 6 제1회

도시지역의 가족과 시골지역의 가족 간에 가족의 수에 있어서 평균적으로 차이가 있는지를 알아보고자 도시지역과 시골지역 중 각각 몇 개의 지역을 골라 가족의 수를 조사하였다.

① 독립표본 t-검정 ② 더빈 왓슨검정

③ χ^2-검정 ④ F-검정

tip ① 독립변수는 지역이며, 질적척도이다. 종속변수는 가족 수의 평균이며, 양적척도이다. 두 지역의 가족수 평균 차이 검정이므로 독립표본 t-검정방법이 적절하다.

04. ② 05. ①

[독립표본 t 검정]

06 미국에서는 인종간의 지적 능력의 근본적 차이를 강조하는 "종모양 곡선(Bell Curve)"이라는 책이 논란을 일으킨 적이 있다. 만약 흑인과 백인의 지능지수의 차이를 단순비교 할 목적으로 각각 20명씩 표분추출하여 조사할 때 가장 적절한 검정도구는?

2016. 5. 8 제2회

① χ^2 - 검정 ② t - 검정
③ F - 검정 ④ Z - 검정

tip ② 모분산을 모르고, 표본의 수가 작은 경우에 t-검정을 사용한다.

[분산의 동질성]

07 대학생이 졸업 후 취업했을 때 초임수준을 조사하였다. 인문사회계열 졸업자 10명과 공학계열 졸업자 20명을 각각 조사한 결과 평균초임은 210만원과 250만원이었으며 분산은 각각 300만원과 370만원이었다. 두 집단의 평균차이를 추정하기 위한 합동분산(pooled variance)은?

2013. 3. 10 제1회, 2016. 5. 8 제2회

① 325.0 ② 324.3
③ 346.7 ④ 347.5

합동분산 $S_p^2 = \dfrac{(n_1-1)s_1^{\,2}+(n_2-1)s_2^{\,2}}{n_1+n_2-2} = \dfrac{9\times300+19\times370}{28} = 347.5$

[분산의 동질성]

08 두 모집단의 분산이 같지 않다고 가정하여 평균차이를 검정했을 때 유의수준 5% 하에서 통계적으로 평균차이가 유의하였다. 만약 두 모집단의 분산이 같은 경우 가설 검정결과의 변화로 틀린 것은?

2013. 6. 2 제2회

① 유의확률이 작아진다. ② 평균차이가 존재한다.
③ 표준오차가 커진다. ④ 검정통계량 값이 커진다.

tip 등분산 $T = \dfrac{(\overline{X_1}-\overline{X_2})-(\mu_1-\mu_2)}{S_p\sqrt{\dfrac{1}{n_1}+\dfrac{1}{n_2}}}$, 이분산 $T = \dfrac{(\overline{X_1}-\overline{X_2})-(\mu_1-\mu_2)}{\sqrt{\dfrac{s_1^{\,2}}{n_1}+\dfrac{s_2^{\,2}}{n_2}}}$

차이는 분모의 표준오차임. 두 표준오차의 크기는 등분산 < 이분산 이며, 이에 따라 검정통계량의 크기는 등분산 > 이분산, 유의확률의 크기는 등분산 < 이분산이다.

06. ② 07. ④ 08. ③

[분산의 동질성]

09 두 모집단의 모평균의 차에 관한 추론에서, 표본의 크기가 작고 모분산이 알려져 있지 않은 경우가 종종 발생한다. 이때 두 모집단의 분산이 동일하다고 가정하고 모분산에 대한 합동 추정량을 구하면?

2016. 8. 21 제3회

	표본의 크기(n)	표본 분산(s^2)
모집단 1의 자료	9	12.5
모집단 2의 자료	10	13.0

① 11.4 ② 12.1
③ 12.8 ④ 13.5

tip $S_p^2 = \frac{(n_1-1)S_1{}^2 + (n_2-1)S_2{}^2}{n_1+n_2-2} = \frac{(9-1)\times 12.5 + (10-1)\times 13.0}{9+10-2} \fallingdotseq 12.8$

[대응표본 t 검정]

10 5명의 흡연자를 무작위로 선정하여 체중을 측정하고, 금연을 시킨 뒤 4주 후에 다시 체중을 측정하였다. 금연 전후에 체중 변화를 알아보기 위하여 올바른 가설검정을 위한 검정통계량은?

2013. 6. 2 제2회, 2017. 5. 7 제2회

번호	금연 전	금연 후
1	70	75
2	80	77
3	65	68
4	55	58
5	70	75

① −1.77 ② −0.48
③ −0.32 ④ −0.21

tip D(전−후) : −5, 3, −3, −3, −5

$\overline{X_D} = -2.6$, $S_D = 3.29$

$$t = \frac{\overline{X_D} - \mu_D}{S_D / \sqrt{n}}$$

09. ③ 10. ①

[대응표본 t 검정]

11 **일정기간 공사장지대에서 방목한 가축 소변의 불소 농도에 변화가 있는가를 조사하고자 한다. 랜덤하게 추출한 10마리의 가축 소변의 불소 농도를 방목 초기에 조사하고 일정기간 방목한 후 다시 소변의 불소 농도를 조사하였다. 방목 전후의 불소 농도에 차이가 있는가에 대한 분석방법으로 적합한 것은?**

2013. 8. 18 제3회

① 단일 모평균에 대한 검정

② 독립표본에 의한 두 모평균의 비교

③ 쌍체비교(대응비교)

④ $F-test$

tip 방목 전후(대응비교)의 불소농도에 차이 분석

[대응표본 t 검정]

12 **10명의 스포츠 댄스 회원들이 한 달간 댄스 프로그램에 참가하여 프로그램 시작 시 체중과 한 달 후 체중의 차이를 알아보려고 할 때 적합한 검정방법은?**

2014. 3. 2 제1회, 2017. 3. 5 제1회

① 대응표본 t-검정

② 독립표본 t-검정

③ z-검정

④ F-검정

tip 효과 전과 후의 검정은 대응표본 t 검정

11. ③ 12. ①

[대응표본 t 검정]

13 다음은 왼손으로 글자를 쓰는 사람 8명에 대하여 왼손의 악력 X와 오른손의 악력 Y를 측정하여 정리한 결과이다. 왼손으로 글자를 쓰는 사람들의 왼손 악력이 오른손 악력보다 강하다고 할 수 있는가에 대해 유의수준 5%에서 검정하고자 한다. 검정통계량 T의 값과 기각역을 구하면?

2014. 3. 2 제1회

구분	관측값	평균	분산
X	$90 \cdots 110$	$\overline{X}=107.25$	$S_X=18.13$
Y	$87 \cdots 100$	$\overline{Y}=103.75$	$S_Y=18.26$
$D=X-Y$	$3 \cdots 10$	$\overline{D}=3.5$	$S_D=4.93$

$$P[T < t_{(n,\ n)}],\ T t(n)$$

df	$\cdots$	0.05	0.025	$\cdots$
6	$\cdots$	1.943	2.447	$\cdots$
7	$\cdots$	1.895	2.365	$\cdots$
8	$\cdots$	1.680	2.306	$\cdots$

① $T=2.01,\ T \geq 1.895$
② $T=0.71,\ T \geq 1.860$
③ $T=2.01.\ |T| \geq 2.365$
④ $T=0.71,\ |T| \geq 2.365$

 대응표본 t-검정, 단측검정

$$T=\frac{(\overline{D}-0)}{S_D/\sqrt{n}} \sim t(n-1)$$

$$T=\frac{3.5}{4.93/\sqrt{8}} \fallingdotseq 2.01$$

$T \geq t_{n-1},\ \alpha=t_{7,\ 0.05}$
$T \geq 1.895$

13. ①

[대응표본 t 검정]

14 어느 자동차 회사의 영업 담당자는 영업전략의 효과를 검정하고자 한다. 영업사원 10명을 무작위로 추출하여 새로운 영업전략을 실시하기 전과 실시한 후의 영업성과(월판매량)를 조사하였다. 영업사원의 자동차 판매량의 차이는 정규분포를 따른다고 하자. 유의수준 5%에서 새로운 영업전략이 효과가 있는지 검정한 결과는? (단, 유의수준 5%에 해당하는 자유도 9인 t분포값은 -1.833이다.)

2014. 5. 25 제2회

실시 이전	5	8	7	6	9	7	10	10	12	5
실시 이후	8	10	7	11	9	12	14	9	10	6

① 새로운 영업전략의 판매량 증가 효과가 있다고 할 수 있다.
② 새로운 영업전략의 판매량 증가 효과가 없다고 할 수 있다.
③ 새로운 영업전략 실시 전후 판매량은 같다고 할 수 있다.
④ 주어진 정보만으로는 알 수 없다.

tip 대응표본 T-검정 $\overline{D} = -1.7$, $s_D = 2.50$

$T = \dfrac{\overline{D}}{s_D/\sqrt{n}} = -2.153 < t(9:0.05) = -1.833$이므로 귀무가설은 기각된다.

14. ①

[대응표본 t 검정]

15 **어떤 처리 전후의 효과를 분석하기 위한 대응비교에서 자료의 구조가 다음과 같다.**

쌍	처리 전	처리 후	차이
1	X_1	Y_1	$D_1 = X_1 - Y_1$
2	X_2	Y_2	$D_2 = X_2 - Y_2$
⋮	⋮	⋮	⋮
n	X_n	Y_n	$D_n = X_n - Y_n$

일반적인 몇 가지 조건을 가정할 때 처리 이전과 이후의 평균에 차이가 없다는 귀무가설을 검정하기 위한 검정통계량 $T = \dfrac{\overline{D}}{S_D / \sqrt{n}}$ **은** t**분포를 따른다. 이때 자유도는?**

(단, $\overline{D} = \dfrac{1}{n}\sum_{i=1}^{n} D_i,\ S_D^2 = \dfrac{\sum_{i=1}^{n}(D_i - \overline{D})^2}{n-1}$ **이다.)**

2016. 8. 21 제3회

① $n-1$
② n
③ $2(n-1)$
④ $2n$

tip 대응모집단의 평균차의 가설검증의 자유도(ϕ)$= n-1$이다.

15. ①

세 집단 이상의 평균 비교(분산분석)

01 분산분석(analysis of variance)

최근 6년 출제 경향 : 10문제 / 2012(2), 2014(2), 2015(1), 2016(4), 2017(1)

(1) 분산분석의 개념

① 두 개의 모집단을 비교하기 위해서는 t 분포나 Z 분포를 사용하여 추정하거나 검정한다.

② 모집단이 세 개 이상인 경우 두 개씩 모집단을 분리하여 평균을 비교하는 것은 부정확하고 비효율적이기 때문에 여러 모집단의 평균을 동시에 비교하는 분산분석을 시행해야 한다. 분산분석의 약칭은 ANOVA라고 하며, 다수 집단의 평균값의 차이를 검정하고자 하는 분석 방법이다.

(2) 분산분석의 예시

강부장은 할인점의 매출 감소 원인을 파악하고자 한다. 그는 매출 감소의 원인이 상대적으로 높은 가격 때문이라 판단하고, 할인점 가격 수준을 각각 상, 중, 하 3그룹으로 분류한 후 집단에 따른 매출액의 평균을 비교하고자 할 때, 분산분석을 적용할 수 있다.

(3) 분산분석의 자료 조건

① 각 표본이 추출된 모집단의 분포는 정규분포여야 한다

② 각 표본들은 상호독립적이어야 한다.

02 분산분석의 유형

최근 6년 출제 경향 : 51문제 / 2012(7), 2013(11), 2014(9), 2015(11), 2016(6), 2017(7)

(1) 일원분산분석법(one-way ANOVA)

① **개념** … 독립변수(범주형 자료, 비계량 자료)와 종속변수(연속형 자료, 계량 자료) 사이의 관계를 파악하며 독립변수가 하나인 경우

② **분석자료의 구조** … 요인 A가 j개의 수준을 이루고 있으며, 각 수준에서 m개의 표본을 추출하여 확률변수 X의 값을 측정하였을 때 분석 자료의 구조는 다음과 같다. 이 때, X_{ic}는 i번째 수준의 c번째 표본의 값, 즉 X_{13}은 1번째 수준의 3번째 관측치를 말한다.

	요인수준				
	A_1	A_2	…	A_c	
1	X_{11}	X_{21}	…	X_{c1}	
2	X_{12}	X_{22}	…	X_{c2}	
⋮	⋮	⋮	…	⋮	
m	X_{1m}	X_{2m}		X_{cm}	
평균	$\overline{X}_{1.}$	$\overline{X}_{2.}$	…	$\overline{X}_{c.}$	$\overline{\overline{X}}$

③ **구조 모형식** … 모집단 전체의 평균 μ와 i번째 요인수준의 평균 μ_i의 차이를 α라고 할 때 c번째 요인수준의 c번째 조사대상의 확률변수값 Y_{ic}의 모형식은 다음과 같다.

$Y_{ic} = \mu + \alpha_i + \epsilon_{ic}$ 단, $\alpha_i = \mu - \mu_i$

④ **변동의 분할** … 변동(variation)은 제곱합(sum of square)이라고도 하며 분산을 구하는 공식에서 분자부분에 해당한다. 총변동(total variation)은 총제곱합(total sum of square)이라고도 하며 SST로 표시하며 공식은 다음과 같다.

㉠ $\sum_{i=1}^{c}\sum_{j}^{m}(X_{ij} - \overline{\overline{X}})^2 = \sum_{i=1}^{c}\sum_{j}^{m}(\overline{X_{i.}} - \overline{\overline{X}})^2 + \sum_{i}^{c}\sum_{j}^{m}(X_{ij} - \overline{X_{i.}})^2$

㉡ 총변동 SST = 그룹간 변동 SSB + 그룹내 변동 SSW

⑤ **수정항(correction term)을 이용한 공식의 활용**

$$CT = \frac{T^2}{cm}, \quad T = \sum_{i=1}^{c}\sum_{j=1}^{m}X_{ij}$$

㉠ $SST = \sum_{i=1}^{c}\sum_{i=1}^{m}X_{ij}^2 - CT$

ⓛ $SSB = \sum_{i=1}^{c} \frac{\overline{X_{i.}}}{n} - CT$

ⓒ $SSW = SST - SSB$

⑥ 분산분석표의 작성

㉠ 검정통계량 F비 $= \frac{MSB}{MSW}$

ⓛ 그룹간 평균제곱 $MSB = \frac{SSB}{c-1}$

ⓒ 그룹내 평균제곱 $MSW = \frac{SSW}{cm-c}$

(2) 이원분산분산법(two-way ANOVA)

① 개념 … 독립변수(범주형 자료, 비계량 자료)와 종속변수(연속형 자료, 계량 자료) 사이의 관계를 파악하며 독립변수가 둘인 경우

② 장점 … 이원분산분석법은 각 요인의 상호작용 효과를 파악할 수 있어 결과를 일반화시키기 용이하다는 장점이 있다.

③ 분석자료의 구조 … 이원분산분석법의 분석자료의 구조는 다음과 같다.

㉠ 반복이 있는 경우

	요인수준					평균
	A_1	A_2	…	A_c	합계	
B_1	X_{111}	X_{211}	…	X_{c11}	$T_{\cdot 1 \cdot}$	$\overline{X}_{\cdot 1 \cdot}$
	X_{112}	X_{212}	…	X_{c12}		
	⋮	⋮	…	⋮		
	X_{11r}	X_{21r}		X_{c1r}		
B_2	X_{121}	X_{221}	…	X_{c21}	$T_{\cdot 2 \cdot}$	$\overline{X}_{\cdot 2 \cdot}$
	X_{122}	X_{222}	…	X_{c22}		
	⋮	⋮	…	⋮		
	X_{12r}	X_{22r}		X_{c2r}		
⋮	⋮	⋮		⋮		
B_r	X_{1m1}	X_{2m1}	…	X_{cm1}	$T_{\cdot m \cdot}$	$\overline{X}_{\cdot m \cdot}$
	X_{1m2}	X_{2m2}	…	X_{cm2}		
	⋮	⋮		⋮		
	X_{1mr}	X_{2mr}	…	X_{cmr}		

합계	$T_{1..}$	$T_{2..}$	…	$T_{c..}$	T	
평균	$\overline{X}_{1..}$	$\overline{X}_{2..}$	…	$\overline{X}_{c..}$		$\overline{\overline{X}}$

ⓛ 반복이 없는 경우

	A_1	A_2	…	A_c	합계	평균
B_1	X_{11}	X_{21}	…	X_{c1}	$T_{c\cdot 1}$	$\overline{X}_{\cdot 1}$
B_2	X_{12}	X_{22}	…	X_{c2}	$T_{c\cdot 2}$	$\overline{X}_{\cdot 2}$
⋮	⋮	⋮		⋮	⋮	⋮
B_r	X_{1r}	X_{2r}	…	X_{cr}	$T_{\cdot r}$	$\overline{X}_{\cdot r}$
합계	$T_{1\cdot}$	$T_{2\cdot}$	…	$T_{c\cdot}$	T	
평균	$\overline{X}_{1\cdot}$	$\overline{X}_{2\cdot}$	…	$\overline{X}_{c\cdot}$		$\overline{\overline{X}}$

④ 구조 모형식

㉠ 반복이 있는 경우 : $Y_{ijk} = \mu + \alpha_i + b_j + \alpha b_{ij} + \epsilon_{ijk}$

ⓛ 반복이 없는 경우 : $Y_{ijk} = \mu + \alpha_i + b_j + \epsilon_{ij}$

⑤ 변동의 분할

㉠ 반복이 있는 경우 : $SST = SSA + SSB + SSAB + SSW$ 단, $SSAB$는 A, B의 **교호작용**의 변동

ⓛ 반복이 없는 경우 : $SST = SSA + SSB + SSW$

ⓒ A, B의 교호작용은 반복이 있는 경우에만 계산 가능

참고 》 교호작용

A 요인에 따라 B 요인의 효과가 차이가 있으면 두 요인 사이에 교호작용이 있다고 판단할 수 있다.

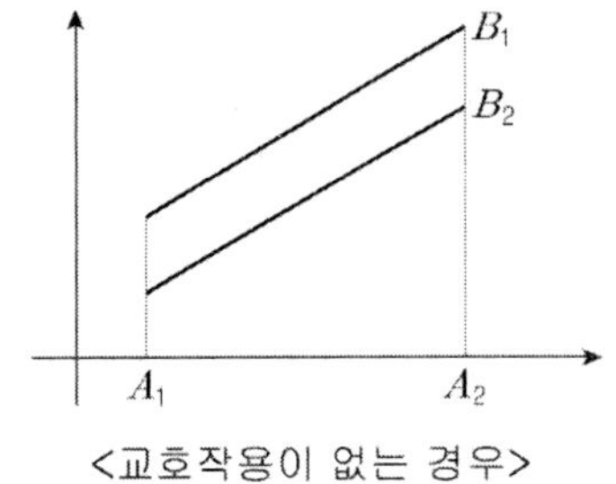

<교호작용이 없는 경우>

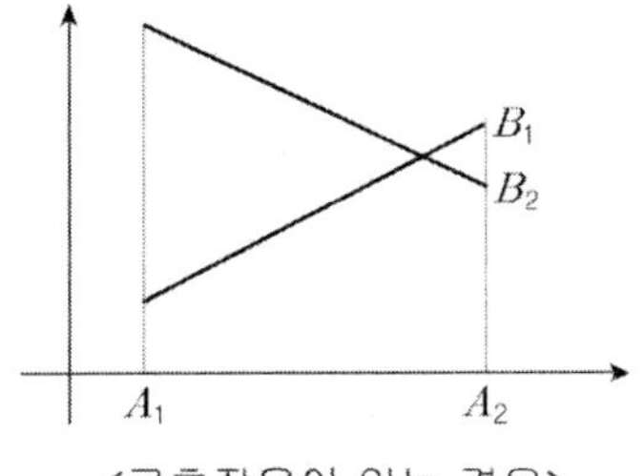

<교호작용이 있는 경우>

03 분산분석의 과정

(1) 집단 내 분산

집단요소들의 측정치가 각 집단의 평균치를 중심으로 얼마나 분포되어 있는가를 나타낸다.

① 집단 내 분산 … $SSW = \sum_i \sum_j (X_{ij} - \overline{X_j})^2$ (X_{ij} : 각 요소의 측정치, $\overline{X_j}$: j 집단의 평균치)

② 자유도 … df = (집단의 수 × 집단 내 측정치의 수) − 집단의 수

③ 평균분산 … $MSW = \frac{\text{집단 내 분산}}{\text{자유도}} = \frac{SSW}{df}$

(2) 집단 간 분산

전체평균에서 각 집단의 평균들이 얼마나 떨어져 있는가를 나타낸다.

① 집단 간 분산 … $SSB = \sum_j n_j (\overline{X_{j.}} - \overline{\overline{X}})^2$ (n_j : j 집단의 개수, $\overline{\overline{X}}$: 전체평균)

② 자유도 … df = (집단의 수 − 1)

③ 평균분산 … $MSB = \frac{SSB}{df}$

(3) 전체분산

전체평균에서 각 요소들의 개별 측정치가 얼마나 떨어져 있는가를 나타내며 집단내 분산값과 집단간 분산값의 합으로도 구할 수 있다.

① 전체분산 … $SST = \sum_i \sum_j (X_{ij} - \overline{\overline{X}})^2 = SSW + SSB$

② 자유도 … df = (집단의 수 × 집단 내 측정치의 수) − 1

③ 평균분산 … $MST = \frac{SST}{df}$

(4) F 검정

① F 값은 집단 내 평균분산에 대한 집단 간 평균분산의 비로 나타낸다.

$$F = \frac{MSB}{MSW}$$

② F 값이 크다는 의미는 집단 간 분산이 크다는 의미이고, 상대적으로 집단 내 분산이 작다는 것을 의미한다.

(5) 분산분석표

변동의 원인	제곱합	자유도	분산	F값
집단 간	SSB	$K-1$	$S_1^{\,2} = \frac{SSB}{K-1}$	$\frac{S_1^{\,2}}{S_2^{\,2}}$
집단 내	SSW	$N-K$	$S_2^{\,2} = \frac{SSW}{N-K}$	
합계	SST			

※ 일원분산분석표에서 N은 전체 개수, K는 처리집단 수를 의미한다.

(6) 분산분석 계산 방법

예 5개 제약회사에서 판매되는 두통약의 지속효과를 조사한 것이다. 25명의 피실험자를 5개 그룹으로 나누고 각 그룹에 서로 다른 두통약을 제공한 뒤 약의 지속효과를 시간으로 나타낸 자료가 다음과 같을 때 $\alpha = 0.05$에서 두통약의 지속효과에 대한 가설을 검증하라.

	A	B	C	D	E
	5	9	3	2	7
	4	7	5	3	6
	8	8	2	4	9
	6	6	3	1	4
	3	9	7	4	7
합계	26	39	20	14	33
평균	5.2	7.8	4.0	2.8	6.6

㉠ $H_0 : \mu_1 = \mu_2 = \mu_3 = \mu_4 = \mu_5$

㉡ H_1 : 최소한 두 개의 평균은 서로 값이 다르다.

㉢ $\alpha = 0.05$

㉣ 기각역 : $F > F(4,\ 20 : 0.05) = 2.87$

㉤ $T = 26 + 39 + \cdots + 33 = 132$

$$SST = 5^2 + 4^2 + ... + 7^2 - \frac{(132)^2}{25} = 137.04$$

$$SSB = \frac{26^2 + 39^2 + ... + 33^2}{5} - \frac{(132)^2}{25} = 79.44$$

$$SSW = 137.04 - 79.44 = 57.6$$

변동의 원인	제곱합	자유도	분산	F값
집단 간	79.44	4	19.86	6.90
집단 내	57.6	20	2.88	
합 계	137.04	24		

※ 분산분석표에서 구한 F값이 6.90으로 기각역 안에 포함된다. 따라서 두통약의 효과에는 차이가 없다는 귀무가설을 기각한다.

단원별 기출문제

[분산분석의 의의]

01 **다음 (　　)에 알맞은 것은?**

2016. 5. 8 제2회

> (　)이란 특성값의 산포를 총 제곱합으로 나타내고, 이 총 제곱합을 실험과 관련된 요인마다 제곱합으로 분해하여 오차에 비해 특히 큰 영향을 주는 요인이 무엇인지를 찾아내는 분석방법이다.

① 추정　② 상관분석
③ 회귀분석　④ 분산분석

 ④ 분산분석이란 두 집단 이상의 평균 간의 차이를 검증하는 것으로 t-검정을 일반화한 분석 방법이다. 독립변수가 한 개일 때 일원분산 분석, 독립변수가 두 개 이상일 때 다원분산 분석이라고 한다.

[분산분석의 의의]

02 **두 변량 중 X를 독립변수, Y를 종속변수로 하여 X와 Y의 관계를 분석하고자 한다. X가 범주형 변수이고 Y가 연속형 변수일 때 가장 적합한 분석방법은?**

2016. 8. 21 제3회

① 회귀분석　② 교차분석
③ 분산분석　④ 상관분석

tip ③ 분산분석은 종속변수가 정규분포되어 있는 연속형 변수이다.

01. ④　02. ③

[분산분석의 원리]

03 다음 중 분산분석(ANOVA)에 관한 설명으로 틀린 것은?

2012. 8. 26 제3회

① 분산분석은 두 개 이상의 집단간 평균차이를 검정할 때 사용된다.

② 분산분석은 연속형 변수인 종속변수가 분류변수라 일컬어지는 독립변수에 의해 만들어진 실험조건에서 측정된 경우이다.

③ 관측값의 영향을 주는 요인은 등간척도나 비율척도이다.

④ 분산분석의 가설검정에는 F 분포 통계량을 이용한다.

tip 분산분석에 영향을 주는 요인은 범주형(질적) 척도이다.

[분산분석의 원리]

04 분산분석을 위한 모형에서 오차항에 대한 가정에 해당되지 않는 것은?

2012. 3. 4 제1회, 2015. 8. 16 제3회

① 정규성

② 독립성

③ 일치성

④ 등분산성

tip 분산분석 시 오차항의 가정은 정규성, 독립성, 등분산성이다.
일치성은 점추정량의 결정기준 중 하나이다.

[분산분석의 원리]

05 분산분석의 기본 가정이 아닌 것은?

2014. 3. 2 제1회

① 각 모집단에서 반응변수는 정규분포를 따른다.

② 각 모집단에서 독립변수는 F분포를 따른다.

③ 반응변수의 분산은 모든 모집단에서 동일하다.

④ 관측 값들은 독립적이어야 한다.

tip 분산분석의 기본 가정 … 오차항(관측값 = 반응변수)은 정규성, 등분산, 독립성

03. ③ 04. ③ 05. ②

[분산분석의 원리]

06 다음 분산분석표의 ( )에 알맞은 것은?

2014. 3. 2 제1회

요인	자유도	제곱합	평균제곱	F	유의확률
인자	1	199.34	199.34	(C)	0.099
잔차	6	315.54	(B)		
계	(A)	514.68			

① A : 7, B : 1893.24, C : 9.50
② A : 7, B : 1893.24, C : 2.58
③ A : 7, B : 52.59, C : 3.79
④ A : 7, B : 52.59, C : 2.58

요인	제곱합	자유도	평균제곱	F
인자	1	199.34	199.34	(C)
잔차	6	315.54	(B)	
계	(A)	514.68		

(A) = 1 + 6, (B) = 315.54/6, (C) = 199.34/(B)

[분산분석의 원리]

07 일원배치법의 기본가정으로 틀린 것은?

2016. 3. 6 제1회

① 선형성
② 등분산성
③ 독립성
④ 불편성

일원배치법의 기본 가정

㉠ 정규성 : 모집단의 분포가 정규분포여야 한다.
㉡ 등분산성 : 모집단 간의 분산이 동일해야 한다.
㉢ 독립성 : 모집단 간의 오차는 서로 독립이어야 한다.

06. ③ 07. ④

[분산분석의 원리]

08 **표본크기가 3인 자료 x_1, x_2, x_3의 평균 $\overline{x}=10$, 분산 $s^2=100$이다. 관측값 10이 추가되었을 때, 4개 자료의 분산 s^2은? (단, 표본분산 s^2은 불편분산임)**

2016. 8. 21 제3회

① $\frac{110}{3}$　　② 50

③ 55　　④ $\frac{200}{3}$

tip

$$s^2=\frac{\sum_{i=1}^{3}\left(x_i-\overline{x}\right)^2}{3-1}=100$$

$$\sum_{i=1}^{3}\left(x_i-\overline{x}\right)^2=200$$

관측값이 10이 추가되어도 평균에는 변화가 없으므로

$$s^2=\frac{\sum_{i=1}^{4}\left(x_i-\overline{x}\right)^2}{4-1}=\frac{\sum_{i=1}^{3}\left(x_i-\overline{x}\right)^2+(10-10)^2}{3}=\frac{200}{3}$$

[분산분석의 원리]

09 **산분석을 수행하는데 필요한 가정이 아닌 것은?**

2017. 3. 5 제1회

① 독립성　　② 불편성

③ 정규성　　④ 등분산성

tip 분산분석을 수행하는데 필요한 가정 … 독립성, 정규성, 등분산성

08. ④　09. ②

[일원분산분석법]

10 **어느 회사는 4개의 철강공급업체로부터 철판을 공급받는다. 각 공급업체들이 납품하는 철판의 품질을 평가하기 위해 인장강도(kg/psi)를 각 2회씩 측정하여 다음의 중간결과를 얻었다. 4개의 공급업체들이 납품하는 철강의 품질에 차이가 없다는 가설을 검정하기 위한 F –비는?** $\left(\text{단, } \overline{X_j} = \frac{1}{2}\sum_{i=1}^{2} X_{ij},\ \overline{X} = \frac{1}{4}\frac{1}{2}\sum_{j=1}^{4}\sum_{i=1}^{2} X_{ij}\right)$

2012. 3. 4 제1회, 2015. 8. 16 제1회

$$\sum_{j=1}^{4}(\overline{X_j} - \overline{X})^2 = 15.5 \qquad \sum_{j=1}^{4}\sum_{i=1}^{2}(X_{ij} - \overline{X_j})^2 = 19$$

① 10.333　　② 2.175

③ 4.750　　④ 1.0875

 분산분산표

요인	제곱합	자유도	평균제곱	F
처리	$SSTR = 15.5$	$p-1=3$	$MSTR = 5.167$	$MSTR/MSE = 2.175$
오차	$SSE = 19$	$n-p=8$	$MSE = 2.375$	
전체	$SST = 34.5$	$n-1=11$		

[일원분산분석법]

11 **3개 이상의 모집단의 모평균을 비교하는 통계적 방법으로 가장 적합한 것은?**

2012. 3. 4 제1회, 2013. 3. 10 제1회

① t–검정　　② 회귀분석

③ 분산분석　　④ 상관분석

tip 3개 이상의 모집단의 모평균을 비교하는 통계적 방법은 일원배치 분산분석(변량분석)이다.

$$SSTR = \sum_i\sum_j(\overline{X_j} - \overline{X})^2,\quad SSE = \sum_i\sum_j(X_{ij} - \overline{X_j})^2$$

$$= \sum_j n_j(\overline{X_j} - \overline{X})$$

$$MSTR = \frac{SSTR}{p-1},\ MSE = \frac{SSE}{n-p}$$

$$\therefore\ F = \frac{(15.5 \cdot 2/3)}{(19/4)} = 2.1754$$

여기서 분자의 “2”는 n_j로 4개의 공급업체별 반복횟수인 2회를 나타낸다.

10. ② 11. ③

[일원분산분석법]

12 다음 중 아래의 분산분석표에 관한 설명으로 틀린 것은?

2012. 3. 4 제1회

요인	제곱합	자유도	평균제곱	F값	유의확률
처리	3836.55	4	959.14	15.48	0.000
잔차	1549.27	25	61.97		
계	4385.83	29			

① 분산분석에 사용된 집단의 수는 5개이다.

② 분산분석에 사용된 관찰값의 수는 30개이다.

③ 각 처리별 평균값의 차이가 있다.

④ 위의 분산분석표에서 F값과 유의확률은 서로 관련이 없는 통계값이다.

tip ① 처리의 자유도는 $k-1$로, k는 집단 수이므로 5이다.
② 총계의 자유도는 $n-1$로, n은 관찰값으로 30이다.
③ 유의확률 0.000이 유의수준 0.01보다 작으므로 각 처리별 평균값의 차이가 있다.
④ F값이 커질수록 유의확률은 작아지는 관계가 있다.

[일원분산분석법]

13 성별 평균소득에 관한 설문조사자료를 정리한 결과, 집단 내 평균제곱(mean squares within groups)은 50, 집단 간 평균제곱(mean squares between groups)은 25로 나타났다. 이 경우에 F값은?

2012. 8. 26 제3회

① 0.5　　② 2

③ 25　　④ 75

tip $F=MSB/MSE$ 이므로 $F=25/50=0.5$이다.

12. ④　13. ①

[일원분산분석법]

14 **분산이 동일한 정규분포를 따르는 두 모집단으로부터 표본을 추출하여 다음 표와 같은 결과를 구하였다. 이들 모집단의 분산의 추정치로 옳은 것은?**

2012. 8. 26 제3회

	크기	표본평균	표본분산
표본 1	16	10	4
표본 2	31	12	1

① 1 ② 2
③ 3 ④ 4

tip $s_p^2 = \dfrac{(n_1 - 1)s_1^2 + (n_2 - 1)s_2^2}{n_1 + n_2 - 2}$

[일원분산분석법]

15 **일원배치법 모형에 대한 분산분석 결과를 정리한 다음 분산분석표에 관한 설명으로 틀린 것은?**

2012. 8. 26 제3회, 2014. 5. 25 제1회, 2015. 5. 31 제2회

Source	DF	SS	MS	F	P
Month	7	127049	18150	1.52	0.164
Error	135	1608204	11913		
Total	142	1735253			

① 총 관측자료수는 142개이다.
② 인자의 Month로서 수준 수는 8개이다.
③ 유의수준 0.05에서 인자의 효과가 인정되지 않는다.
④ 오차항의 분산 추정값은 11913이다.

tip 총 제곱합의 자유도는 $n-1=142$이므로 $n=143$이다.

14. ② 15. ①

[일원분산분석법]

16 다음 중 일원분산분석이 부적합한 경우는?

2012. 8. 26 제3회, 2014. 8. 17 제3회

① 어느 화학회사에서 3개 제조업체에서 생산된 기계로 원료를 혼합하는데 소요되는 평균 시간이 동일한지를 검정하기 위하여 소요시간(분)자료를 수집하였다.

② 소기업경영연구에 실린 한 논문은 자영업자의 스트레스가 비자영업자보다 높다고 결론을 내렸다. 5점 척도로 된 15개 항목으로 직무스트레스를 부동산중개업자, 건축가, 증권거래인들을 각각 15명씩 무작위로 추출하여 조사하였다.

③ 어느 회사에 다니는 회사원은 입사 시 학점이 높은 사람일수록 급여를 많이 받는다고 알려져 있다. 30명을 무작위로 추출하여 평균평점과 월급여를 조사하였다.

④ A구, B구, C구 등 3개 지역이 서울시에서 아파트 가격이 가장 높은 것으로 나타났다. 각 구마다 15개씩 아파트매매가격을 조사하였다.

tip 일원분산분석은 요인별(범주형, 집단)에 따라 수치자료의 차이를 알아보는 분석이며, ③은 회귀분석이다.

[일원분산분석법]

17 다음 분산분석표의 ( )의 알맞은 것은?

2013. 3. 10 제1회, 2017. 5. 7 제2회

요인	제곱합	자유도	평균제곱	F	유의확률
처리	9.214	3	3.071	(B)	0.010
잔차	(A)	135	0.775		
계	113.827	138			

① A : 104.613, B : 3.963

② A : 101.321, B : 1.963

③ A : 103.223, B : 3.071

④ A : 104.231, B : 0.775

tip 잔차제곱합 = 총제곱합 − 처리제곱합 = 113,827 − 9,214

F = 처리평균제곱/잔차평균제곱 = 3.071/0.775

16. ③ 17. ①

[일원분산분석법]

18 **일원배치법의 모집단 모형 $Y_{ij}=\mu+\alpha_i+\epsilon_{ij}$에서 오차항 ϵ_{ij}의 가정에 대한 설명으로 틀린 것은?**

2013. 3. 10 제1회

① 오차항 ϵ_{ij}는 정규분포를 따른다.

② 모든 오차항 ϵ_{ij}는 서로 독립이다.

③ 오차항 ϵ_{ij}의 기댓값은 0이다.

④ 오차항 ϵ_{ij}의 분산은 동일하지 않아도 된다.

tip 오차항의 가정은 정규성, 독립성, 등분산성이 있으며, 기댓값은 0이다

[일원분산분석법]

19 **일원배치 모형을 $x_{ij}=\mu+\alpha_i+\epsilon_{ij}(i=1,\ 2,\ \cdots,\ k\ ;\ j=1,\ 2,\ \cdots,\ n)$로 나타낼 때, 분산분석표를 이용하여 검정하려는 귀무가설 H_0는? (단, i는 처리, j는 반복을 나타내는 첨자이며, 오차항 $\epsilon_{ij}\sim N(0,\ \sigma^{2)}$이고 서로 독립적이며 $\overline{x}=\sum_{j=1}^{n}x_{ij/n}$이다)**

2013. 3. 10 제1회

① $H_0:\overline{x_1}=\overline{x_2}=\cdots=\overline{x_k}$

② $H_0:\alpha_1=\alpha_2=\cdots=\alpha_k=0$

③ H_0:적어도 한 α_{ij}는 0이 아니다.

④ H_0 : 오차항 $\epsilon_{ij}\alpha_i$들은 서로 독립이다.

tip 일원배치 모형 $x_{ij}=\mu+\alpha_i+\epsilon_{ij}$에서 검정할려고 하는 귀무가설은
$H_0:\alpha_1=\alpha_2=\cdots=\alpha_k=0$ 이며
만약 모형을 다음과 같이 표현하면, $x_{ij}=\mu_i+\epsilon_{ij}$
$H_0:\mu_1=\mu_2=\cdots=\mu_k=0$ 이다.

18. ④ 19. ②

[일원분산분석법]

20 **k개 처리에서 n회씩 실험을 반복하는 일원배치 모형 $x_{ij} = \mu + a_i + \epsilon_{ij}$에 관한 설명으로 틀린 것은? (단, $i = 1, 2, ..., k$이고 $j = 1, 2, ..., n$이며 $\epsilon_{ij} \sim N(0, \sigma^2)$)**

2013. 6. 2 제2회, 2016. 5. 8 제2회

① 오차항 ϵ_{ij}들의 분산은 같다.

② 총실험 횟수는 $k \times n$이다.

③ 총평균 μ와 i번째 처리효과 a_i는 서로 독립이다.

④ x_{ij}는 i번째 처리의 j번째 관측값이다.

tip 일원배치 분산분석 모형에서도 오차항의 가정은 회귀모형과 같아서 오차항이 독립이며, 이는 실험에 있어서 종속변수 x_{ij}에서도 독립적인 측정이 이루어져야 한다.

[일원분산분석법]

21 **$X_1, X_2, ..., X_m$은 $N(\mu_1, {\sigma_1}^2)$으로부터 랜덤표본이고, $Y_1, Y_2, ..., Y_n$은 $N(\mu_2, {\sigma_2}^2)$으로부터 랜덤표본이고, 서로 독립이라고 한다. 두 랜덤표본의 표본분산이 각각 ${S_1}^2$, ${S_2}^2$일 때, $\dfrac{{S_1}^2/{\sigma_1}^2}{{S_2}^2/{\sigma_2}^2}$은 어떤 분포를 따르는가?**

2013. 6. 2 제2회

① $F(m, n)$

② $F(m-1, n-1)$

③ $X^2(m-1)$

④ $X^2(n-1)$

tip $\dfrac{{S_1}^2/{\sigma_1}^2}{{S_2}^2/{\sigma_2}^2} \sim F(m-1, n-1)$

20. ③ 21. ②

[일원분산분석법]

22 **다음과 같이 j는 집단을, i는 관찰값을 나타내는 일원분산분석의 기본 모형에 관한 설명으로 틀린 것은?**

2013. 6. 2 제2회, 2017. 3. 5 제1회

$$X_{ij} = \mu + \tau_i + \epsilon_{ij},\ j = 1,\ 2,\ ...,\ J,\ i = 1,\ 2,\ ...,\ n_j$$

① ϵ_{ij}는 서로 독립이고, 평균 0, 분산 σ^2을 따르는 정규분포를 가정한다.

② τ_j는 각각의 집단평균(μ_j)과 전체평균(μ)과의 차이를 나타낸다.

③ $\sum_{j=1}^{J}\tau_j > 0$을 만족한다.

④ $\mu_1 = \mu_2 = ... = \mu_J$를 가설검정한다.

tip τ_i는 집단의 효과를 나타내며 $\sum_{j=1}^{J}\tau_j = 0$

[일원분산분석법]

23 **세 집단의 평균이 서로 같은지 다른지를 검정하기 위해서 각 집단에서 크기가 6, 7, 11인 표본을 각각 추출하였다. 이 때, 작성되는 분산분석표의 평균오차제곱합(MSE)의 자유도는?**

2013. 6. 2 제2회

① 23　　② 21

③ 20　　④ 19

tip $MSE = SSE/(n-k)$, k : 집단수, $n-k = 24-3$

22. ③　23. ②

[일원분산분석법]

24 **다음 중 아래의 분산분석표에 관한 설명으로 틀린 것은?**

2013. 6. 2 제2회

요인	제곱합	자유도	평균제곱	F값	유의확률
처리	3836.55	4	959.14	15.48	0.000
잔차	1549.27	25	61.97		
계	5385.83	29			

① 분산분석에 사용된 집단의 수는 5개이다.
② 분산분석에 사용된 관찰값의 수는 30개이다.
③ 평균제곱은 제곱합을 자유도로 나눈 값이다.
④ 유의확률이 0이므로 처리집단별 평균에는 차이가 없다고 볼 수 있다.

tip 만약 유의수준 > 유의확률, 귀무가설 기각하여 처리집단별 평균의 차이가 있다고 할 수 있다.

[일원분산분석법]

25 **I개 그룹의 평균을 비교하고자 한다. 다음 일원분산분석모형에 대한 가설 $H_0 : \alpha_1 = \alpha_2 = ... = \alpha_I = 0$을 유의수준 0.05에서 $F-$검정 결과 $P-$값이 0.07이었을 때의 추론 결과로 옳은 것은?**

2013. 8. 18 제3회, 2017. 8. 26 제3회

$$X_{ij} = \mu + \alpha_i + \epsilon_{ij},\ i = 1,\ 2,\ ...,\ I,\ j = 1,\ 2,\ ...,\ J$$

① I개의 그룹 평균은 모두 같다.
② I개의 그룹 평균은 모두 다르다.
③ I개의 그룹 평균 중 적어도 하나는 다르다.
④ I개의 그룹 평균은 증가하는 관계가 성립한다.

tip 유의수준 0.05 < 유의확률 0.07이면 귀무가설 채택으로 그룹 간 평균 차이는 없다.

24. ④ 25. ①

[일원분산분석법]

26 일원배치법에 관한 설명으로 가장 적합한 것은?

2013. 8. 18 제3회

① 일원배치법의 모든 처리별로 반복수는 동일하여야 한다.

② 일원배치법은 여러 그룹의 분산의 차이를 해석할 수 있다.

③ 3명의 기술자가 3가지의 재료를 이용해서 어떤 제품을 만들고자 할 때 가장 좋은 제품을 만들 수 있는 조건을 찾으려면 일원배치법이 적절한 방법이다.

④ 일원배치법은 비교하고자 하는 조건의 수에는 구애받지 않는다.

tip 일원배치법은 모든 처리별로 반복 수가 동일하지 않아도 되며, 여러 그룹 간의 평균 차이를 해석한다. 그리고 3명의 기술자가 3가지의 재료를 이용하여 가장 좋은 제품을 만들 수 있는 조건을 찾는 방법은 랜덤 완전 블럭 설계법을 이용한다.

[일원분산분석법]

27 일원배치 분산분석을 시행하였다. 처리는 모두 5개이며, 각 처리당 6회씩 반복 실험을 하였다. 결정계수의 값이 0.6, 처리평균제곱의 값이 '300' 이라면 오차제곱합의 값은?

2014. 3. 2 제1회

① 800 ② 900

③ 1600 ④ 1800

요인	제곱합	자유도	평균제곱
처리	1,200	4	300
오차	800	25	
계	2,000	29	

$R^2 = \frac{STR}{SST}$, $0.6 = \frac{1,200}{SST}$, $SST =, 2000$

$SSE = SST - SSR = 2,000 - 1,200 = 800$

26. ④ 27. ①

[일원분산분석법]

28 다음 분산분석표에 관한 설명으로 틀린 것은?

2014. 3. 2 제1회

변동	제곱합(SS)	자유도(df)	F
급간(between)	10.95	1	
급내(within)	73	10	
합계(total)			

① F 통계량은 0.15이다.

② 두 개의 집단의 평균을 비교하는 경우이다.

③ 관찰치의 총 개수는 12개이다.

④ F 통계량이 기준치보다 작으면 집단 사이에 평균이 같다는 귀무가설을 기각하지 않는다.

tip

변동	제곱합	자유도	평균제곱	F
급간	10.95	1	10.95	1.5
급내	73	10	7.3	
합계		11		

- 급간의 자유도 : 집단수 − 1 = 1, 집단수 2개
- 합계의 자유도 : 총 개수 − 1 = 11, 총 개수 12개

[일원분산분석법]

29 어떤 대학의 취업정보센터에서 취업률(%)를 높이기 위한 실험을 실시하였다. 대학 내 취업 교육을 이수한 횟수(열 : 없음, 1회, 2회 이상)에 대해 각각 8명씩 무작위로 뽑아 검정을 실시한 결과이다. 분석에 대한 설명으로 틀린 것은?

2014. 5. 25 제2회

구분	제곱합	자유도	평균제곱	F값	유의확률
요인	2.4				
잔차	10.5				
계	12.9				

① 일원분산분석을 실시한 결과이다.

② 잔차 제곱합에 대한 자유도는 21이다.

③ 요인에 대한 평균제곱은 0.8이다.

④ F값은 2.4이다.

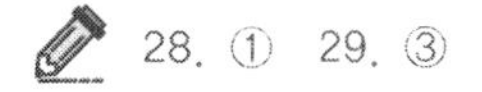

28. ① 29. ③

구분	제곱합	자유도	평균제곱	F	유의확률
요인	2.4	2	1.2	2.4	
잔차	10.5	21	0.5		
계	12.9	23			

요인의 자유도는 집단 수 − 1, 총 자유도 = 전체 표본 수 − 1

[일원분산분석법

30 다음 분산분석 결과표의 ( )에 알맞은 것은?

2014. 5. 25 제2회

요인	제곱합	자유도	평균제곱	F값
처리	130.0	3	(A)	8.404
잔차	330.0	64	(B)	
계	460.0	67		

① $A : 47.81, B : 7.62$
② $A : 45.64, B : 6.49$
③ $A : 43.33, B : 5.16$
④ $A : 41.07, B : 4.67$

요인	제곱합	자유도	평균제곱	F
처리	130.0	3	(130/3)	8.404
잔차	330.0	64	(330/64)	
계	460.0	67		

[일원분산분석법]

31 일원분산분석으로 4개의 평균의 차이를 동시에 검정하기 위하여 귀무가설 $H_0 : \mu_1 = \mu_2 = \mu_3 = \mu_4$이라 정할 때 대립가설 H_1은?

2014. 8. 17 제3회

① H_1 : 모든 평균이 다르다.
② H_1 : 적어도 세 쌍 이상의 평균이 다르다.
③ H_1 : 적어도 두 쌍 이상의 평균이 다르다.
④ H_1 : 적어도 한 쌍 이상의 평균이 다르다.

tip 일원분산분석 H_1 … 적어도 한 집단은 평균이 다르다

30. ③ 31. ④

[일원분산분석법]

32 **어느 판매점에서 판매원 3명의 판매량 차이를 평균판매량의 관점에서 유의수준 5%로 검정하고자 한다. 다음 중 틀린 것은?**

2014. 8. 17 제3회

표본(i) \ 수준(j)	판매원 1	판매원 2	판매원 3	합계
1	28	24	14	
2	24	14	20	
3	22	14	16	
4	23	22	18	
5	28	24	20	
합계	125	98	88	311
평균	25	19.6	17.6	20.73
제곱합	3157	2028	1576	6761

$F(2,4,0.05)=6.94,\ F(2,4,0.025)=10.65,$
$F(2,12,0.05)=3.89,\ F(2,12,0.025)=5.10$

① $H_0: \mu_1 = \mu_2 = \mu_3$

H_1: 적어도 하나는 같지 않다.

② 검정통계량 F는 약 5.282이다.

③ 처리에 대한 제곱합은 약 145.53이다.

④ 세 판매원의 판매량 평균은 동일하다고 할 수 있다.

tip

변동의 요인	제곱합	자유도	제곱 평균	F
처리	146.5333	2	73.26667	5.283654
잔차	166.4	12	13.86667	
계	312.9333	14		

$F(2,\ 12,\ 0.05)=3.89 < F$값 5.28이므로 귀무가설 기각

32. ②

[일원분산분석법]

33 **다음은 부분적으로 완성된 분산분석표를 나타낸다. 이때 F-값은 얼마인가?**

2014. 8. 17 제3회

요인	제곱합	자유도	평균제곱	F
처리		5	8	
잔차				
계	100	20		

① 1.5 ② 2.0

③ 2.5 ④ 3.0

tip

요인	제곱합	자유도	평균제곱	F
처리	40	5	8	2.0
잔차	60	15	4	
계	100	20		

[일원분산분석법]

34 **어느 질병에 대한 세 가지 치료약의 효과를 비교하기 위한 일원분산분석 모형 $X_{ij} = \mu + a_i + \epsilon_{ij}$에서 오차항 ϵ_{ij}에 대한 가정으로 적절하지 않은 것은?**

2015. 3. 8 제1회

① 정규분포를 따른다.

② 서로 독립이다.

③ 분산은 i에 관계없이 일정하다.

④ 시계열 모형을 따른다.

tip 일원분산분석 모형에서 오차항에 관한 가정은 정규분포를 따르면서 서로 독립이고 등분산성의 성질을 만족하게 된다.

33. ② 34. ④

[일원분산분석법]

35 **A, B, C 세 공법에 대하여 다음의 자료를 얻었다.**

A : 56, 60, 50, 65, 64
B : 48, 61, 48, 52, 46
C : 55, 60, 44, 46, 55

일원분산분석을 통하여 위의 세 가지 공법 사이에 유의한 차이가 있는지 검정하고자 할 때, 처리제곱합의 자유도는?

2015. 3. 8 제1회

① 1 ② 2
③ 3 ④ 4

 문제에서 3가지 공법이 있다고 했으므로 처리에 따른 자유도는 $k-1$이므로 $3-1=2$가 된다.

변동원인	자유도	제곱의 합	평균제곱	F의 값	P의 값
처리	$t-1$	SST	MST	$F=MST/MSE$	
오차	$t(n-1)$	SSE	MSE		
전체	$nt-1$	TSS			

[일원분산분석법]

36 **다음 중 분산분석표에 나타나지 않는 것은?**

2015. 3. 8 제1회

① 제곱합 ② 자유도
③ F-값 ④ 표준편차

 분산분석표

변동원인	자유도	제곱의 합	평균제곱	F의 값	P의 값
처리	$t-1$	SST	MST	$F=MST/MSE$	
오차	$t(n-1)$	SSE	MSE		
전체	$nt-1$	TSS			

35. ② 36. ④

[일원분산분석법]

37 일원분산분석에 대한 설명 중 틀린 것은?

2015. 3. 8 제1회

① 제곱합들의 비를 이용하여 분석하므로 F분포를 이용하여 검정한다.

② 오차제곱합을 이용하므로 X^2분포를 이용하여 검정할 수도 있다.

③ 세 개 이상 집단 간의 모평균을 비교하고자 할 때 사용한다.

④ 총제곱합은 처리제곱합과 오차제곱합으로 분해된다.

tip ② 오차제곱합을 활용하므로 검정통계량 F분포를 활용해서 검정이 가능하다.

[일원분산분석법]

38 일원분산분석에 관한 설명으로 틀린 것은?

2015. 5. 31 제2회

① 3개의 모평균을 비교하는 검정에서 일원분산분석을 사용할 수 있다.

② 서로 다른 집단 간에 독립을 가정한다.

③ 분산분석의 검정법은 t-검정이다.

④ 각 집단별 자료의 수가 다를 수 있다.

tip 일원분산분석에서의 분석방법은 F검정이다.

[일원분산분석법]

39 중소기업들 간 30대 직원의 연봉에 차이가 있는지 알아보기 위해 몇 개의 기업을 조사한 결과 다음과 같은 분산분석표를 얻었다. 총 몇 개 기업이 비교대상이 되었으며, 총 몇 명이 조사 되었나?

2015. 5. 31 제2회

요인	제곱합	자유도	평균제곱	F
그룹간	777.39	2	388.69	5.36
그룹내	1522.58	21	72.50	
합계	2299.97	23		

① 2개 회사, 21명　　② 2개 회사, 22명

③ 3개 회사, 23명　　④ 3개 회사, 24명

37. ②　38. ③　39. ④

tip 그룹 간의 자유도는 2개이기 때문에 그룹의 수는 3개가 되고, 또한 그룹 내 자유도는 $n-k-1$이 되므로 이 값이 21이라는 것은 총 조사수 n이 24라는 것을 뜻한다.

[일원분산분석법]

40 대기오염에 따른 신체발육정도가 서로 다른지를 알아보기 위해 대기오염상태가 서로 다른 4개 도시에서 각각 10명씩 어린이들의 키를 조사하였다. 분산분석의 결과가 다음과 같을 때, 다음 중 틀린 것은?

2015. 5. 31 제2회

〈분산분석표〉

	제곱합(SS)	자유도(df)	평균제곱합(MS)	F
처리(B)	2,100	a	b	f
오차(W)	c	d	e	
총합(T)	4,900	g		

① $b = 700$　　② $c = 2800$

③ $g = 39$　　④ $f = 8.0$

tip f=9.0이어야 한다.

	제곱합(SS)	자유도(df)	평균제곱합(MS)	F
처리(B)	2,100	$a=4-1=3$	$b=2,100/3=700$	$f=700/77.78=9$
오차(W)	$c=2,800$	$d=n-k-1=40-4-1=35$	$e=2,800/36=77.78$	
총합(T)	4,900	$g=n-1=40-1=39$		

40. ④

[일원분산분석법]

41 처리별 반복수가 다른 일원배치법 실험에 의하여 얻어진 분산분석표가 다음과 같다. 이 때 ㉣와 ㉤의 값을 순서대로 열거하면?

2015. 8. 16 제3회

요인	제곱합	자유도	평균제곱	F	유의확률
처리	16.2	2	㉢	㉤	㉥
잔차	㉠	㉡	㉣		
계	36.4	14			

① 32.2, 0.57
② 32.2, 50.4
③ 1.68, 8.1
④ 1.68, 4.82

tip 분산분석표

요인	제곱합	자유도	평균제곱	F
처리	16.2	2	㉢ 8.1	㉤ 4.82
잔차	㉠ 20.2	㉡ 12	㉣ 1.683	
계	36.4	14		

[일원분산분석법]

42 분산분석에 대한 설명으로 옳은 것은?

2015. 8. 16 제3회

① 분산분석이란 각 처리집단의 분산이 서로 같은지를 검정하기 위한 방법이다.
② 비교하려는 처리집단이 k개 있으면 처리에 의한 자유도는 $k-2$가 된다.
③ 두 개의 요인이 있을 때 각 요인의 주효과를 알아보기 위해서는 요인간 교호작용이 있어야 한다.
④ 일원배치분산분석에서 일원배치의 의미는 반응변수에 영향을 주는 요인이 하나인 것을 의미한다.

tip 일원배치는 반응변수에 영향을 끼치는 요인이 하나인 경우를 말하고, 요인이 두 개가 될 시에는 이원배치분산분석이 된다.

41. ④ 42. ④

[일원분산분석법]

43 **3개의 처리(treatment)를 각각 5번씩 반복하여 실험하였고, 이에 대해 분산 분석을 실시하고자 할 때의 설명으로 틀린 것은?**

2016. 3. 6 제1회

① 분산분석표에서 오차의 자유도는 12이다.

② 분산분석의 영가설(H_0)은 3개의 처리 간 분산이 모두 동일하다고 설정한다.

③ 유의수준 0.05하에서 계산된 F-비 값은 $F(0.05,\ 2,\ 12)$분포 값과 비교하여, 영가설의 기각여부를 결정한다.

④ 처리 평균제곱은 처리 제곱합을 처리 자유도로 나눈 것을 말한다.

tip 분산이 아니라 평균이 모두 동일하다고 설정한다.

[일원분산분석법]

44 **다음 표는 완전 확률화 계획법의 분산분석표에서 자유도의 값을 나타내고 있다. 반복수가 일정하다고 한다면 처리수와 반복수는 얼마인가?**

2016. 3. 6 제1회

변인	자유도
처리	(　　)
오차	42
전체	47

① 처리수 5, 반복수 7

② 처리수 5, 반복수 8

③ 처리수 6, 반복수 7

④ 처리수 6, 반복수 8

tip 처리의 자유도는 47－42이므로 5이다. 자유도가 5이므로 실제 처리의 집단은 6개이다. 오차의 자유도는 총 응답자 처리수이므로 총 응답자는 48명이다. 그러므로 총 응답자를 동일한 숫자로 6개 그룹으로 나누면 8개의 반복수가 된다.

43. ② 44. ④

[일원분산분석법]

45 **일원배치 분산분석에서 다음과 같은 결과를 얻었을 때, 처리효과의 유의성 검정을 위한 검정통계량의 값은?**

2016. 5. 8 제2회

> 처리의 수 = 3, 각 처리에서 관측값의 수 = 10,
> 총 제곱합 = 650, 잔차제곱합 = 540

① 1.83 ② 1.90

③ 2.75 ④ 2.85

	제곱합	자유도	평균제곱	F값
처리	$650-540=110$	$3-1=2$	$\frac{110}{2}=55$	$\frac{55}{20}=2.75$
잔차	540	$29-2=27$	$\frac{540}{27}=20$	
합계	650	$3\times10-1=29$		

[일원분산분석법]

46 **다음 일원분산분석표의 (　　)에 알맞은 값은?**

2016. 8. 21 제3회

요인	제곱합	자유도	평균제곱	F
처리	480	3	160	(　　)
잔차	1200	30	40	
계	1680	33		

① 4.0 ② 10.0

③ 2.5 ④ 0.4

tip $F=\frac{MST}{MSE}=\frac{160}{40}=4.0$

45. ③ 46. ①

[일원분산분석법]

47 **다음은 특정한 4개의 처리수준에서 각각 6번의 반복을 통해 측정된 반응값을 이용하여 계산한 값들이다. 이를 이용하여 계산된 평균오차제곱합(MSE)은?**

2016. 8. 21 제3회

총제곱합(SST) = 1,200
총자유도 = 23
처리제곱합(SSB) = 640

① 28.0 ② 5.29
③ 31.1 ④ 213.3

요인	제곱합	자유도	평균제곱
처리오차	$1,200-640=560$	$4-1=3$ $23-3=20$	$\frac{560}{20}=28$
계	1,200	23	

[일원분산분석법]

48 **일원배치법에서 k개의 각 처리에 대한 반복수가 r로 모두 동일한 경우, 처리의 자유도와 잔차의 자유도가 옳은 것은?**

2017. 3. 5 제1회

① k, $r-1$ ② $k-1$, $r-1$
③ k, $rk-1$ ④ $k-1$, $kr-k$

 일원배치법의 분산분석표(반복수가 같은 경우)

요인	제곱합	자유도	평균제곱	F값	유의확률
처리	$SStr=n\sum_{i=1}^{k}(\overline{y_{i.}}-\overline{y..})^2$	$k-1$	$MStr=SStr/(k-1)$	$f=MStr/MSE$	$P\{F\geq f\}$
잔차	$SSE=\sum_{i=1}^{k}\sum_{j=1}^{n}(y_{ij}-\overline{y_{i.}})^2$	$N-k$	$MSE=SSE/(N-k)$		
계	$SST=\sum_{i=1}^{k}\sum_{j=1}^{n}(y_{ij}-\overline{y..})^2$	$N-1$			

47. ① 48. ④

[일원분산분석법]

49 일원배치 분산분석에서 자유도에 대한 설명으로 틀린 것은?

2017. 5. 7 제2회

① 집단간 변동의 자유도는 (집단의 개수 −1)이다.

② 총 변동의 자유도는 (자료의 총 개수 −1)이다.

③ 집단내 변동의 자유도는 총변동의 자유도에서 집단간 변동의 자유도를 뺀 값이다.

④ 집단내 변동의 자유도는 (자료의 총 개수 − 집단의 개수 −1)이다.

tip ④ 집단 내 변동의 자유도는 (총 변동의 자유도−집단 간 변동의 자유도)이다.

[일원분산분석법]

50 반복수가 동일한 일원배치법의 모형 $Y_{ij} = \mu + \alpha_i + \epsilon_{ij}$, $i = 1, 2, \cdots, n$에서 오차항 ϵ_{ij}에 대한 가정이 아닌 것은?

2017. 8. 26 제3회

① 오차항 ϵ_{ij}는 서로 독립이다.

② 오차항 ϵ_{ij}의 분산은 동일하다.

③ 오차항 ϵ_{ij}는 정규분포를 따른다.

④ 오차항 ϵ_{ij}는 자기상관을 갖는다.

tip 일원배치 분산분석의 주요 가정은 오차항은 (1) 정규분포, (2) 등분산성, (3) 상호독립성을 만족하여야 한다.

[일원분산분석법]

51 A, B, C 세 가지 공법에 의해 생산된 철선의 인장강도에 차이가 있는지를 알아보기 위해, 공법 A에서 5회, 공법 B에서 6회, 공법 C에서 7회, 총 18회를 랜덤하게 실험하여 인장강도를 측정하였다. 측정한 자료를 정리한 결과 총제곱합 SST=100이고 잔차제곱합 SSE=65이었다. 처리제곱합 SSA와 처리제곱합의 자유도 ϕ_A를 바르게 나열한 것은?

2017. 8. 26 제3회

① $SSA = 35$, $\phi_A = 2$　　② $SSA = 35$, $\phi_A = 3$

③ $SSA = 165$, $\phi_A = 17$　　④ $SSA = 165$, $\phi_A = 18$

tip $SSA = SST - SSE = 100 - 65 = 35$

$\Phi_A = t - 1 = 2$

49. ④ 50. ④ 51. ①

03 다중비교법(사후검정)

01 다중비교의 의의

세 집단 이상에서의 평균 차이 비교 목적인 분산분석 결과, 평균이 모두 동일하다는 귀무가설이 기각되었다고 하면, 최소한 한 쌍의 모평균이 서로 다르다는 결론이다. 이럴 경우 어떤 모평균들이 서로 차이가 있는지 검정할 필요가 있는데 이 때 다중비교법을 사용한다. 분산의 동질성 검정을 확인한 후 적절한 방법의 다중비교를 선택한다.

02 다중비교의 종류

① **최소유의차법**(Least Significant Difference, LSD)

㉠ n개의 집단에 대해 각각 두 개씩 짝을 지어$\left(총 \frac{n(n-1)}{2}회\right)$ 평균 반응치의 차를 구한 후, 이것이 최소유의차보다 크면 유의적인 차이가 있다고 판정한다.

㉡ t 검정에 기초를 두며 사용하기에 간편하다.

㉢ 유의 수준이 엄하지 않기 때문에 실제 유의수준은 α보다 크다.

② **Tukey 방법**(정직유의차, HSD)

㉠ 랜덤표본 X_1, X_2, ..., X_n의 모분포가 $N(\mu, \sigma^2)$이고, 통계량 $R(X(n)-X(1))$을 표본범위(sample range)일 때, 스튜던트화 범위(student range) $(Q(n, \nu)=R/S$이다.

Tukey는 모형식 $b=Q\cdot\frac{\sigma^2}{n}$의 값을 구해 판정하는 방법이다.

㉡ 처리의 수 t, 유의수준, 오차평방합의 자유도에 따라 Q가 결정된다.

㉢ 실제 유의수준은 α보다 약간 작다.

③ Scheffe 방법

㉠ 가능한 모든 대응별 평균 조합에 대해 동시 결합 쌍대(pairwise) 비교

㉡ F 표본 분포를 사용

㉢ 단순 쌍대(pairwise) 비교만이 아니라 그룹 평균의 가능한 모든 선형 조합을 검토하는 데 사용 가능

④ Bonferrni 방법

㉠ 다중 비교에서 생길 수 있는 오류를 보정하는 방법이다.

㉡ n개의 가설을 검정할 경우, 유의확률을 $1/n$로 낮추어 검정한다.

⑤ Duncan 방법(다중범위검정)

㉠ Tukey 방법과 달리 몇 개의 집단으로 나누어 다중 비교하는 방법이다.

㉡ 종류의 처리에 대한 평균반응치를 $(\overline{y_1} < \overline{y_2} < \cdots < \overline{y_t})$와 같이 순서대로 정리한다

㉢ $y_t - y_1$을 최소유의범위$\left(LSR = SSR\sqrt{\dfrac{\sigma^2}{n}}\right)$와 비교한다.

㉣ 실제 유의수준은 α보다 작으나 근소한 두 집단의 평균차를 구할 때 Tukey 방법보다 더 민감하다.

⑥ Dunnett 방법 … 가능한 모든 대응별 쌍을 비교하는 것 대신, 단일 통제 평균에 대해 처리 세트를 비교하는 대응별 다중 비교 t 검정을 수행

04 출제예상문제

01 다음 분산분석표에서 결정계수(R^2)는?

변동요인	자유도	제곱합	평균제곱	F 값	P 값
모형	2	1,519.98	1,519.98	(　　)	0.0212
잔차	20	759.02	75.90		
총합	22	2,279.00			

① 0.05　　② 0.66

③ 0.49　　④ 0.8

tip

결정계수(R^2) $= \dfrac{\text{집단간제곱합}}{\text{총제곱합}} = \dfrac{1{,}519.98}{2{,}279.00} = 0.6669$

02 일원분산분석을 시행하였다. 처리는 모두 5개이며, 각 처리당 6회씩 반복 실험을 하였다. 결정계수의 값이 0.6, 처리평균제곱의 값이 300이라면 처리제곱합과 자유도의 값은 얼마인가?

① 1,200, 4　　② 900, 5

③ 1,600, 4　　④ 1,200, 5

처리평균제곱합$= \dfrac{\text{처리제곱합}}{\text{자유도}}$

$300 = \dfrac{X}{4}$

$X = 1{,}200$

자유도는 $n-1$이므로 4이다.

01. ②　02. ①

03 **지역과 토양의 질에 따라 토마토 생산량에 차이가 있는지를 확인하기 위하여 4개 지역에서 각각 A, B, C 세 종류의 토양을 적용시킨 후에 생산량을 조사하였다. 지역과 토양의 종류에 따라 생산량에 차이가 있는가를 알고 싶다면 어떤 통계분석 방법을 실시해야 하는가?**

① 회귀분석　　② 상관분석
③ 카이분석　　④ 분산분석

tip 세 집단을 비교하는 검정은 분산분석을 이용한다.

04 **아래의 표는 A, B, C 세 회사의 제품의 수명을 주단위로 표시한 것이다. 이 자료에서 회사별 제품수명 간에는 차이가 있다고 생각되는가의 문제를 유의수준 0.05에서 풀려고 한다. 다음 중 옳은 설명을 고르면?**

A	D	C
20	30	17
40	10	18
30	15	14
15	7	6

① 각 수에 정수를 가감하여도 그룹간 변동(SSB), 그룹내 변동(SSW), 단체변동(SST)에는 영향을 미치지 않는다.
② 각 수에서 가감을 하면 SSB, SSW, SST에서 '정수 × 자유도'만큼 가감한 결과가 된다.
③ 각 수를 정수로 나누면 원래의 SSB, SSW, SST에서 '정수 × 자유도'로 나눈 결과가 된다.
④ 각 수에서 정수를 곱하면 SSB, SSW, SST에서 '정수 × 자유도'를 곱한 결과가 된다.

tip 분산분석은 집단 내의 차이에 대한 집단간의 차이의 비율을 이용함으로써 각 수에 같은 정수를 가감하여도 SSB, SSW, SST는 변화없다.

03. ④　04. ①

05 분산분석에 대한 설명 중 옳은 것으로 짝지어진 것은?

> ㉠ 집단간 분산을 비교하는 분석이다.
> ㉡ 집단간 평균을 비교하는 분석이다.
> ㉢ 검정통계량은 집단내 제곱합(SSW : sum of square within)과 집단간 제곱합(SSB : sum of square between)으로 구한다.
> ㉣ 검증통계량은 총제곱합(SST : total sum of square)과 집단간 제곱합(SSB : sum of square between)으로 구한다.

① ㉠㉢ ② ㉠㉣
③ ㉡㉢ ④ ㉡㉣

tip 분산분석은 종속변수의 개별관측치와 이들 관측치의 평균값 사이의 변동을 그 원인에 따라 몇 가지로 나누어 분석하는 방법이다.

06 일원분산분석을 시행하였다. 처리는 모두 5개이며 각 처리당 6회씩 반복실험을 하였다. F값이 0.6, 처리제곱합의 값이 300이라면 오차제곱합의 값은 얼마인가?

① 800 ② 900
③ 1,600 ④ 3,125

분산분석표

변동의 원인	제곱합	자유도	분산	F값
처리	300	5 − 1	75	0.6
오차	?	30 − 5	125	
합계		29		

오차제곱합은 25 × 125 = 3,125이다.

07 성별 평균소득에 관한 설문조사자료를 정리한 결과, 집단내 편차제곱의 평균(MSW)은 50, 집단간 편차제곱의 평균(MSB)은 25로 나타났다. 이 경우에 F값은?

① 0.5 ② 3.2
③ 2.5 ④ 3.5

tip $F=\frac{MSB}{MSW}=\frac{25}{50}=0.5$

05. ③ 06. ④ 07. ①

08 분산분석을 수행하는 데 필요한 가정이 아닌 것은?

① 독립성(independence) ② 등분산성(homosecdasticity)

③ 불편성(unbiasedeness) ④ 정규성(normality)

tip 불편성은 추정량의 기댓값(표본분포의 평균)이 추정될 모수의 값과 동일할 때 그러한 추정량을 불편추정량이라 한다. 그러므로 불편성을 가정하면 분산분석을 할 필요가 없다.

09 다음 일원분산분석에서 처리간평방합(SST)과 오차평방합(SSE)은?

변동요인	자유도	제곱합	F값
처리변동	2	SST	5.0
오차변동	20	SSE	
전체변동	22	300	

① $SST = 80,\ SSE = 220$ ② $SST = 100,\ SSE = 200$

③ $SST = 150,\ SSE = 150$ ④ $SST = 200,\ SSE = 100$

$$F = \frac{\text{처리간평균제곱합}}{\text{오차평균제곱합}}$$

$$F = \frac{\frac{SST}{2}}{\frac{SSE}{20}} = 5$$

$2SST = SSE$

SSR가 100이면 SSE는 200이다.

10 다음 중 다원분산분석법에 대한 설명으로 옳지 않은 것은?

① 개별 실험요인의 단계가 최대 4단계 수준을 넘어서는 안 된다.

② 실험요인의 수의 증가는 실험규모를 급격히 증가시키는 요인이다.

③ 분산분석의 확장형태로 각 셀에 적어도 두 개 이상의 관측치가 필요하다.

④ 실험요인은 임의기준을 설정하여 추출한다.

tip ④ 실험요인은 무작위적으로 추출하여 배치되어야 한다.

08. ③ 09. ② 10. ④

11 **다음 중 분석방법에 대한 설명으로 옳지 않은 것은?**

① 분산분석방법의 자료는 독립변수의 명목 · 서열척도에 의해 측정되며 종속변수는 등간 · 비율척도에 의해 측정되어야 한다.
② 군집분석과 판별분석 전체 집단들 간의 종속관계 파악이냐 상호관계 파악이냐에 따라 초점을 달리한다.
③ 요인분석은 독립변수와 종속변수가 지정되어 변수들 간의 상호관계를 규명하는 분석기법이다.
④ 회귀분석은 분석의 목적이나 독립변수가 등간 · 비율척도로 측정된다는 점에서 판별분석과 상이하다.

tip ④ 회귀분석과 판별분석의 공통점이다.

12 **세 그룹 이상의 평균을 비교할 때 사용하는 분석은?**

① 회귀분석 ② 분산분석
③ 빈도분석 ④ 신뢰도 분석

tip 세 집단 이상의 평균비교는 일원분산분석을 통해 알아볼 수 있다.

13 **분산분석에서 두 집단간의 평균차의 유의성에 대해서 알아보는 것을 무엇이라 하는가?**

① 평균분석 ② 평균차 검정
③ 다중비교 ④ 순위합 검정

tip 분산분석 후 귀무가설을 기각하였을 경우 다시 집단간의 차이를 알아보는 것을 다중비교(사후분석)라고 한다.

14 **분산분석이란 무엇의 크기를 알아보는 것인가?**

① 집단 내 변동/집단 간 변동 ② 집단 간 변동/집단 내 변동
③ 집단 내 변동−집단 간 변동 ④ 집단 내 변동+집단 간 변동

tip F=평균 집단 간 제곱합/평균 집단 내 제곱합

11. ④ 12. ② 13. ③ 14. ②

15 다음 중 다중비교 방법이 아닌 것은?

① 콜모고로프-스미르노프 검정 ② 정직 유의차 검정
③ 다중 범위검정 ④ 최소유의차 검정

tip 콜모고로프-스미르노프 검정은 정규성 검정 시 사용한다.

16 다음과 같은 분산분석표가 주어졌다고 하자. ①~⑤에 적당한 값은?

요인	제곱합	자유도	평균제곱합	F
급간변동	63	3	(③)	(⑤)
급내변동	90	(②)	(④)	
계	(①)	18		

tip ① = 63 + 90 ② = 18 − 3 ③ = 63 / 3
④ = 90 / ② ⑤ = ③ / ④

17 다음 중 아래의 분산분석표에 관한 설명으로 틀린 것은?

요인	제곱합	자유도	평균제곱	F값	유의확률
처리	3836.55	4	959.14	15.48	0.000
잔차	1549.27	25	61.97		
계	4385.83	29			

① 분산분석에 사용된 집단의 수는 5개이다.
② 분산분석에 사용된 관찰값의 수는 30개이다.
③ 각 처리별 평균값의 차이가 있다.
④ 위의 분산분석표에서 F값과 유의확률은 서로 관련이 없는 통계값이다.

tip ① 처리의 자유도는 $k-1$로, k는 집단 수이므로 5이다.
② 총계의 자유도는 $n-1$로, n은 관찰값으로 30이다.
③ 유의확률 0.000이 유의수준 0.01보다 작으므로 각 처리별 평균값의 차이가 있다.
④ F값이 커질수록 유의확률은 작아지는 관계가 있다.

15. ① 16. (① 153, ② 15, ③ 21, ④ 6, ⑤ 3.5) 17. ④

18 어느 회사는 4개의 철강공급업체로부터 철판을 공급받는다. 각 공급업체들이 납품하는 철판의 품질을 평가하기 위해 인장강도(kg/psi)를 각 2회씩 측정하여 다음의 중간결과를 얻었다. 4개의 공급업체들이 납품하는 철강의 품질에 차이가 없다는 가설을 검정하기 위한 F–비는? $\left(단,\ \overline{X_j}=\frac{1}{2}\sum_{i=1}^{2}X_{ij},\ \overline{X}=\frac{1}{4}\frac{1}{2}\sum_{j=1}^{4}\sum_{i=1}^{2}X_{ij}\right)$

$\sum_{j=1}^{4}(\overline{X_j}-\overline{X})^2=15.5$	$\sum_{j=1}^{4}\sum_{i=1}^{2}(X_{ij}-\overline{X_j})^2=19$

① 10.333　　② 2.175

③ 4.750　　④ 1.0875

tip 분산분산표

요인	제곱합	자유도	평균제곱	F
처리	$SSTR$	$p-1$	$MSTR$	$MSTR/MSE$
오차	SSE	$n-p$	MSE	
전체	SST	$n-1$		

$$SSTR=\sum_i\sum_j(\overline{X_j}-\overline{X})^2,\quad SSE=\sum_i\sum_j(X_{ij}-\overline{X_j})^2$$

$$=\sum_j n_j(\overline{X_j}-\overline{X})$$

$$MSTR=\frac{SSTR}{p-1},\quad MSE=\frac{SSE}{n-p}$$

$$\therefore\ F=\frac{(15.5\cdot 2/3)}{(19/4)}=2.1754$$

여기서 분자의 "2"는 n_j로 4개의 공급업체별 반복횟수인 2회를 나타낸다.

19 3개 이상의 모집단의 모평균을 비교하는 통계적 방법으로 가장 적합한 것은?

① t–검정　　② 회귀분석

③ 분산분석　　④ 상관분석

tip 세 집단 이상의 평균 비교는 일원분산분석을 통해 알아볼 수 있다.

18. ② 19. ③

20 **어떤 공장의 세 기계의 생산량의 평균에 대한 실험에서의 F값이 1.5953로 나왔다. 실험에서의 검정결과는? [단,(3, 7 ; 0.05) = 4.3468]**

① 귀무가설 채택
② 귀무가설 기각
③ 대립가설 채택
④ 판정보류

tip $F_0 < F_{(3,\ 7,\ 0.05)}$ 귀무가설 채택

21 **분산분석표에서 사용하는 표본분표는?**

① 정규분포
② F-분포
③ t-분포
④ χ^2-분포

tip 분산분석은 F-분포를 사용한다.

22 **분산분석에 관한 설명 중 적절하지 않은 것은?**

① 여러 개의 표본평균이 동일한지의 여부를 한번에 측정할 수 있게 해준다.
② 연속변수인 종속변수에 몇 개의 이산변수인 독립변수가 어떤 영향을 미치는지 분석하는 것과 같다.
③ 분산분석을 위해 표본의 수가 같아야 한다.
④ 각 표본의 분산은 동일하다는 가정하에 수행된다.

tip 분산분석에서 각 집단의 표본의 수는 같지 않아도 된다.

23 **집단 간의 차이가 집단 내의 차이에 비해서 커질수록 나타나는 현상에 대한 설명으로 틀린 것은?**

① F값이 커진다.
② 집단 간 변동량이 커진다.
③ 귀무가설의 기각가능성이 높아진다.
④ 집단 간 차이가 없다는 주장이 받아들여질 가능성이 커진다.

tip F=평균 집단 간 제곱합/평균 집단 내 제곱합 이므로 F값은 커지며 귀무가설을 기각하게 된다.

20. ① 21. ② 22. ③ 23. ④

24 **$n_1 = 12$, $n_2 = 15$, $n_3 = 10$인 경우 F 분포의 자유도가 올바른 것은?**

① $df_1 = 34,\ df_2 = 2$

② $df_1 = 2,\ df_2 = 34$

③ $df_1 = 3,\ df_2 = 37$

④ $df_1 = 37,\ df_2 = 3$

tip $df_1 = p - 1 = 2,\ df_2 = n - p = 34$

25 **어느 정책실험에서 실험대상자들을 세 개의 집단으로 무작위 분류하였다. 정책실험을 실시한 후 세 집단의 평균을 구하였다. 세 집단의 평균차이를 검증하려면 어떤 통계분석기법을 사용하는 것이 가장 적합한가?**

① 교차분석 ② 상관분석

③ 분산분석 ④ t-검증

tip 세 집단 이상의 평균비교는 일원분산분석을 통해 알아본다.

26 **다음 중 변량분석을 사용할 수 없는 경우는 어떤 것인가?**

① 학력수준을 상 · 중 · 하로 나누고 학력수준에 따라 월 가계수입에 차이가 있는지를 검증한다.

② 소득수준을 상 · 중 · 하로 나누고 소득수준에 따라 월 소비지출에 차이가 있는지를 검증한다.

③ 대도시 · 중도시 · 소도시로 도시지역을 구분하고 지역에 따른 환경오염에 차이가 있는지를 검증한다.

④ 학생들의 IQ점수를 다섯 급간으로 나누고, IQ점수에 따라 학급석차에 차이가 있는지를 검증한다.

tip 석차는 순서자료이다.

24. ② 25. ③ 26. ④

상관분석과 회귀분석

상관분석

상관관계의 의의

최근 6년 출제 경향 : 3문제 / 2012(2), 2014(1)

① 상관관계 … 두 변수가 어느 정도 밀집성을 가지고 변화하고 있는지에 대한 관계

② 상관관계 분석 … 상관관계를 파악하기 위해 사용되는 분석

02 산점도(scatter plot)

최근 6년 출제 경향 : 4문제 / 2012(1), 2014(1), 2015(1), 2016(1)

(1) 정의

두 변수 간의 계략적 상관성을 알아보기 위해 서로 대응하는 자료를 좌표평면 위에 표시한 그림

(2) 양의 상관관계

① 산점도가 오른쪽 위로 변화

② 한 변수가 증가하면 다른 변수도 같이 증가한다.

(3) 음의 상관관계

① 산점도가 오른쪽 아래로 변화

② 한 변수가 증가하면 다른 변수는 감소한다.

▌산점도의 유형▐

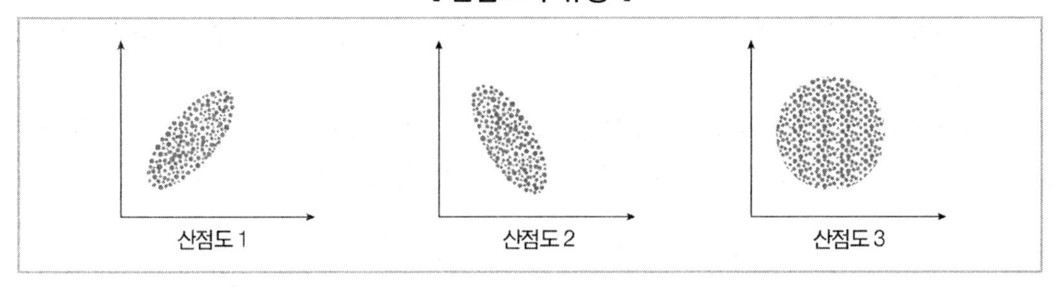

산점도 1 : 양의 상관관계　　산점도 2 : 음의 상관관계　　산점도 3 : 상관성이 없다

03 상관계수

최근 6년 출제 경향 : 29문제 / 2012(1), 2013(5), 2014(4), 2015(6), 2016(7), 2017(6)

(1) 공분산(covariance)

① 두 변수 사이의 상관성을 나타내는 지표

② 두 변수 X, Y에서 X의 증감에 따른 Y의 증감에 대한 척도

$\text{cov}(X,\ Y)=S_{xy}=\sum(x_i-\bar{x})(y_i-\bar{y})=E(XY)-E(X)E(Y)$

③ 두 변수 X, Y의 단위에 따른 차이 발생

(2) 상관계수(correlation coefficient)

① 측정대상이나 단위에 상관없이 두 변수 사이의 일관된 선형관계를 나타내주는 지표

② 공분산을 표준화시켜 공분산에서 발생할 수 있는 단위 문제를 해소한 값

$$\text{corr}(X,\ Y)=r_{xy}=\frac{X\text{와 } Y\text{의 공분산}}{X\text{와 } Y\text{의 표준편차}}=\frac{S_{xy}}{S_xS_y}=\frac{E(XY)-E(X)E(Y)}{\sigma_x\sigma_y}$$

(S_{xy} : X와 Y의 공분산, S_x : X의 표준편차, S_y : Y의 표준편차)

③ **상관계수(r)의 특징**

㉠ $-1 \le r \le 1$

㉡ 상관계수 절댓값이 0.2 이하일 경우 약한 상관관계

㉢ 상관계수 절댓값이 0.6 이상일 경우 강한 상관관계

㉣ 상관계수 값이 0에 가까우면 무상관

④ 상관계수의 확장 개념

㉠ 상관계수는 선형관계를 나타내는 지표로서 두 변수 간의 직선관계의 정도와 방향성을 측정할 수 있다.

㉡ 두 변수의 관계에 있어서 서로 상관성이 없으면 상관계수는 0에 가까우나 상관계수가 0에 가깝다고 해서 반드시 두 변수 간의 관계가 상관성이 없다고는 말할 수 없다.

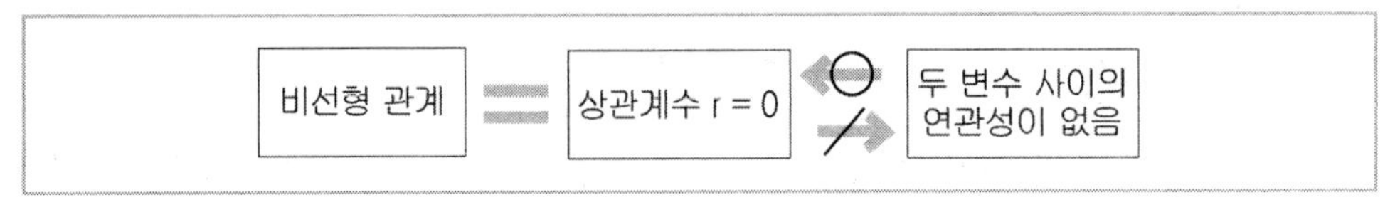

㉢ 두 변수 간의 관계가 곡선형 관계(=비선형)를 갖는다면 상관계수는 0에 가까울 수도 있으나 실제로는 높은 상관관계를 갖고 있을 수 있으므로 상관계수와 산점도를 모두 확인하고 두 변수 간의 관계를 결정짓는 것이 효과적이다. (그림 ㉢의 경우)

▌상관관계의 형태 ▌

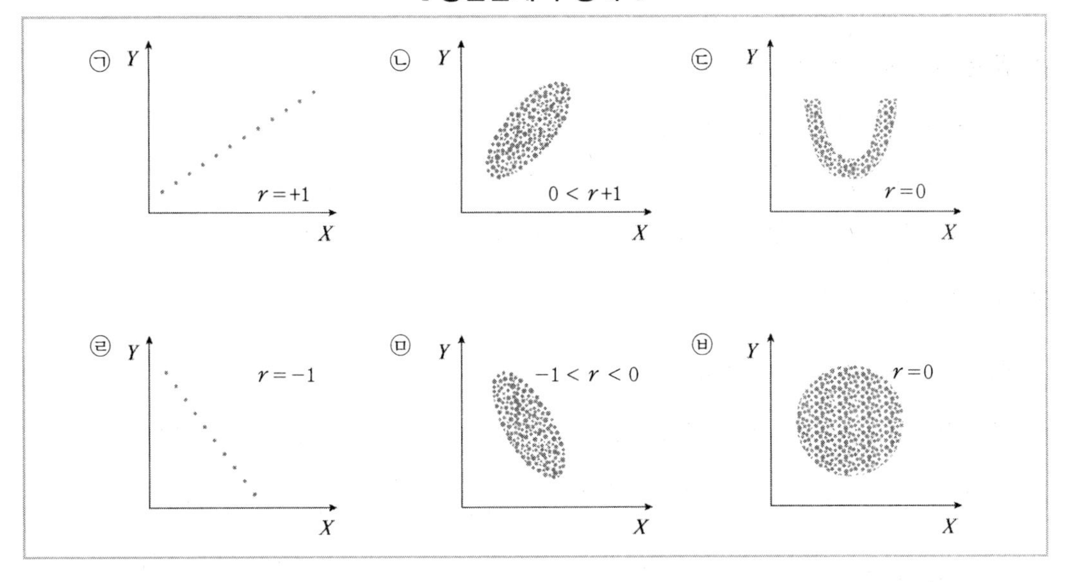

(3) 상관계수의 종류

① **단순상관계수** … 두 변수 간의 상관관계를 나타내며, 피어슨(pearson) 상관계수, 스피어만(spearman) 상관계수 등이 있다.

㉠ **피어슨**(pearson) **상관계수**(r) : 두 변수 간의 상관성을 측정하기 위해 일반적으로 사용하는 계수

$$r = \frac{X\text{와 } Y\text{의 공분산}}{X\text{와 } Y\text{의 표준편차}}$$

㉡ **스피어만**(spearman) **상관계수**(ρ, rho) : 자료의 값 대신 값들의 순위를 이용한 표본상관계수로서 자료가 서열척도로 되어 있거나, 자료의 개수가 작거나, 이상치가 존재하는 경우에 주로 사용한다.

② **부분상관계수**(편상관계수) … **공변량**을 통제하고 순수하게 두 변수만의 상관관계를 나타냄

참고 〉〉 공변량(covariate)

결과 변수에 영향을 미치는 연속형 변수

참고 〉〉 이변량 상관분석과 편상관분석

언어능력과 신체발달 능력의 상관관계를 분석하기 위해, 단어 숙지 능력(언어능력)과 키(신체발달 능력)의 상관성을 분석하는 것을 이변량 상관분석이라 하며, 이 때, 연령(공변량)에 대한 효과를 모두 통제하고 단어 숙지 능력과 키의 상관성을 분석하는 것을 편상관분석이라 한다.

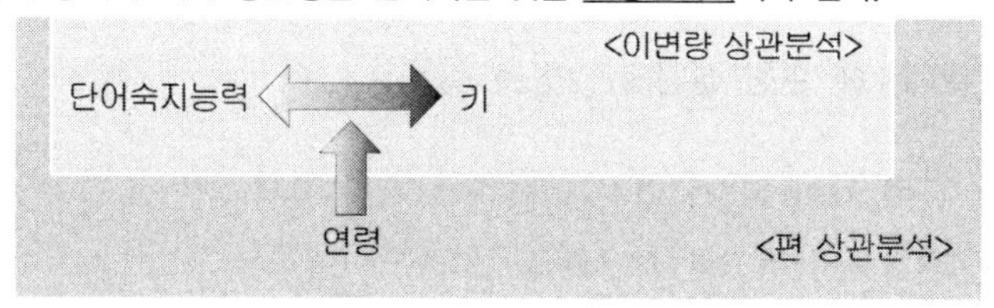

단원별 기출문제

[상관관계]

01 다음 자료를 가지고 두 변수간의 상관관계를 해석하고자 할 때 이에 대한 분석으로 옳은 것은?

2012. 3. 4 제1회

x	1	2	3	4
y	8	6	4	2

① x와 y는 완전한 음의 상관관계이다.
② x와 y는 완전한 양의 상관관계이다.
③ x와 y는 상관관계가 없다.
④ x와 y는 부분적 음의 상관관계이다.

tip 피어슨의 상관관계로 위 자료는 $y=-2x+10$인 관계로 완전한 음의 직선적인 관계이다.

[상관관계]

02 다음 중 상관계수에 관한 설명으로 옳은 것은?

2012. 3. 4 제1회

① 두 변수 간에 차이가 있는가를 나타내는 측도이다.
② 두 변수 간의 분산의 차이를 나타내는 측도이다.
③ 두 변수 간의 곡선관계를 나타내는 측도이다.
④ 두 변수가 선형관계일 때에 사용하는 측도이다.

tip 상관계수는 두 변수 간의 선형적 관계를 알아보는 측도이다.

01. ① 02. ④

[상관관계]

03 상관관계(correlation)에 대한 설명으로 옳은 것은?

2014. 5. 25 제2회

① 두 변수 간에 강한 상관관계가 존재하면 두 변수는 서로 독립적이라고 한다.

② 두 변수 간의 상관관계로부터 인과관계를 도출할 수 있다.

③ 두 변수 간에 상관관계가 없다면 피어슨 상관계수의 값은 0이다.

④ 피어슨 상관계수의 값은 항상 0 이상 1 이하이다.

tip 두 변수가 서로 독립이면(서로 상관관계가 없으면) 상관관계는 0이며, 인과관계는 회귀분석에서, 상관계수 값은 -1에서 1 사이이다.

[산점도]

04 다음 중 상관분석을 위해 산점도에서 관찰해야 할 자료의 특징이 아닌 것은?

2012. 8. 26 제3회, 2014. 3. 2 제1회

① 선형 또는 비선형 관계의 여부

② 이상점의 존재 여부

③ 자료의 층화 여부

④ 원점(0, 0)의 통과 여부

tip 산점도를 확인하는 이유는 먼저, 상관분석, 회귀분석을 위해 선형 · 비선형 관계 여부를 확인하기 위해서이며 또한, 이상점, 층화 여부를 위해서이다.

[산점도]

05 자료에 대한 산점도를 통해 파악할 수 없는 것은?

2015. 5. 31 제2회

① 선형 또는 비선형 관계의 여부

② 이상점의 존재 여부

③ 자료의 군집 형태

④ 정규성 여부

tip 산점도를 통해 파악 가능한 것
㉠ 선형 또는 비선형 관계의 여부
㉡ 이상점 존재의 여부
㉢ 자료군집의 형태

03. ③ 04. ④ 05. ④

[산점도]

06 두 변수 X와 Y 사이의 관계를 알아보기 위하여 평면상의 이차원 자료 $(X,\ Y)$를 타점하여 나타낸 그래프는?

2016. 3. 6 제1회

① 산점도　　② 줄기-잎 그림
③ 상자 그림　　④ 히스토그램

tip ① 두 개 이상 변수의 동시분포에서 각 개체를 점으로 표시한 그림이다. 예를 들어, 표본집단에 속한 학생들의 키와 몸무게를 잰 후에, X축은 키의 값을, Y축은 몸무게의 값을 나타내는 변수로 하여 좌평면상에 모든 학생들의 두 변수의 값을 점으로 표시하면 산점도가 된다. 산점도는 두 변수의 관계를 시각적으로 검토할 때 유용하며, 변수들 사이의 관계를 왜곡시키는 특이점(outlier)을 확인하는 경우에도 유용하다.

[상관계수]

07 두 변수 X와 Y의 상관계수(r_{xy})에 대한 설명으로 틀린 것은?

2012. 8. 26 제3회

① 상관계수 r_{xy}는 두 변수 X와 Y의 산포의 정도를 나타낸다.
② 상관계수 범위는 $-1 \le r_{xy} \le +1$이다.
③ $r_{xy} = 0$이면 두 변수는 선형이 아니거나 무상관이다.
④ $r_{xy} = -1$이면 두 변수는 완전 상관관계에 있다.

tip 상관계수 r_{xy}는 두 변수간의 선형적인 정도를 나타낸다.

[상관계수]

08 두 확률변수 X, Y의 상관계수를 ρ라 할 때, 다음 중 틀린 것은?

2013. 3. 10 제1회

① $-1 \le \rho \le 1$이다.
② ρ가 0이면, 언제나 X, Y는 서로 독립이다.
③ ρ는 X, Y의 선형관계에 대한 측도이다.
④ $\rho = Cov(X,\ Y)/(\sigma_X,\ \sigma_Y)$이다. 단, σ는 표준편차를 나타낸다.

tip 두 확률변수 $X,\ Y$가 서로 독립일 때 ρ는 0이지만, 그 반대는 성립하지 않는다.

06. ① 07. ① 08. ②

[상관계수]

09 **두 변수 (x, y)의 상관계수는 0.92이다. $u=\frac{1}{2}x+5$, $v=\frac{3}{2}y+1$라 할 때, 두 변수 (u, v)의 상관계수는?**

2013. 3. 10 제1회

① 0.69　　② −0.69

③ 0.92　　④ −0.92

tip

$$r_{uv}=\frac{cov(u,v)}{\sqrt{var(x)}\sqrt{var(y)}}=\frac{cov\left(\frac{1}{2}x+5,\frac{3}{2}y+1\right)}{\sqrt{var\left(\frac{1}{2}x+5\right)}\sqrt{var\left(\frac{3}{2}y+1\right)}}$$

$$=\frac{\frac{1}{2}\cdot\frac{3}{2}cov(x,y)}{\frac{1}{2}\cdot\frac{3}{2}\sqrt{var(x)}\sqrt{var(y)}}=0.92$$

상관계수의 선형결합은 그대로 상관계수를 유지한다.

[상관계수]

10 **$Corr(X, Y)$가 X와 Y의 상관계수를 나타낼 때, 성립하지 않는 내용을 모두 짝지은 것은?**

2013. 6. 2 제2회, 2017. 5. 7 제2회

> A. X와 Y는 서로 독립이면 $Corr(X, Y)=0$이다.
> B. $Corr(10X, Y)=10Corr(X, Y)$
> C. 두 변수간의 상관계수가 1에 가까울수록 직선관계가 강하고, −1에 가까울수록 직선관계가 약하다.

① A, B　　② A, C

③ B, C　　④ A, B, C

$$Corr(aX+b,\ cY+d)=\begin{cases}Corr(X,Y) & ac>0\\ -Corr(X,Y) & ac<0\end{cases}$$

상관계수가 1, −1에 가까우면 직선관계가 아주 강하다.

09. ③ 10. ③

[상관계수]

11 상관계수에 관한 설명으로 옳은 것은?

2013. 8. 18 제3회

① 상관계수의 값은 언제나 음수이다.

② 상관계수의 값은 언제나 양수이다.

③ 공분산의 값이 0이면 상관계수는 1이다.

④ 상관계수의 값은 언제나 −1과 1 사이에 있다.

tip 상관계수는 −1에서 1 사이 값이며, 공분산의 값이 0이면 상관계수는 0이다.

[상관계수]

12 두 변수 X, Y의 상관계수에 대한 유의성 검정($H_0 : \rho = 0$)을 $t-$검정으로 하고자 한다. 이때 올바른 검정통계량은? (단, r_{XY} : 표본 상관계수)

2013. 8. 18 제3회, 2017. 5. 7 제2회

① $r_{XY}\sqrt{\dfrac{n+2}{1+r_{XY}^2}}$

② $r_{XY}\sqrt{\dfrac{n+2}{1-r_{XY}^2}}$

③ $r_{XY}\sqrt{\dfrac{n-2}{1+r_{XY}^2}}$

④ $r_{XY}\sqrt{\dfrac{n-2}{1-r_{XY}^2}}$

tip $H_0 : \rho = 0$

$H_1 : \rho \neq 0$

검정통계량 $= r_{XY}\sqrt{\dfrac{n-2}{1-r_{XY}^2}}$

[상관계수]

13 상관계수에 관한 설명으로 옳은 것은?

2014. 3. 2 제1회

① 두 변수 X, Y 사이의 선형관계의 정도를 나타내는 측도이다.

② 상관계수는 0과 1 사이의 값이다.

③ X와 Y의 상관계수가 ρ_{xy}이면 aX, bY의 상관계수는 $ab\rho_{xy}$이다.

④ X가 증가할 때 Y가 감소하면 상관계수는 1에 가까이 간다.

11. ④ 12. ④ 13. ①

tip 상관계수 ⋯ 두 변수 사이의 선형적인 정도를 나타내는 측도

$-1 \le r_{xy} \le +1$,

$$\rho_{uv} = \frac{cov(ax,\, by)}{\sqrt{var(ax)}\,\sqrt{var(by)}} = \frac{ab \cdot cov(x,y)}{ab \cdot \sqrt{var(x)}\,\sqrt{var(y)}}$$

상관계수의 선형결합은 그대로 상관계수를 유지한다.

[상관계수]

14 **두 변수 X와 Y 사이의 관계를 알아보기 위해 조사한 결과 다음과 같은 자료를 얻었다. 두 변수의 관련성에 대한 분석으로 옳은 것은?**

2014. 5. 25 제2회

X	1	2	3	4	5
Y	8	7	5	4	2

① X와 Y 사이에 양의 상관관계가 존재한다.
② X와 Y 사이에 상관관계는 0이다.
③ X와 Y 사이에 음의 상관관계가 존재한다.
④ X와 Y 사이의 상관관계는 알 수 없다.

tip X가 증가할수록 Y는 감소하는 추세이다.

[상관계수]

15 **다음 중 상관계수(r_{xy})에 대한 설명으로 틀린 것은?**

2014. 8. 17 제3회

① 상관계수 r_{xy}는 두 변수 X와 Y의 선형관계의 정도를 나타냈다.
② 상관계수의 범위는 (−1, 1)이다.
③ $r_{xy} = \pm 1$이면 두 변수는 완전한 상관관계에 있다.
④ 상관계수 r_{xy}는 두 변수의 이차곡선관계를 나타내기도 한다.

tip 상관계수는 두 변수의 직선적인 관계를 알아본다.

14. ③ 15. ④

[상관계수]

16 **X와 Y의 평균과 분산은 각각 $E(X)=4,\ V(X)=8,\ E(Y)=10,\ V(Y)=32$이고, $E(XY)=28$이다. $2X+1$과 $-3Y+5$의 상관계수는?**

2015. 3. 8 제1회

① 0.75 ② −0.75

③ 0.67 ④ −0.67

tip $Corr(2X+1, -3Y+5) = -Corr(X, Y)$이고,

$Corr(X, Y) = \dfrac{Cov(X, Y)}{\sqrt{Var(X)}\ \sqrt{Var(Y)}} = \dfrac{28-4\times 10}{\sqrt{8}\ \sqrt{32}} = -0.75$가 되므로 얻고자 하는 상관계수는 0.75이다.

[상관계수]

17 **다음 결과를 이용하여 X와 Y의 표본상관계수 r을 계산하면?**

2015. 3. 8 제1회

$$n=10,\ \sum x_i = 100,\ \sum x_i^{\,2} = 1{,}140,$$
$$\sum y_i = 200,\ \sum y_i^{\,2} = 4{,}140,\ \sum X_i Y_i = 2{,}070$$

① 0.35 ② 0.40

③ 0.45 ④ 0.50

$$r = \frac{S_{xy}}{\sqrt{S_{xx}}\ \sqrt{S_{yy}}} = \frac{\dfrac{\sum x_i y_i - n\bar{x}\bar{y}}{n-1}}{\sqrt{\dfrac{\sum x_i^{\,2} - n\bar{x}^2}{n-1}} \times \sqrt{\dfrac{\sum y_i^{\,2} - n\bar{y}^2}{n-1}}}$$ 에 의해,

$$r = \frac{(2{,}070 - 10\times 10\times 20)/9}{\sqrt{(1{,}140 - 10\times 10^2)/9 \times (4{,}140 - 10\times 20^2)/9}} = 0.5$$가 된다.

$\therefore\ r = 0.5$

16. ① 17. ④

[상관계수]

18 **두 변수 $(X,\ Y)$의 n개의 자료 $(x_1,\ y_1)$, $(x_2,\ y_2)$, …, $(x_n,\ y_n)$에 대하여 다음과 같이 정의된 표본상관계수 r에 대한 설명 중에서 틀린 것은?**

2015. 5. 31 제2회

$$r = \frac{\sum_{i=1}^{n}(x_i - \overline{x})(y_i - \overline{y})}{\sqrt{\sum_{i=1}^{n}(x_i - \overline{x})^2}\sqrt{\sum_{i=1}^{n}(y_i - \overline{y})^2}}$$

① 상관계수는 항상 -1 이상, 1 이하의 값을 갖는다.
② X와 Y 사이의 상관계수의 값과 $(X+2)$와 $2Y$ 사이의 상관계수의 값은 같다.
③ X와 Y 사이의 상관계수의 값과 $-3X$와 $2Y$ 사이의 상관계수의 값은 같다.
④ 서로 연관성이 있는 경우에도 X와 Y 사이의 상관계수의 값은 0이 될 수도 있다.

tip $Corr(-3X,\ 2Y) = -Corr(X,\ Y)$라 할 수 있으므로 "−" 부호를 붙여야 한다.

[상관계수]

19 **상관계수에 대한 설명으로 틀린 것은?**

2015. 5. 31 제2회

① 두 변수의 직선관계를 나타내는 척도이다.
② 상관계수는 -1에서 1 사이의 값을 갖는다.
③ 상관계수가 0에 가깝다는 의미는 두 변수간의 연관성이 없다는 의미이다.
④ 상관계수 값이 1이나 -1에 가깝다는 의미는 두 변수간의 강한 연관성을 가지고 있다는 의미이기도 하다.

tip ③ 상관관계가 0이라는 것은 두 변수가 서로 직선관계를 만족하지 않음을 말한다.

18. ③ 19. ③

[상관계수]

20 **모 상관계수가 ρ인 이변량 정규분포를 따르는 두 변수에 대한 자료 $(x_i y_i)(i=1,\ 2, \cdots,\ n)$ 에 대하여 표본상관계수 $\gamma = \dfrac{\sum_{i=1}^{n}(x_i-\overline{x})(y_i-\overline{y})}{\sqrt{\sum_{i=1}^{n}(x_i-\overline{x})^2}\sqrt{\sum_{i=1}^{n}(y_i-\overline{y})^2}}$ 을 이용하여 귀무가설 $H_0 : \rho = 0$을 검정하고자 한다. 이때 사용되는 검정통계량과 그 자유도는?**

2015. 8. 16 제3회

① $\sqrt{n-1}\dfrac{r}{\sqrt{1-r}},\ n-1$
② $\sqrt{n-2}\dfrac{r}{\sqrt{1-r}},\ n-2$
③ $\sqrt{n-1}\dfrac{r}{\sqrt{1-r^2}},\ n-1$
④ $\sqrt{n-2}\dfrac{r}{\sqrt{1-r^2}},\ n-2$

tip 검정통계량 $= \sqrt{n-2}\dfrac{r}{\sqrt{1-r^2}}$ 이며, 자유도 $= n-2$이다.

[상관계수]

21 **$(x,\ y)$의 상관계수가 0.5일 때, $(2x+3,\ -3y-4)$와 $(-3x+4,\ -2x-2)$의 상관계수는?**

2015. 8. 16 제3회

① 0.5, 0.5
② -0.5, 0.5
③ 0.5, -0.5
④ -0.5, -0.5

tip $Corr(2x+3, -3y-4) = -Corr(x,\ y) = -0.5$
$Corr(-3x+4, -2x-2) = -Corr(x,\ y) = 0.5$

[상관계수]

22 **두 변수값 $X_1,\ X_2,\ \cdots,\ X_n$과 $Y_1,\ Y_2,\ \cdots,\ Y_n$을 각각 표준화한 변수값이 $x_1,\ x_2,\ \cdots,\ x_n$과 $y_1,\ y_2,\ \cdots,\ y_n$이다. 표준화된 변수 x와 y의 상관계수는?**

2016. 5. 8 제2회

① 0
② 1
③ $\dfrac{1}{n}\sum_{i=1}^{n}x_i \cdot y_i$
④ $\dfrac{1}{n} \cdot \sum_{i=1}^{n}(x_i-\overline{x})(y_i-\overline{y})$

20. ④ 21. ② 22. ③

tip

$$\text{상관계수(r)} = \frac{1}{n}\sum_{i=1}^{n}\frac{(X_i - \overline{X})}{\sigma_X}\cdot\frac{(Y_i - \overline{Y})}{\sigma_Y}$$

표준화된 변수 $\left(x_i = \dfrac{X_i - \overline{X}}{\sigma_X},\ y_i = \dfrac{Y_i - \overline{Y}}{\sigma_Y}\right)$를 대입하면 $\dfrac{1}{n}\sum_{i=1}^{n}x_i \cdot y_i$이다.

[상관계수]

23 두 확률변수의 상관계수에 대한 설명으로 틀린 것은?

2016. 5. 8 제2회

① 상관계수란 두 변수의 공분산을 두 변수의 표준편차의 곱으로 나눈 값으로 정의되는 측도이다.

② 상관계수는 두 변수 사이에 함수관계가 어느 정도 강한가를 나타내는 측도이다.

③ 두 확률변수가 서로 독립이면 상관계수는 0이다.

④ 두 변수 사이에 일차함수의 관계가 존재하면, 상관계수 1 또는 −1이다.

tip ② 상관계수는 두 변수 사이에 선형관계가 어느 정도 강한가를 나타내는 측도이다.

[상관계수]

24 상관계수에 관한 설명으로 옳은 것은?

2016. 8. 21 제3회

① 두 변수 간에 차이가 있는가를 나타내는 측도이다.

② 두 변수 간의 분산 차이를 나타내는 측도이다.

③ 두 변수 간의 곡선관계를 나타내는 측도이다.

④ 두 변수 간의 선형관계의 정도를 나타내는 측도이다.

tip ④ 상관계수는 두 변수 간 선형관계의 방향과 강도를 측정한다.

23. ② 24. ④

[상관계수]

25 **크기가 10인 표본으로부터 얻은 회귀방정식은 $y = 2 + 0.3x$ 이고, x 의 표본평균이 2이고, 표본분산은 4, y 의 표본평균은 2.6이고 표본분산은 9이다. 이 요약치로부터 x 와 y 의 상관계수는?**

2016. 8. 21 제3회

① 0.1　　② 0.2

③ 0.3　　④ 0.4

tip $\hat{\beta} = 0.3,\ s_x = 2,\ s_y = 3$

$$r = \hat{\beta} \times \frac{s_x}{s_y} = 0.3 \times \frac{2}{3} = 0.2$$

[상관계수]

26 **두 변수 간의 상관계수 값으로 옳은 것은?**

2016. 8. 21 제3회

x	2	4	6	8	10
y	5	4	3	2	1

① −1　　② −0.5

③ 0.5　　④ 1

tip ① 두 변수 간의 관계가 완전 선형관계이면서 기울기가 (−)이면, 상관계수는 −1이다.

[상관계수]

27 **상관계수에 대한 설명으로 틀린 것은?**

2017. 3. 5 제1회

① 1차 직선의 함수관계가 어느 정도 강한가를 나타내는 측도이다.

② 상관계수가 −1이라는 것은 모든 자료가 기울기가 음수인 직선 위에 있다는 것을 의미한다.

③ 상관계수가 0이라는 것은 두 변수 사이에 어떠한 관계도 없다는 것을 의미한다.

④ 범위는 −1에서 1이다.

tip ③ 상관계수가 0에 가까운 상관 값은 변수 사이에 선형 관계가 없음을 나타낸다.

25. ② 26. ① 27. ③

[상관계수]

28 **다음은 대응되는 두 변량 X와 Y를 관측하여 얻은 자료 $(x_1,\ y_1)$, ⋯, $(x_n,\ y_n)$으로 그린 산점도이다. X와 Y의 표본상관계수의 절댓값이 가장 작은 것은?**

2017. 3. 5 제1회

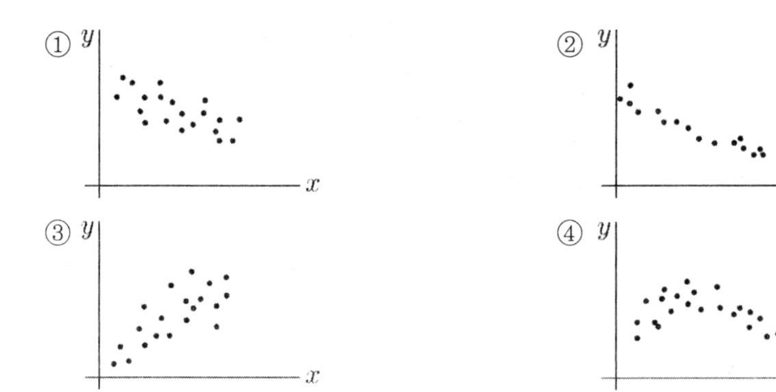

tip ④ 상관계수가 0이므로 절댓값이 가장 작다.

[상관계수]

29 **확률변수 X의 분산이 16, 확률변수 Y의 분산이 25, 두 확률변수의 공분산이 −10일 때, X와 Y의 상관계수는?**

2017. 5. 7 제2회

① −1 ② −0.5
③ 0.5 ④ 1

tip $\frac{-10}{\sqrt{16\times 25}}=\frac{-10}{20}=-\frac{1}{2}=-0.5$

[상관계수]

30 **키와 몸무게의 상관계수가 0.6으로 계산되었다. 키에 2를 곱하고, 몸무게는 3을 곱하고 1을 더한 후 계산된 새로운 변수들 간의 상관계수는?**

2017. 8. 26 제3회

① 0.28 ② 0.36
③ 0.52 ④ 0.60

tip 키를 X, 몸무게를 Y라고 가정하였을 경우, $Corr(X,\ Y)=0.60$이 된다.
이 때, 새로운 상관계수 $Corr(2X,\ 3Y+1)=Corr(X,\ Y)=0.60$이다.

28. ④ 29. ② 30. ④

[상관계수의 종류]

31 상관계수(피어슨 상관계수)에 대한 설명과 가장 거리가 먼 것은?

2014. 8. 17 제3회

① 선형관계에 대한 설명에 사용된다.
② 상관계수의 부호는 회귀계수의 기울기(b)의 부호와 항상 같다.
③ 상관계수의 절대치가 클수록 두 변수의 선형관계가 강하다고 할 수 있다.
④ 상관계수의 값은 변수의 단위가 달라지면 영향을 받는다.

tip 상관계수는 표준화된 측도이기 때문에 단위에 상관없다.

[상관계수의 종류]

32 피어슨 상관계수 값의 범위는?

2016. 3. 6 제1회

① 0에서 1 사이
② −1에서 0 사이
③ −1에서 1 사이
④ −∞에서 +∞ 사이

tip ③ 상관계수는 −1.00에서 +1.00 사이의 값을 갖는데, 0에 가까울수록 변인 간 상관이 낮음을 의미하며, 절댓값 1에 가까울수록 변인 간 상관이 높음을 나타낸다.

[상관계수의 종류]

33 피어슨의 대칭도를 대표치 간의 관계식으로 바르게 나타낸 것은? (단, $\overline{X}$: 산술평균, Me : 중위수, Mo : 최빈수)

2016. 8. 21 제3회

① $\overline{X} - Mo = 3(Me - \overline{X})$
② $Mo - \overline{X} = 3(Mo - Me)$
③ $\overline{X} - Mo = 3(\overline{X} - Me)$
④ $Mo - \overline{X} = 3(Me - Mo)$

tip 각 분포에서 중앙값, 최빈값, 평균값의 위치가 달라지는 특성을 보이는데 이 세 가지 값 간에 다음과 같은 공식이 적용된다. 이 식을 피어슨의 실험공식이라 하고, 대칭의 상태에 따라 관계식이 달라진다.

$\overline{X} - Mo = 3(\overline{X} - Me)$

31. ④ 32. ③ 33. ③

02 회귀분석

01 회귀분석(Regression Analysis)의 의의

① **독립변수**와 **종속변수** 간의 관계분석을 통해 알고 있는 변수로부터 알지 못하는 변수를 예측할 수 있도록 변수들간의 관계식(=회귀식)을 찾아내는 분석 방법

참고 》 독립변수와 종속변수

㉠ **독립변수**(independent variable) : 종속변수에 영향을 미치는 변수이며, 연구자의 조작이 가능한 변수(동의어 : 원인변수(reason variable), 설명변수(explanatory variable))
㉡ **종속변수**(dependent variable) : 회귀분석을 통해 예측하고자 하는 변수이며, 독립변수에 의해 값이 결정되는 변수(동의어 : 결과변수(result variable), 반응변수(response variable))

② 인과관계 … Y(종속변수) ← X(독립변수)

02 회귀분석의 목적

① 변수들의 상관관계의 크기와 유의도 정도를 알려준다.

② 독립변수와 종속변수 간의 상관관계(상호관련성 여부)를 알려준다.

③ 독립변수와 종속변수 간의 관계가 양의 방향 또는 음의 방향으로 관련되어 있는지를 알려준다.

④ 독립변수와 종속변수로 만들어진 회귀식의 적합도를 알려준다.

03 회귀분석의 절차

① 두 변수의 선형관계를 알아보기 위하여 산점도를 작성한다.

② 최소자승법을 이용하여 최적의 직선식(=회귀식)을 구한다.

③ 귀무가설을 기각할 것인가를 결정하기 위하여 분산분석을 실시한다.

④ 이상의 분석을 기초로 의사결정을 한다.

04 회귀분석의 가정

최근 6년 출제 경향 : 5문제 / 2013(3), 2014(1), 2016(1)

① 독립변수들은 비교적 독립적이어야 한다.

② 분석되는 모든 변수들의 관측 자료에 오류가 포함되지 않아야 한다.

③ 독립적으로 추출 · 분석한 각 관측치가 무작위표본을 구성하여야 한다.

④ **잔차** 평균이 0이어야 하며 잔차 크기나 분산이 관측값의 영향을 받으면 안 된다.

⑤ 회귀분석에 사용된 함수식이 종속변수에 영향을 끼친다고 생각되는 독립변수를 포함하며, 두 변수 간의 관계가 이론적인 면은 물론 관측 자료의 적합도 면에서도 타당성을 가진다.

참고 》 잔차의 성질

㉠ 실제 관찰치(Y_i)와 회귀식으로부터 계산된 종속변수의 예측치($\hat{y_i} = \alpha + \beta x_i$)의 차(−)이다.

㉡ 잔차의 합 $\sum_{i=1}^{n} e_i = 0$이다.

㉢ 잔차들의 x_i, $\hat{y_i}$에 대한 가중합 $\sum_{i=1}^{n} x e_i = 0$, $\sum_{i=0}^{n} \hat{y_i} e_i = 0$이다.

㉣ 잔차의 검토를 통해 단순회귀모형의 직선관계, 등분산성, 독립성, 정규성 등이 옳은지를 추정할 수 있다.

㉤ 잔차의 크기는 오차항의 분산 σ^2의 크기에 따라 나타난다.

단원별 기출문제

[회귀분석의 가정]

01 다음 중 회귀분석에 관한 설명으로 틀린 것은?

2013. 3. 10 제1회

① 회귀분석은 자료를 통하여 독립변수와 종속변수간의 함수관계를 통계적으로 규명하는 분석방법이다.

② 회귀분석은 종속변수의 값 변화에 영향을 미치는 중요한 독립변수들이 무엇인지 알 수 있다.

③ 단순회귀선형모형의 오차(ϵ_i)에 대한 가정에서 $\epsilon_i \sim N(0,\ \sigma^2)$이며, 오차는 서로 독립이다.

④ 최소자승법은 회귀모형의 절편과 기울기를 구하는 방법으로 잔차의 합을 최소화시킨다.

tip 최소자승법은 잔차의 제곱합을 최소화 시킨 것이다.

[회귀분석의 가정]

02 회귀분석에서 관측값과 예측값의 차이는?

2013. 3. 10 제1회

① 오차(error)
② 편차(deviation)
③ 잔차(residual)
④ 거리(distance)

tip 잔차 $e_i = y_i - \hat{y_i}$

01. ④ 02. ③

[회귀분석의 가정]

03 선형회귀모형에서 오차항에 관한 설명으로 틀린 것은?

2013. 6. 2 제2회

① 오차의 확률분포의 평균은 1이다.

② 각 오차는 근사하게 정규분포를 따른다.

③ 오차의 확률분포의 분산은 독립변수의 모든 값에 대해 동일하다.

④ 각 오차는 서로 독립적이다.

tip 선형회귀모형에서 오차항의 가정은 정규성, 등분산성, 독립성이며 평균은 0이다.

[회귀분석의 가정]

04 단순회귀모형 $Y=\alpha+\beta x+\epsilon$에서 회귀직선의 유의성을 검정하기 위한 가설로 옳은 것은?

2014. 3. 2 제1회

① $H_0:\beta=0,\ H_1:\beta\neq 0$ ② $H_0:\beta\neq 0,\ H_1:\beta=0$

③ $H_0:\beta=0,\ H_1:\beta>0$ ④ $H_0:\beta=0,\ H_1:\beta<0$

tip 단순회귀모형에서 회귀직선의 유의성 검정은 $H_0:\beta=0$, $H_1:\beta\neq 0$이다.

[회귀분석의 가정]

05 분산분석에서의 총 변동은 처리 내에서의 변동과 처리 간의 변동으로 구분된다. 그렇다면 각 처리 내에서의 변동의 합을 나타내는 것은?

2016. 5. 8 제2회

① 총제곱합 ② 처리제곱합

③ 급간제곱합 ④ 잔차제곱합

① 측정값과 총평균의 편차의 제곱합

② 각 집단의 효과 차이로 인한 변동

03. ① 04. ① 05. ④

단순회귀분석

01 단순회귀분석의 의의

최근 6년 출제 경향 : 12문제 / 2014(2), 2015(4), 2016(5), 2017(1)

① 한 개의 독립변수를 고려하여 종속변수와 독립변수 간의 상호관련성을 하나의 함수식으로 나타내는 것

② 종속변수 개수 1개, 독립변수 개수 1개

02 회귀모형식과 회귀계수 추정

최근 6년 출제 경향 : 27문제 / 2014(8), 2015(6), 2016(8), 2017(5)

(1) 기본 회귀모형식

$Y_i = \beta_0 + \beta_1 X_i + \epsilon_i$

Y_i=종속변수(동의어 : 반응변수, 결과변수)

X_i=독립변수(동의어 : 설명변수, 원인변수)

β_0 : 절편(=상수항), β_1 : 기울기 → 추정해야 될 모수

(2) 회귀계수 추정

① 최소제곱법(least square estimation)

㉠ **잔차**의 제곱합을 최소로 하는 직선으로 거리의 합이 가장 작은 직선을 의미

㉡ 잔차들의 제곱의 합이 최소가 되는 β_0, β_1을 추정하는 것

참고 ⟫ 잔차

회귀식으로부터 계산된 종속변수의 예측치($\overline{Y_i}$)와 실제 관찰치(Y_i)의 차

② β_0 추정 … $\hat{\beta}_0 = \overline{Y} - \hat{\beta}_1 \overline{X}$

③ β_1 추정 … $\hat{\beta}_1 = \dfrac{\sum_{i=1}^{n}(X_i - \overline{X})(Y_i - \overline{Y})}{\sum_{i=1}^{n}(X_i - \overline{X})^2}$

참고 ⟫ 최소제곱법 원리

$$\min \sum e_i^2 = \min \sum (Y_i - \hat{Y}_i)^2$$

$$= \min \sum (Y_i - \hat{\beta}_0 - \hat{\beta}_1 X_i)^2$$

- $\hat{\beta}_0$ 에 대한 편미분

  $-2\sum(Y - \hat{\beta}_0 - \hat{\beta}_1 X_i) = 0 \Rightarrow \sum Y_i = n\hat{\beta}_0 + \hat{\beta}_1 \sum X_i$

- $\hat{\beta}_1$ 에 대한 편미분

  $2\sum(Y - \hat{\beta}_0 - \hat{\beta}_1 X_i)(-X_i) = 0 \Rightarrow \sum Y_i X_i = \hat{\beta}_0 \sum X_i + \hat{\beta}_1 \sum X_i^2$

- 정규방정식

  $\sum Y_i = n\hat{\beta}_0 + \hat{\beta}_1 \sum X_i$

  $\sum Y_i X_i = \hat{\beta}_0 \sum X_i + \hat{\beta}_1 \sum X_i^2$

- 추정결과

$$\hat{\beta}_1 = \frac{\sum_{i=1}^{n}(X_i - \overline{X})(Y_i - \overline{Y})}{\sum_{i=1}^{n}(X_i - \overline{X})^2}$$

$$\hat{\beta}_0 = \overline{Y} - \hat{\beta}_1 \overline{X}$$

④ 회귀계수 추정 방법

> 예 어떤 약품 첨가물의 양(x)과 효능(y)에 대한 데이터이다. 최소자승법을 사용하여 회귀직선식을 추정하여라.
>
> | x | 1.7 | 2.3 | 2.8 | 3.5 | 4.2 | 4.9 |
> |---|---|---|---|---|---|---|
> | y | 33 | 35 | 50 | 45 | 66 | 63 |
>
> 풀이) $\overline{x} = 3.233$, $\overline{y} = 48.667$, $S(xx) = 7.1933$, $S(xy) = 75.8667$
>
> $\beta = \dfrac{S(xy)}{S(xx)} = \dfrac{75.8667}{7.1933} = 10.5469$
>
> $\alpha = \overline{y} - \beta\overline{x} = 48.667 - 10.5469 \times 3.233 = 14.5689$
>
> 회귀식 $\hat{y} = 14.5689 + 10.5469x$

03 회귀모형의 적합성 검정

- β_0과 β_1의 추정치가 통계적으로 유의한지 살펴보는 과정이다.
- β_0가 유의하지 않다고 판단되면, 그 회귀직선은 y절편이 0이라고 보아도 좋으나 β_1이 유의하지 않다고 판단되면, 회귀직선 자체가 무의미하게 된다.

(1) β_0에 대한 검정

① 가설

$H_o : \beta_0 = 0$

$H_1 : \beta_0 \neq 0$

② 검정통계량

$$T = \frac{\widehat{\beta_0} - \beta_0}{S_{\widehat{\beta_0}}} \sim t_{(n-2)} \text{ 단, } S_{\widehat{\beta_0}} = \sigma^2\left[\frac{1}{n} + \frac{\overline{X^2}}{\sum_{i=1}^{n}(X_i - \overline{X})^2}\right]$$

(2) β_1에 대한 검정

① 가설

$H_o: \beta_1 = 0$

$H_1: \beta_1 \neq 0$

② 검정통계량

$$T = \frac{\widehat{\beta_1} - \beta_1}{S_{\widehat{\beta_1}}} \sim t_{(n-2)} \quad 단, \ S_{\widehat{\beta_1}} = \frac{\sigma^2}{\sum_{i=1}^{n}(X_i - \overline{X})^2}$$

(3) 분산분석표

변동의 원인	변동	자유도	평균변동	F
회귀	SSR	1	$MSR = SSR/1$	MSR/MSE
잔차	SSE	$n-2$	$MSE = SSE/n-2$	
총변동	SST	$n-1$		

회귀직선이 유효한지에 대한 검정은 위의 분산분석표에 의거해서 F검정을 실시한다.

① 가설

$H_o: \beta_1 = 0$

$H_1: \beta_1 \neq 0$

② 검정통계량

$$T = \frac{\widehat{\beta_1} - \beta_1}{S_{\widehat{\beta_1}}} \sim t_{(n-2)} \quad 단, \ S_{\widehat{\beta_1}} = \frac{\sigma^2}{\sum_{i=1}^{n}(X_i - \overline{X})^2}$$

③ 변동의 계산

$Y_i - \overline{Y} = \widehat{Y}_i - \overline{Y} + Y_i - \widehat{Y}_i \Rightarrow$ 제곱

$(Y_i - \overline{Y}) = (\widehat{Y}_i - \overline{Y})^2 + (Y_i - \widehat{Y}_i)^2 \Rightarrow \text{summation}$

$$\sum_{i=1}^{n}(Y_i - \overline{Y})^2 = \sum_{i=1}^{n}(\widehat{Y}_i - \overline{Y})^2 + \sum_{i=1}^{n}(Y_i - \widehat{Y}_i)^2$$

전체편차 (SST)   회귀에 의한 설명 (SSR)   설명 못하는 부분 (SSE)

위의 변동은 정규성 가정에 의해서 모두 χ^2 분포로 유도할 수 있다. 회귀식이 주어진 자료를 잘 설명할 수 있으려면 '회귀에 의한 설명' 부분이 '설명 못하는 부분'에 비해서 상대적으로 더 큰 값을 가져야 하므로 다음의 비에 관심을 두게 된다.

$$\frac{\text{회귀에 의한 설명}(SSR)}{\text{설명 못하는 부분}(SSE)}$$

이러한 χ^2분포를 갖는 변수의 비는 적당한 변환에 의해서 F 분포를 유도할 수 있다.

$$\frac{SSR/SSR\text{의 자유도}}{SSE/SSE\text{의 자유도}} = \frac{SSR/1}{SSE/n-2} \sim F(SSR\text{의 자유도}, SSE\text{의 자유도}) = F(1, n-2)$$

04 회귀모형의 진단

최근 6년 출제 경향 : 23문제 / 2012(7), 2013(13), 2015(1), 2016(1), 2017(1)

인과관계를 갖는 모든 이변량은 회귀모형으로 나타낼 수 있다. 하지만, 이렇게 나타낸 회귀모형이 과연 타당한지의 여부를 살펴보는 것 또한 매우 중요하다. 실제로 많은 사람들이 단순히 회귀모형을 적용하여 회귀계수를 계산한 것만으로 분석을 종료하는 오류를 범하고 있다. 따라서, 회귀모형적합의 타당성을 알아보는 회귀진단과정이 필요하다.

① 적합한 회귀모형을 사용하여야 예측과 진단에 대한 오류가 적게 나타난다.

② 회귀모형적합의 타당성을 알아보는 회귀진단과정이 필요하다.

③ 결정계수(R^2)

㉠ 결정계수의 개념

- 회귀모형으로 주어진 자료의 변동을 얼마나 설명할 수 있는지에 대한 척도
- 전체변동에서 회귀식이 설명해 주는 변동비

$$R^2 = \frac{SSR}{SST} = 1 - \frac{SSE}{SST}$$

예를 들어, 결정계수의 값이 0.67로 계산되었다면 주어진 자료는 회귀모형에 의해서 67% 정도의 변동을 설명할 수 있다는 의미를 갖는다.

㉡ 결정계수의 성질

- $0 \leq R^2 \leq 1$
- $R^2=1$: 오차의 제곱합이 0이며, 추정회귀선이 표본자료의 관찰 값이 모두 완벽하게 자료를 설명하고 있다는 것을 의미한다.
- $R^2=0$: 독립변수 X와 종속변수 Y가 아무런 관계가 없으며, 추정회귀선에 의하여 전혀 설명되지 않으며 자료에 부적합한 회귀선을 의미한다.
- 추정기울기 $\widehat{\beta_1}=0$ 이면 오차의 제곱합과 총제곱합이 같으므로 $R^2=0$

④ 오차의 가정

㉠ 오차의 개념

- $\epsilon_i \sim N(0, \sigma^2)$
- 회귀모형에서 오차항은 분산이 상수이며 서로 독립인 정규분포를 따른다고 가정한다.
- 잔차의 분포는 오차항의 분포와 동일한 성질을 갖는다고 가정한다.
- 잔차 : 회귀식으로부터 계산된 종속변수의 예측치($\overline{Y_i}$)와 실제 관찰치(Y_i)의 차
- 잔차분석 : 잔차의 분포가 실제로 어떻게 나타나는지를 살펴보는 과정

㉡ 잔차의 형태

- 잔차는 등분산성, 독립성을 만족하여야 한다.

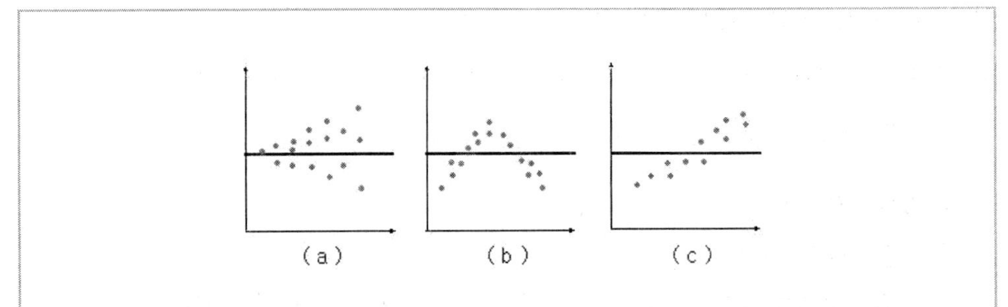

(a) 등분산성에 의심이 가는 잔차
(b) 독립성에 의심이 가는 잔차
(c) 고려중인 변수 외에 다른 변수가 필요한 경우

- 문제 해결 : 주어진 자료를 변형시켜 회귀분석을 다시 실시하거나, 새로운 분석모형을 설정

단원별 기출문제

[단순회귀분석의 의의]

01 **두 변수 x와 y의 함수관계를 알아보기 위하여 크기가 10인 표본을 취하여 단순회귀분석을 실시한 결과 회귀식 $y = 20 - 0.1x$를 얻었고, 결정계수 R^2은 0.81이었다. x와 y의 상관계수는?**

2014. 3. 2 제1회

① −0.1　　② −0.81
③ −0.9　　④ −1.1

tip 단순회귀분석에서 $R^2 = r^2$, 그리고 회귀계수(기울기)의 부호가 음수(−0.1)이므로 상관계수의 부호도 음수 $r = -0.9$

[단순회귀분석의 의의]

02 **회귀분석에서는 회귀모형에 대한 몇 가지 가정을 전제로 하여 분석을 실시하게 되며, 이러한 가정들에 대한 타당성은 잔차분석(residual analysis)을 통하여 판단하게 된다. 이 때 검토되는 가정이 아닌 것은?**

2014. 3. 2 제1회

① 정규성　　② 등분산성
③ 독립성　　④ 불편성

tip 회귀분석의 기본 가정 … 오차항의 정규성, 등분산성, 독립성

04. ③ 02. ④

[단순회귀분석의 의의]

03 단순회귀분석을 수행한 결과 다음의 결과를 얻었다.

> $\hat{y} = 5.766 + 0.722x$, $\overline{x} = 118/5 = 23.6$
> 총제곱합(SST)=192.8, 잔차제곱합(SSE)= 21.312

결정계수 R^2 값과 기울기에 대한 가설 $H_0 : \beta_1 = 0$에 대한 유의수준 5%의 검정결과로 옳은 것은? (단, $\alpha = 0.05$, $t(0.025,\ 3) = 3.182$, $\sum_{i=1}^{5}(x_i - \overline{x})^2 = 329.2$)

2015. 3. 8 제1회

① $R^2 = 0.889$, 기울기를 0이라 할 수 없다.
② $R^2 = 0.551$, 기울기를 0이라 할 수 없다.
③ $R^2 = 0.889$, 기울기를 0이라 할 수 있다.
④ $R^2 = 0.551$, 기울기를 0이라 할 수 있다.

tip $R^2 = \dfrac{SSR}{SST} = \dfrac{SST - SSE}{SST}$ 이므로 $\dfrac{192.8 - 21.312}{192.8} = 0.889$ 이고,
$F = \dfrac{SSR/k}{SSE/n-k-1} = \dfrac{MSR}{MSE}$ 이므로 $= \dfrac{171.488}{7.104} = 24.139$ 이며,
$H_0: \beta_1 = 0, H_1: \beta_1 \neq 0$ 에서 귀무가설을 기각해 기울기를 0이라고 할 수 없다.

[단순회귀분석의 의의]

04 단순회귀모형에 대한 설명으로 틀린 것은?

2015. 3. 8 제1회

① 독립변수는 오차없이 측정가능해야 한다.
② 종속변수는 측정오차를 수반하는 확률변수이다.
③ 독립변수는 정규분포를 따른다.
④ 종속변수의 측정오차들은 서로 독립적이다.

tip ③ 영향을 받게 되는 종속변수의 측정오차는 정규분포를 따라야 한다.

03. ① 04. ③

[단순회귀분석의 의의]

05 다음은 단순회귀분석에서의 분산분석결과이다. 결정계수를 구하면?

2015. 8. 16 제3회

	자유도	제곱합
회귀	1	1575.76
잔차	8	349.14
계	9	1924.90

① 0.15
② 0.18
③ 0.82
④ 0.94

tip $R^2 = \dfrac{SSR}{SST}$에 의해, $\dfrac{1,575.76}{1,924.90} = 0.8186$은 반올림하여 0.82가 된다.

[단순회귀분석의 의의]

06 크기가 10인 (x, y)자료로부터 단순선형회귀 분석을 수행한 결과 $\hat{y} = a - 0.478x$, $\overline{x} = 3.8$, $\overline{y} = 2.2$를 얻었다. a의 값은?

2015. 8. 16 제3회

① 1.580
② 2.038
③ 4.016
④ 4.861

tip $\hat{\alpha} = \overline{y} - \hat{b}\overline{x} = 2.2 - (-0.478 \times 3.8) = 4.0164$

[단순회귀분석의 의의]

07 추정된 회귀선이 주어진 자료에 얼마나 잘 적합되는지를 알아보는데 사용하는 결정계수를 나타낸 식이 아닌 것은? (단, Y_i는 주어진 자료의 값이고, $\widehat{Y}_i$은 추정값이며, $\overline{Y}$는 자료의 평균이다.)

2016. 3. 6 제1회

① $\dfrac{\text{회귀제곱합}}{\text{총제곱합}}$
② $\dfrac{\sum(\widehat{Y}_i - \overline{Y})^2}{\sum(Y_i - \overline{Y})^2}$
③ $1 - \dfrac{\text{잔차제곱합}}{\text{회귀제곱합}}$
④ $1 - \dfrac{\sum(Y_i - \widehat{Y}_i)^2}{\sum(Y_i - \overline{Y})^2}$

05. ③ 06. ③ 07. ③

tip

$$결정계수 = \frac{회귀제곱합}{총제곱합} \text{ 또는 } 결정계수 = 1 - \frac{잔차제곱합}{총제곱합}$$ 이 되어야 한다.

[단순회귀분석의 의의]

08 단순회귀모형의 가정 하에서 최소제곱법에 의해 회귀직선을 추정한 경우, 잔차들의 산포도를 그려봄으로써 검토할 수 없는 것은?

2016. 3. 6 제1회

① 회귀직선의 타당성 ② 오차항의 등분산성

③ 오차항의 독립성 ④ 추정회귀계수의 불편성

tip 잔차분석

㉠ **등분산성 검토** : 잔차 또는 표준화잔차 또는 표준화제외잔차를 수직 좌표축에 설명변수 또는 예측치를 수평좌표축에 놓고 산점도를 그려서 등분산성에 대한 평가를 할 수 있다. 설명변수에 대하여 표준화잔차가 랜덤하게 분포되어 있으면 등분산성 가정을 할 수 있다.

㉡ **정규성 검토** : 잔차에 대한 정규성을 검토하는 방법으로 정규확률그림을 그려보고 이 그래프의 모양이 직선의 모양을 취하면 정규성은 충족되었다고 할 수 있다.

㉢ **독립성 검토** : 독립성의 가정에 대한 검토는 Durbin-Watson 검정 통계량을 이용하여 검정한다. Durbin-Watson 검정 통계량 값이 4에 가까우면 음의 자기상관이 있고, 0에 가까우면 양의 자기상관이 있으며, 2에 가까울 때는 인접한 오차항들이 독립성을 만족함을 의미한다.

[단순회귀분석의 의의]

09 단순회귀분석에서 회귀직선의 기울기와 독립변수와 종속변수의 상관계수와의 관계에 대한 설명으로 옳은 것은?

2016. 3. 6 제1회

① 회귀직선의 기울기가 양수이면 상관계수도 양수이다.

② 회귀직선의 기울기가 양수이면 상관계수도 음수이다.

③ 회귀직선의 기울기가 음수이면 상관계수도 음수이다.

④ 회귀직선의 기울기가 양수이면 공분산이 음수이다.

tip

회귀직선의 기울기의 식은 $b_1 = \frac{S_{xy}}{S_{xx}} = \frac{(표준편차\ x \times 표준편차\ y)}{x의\ 분산}$ 인데, S_{xx}는 x의 분산이므로 음수가 될 수 없다. 따라서 회귀직선의 기울기가 양수이면 S_{xy}는 양수이다. 상관계수의 식은 $\frac{S_{xy}}{S_x \times S_y}$ 이고 S_x, S_y는 x, y의 표준편차이므로 양수이다. 따라서 S_{xy}가 양수이므로, 상관계수도 양수이다.

08. ④ 09. ①

[단순회귀분석의 의의]

10 **단순회귀모형 「$y_i = \beta_0 + \beta_1 x_i + \epsilon_i$, $\epsilon_i \sim N(0,\ \sigma^2)$이고 서로 독립, $i = 1,\ \cdots,\ n$」 하에서 모회귀직선 $E(y) = \beta_0 + \beta_1 x$를 최소제곱법에 의해 추정한 추정회귀직선을 $\hat{y} = b_0 + b_1 x$라 할 때, 다음 설명 중 옳지 않은 것은?**

(단, $S_{xx} = \sum_{i=1}^{n}(x_i - \bar{x})^2$이며 $MSE = \sum_{i=1}^{n}(y_i - \hat{y_i})^2/(n-2)$)

2016. 5. 8 제2회

① 추정량 b_1은 평균이 β_1이고 분산이 σ^2/S_{xx}인 정규분포를 따른다.

② 추정량 b_0은 회귀직선의 절편 β_0의 불편추정량이다.

③ MSE는 오차항 ϵ_i의 분산 σ^2에 대한 불편추정량이다.

④ $\dfrac{b_1 - \beta_1}{\sqrt{MSE/S_{xx}}}$는 자유도 각각 1, $n-2$인 F-분포 $F(1,\ n-2)$를 따른다.

tip ④ $\dfrac{b_1 - \beta_1}{\sqrt{MSE/S_{xx}}}$는 자유도 $n-2$인 t-분포 $t(n-2)$를 따른다.

[단순회귀분석의 의의]

11 **선형회귀분석에서의 모형에 대한 가정으로 틀린 것은?**

2016. 8. 21 제3회

① 독립변수 X와 종속변수 Y 사이에는 선형적 관계를 가정한다.

② 오차항은 평균이 0인 정규분포를 가정한다.

③ 오차항의 분산은 σ^2으로 일정하다.

④ 결정계수 $R^2 = 1$이다.

tip ④ 결정계수란 총 변동 중 회귀선에 의해 설명되는 변동의 비율을 말하며, 혹은 회귀직선의 기여율이라고 한다. $r^2 = \dfrac{SSR}{SST}$이며, $0 \le r^2 \le 1$이다.

10. ④ 11. ④

[단순회귀분석의 의의]

12 **어떤 승용차의 가격이 출고 연도가 지남에 따라 얼마나 떨어지는가를 알아보기 위하여 이 승용차에 대한 중고판매가격에 대한 조사를 하였다. 사용년수와 중고차 가격과의 관계를 보기 위한 적합한 분석방법은?**

2017. 3. 5 제1회

① 단순회귀분석　　② 중회귀분석
③ 분산분석　　④ 다변량분석

tip ① 독립변수의 변화에 따른 종속변수의 변화를 예측하는 데 사용된다. 예를 들면, 사람들의 키(독립변수)와 몸무게(종속변수)의 관계를 하나의 함수식으로 표현하고 이 함수식을 이용하여 특정 키에 대한 몸무게를 예측하고자 할 때 회귀분석을 적용할 수 있다.

[단순회귀분석의 회귀식]

13 **단순회귀모형 $Y_i = \alpha + \beta x_i + \epsilon_i$을 적합하여 다음과 같은 분산분석표를 작성하였다. $H_0: \beta = 0$, $H_1: \beta \neq 0$에 대한 가설검정을 수행하면? (단, 자유도가 $n_1 = 1$, $n_2 = 7$인 F 분포에서 유의수준 $\alpha = 0.05$인 경우 $F(1, 7 : 0.05) = 5.59$, 유의수준 $\alpha = 0.01$인 경우 $F(1, 7 : 0.01) = 12.25$이다.)**

2014. 5. 25 제2회

요인	제곱합	자유도	평균제곱
회귀	35.5	1	35.5
잔차	24.5	7	3.5
계	60	8	

① 유의수준 $\alpha = 0.05$ 와 $\alpha = 0.01$ 모두에서 귀무가설을 기각한다.
② 유의수준 $\alpha = 0.05$ 와 $\alpha = 0.01$ 모두에서 귀무가설을 기각하지 못한다.
③ 유의수준 $\alpha = 0.05$ 에서 귀무가설을 기각하고, $\alpha = 0.01$ 에서 귀무가설을 기각하지 못한다.
④ 유의수준 $\alpha = 0.05$ 에서 귀무가설을 기각하지 못하고, $\alpha = 0.01$ 에서 귀무가설을 기각한다.

tip $F = MSR / MSE = 35.5 / 3.5 = 10.143$
$F < F(1, 7 : 0.05)$, $F > F(1, 7 : 0.01)$이므로 유의수준 0.05에서는 귀무가설 기각, 유의수준 0.01에서는 귀무가설을 채택한다.

12. ① 13. ③

[단순회귀분석의 회귀식]

14 **다음 단순회귀모형에 관한 설명으로 옳은 것은?**

(단, $S_Y^2 = \sum_1^n (Y_i - \overline{Y})^2$, $S_X^2 = \sum_1^n (X_i - \overline{X})^2, e_i \sim N(0, \sigma^2)$**)**

2014. 5. 25 제2회

$$Y_i = \alpha + \beta X_i + e_i,\ i = 1,\ 2,\ \cdots,\ n$$

① X와 Y의 표본상관계수를 r이라 하면 β의 최소제곱추정량은 $\hat{\beta} = r\frac{s_Y}{s_X}$ 이다.

② 모형에서 X_i와 Y_i를 바꾸어도 β의 추정량은 같다.

③ X가 Y의 변동을 설명하는 정도는 결정계수로 계산되며 Y의 변동이 작아질수록 결정계수는 높아진다.

④ 오차항 $e_1, \cdots, e_n$의 분산이 동일하지 않아도 무방하다.

tip ② 반응변수와 설명변수가 바뀌면 β의 추정량은 다르다.
③ 회귀의 의한 변동이 클수록 결정계수는 높아진다.
④ 오차항의 분산은 동일하다는 가정을 따른다.

[단순회귀분석의 회귀식]

15 **다음과 같은 단순회귀식이 있을 때 α, β의 최소제곱 추정값은?**

2014. 5. 25 제2회

$$Y_i = \alpha + \beta X_i + \epsilon_i \quad i = 1, \cdots, n$$

$$\overline{X} = \frac{1}{n}\sum_{i=1}^{n} X_i = 50,\ \sum_{i=1}^{n}(X_i - \overline{X})(Y_i - \overline{Y}) = -3500$$

$$\overline{Y} = \frac{1}{n}\sum_{i=1}^{n} Y_i = 100,\ \sum_{i=1}^{n}(X_i - \overline{X})^2 = 2000$$

① 187.5, −1.75
② 190.5, −2.75
③ 200.5, −1.75
④ 187.5, −2.75

tip

$$\hat{\alpha}_0 = \bar{y} - \hat{\beta}\bar{x} = 100 - (-1.75)(50) = 187.5,\ \hat{\beta} = \frac{\sum_{i=1}^{n}(x_i - \bar{x})(y_i - \bar{y})}{\sum_{i=1}^{n}(x_i - \bar{x})^2} = \frac{-3500}{2000} = -1.75$$

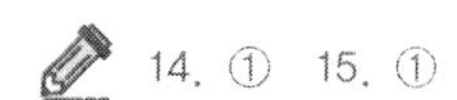
14. ① 15. ①

[단순회귀분석의 회귀식]

16 **통계학 과목을 수강한 학생 가운데 학생 10명을 추출하여, 그들이 강의에 결석한 시간(X)과 통계학점수(Y)를 조사하여 다음 표를 얻었다.**

X	5	4	5	7	3	5	4	3	7	5
Y	9	4	5	11	5	8	9	7	7	6

단순 선형 회귀분석을 수행한 다음 결과의 (　)에 들어갈 것으로 틀린 것은?

2014. 5. 25 제2회

요인	자유도	제곱합	평균제곱	F값
회귀	(a)	9.9	(b)	(c)
잔차	(d)	33.0	(e)	
전체	(f)	42.9		

$R^2 =$ (g)

① $a=1,\ b=9.9$
② $d=8,\ e=4.125$
③ $c=2.4$
④ $g=0.7$

tip

$a=1,\ d=n-2=10-2=8$

$f=n-1=10-1=9$

$b=MSR=\frac{SSR}{1}=9.9$

$e=MSE=\frac{SSE}{n-2}=\frac{33.0}{n-2}=\frac{33.0}{8}=4.125$

$c=\frac{MSR}{MSE}=\frac{9.9}{4.125}=2.4$

$g=R^2=\frac{SSR}{SST}=\frac{9.9}{42.9}0.2307 \fallingdotseq 0.231$

요인	자유도	제곱합	평균제곱	F
회귀	1	9.9	9.9	2.4
잔차	8	33	4.125	
전체	9	42.9		$R^2=0.231$

16. ④

[단순회귀분석의 회귀식]

17 결정계수에 대한 설명과 가장 거리가 먼 것은?

2014. 8. 17 제3회

① $R^2 = \frac{SSE}{SST} = 1 - \frac{SSR}{SST}$

② $0 \le R^2 \le 1$

③ R^2이 1에 가까울수록 추정된 회귀식이 총변동량의 많은 부분을 설명한다.

④ R^2이 0에 가까울수록 추정된 회귀식이 총변동량을 적절히 설명하지 못한다.

tip $R^2 = \frac{SSR}{SST}$

[단순회귀분석의 회귀식]

18 다음 자료는 설명변수(X)와 반응변수(Y) 사이의 관계를 알아보기 위하여 조사한 자료이다. 설명변수(X)와 반응변수(Y) 사이에 단순회귀모형을 가정할 때, 회귀직선의 기울기에 대한 추정값은 얼마인가?

2014. 8. 17 제3회

X_i	1	2	3	4	5	6
Y_i	4	3	2	0	-3	-6

① -2　　② -1

③ 1　　④ 2

$$\hat{\beta_1} = \frac{\sum_{i=1}^{6}(x_i - \bar{x})(y_i - \bar{y})}{\sum_{i=1}^{6}(x_i - \bar{x})^2} = \frac{n(\Sigma X_i Y_i - \Sigma X_i Y_i}{n\Sigma X_i^2 - (\Sigma X_i)^2} = \frac{(6\times -35) - (21\times 0)}{(6\times 91) - (21)^2 = \frac{-210}{546-441}} = -2$$

풀이 시간이 많이 걸리므로, 좌표로 산점도를 그려 대략적인 기울기를 찾는 것도 하나의 방법이다.

구분							합계
X_i	1	2	3	4	5	6	21
Y_i	4	3	2	0	-3	-6	0
X_i^2	1	4	9	16	25	36	91
Y_i^2	16	9	4	0	9	36	74
$X_i Y_i$	4	6	6	0	-15	-36	-35

17. ①　18. ①

[단순회귀분석의 회귀식]

19 **어떤 화학 반응에서 생성되는 반응량(Y)이 첨가제의 양(X)에 따라 어떻게 변화하는지를 실험하여 다음과 같은 자료를 얻었다. 변화의 관계를 직선으로 가정하고 최소제곱법에 의하여 회귀직선을 추정할 때 추정된 회귀직선의 절편과 기울기는?**

2014. 8. 17 제3회, 2017. 5. 7 제2회

X	1	3	4	5	7
Y	2	4	3	6	9

① 절편 0.2, 기울기 1.15　　② 절편 1.15, 기울기 0.2
③ 절편 0.4, 기울기 1.25　　④ 절편 1.25, 기울기 0.4

tip $\hat{\beta}_0 = \bar{y} - \hat{\beta}_1 \bar{x}$, $\hat{\beta}_1 = \dfrac{\sum_{i=1}^{5}(x_i-\bar{x})(y_i-\bar{y})}{\sum_{i=1}^{5}(x_i-\bar{x})^2}$

[단순회귀분석의 회귀식]

20 **두 변수 X와 Y에 대해서 9개의 관찰값으로부터 계산된 통계량들이 다음과 같을 때 통계량의 값에서 충정한 단순회귀모형은?**

2014. 8. 17 제3회

$$\overline{X} = 5.9,\ \overline{Y} = 15.1,\ S_{XX} = \sum_{i=1}^{9}(X_i - \overline{X})^2 = 40.9,$$
$$S_{YY} = \sum_{i=1}^{9}(Y_i - \overline{Y})^2 = 370.9$$
$$S_{XY} = \sum_{i=1}^{9}(X_i - \overline{X})(Y_i - \overline{Y}) = 112.1$$

① $\hat{Y} = -1.07 - 2.74X$　　② $\hat{Y} = -1.07 + 2.74X$
③ $\hat{Y} = 1.07 - 2.74X$　　④ $\hat{Y} = 1.07 + 2.74X$

tip $\hat{\beta}_0 = \bar{y} - \hat{\beta}_1 \bar{x} = 15.1 - (2.74 \times 5.9) = -1.066 \fallingdotseq -1.07$

$$\hat{\beta}_1 = \frac{\sum_{i=1}^{9}(x_i-\bar{x})(y_i-\bar{y})}{\sum_{i=1}^{9}(x_i-\bar{x})^2} = \frac{S_{XY}}{S_{XX}} = \frac{112.1}{40.9} = 2.74$$

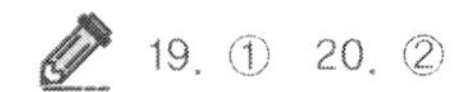

19. ①　20. ②

[단순회귀분석의 회귀식]

21 **단순회귀모형에 대한 추정회귀직선이 $\hat{y}=a+bx$ 일 때, b의 값은?**

2015. 3. 8 제1회

	평균	표준편차	상관계수
x	40	4	0.75
y	30	3	

① 0.07　　② 0.56

③ 1.00　　④ 1.53

tip 문제에서 주어진 내용들을 기반으로 하면

$r=\dfrac{S_{xy}}{\sqrt{S_{xx}}\sqrt{S_{yy}}}=\dfrac{S_{xy}}{4\times 3}$ 이고, $S_{xy}=0.75\times 12=9$ 이므로

$b=\dfrac{S_{xy}}{S_{xx}}=\dfrac{9}{16}=0.5625$가 된다.

[단순회귀분석의 회귀식]

22 **단순선형회귀모형 $y=\alpha+\beta x+\epsilon$을 적용하여 주어진 자료들로부터 회귀직선을 추정하고 다음과 같은 분산분석표를 얻었다. 이 때 추정에 사용된 자료수와 결정계수는?**

2015. 5. 31 제2회

요인	제곱합	자유도	평균제곱	F	유의확률
회귀	18.18	1	18.18	629.76	0.0001
잔차	0.289	10	0.0289		
계	18.469	11			

① 11, $\dfrac{18.18}{0.289}$　　② 11, $\dfrac{18.18}{18.469}$

③ 12, $\dfrac{18.18}{0.289}$　　④ 12, $\dfrac{18.18}{18.469}$

tip 총 자유도 $n-1=11$이므로 활용된 자료 수는 12이고, 결정계수는 다음과 같이 나타낼 수 있다.

$R^2=\dfrac{SSR}{SST}=\dfrac{SST-SSE}{SST}=\dfrac{18.18}{18.469}$가 된다.

21. ②　22. ④

[단순회귀분석의 회귀식]

23 회귀분석에서 결정계수(R^2)에 관한 설명으로 옳은 것은?

2015. 5. 31 제2회

① 결정계수로부터 상관계수를 알 수 있다.

② 종속변수가 독립변수를 몇 %나 설명할 수 있는지를 나타낸다.

③ 추정된 회귀식이 유의한지를 판단하는 유일한 기준치이다.

④ 독립변수가 종속변수를 몇 %나 설명할 수 있는지를 나타낸다.

tip 결정계수는 표본관측으로 추정한 회귀선이 실제로 관측된 표본을 어느 정도 설명해 주고 있는가, 다시 말해 회귀선이 실제 관측치를 어느 정도 대표해서 그 적합성을 보여주고 있는가를 측정하는 계수로 나타낸 것인데, 이 값은 0과 1 사이의 값을 지닌다.

[단순회귀분석의 회귀식]

24 다음 회귀방정식을 통해 30세의 경상도출신으로 대학을 졸업한 남자의 연소득을 추정하면?

2015. 5. 31 제2회

> 소득 = 0.5 + 1.2성 + 0.7서울 + 0.4경기 + 0.5경상도 + 1.1대학 + 0.7고등 + 0.02연령
>
> (소득 : 연 평균소득, 단위 : 천만 ; 성 : 더미변수(여자 : 0, 남자 : 1) ; 서울 : 더미변수(서울 : 1, 그 외 : 0) 경기, 경상도 변수도 동일함 ; 대학 : 더미변수 (대졸 : 1, 그 외 : 0), 고등 변수도 동일함 ; 연령 : 단위 : 살)

① 2,500만원　　② 3,100만원

③ 3,900만원　　④ 4,600만원

tip 소득 = 0.5 + 1.2 × 1 + 0.5 × 1 + 1.1 × 1 + 0.02 × 30 = 3.9

∴ 3,900만원으로 추정이 가능하다.

23. ④　24. ③

[단순회귀분석의 회귀식]

25 **설명변수(X)와 반응변수(Y) 사이에 단순회귀모형을 가정할 때, 결정계수는?**

2015. 5. 31 제2회

X	0	1	2	3	4	5
Y	4	3	2	0	−3	−6

① 0.205 ② 0.555

③ 0.745 ④ 0.946

 결정계수

X	0	1	2	3	4	5
Y	4	3	2	0	−3	−6

	제곱합	자유도	평균제곱합	F
회귀	70	1	70	70
오차	4	4	1	
총합	74	5		

$\overline{x}=2.5,\ \overline{y}=0$

$\sum x_1 = 15 \sum y_i = 0$

$\sum x_i^2 = 55,\ \sum y_i^2 = 74,\ \sum x_i y_i = -35$

$S_{xx}\,17.5,\ S_{yy} = 74,\ S_{xy} = -35$

$SST = SSR + SSE$

$$S_{yy} = \frac{S_{xy}^2}{S_{xx}} + \left(S_{yy} - \frac{S_{xy}^2}{S_{xx}}\right)$$

$R^2 = \dfrac{SSR}{SST} = \dfrac{70}{74} = 0.9459$ 이며, 반올림하여 0.946이 된다.

25. ④

[단순회귀분석의 회귀식]

26 **다음과 같은 자료가 주어져 있다. 최소제곱법에 의한 회귀직선은?**

2015. 8. 16 제3회

x	y
3	12
4	22
5	32
3	22
5	32

① $y=\frac{30}{4}x-6$　　② $y=\frac{30}{4}x+6$

③ $y=\frac{30}{2}x-6$　　④ $y=\frac{30}{2}x+6$

tip

$\bar{x}=4,\ \bar{y}=24$

$\sum x_i=20,\ \sum y_i=120,\ \sum x_i^2=84,\ \sum y_i^2=3,160$

$\sum x_i y_i=510$ 여기에서 $S_{xx}=4,\ S_{xy}=30$

$\hat{\beta}=\frac{30}{4}$

$\alpha=\bar{y}-\hat{\beta}\bar{x}=24-\frac{30}{4}\times 4=-6$

$y=\frac{30}{4}x-6$

26. ①

[단순회귀분석의 회귀식]

27 2개의 독립변수를 사용하여 선형회귀분석을 한 결과 다음의 분산분석표를 얻었다. 총 관측수가 11이었다면 회귀제곱합의 값은?

2016. 3. 6 제1회

변인	자유도	제곱합	평균제곱	F
회귀 오차	2 8	**** 200	400 25	16
총	10	****		

① 400
② 800
③ 1200
④ 1600

tip 평균제곱 $= \frac{\text{제곱합}}{\text{자유도}}$ 이므로 회귀제곱합은 800이다.

[단순회귀분석의 회귀식]

28 다음 자료에 대하여 X를 독립변수로 Y를 종속변수로 하여 선형회귀분석을 하고자 한다. 자료를 요약한 값을 이용하여 추정회귀직선의 기울기와 절편을 구하면?

2016. 3. 6 제1회

X	2	3	4	5	6
Y	4	7	6	8	10

(단, $\overline{X}=4,\ \overline{Y}=7,\ \sum_{i=1}^{5}(X_i-\overline{X})(Y_i-\overline{Y})=13,\ \sum_{i=1}^{5}(X_i-\overline{X})^2=10$)

① 기울기 = 0.77, 절편 = 3.92
② 기울기 = 0.77, 절편 = 1.80
③ 기울기 = 1.30, 절편 = 3.92
④ 기울기 = 1.30, 절편 = 1.80

tip
$$\hat{\beta}=\frac{S_{XY}}{S_{XX}}=\frac{\Sigma(X_i-\overline{X})(Y_i-\overline{Y})}{\Sigma(X_i-\overline{X})^2}=\frac{13}{10}=1.3$$
$$\hat{\alpha}=\overline{Y}-\hat{\beta}\overline{X}=7-1.3\times4=1.8$$

27. ② 28. ④

[단순회귀분석의 회귀식]

29 **단순회귀모형 $Y_i = \alpha + \beta x_i + \epsilon_i$, $\epsilon_i \sim N(0, \sigma^2)$이고 서로 독립$(i=1, 2, \cdots, n)$에서 가설 $H_0 : \beta = 0$, $H_1 : \beta \neq 0$에 대한 검정통계량은?**

2016. 5. 8 제2회

① $\dfrac{\sum_{i=1}^{n}(\hat{y_i} - \overline{y})^2}{\sum_{i=1}^{n}(y_i - \overline{y})^2/(n-1)}$

② $\dfrac{\sum_{i=1}^{n}(y_i - \hat{y_i})^2/(n-2)}{\sum_{i=1}^{n}(y_i - \overline{y})^2/(n-1)}$

③ $\dfrac{\sum_{i=1}^{n}(\hat{y_i} - \overline{y})^2}{\sum_{i=1}^{n}(y_i - \hat{y_i})^2/(n-2)}$

④ $\dfrac{\sum_{i=1}^{n}(y_i - \overline{y})^2/(n-1)}{\sum_{i=1}^{n}(y_i - \hat{y_i})^2/(n-2)}$

tip

검정통계량 $F = \dfrac{MSR}{MSE} = \dfrac{\frac{SSR}{1}}{\frac{SSE}{n-2}} = \dfrac{\sum_{i=1}^{n}(\hat{y_i} - \overline{y})^2}{\frac{\sum_{i=1}^{n}(y_i - \hat{y_i})^2}{n-2}}$

[단순회귀분석의 회귀식]

30 **다음의 가상의 자료를 이용하여 단순선형회귀모형을 추정하면?**

2016. 5. 8 제2회

$n = 10$, $\sum_{i=1}^{n} x_i = 90$, $\sum_{i=1}^{n} y_i = 50$,

$\sum_{i=1}^{n}(x_i - \overline{x})^2 = 160$, $\sum_{i=1}^{n}(x_i - \overline{x})(y_i - \overline{y}) = 80$,

$\sum_{i=1}^{n}(y_i - \overline{y})^2 = 120$

① $\hat{y} = 0.5x - 0.5$

② $\hat{y} = 1.5x - 8.5$

③ $\hat{y} = 0.5x + 0.5$

④ $\hat{y} = 1.5x + 8.5$

29. ③ 30. ③

tip

$$\hat{\beta}=\frac{S_{xy}}{S_{xx}}=\frac{\Sigma(x_i-\overline{x})(y_i-\overline{y})}{\Sigma(x_i-\overline{x})^2}=\frac{80}{160}=0.5$$

$$\hat{\alpha}=\overline{y}-\hat{\beta}\overline{x}=5-0.5\times 9=0.5$$

$$\hat{y}=\hat{\alpha}+\hat{\beta}x=0.5+0.5x$$

[단순회귀분석의 회귀식]

31 **성별 평균소득에 관한 설문조사자료를 정리한 결과, 집단 내 평균제곱(mean squares within groups)은 50, 집단 간 평균제곱(mean square between groups)은 25로 나타났다. 이 경우에 F값은?**

2016. 8. 21 제3회

① 0.5　　② 2

③ 25　　④ 75

tip

$$F=\frac{MSB}{MSW}=\frac{25}{50}=0.5$$

[단순회귀분석의 회귀식]

32 **다음은 회귀분석 결과를 정리한 분산분석표이다. (　)에 알맞은 ㉠, ㉡, ㉢, ㉣ 값을 순서대로 나열한 것은?**

2016. 8. 21 제3회

	자유도	제곱합	평균제곱	F
모델	2	390	(㉠)	(㉡)
잔차	(㉢)	276	(㉣)	
전체	14	666		

① (195, 8.48, 11, 21)　　② (195, 8.48, 12, 23)

③ (190, 5.21, 11, 21)　　④ (190, 5.21, 12, 23)

㉠ $\frac{390}{2}=195$

㉡ $\frac{195}{23}\fallingdotseq 8.48$

㉢ $14-2=12$

㉣ $\frac{276}{12}=23$

31. ①　32. ②

[단순회귀분석의 회귀식]

33 **단순회귀모형 $y_i = \beta_0 + \beta_1 x_i + \epsilon_i$에 대한 분산분석표가 다음과 같다.**

요인	제곱합	자유도	평균제곱	F - 통계량
회귀	24.0	1	24.0	4.0
오차	60.0	10	6.0	

설명변수와 반응변수가 양의 상관관계를 가질 때, $H_0 : \beta_1 = 0$대 $H_1 : \beta_1 \neq 0$을 검정하기 위한 t - 검정통계량의 값은?

2016. 8. 21 제3회

① −2　　② −1

③ 1　　④ 2

tip 분자의 자유도가 1인 경우 F통계량은 t검정통계량의 제곱과 같으므로, $F = t^2 = 4.0$이고, 설명변수와 반응변수가 양의 상관관계를 가지므로 $t = 2$이다.

[단순회귀분석의 회귀식]

34 **단순회귀분석을 적용하여 자료를 분석하기 위해서 10쌍의 독립변수와 종속변수의 값들을 측정하여 정리한 결과 다음과 같은 값을 얻었다.**

$$\sum_{i=1}^{10} x_i = 39,\ \sum_{i=1}^{10} x^2 = 193,\ \sum_{i=1}^{10} y_i = 35.1$$

$$\sum_{i=1}^{10} {y_i}^2 = 130.05,\ \sum_{i=1}^{10} x_i y_i = 152.7$$

회귀모형 $Y_i = \alpha + \beta x_i + \epsilon$의 β의 최소제곱추정량을 구하면?

2016. 8. 21 제3회

① 0.287　　② 0.357

③ 0.387　　④ 0.487

tip

$$S_{xy} = \sum_{i=1}^{n}(x_i - \bar{x})(y_i - \bar{y}) = n\sum_{i=1}^{n} x_i y_i - \sum_{i=1}^{n} x_i \sum_{i=1}^{n} y_i = 10 \times 152.7 - 39 \times 35.1 = 158.1$$

$$= \sum_{i=1}^{n}(x_i - \bar{x})^2 = n\sum_{n=1}^{n} x_i^2 - \left(\sum_{i=1}^{n} x_i\right)^2 = 10 \times 193 - 39^2 = 409$$

$$\hat{\beta} = \frac{S_{xy}}{S_{xx}} = \frac{158.1}{409} \fallingdotseq 0.387$$

33. ④　34. ③

[단순회귀분석의 회귀식]

35 어떤 제품의 수명은 특정 부품의 수명과 밀접한 관계가 있다고 한다. 제품수명(Y)의 평균과 표준편차는 각각 13과 4이고 부품수명(X)의 평균과 표준편차는 각각 12와 3이다. 상관계수가 0.6일 때 추정회귀직선 $\hat{Y}=\hat{\alpha}+\hat{\beta}X$에서 기울기 $\hat{\beta}$의 값은?

2017. 3. 5 제1회

① 0.6　　② 0.7

③ 0.8　　④ 0.9

tip $\beta=\gamma\times\frac{s_y}{s_x}=0.6\times\frac{4}{3}=0.8$

[단순회귀분석의 회귀식]

36 두 변수 X와 Y에 대한 자료가 다음과 같이 주어졌을 때 단순회귀모형으로 추정한 회귀직선으로 옳은 것은?

2017. 3. 5 제1회

X(설명변수)	0	1	2	3	4
Y(반응변수)	2	1	4	5	8

① $0.8+1.6X$　　② $0.8-1.6X$

③ $-0.8+1.6X$　　④ $-0.8-1.6X$

tip $\beta_0=\bar{y}-\beta_1\bar{x}=4-1.6\times2=0.8$

$$\beta_1=\frac{\sum_{i=1}^{n}(x_i-\bar{x})(y_i-\bar{y})}{\sum_{i=1}^{n}(x_i-\bar{x})^2}=\frac{56-5\times2\times4}{30-5\times4}=\frac{16}{10}=1.6$$

35. ③　36. ①

[단순회귀분석의 회귀식]

37 **단순회귀모형 $y_i = \beta_0 + \beta_1 x_1 + \epsilon_i$, $i = 1$, …, n에서 최소제곱법에 의한 추정 회귀선 $\hat{y} = b_0 + b_1 x_1$의 적합도를 나타내는 결정계수 r^2에 대한 설명으로 틀린 것은?**

2017. 5. 7 제2회

① 결정계수 r^2은 총 변동 $SST = \sum_{i=1}^{n}(y_i - \overline{y})^2$ 중 추정회귀직선에 의해 설명되는 변동 $SST = \sum_{i=1}^{n}(\hat{y_i} - \overline{y})^2$의 비율, 즉 SSR/SST로 성의된다.

② x와 y 사이에 회귀관계가 전혀 존재하지 않아 추정회귀직선의 기울기 b_1이 0인 경우에 결정계수 r^2은 0이 된다.

③ 단순회귀의 경우 결정계수 r^2은 x와 y의 상관계수 r_{xy}와는 직접적인 관계가 없다.

④ x와 y의 상관계수 r_{xy}는 추정회귀계수 b_1이 음수이면 결정계수의 음의 제곱근 $-\sqrt{r^2}$과 같다

tip ③ 단순회귀의 경우 상관계수의 제곱이 결정계수로 서로 관계가 있다.

37. ③

[단순회귀분석의 회귀식]

38 **설명변수(X)와 반응변수(Y Y) 사이에 단순회귀모형을 가정할 때, 회귀직선의 절편에 대한 추정값은?**

2017. 8. 26 제3회

X	0	1	2	3	4	5
Y	4	3	2	0	−3	−6

① 1 ② 3
③ 5 ④ 7

$\overline{X}=\dfrac{0+1+2+3+4+5}{6}=2.5$

$\overline{Y}=\dfrac{4+3+2+0-3-6}{6}=0$

	$X_i-\overline{X}$	$Y_i-\overline{Y}$	$(X_i-\overline{X})(Y_i-\overline{Y})$	$(X_i-\overline{X})^2$
	−2.5	4	−10	6.25
	−1.5	3	−4.5	2.25
	−0.5	2	−1	0.25
	0.5	0	0.5	0.25
	1.5	−3	−4.5	2.25
	2.5	−6	−15	6.25
계			−34.5	17.5

기울기 $\hat{\beta}=\dfrac{\sum_{1}^{6}(X_i-\overline{X})(Y_i-\overline{Y})}{\sum_{1}^{6}(X_i-\overline{X})^2}=\dfrac{-34.5}{17.5}\fallingdotseq-1.97$

절편 $\overline{Y}=\hat{\alpha}+\hat{\beta}\overline{X}$

$\hat{\alpha}=\overline{Y}-\hat{\beta}\overline{X}=0+1.97\times2.5=4.925$

38. ③

[단순회귀분석의 모형진단]

39 **두 변수의 관찰값이 다음과 같을 때 최소제곱방법으로 추정한 회귀식으로 옳은 것은?**

2012. 3. 4 제1회

x	6	7	4	2	1
y	8	10	4	2	1

① $\hat{y}=1-0.5x$　　② $\hat{y}=1+2x$

③ $\hat{y}=-1+1.5x$　　④ $\hat{y}=-4+x$

tip 단순회귀모형으로 추정된 회귀식은 다음과 같다.

$$\hat{y}=\widehat{\beta_0}+\ \widehat{\beta_1}x\ ,\ \widehat{\beta_0}=\overline{y}-\widehat{\beta_1}\,\overline{x},\ \widehat{\beta_1}=\frac{\sum_{i=1}^{5}(x_i-\overline{x})(y_i-\overline{y})}{\sum_{i=1}^{5}(x_i-\overline{x})^2}$$

x	y	$(x_i-\overline{x})$	$(x_i-\overline{x})^2$	$(y_i-\overline{y})$	$(x_i-\overline{x})(y_i-\overline{y})$
6	8	2	4	3	6
7	10	3	9	5	15
4	4	0	0	−1	0
2	2	−2	4	−3	6
1	1	−3	9	−4	12
$\overline{x}$	4				
$\overline{y}$	5		$\sum_{i=1}^{5}(x_i-\overline{x})^2=26$		$\sum_{i=1}^{5}(x_i-\overline{x})(y_i-\overline{y})=39$

$\widehat{\beta_1}=39/26=1.5$　$\widehat{\rho_0}=5-1.5\times 4=-1$

[단순회귀분석의 모형진단]

40 **단순회귀분석에서 회귀직선의 추정식이 $\hat{y}=0.5-2x$와 같이 주어졌을 때의 설명으로 틀린 것은?**

2012. 3. 4 제1회, 2015. 8. 16 제3회

① 반응변수는 y이고, 설명변수는 x이다.

② 설명변수가 한 단위 증가할 때 반응변수는 2단위 감소한다.

③ 반응변수와 설명변수의 상관계수는 0.5이다.

④ 설명변수가 0일 때 반응변수의 예측값은 0.5이다.

tip 단순회귀분석에서 회귀직선의 추정식으로 반응변수와 설명변수의 상관계수를 확인할 수 없다. 단 R^2(결정계수)가 주어진다면, 두 변수의 상관계수 r의 제곱이 R^2이 된다.

[단순회귀분석의 모형진단]

41 다음 단순회귀모형에 관한 설명으로 옳은 것은?

(단, $S_Y^2 = \sum_1^n (Y_i - \overline{Y})^2$, $S_X^2 = \sum_1^n (X_i - \overline{X})^2$, $e_i \sim N(0, \sigma^2)$)

2012. 3. 4 제1회

$$Y_i = \alpha + \beta X_i + \epsilon_i,\ i = 1,\ 2,\ \cdots,\ n$$

① X와 Y의 표본상관계수를 r이라 하면 β의 최소제곱추정량은 $\hat{\beta} = r\frac{S_Y}{S_X}$이다.

② 모형에서 X_i와 Y_i를 바꾸어도 β의 추정량은 같다.

③ X가 Y의 변동을 설명하는 정도는 결정계수로 계산되며 Y의 변동이 작아질수록 높아진다.

④ 오차항 e_1, e_2, $\cdots$, e_n의 분산이 동일하지 않아도 무방하다.

tip ② 반응변수와 설명변수가 바뀌면 β의 추정량은 다르다.
③ 회귀의 의한 변동이 클수록 결정계수는 높아진다.
④ 오차항의 분산은 동일하다는 가정을 따른다.

[단순회귀분석의 모형진단]

42 단순회귀분석의 기본가정에 대한 설명으로 틀린 것은?

2012. 3. 4 제1회

① 오차항은 정규분포를 따른다.

② 독립변수와 오차는 상관계수가 0이다.

③ 오차항의 기댓값은 0이다.

④ 오차항들의 분산이 항상 같지는 않다.

tip 기본가정으로 오차항은 정규성, 등분산성, 독립성이 있다.
$\epsilon_i \sim iid N(0, \sigma^2)$
그러므로 오차항들의 분산은 항상 같아야 한다.

41. ① 42. ④

[단순회귀분석의 모형진단]

43 **일반적인 단순 회귀모형에서 잔차에 의한 제곱합(sum of squares due to errors : SSE)이 4339이고, 회귀에 의한 제곱합(sum of squares due to regression : SSR)이 11963일 때, 표본의 결정계수는?**

2012. 8. 26 제3회, 2017. 8. 26 제3회

① 2.76 ② 0.27
③ 0.362 ④ 0.73

tip 결정계수 $R^2 = SSR/SST = SSR/(SSR+SST) = 11963/(4339+11963) = 0.7338$

[단순회귀분석의 모형진단]

44 **단순회귀분석을 위하여 수집한 자료 10개에 대하여 다음의 요약된 값을 얻었다. 최소제곱법에 의하여 추정된 회귀직선은?**

2012. 8. 26 제3회

$$\sum_{i=1}^{10} x_i = 30,\ \sum_{i=1}^{10} y_i = 38,\ \sum_{i=1}^{10} x_i y_i = 75$$
$$\sum_{i=1}^{10} x_i^2 = 103,\ \sum_{i=1}^{10} y^2 = 445$$

① $\hat{y} = 12.8 - 3x$ ② $\hat{y} = 12.8 - 0.17x$
③ $\hat{y} = 4.19 - 3x$ ④ $\hat{y} = 4.19 - 0.17x$

tip

회귀계수의 최소제곱추정량은 $\widehat{\beta_1} = \dfrac{\sum_{i=1}^{n}(X_i - \overline{X})(Y_i - \overline{Y})}{\sum_{i=1}^{n}(X_i - \overline{X})^2}$, $\widehat{\beta_0} = \overline{Y} - \widehat{\beta_1}\overline{X}$ 이다.

$$\widehat{\beta_1} = \frac{\sum_{i=1}^{n}(X_i - \overline{X})(Y_i - \overline{Y})}{\sum_{i=1}^{n}(X_i - \overline{X})^2} = \frac{\sum X_i Y_i - \frac{\sum X_i \sum Y_i}{n}}{\sum X_i^2 - \frac{(\sum X_i)^2}{n}} = -3$$

$\overline{B_0} = \overline{Y} - \overline{B},\ \overline{X} = 3.8 - (-3) \times 3 = 3.8 + 9 = 12.8$

43. ④ 44. ①

[단순회귀분석의 모형진단]

45 **다음 단순회귀모형에 대한 설명으로 틀린 것은?**

2012. 8. 26 제3회

> $Y_i = \beta_0 + \beta_1 X_i + e_{i,}\ i = 1,\ 2,\ \cdots,\ n$
> (단, 오차항 e_i는 서로 독립이며 동일한 분포 $N(0,\ \sigma^2)$을 따른다.)

① 각 Y_i의 기댓값은 $\beta_0 + \beta_1 X_1$로 주어진다.

② 오차항 e_i와 Y_i는 동일한 분산을 갖는다.

③ β_0는 X_i가 $\overline{X}$일 경우 Y의 반응량을 나타낸다.

④ 모든 Y_i들은 상호 독립적으로 측정된다.

tip β_0는 $X_i = 0$일 때 Y의 반응량이다.

[단순회귀분석의 모형진단]

46 **회귀분석 결과 분산분석표에서 잔차제곱합(SSE)는 60, 총제곱합(SST)은 240임을 알았다. 이 회귀모형의 결정계수는?**

2013. 3. 10 제1회

① 0.25 ② 0.5

③ 0.75 ④ 0.95

tip 결정계수 $R^2 = \dfrac{SSR}{SST} = \dfrac{180}{240}$, $SSR = SST - SSE$

[단순회귀분석의 모형진단]

47 **회귀식에서 결정계수 R^2에 관한 설명으로 틀린 것은?**

2013. 3. 10 제1회

① 단순회귀모형에서는 종속변수와 독립변수의 상관계수의 제곱과 같다.

② R^2은 독립변수의 수가 늘어날수록 증가하는 경향이있다.

③ 모든 측정값이 한 직선상에 놓이면 R^2의 값은 0이다.

④ R^2값은 0에서 1까지 값을 가진다.

tip 모든 측정값이 한 직선상에 놓이면 R^2는 1이다.

45. ③ 46. ③ 47. ③

[단순회귀분석의 모형진단]

48 **회귀분석을 실시한 결과로 다음 분산분석표를 얻었다. 결정계수는 얼마인가?**

2013. 6. 2 제2회

구분	제곱합	자유도	평균제곱	F
회귀	3060	3	1020	51.0
잔차	1940	97	20	
전체	5000	100		

① 60.0%
② 60.7%
③ 61.2%
④ 62.1%

tip 결정계수 $R^2 = SSR/SST$ = 회귀제곱합/총제곱합 = 3060/5000

[단순회귀분석의 모형진단]

49 **단순회귀모형 $y = \beta_0 + \beta_1 x + \epsilon,\ \epsilon \sim N(0, \sigma^2)$을 이용한 적합된 회귀식 $\hat{y} = 30 + 0.44x$에 대한 설명으로 옳은 것은?**

2013. 6. 2 제2회

① 종속변수가 0일 때, 독립변수 값은 0.44이다.
② 독립변수가 0일 때, 종속변수 값은 0.44이다.
③ 종속변수가 한 단위 증가할 때, 독립변수의 값은 평균 0.44 증가한다.
④ 독립변수가 한 단위 증가할 때, 종속변수의 값은 평균 0.44 증가한다.

tip 적합된 회귀식 $\hat{y} = 30 + 0.44x$이면, 회귀계수(기울기)의 의미는 독립변수가 1단위 증가할 때, 종속변수의 값의 평균이 0.44 증가한다.

[단순회귀분석의 모형진단]

50 **단순회귀모형 $Y_i = \alpha + \beta x_i + \epsilon_i (i = 1, 2, ..., n)$을 적합하여 다음을 얻었다. $\sum_{i=1}^{n}(y_1 - \hat{y_i})^2 = 200$, $\sum_{i=1}^{n}(\hat{y_i} - \bar{y})^2 = 300$일 때 결정계수 r^2을 구하면? (단, $\hat{y_i}$는 i번째 추정값을 나타냄)**

2013. 6. 2 제2회

① 0.4
② 0.5
③ 0.6
④ 0.7

48. ③ 49. ④ 50. ③

tip

결정계수 $r^2 = SSR/SST$, $SST = \sum_{i=1}^{n}(y_i - \bar{y})^2 = SSR + SSE$

$SSR = \sum_{i=1}^{n}(\hat{y_i} - \bar{y})^2$, $SSE = \sum_{i=1}^{n}(y_i - \hat{y_i})^2$

$$r^2 = \frac{SSR}{SST} = \frac{SSR}{(SSR+SSE)} = \frac{300}{(300+200)} = \frac{300}{500} = 0.6$$

[단순회귀분석의 모형진단]

51 **어떤 화학제품의 중요한 품질 특성의 하나로, 점도 Y가 문제되고 있다. 점도에 영향을 미치는 주요 요인인 반응온도 X와의 관계를 알아보기 위하여 단순회귀분석을 실시하기로 하였다. 20번의 실험을 하여 X와 Y를 관측한 자료를 정리하여 다음의 결과를 얻었다. 추정된 회귀직선을 바르게 표현한 것은?**

2013. 6. 2 제2회

$\overline{X} = 15.0$, $\overline{Y} = 13.0$
$S_{XX} = 160.0$, $S_{XY} = 90.0$, $S_{YY} = 83.3$

① $\hat{Y} = 4.56 - 0.5625X$
② $\hat{Y} = 4.56 + 0.5625X$
③ $\hat{Y} = -4.56 - 0.5625X$
④ $\hat{Y} = -4.56 + 0.5625X$

tip $\hat{\beta_0} = \bar{y} - \hat{\beta_1}\bar{x} = 13.0 - (0.5625 \times 15) = 4.56$, $\hat{\beta_1} = \frac{S_{xy}}{S_{xx}} = \frac{90}{160} = 0.5625$

[단순회귀분석의 모형진단]

52 **회귀분석에서 결정계수 R^2에 대한 설명으로 틀린 것은? (단, SST는 총제곱합, SSR은 회귀제곱합, SSE는 잔차제곱합)**

2013. 6. 2 제2회, 2016. 5. 8 제2회

① $R^2 = \frac{SSR}{SST}$

② $-1 \le R^2 \le 1$

③ SSE가 작아지면 R^2는 커진다.

④ R^2은 독립변수의 수가 늘어날수록 증가하는 경향이 있다.

tip $-1 \le r$(상관계수)≤ 1, $0 \le R^2 \le 1$

51. ② 52. ②

[단순회귀분석의 모형진단]

53 다음 회귀선의 분산분석표는 과외활동 정도가 특정과목의 선호정도에 어떻게 영향을 미치는가에 관한 것이다. 아래의 분산분석표에서 결정계수(R^2)는?

2013. 8. 18 제3회

분산의 원천	제곱합	자유도	평균제곱	F값	P값
회귀	55.01298	1	55.01298	20.871	0.0018
잔차		8			

① 0.72
② 0.66
③ 0.49
④ 0.80

분산의 원천	제곱합	자유도	평균제곱	F값	P값
회귀	55.01298	1	55.01298	20.871	0.0018
잔차	②	8	①		
계	③	9			

55.01298 / ① = 20.871 → ① = 2.63586

② / 8 = ① → ② = 2.63586×8 = 21.08688

55.01298 + ② = ③ → ③ = 76.09986

$R^2 = SSR/SST =$ 회귀제곱합/총제곱합 $= 55.01298/76.09986 = 0.7229$

[단순회귀분석의 모형진단]

54 두 변수 가족수와 생활비간의 상관계수가 0.6이라면, 생활비 변동의 몇 %가 가족수로 설명되어진다고 할 수 있는가?

2013. 8. 18 제3회

① 0.36
② 36
③ 0.6
④ 60

tip 단순회귀분석 $R^2 = r^2$

53. ① 54. ①

[단순회귀분석의 모형진단]

55 **단순회귀모형 $Y_i = \alpha + \beta x_i + e_i (i = 1, 2, ..., n)$에서 잔차 $e_i = y_i - \hat{y_i}$의 성질을 모두 짝지은 것은?**

2013. 8. 18 제3회

A. $\sum_{i=1}^{n} e_i = 0$　　B. $\sum_{i=1}^{n} x_i e_i = 0$

C. $\sum_{i=1}^{n} y_i e_i = 0$

① A, B　　② A, C

③ B, C　　④ A, B, C

tip $\sum_{i=1}^{n} e_i = 0$, $\sum_{i=1}^{n} x_i e_i = 0$, $\sum_{i=1}^{n} \hat{y_i} e_i = 0$

[단순회귀분석의 모형진단]

56 **n개의 범주로 된 변수를 가변수(dummy variable)로 만들어 회귀분석에 이용할 경우 몇 개의 가변수가 회귀분석모형에 포함되어야 하는가?**

2013. 8. 18 제3회

① n　　② $n-1$

③ $n-2$　　④ $n-3$

tip 가변수의 수 = 범주 수 − 1

55. ①　56. ②

[단순회귀분석의 모형진단]

57 **다음 단순회귀모형에 대한 설명으로 틀린 것은?**

2013. 8. 18 제3회

> $Y_i = \beta_0 + \beta_1 X_i + \epsilon_i,\ i = 1,\ 2,\ \ldots,\ n$
> (단, 오차항 ϵ_i는 서로 독립이며 동일한 분포 $N(0,\ \sigma^2)$을 따른다.)

① 각 Y_i의 기댓값은 $\beta_0 + \beta_1 X_i$로 주어진다.

② 오차항 ϵ_i와 Y_i는 동일한 분산을 갖는다.

③ β_0는 X_i가 $\overline{X}$일 경우 Y의 반응량을 나타낸다.

④ 모든 Y_i들은 상호 독립적으로 측정된다.

tip $\beta_0 + \beta_1 X_i$은 상수취급, ϵ_i은 확률변수
$E(Y_i) = E(\beta_0 + \beta_1 X_i + \epsilon_i) = \beta_0 + \beta_1 X_i$, $V(Y_i) = V(\beta_0 + \beta_1 X_i + \epsilon_i) = V(\epsilon_i)$
ϵ_i는 서로 독립이므로 Y_i도 서로 독립이다.

[단순회귀분석의 모형진단]

58 **독립변수가 5개(절편항 제외)인 100개의 자료로 회귀분석을 추정할 때 표준오차의 자유도는?**

2013. 8. 18 제3회

① 4　　② 5

③ 94　　④ 95

표준오차의 자유도
$n - k$(독립변수의 수)-1
$100 - 5 - 1 = 94$

57. ③　58. ③

04 다중회귀분석

01 다중회귀분석의 의의

최근 6년 출제 경향 : 4문제 / 2014(1), 2015(3)

① 단순회귀분석의 변형으로 독립변수가 두 개 이상인 경우에 해당되는 회귀분석

② 종속변수 개수 1개, 독립변수 개수 2개 이상

02 회귀모형식과 회귀계수의 추정

최근 6년 출제 경향 : 13문제 / 2012(1), 2014(6), 2015(3), 2016(2), 2017(1)

(1) 기본 회귀모형식

$Y_i = \beta_0 + \beta_1 X_{1i} + \beta_2 X_{2i} + \cdots + \beta_k X_{ki} + \epsilon_i$

(2) 회귀계수의 추정

① 회귀계수를 추정하는 방법은 단순회귀모형에서와 같이 최소제곱법을 사용한다.

② 다중회귀의 경우는 추정해야 할 회귀계수의 수가 많으므로 행렬을 이용하여 추정할 수 있다.

$\widehat{Y}_i = \widehat{\beta}_0 + \widehat{\beta}_1 X_{1i} + \widehat{\beta}_2 X_{2i} + \cdots + \widehat{\beta}_k X_{ki}$

우리가 추정해야 하는 모수는 $k+1$개

$b = (X'X)^{-1} X'Y$

(3) 회귀모형의 가정

① 독립변수들의 독립 … 독립변수들끼리의 다중공선성이 없어야 한다.

② 오차항의 독립성 … 오차항 ϵ_i는 서로 독립이며 평균은 0이다.

③ 오차항의 등분산성 … 오차항 ϵ_i는 분산이 일정하다.

④ 오차항의 정규성 … 오차항 ϵ_i는 정규분포를 따른다.

03 적합성 검정

(1) 회귀계수의 검정

단순회귀에서와 마찬가지로 t검정을 이용하여 회귀계수의 유의성을 검정한다.

$E(b) = \beta$

$Var(b) = (X'X)^{-1}\sigma^2$ 로부터

$T = \dfrac{\hat{\beta}_j - \beta_j}{\sqrt{c_{jj}MSE}} \sim t_{(n-k-1)}$이고, 이 때의 MSE는 σ^2의 추정량으로써

$MSE = \dfrac{1}{n-k-1}\sum_{i=1}^{n}(Y_i - \hat{Y}_i)^2$이고 c_{jj}는 $(X'X)^{-1}$의 jj번째 원소가 된다.

만약 귀무가설 $H_0 : \beta_j = 0$에 대해서 검정을 한다면,

$T_0 = \dfrac{\hat{\beta}_j - 0}{\sqrt{c_{jj}MSE}} \sim t_{(n-k-1)}$

역시 성립해야 하므로 다음의 사항에 의해서 귀무가설을 채택여부를 결정한다.

$|T_0| > t(n-k-1, \alpha/2)$면 귀무가설을 기각

$|T_0| < t(n-k-1, \alpha/2)$면 귀무가설을 채택

(2) 분산분석

추정된 중회귀선이 유의한지 살펴보는 방법은 단순회귀에서와 마찬가지로 분산분석의 개념을 사용한다.

$H_0 : \beta_1 = \beta_2 = \cdots = \beta_k = 0$

H_1: 적어도 하나의 β_j는 0이 아니다.

이 귀무가설을 검정하기 위해서는 다음의 분산분석표가 고려된다.

변동의 원인	변동	자유도	평균변동	F
회귀	SSR	k	$MSR=SSR/k$	MSR/MSE
잔차	SSE	$n-k-1$	$MSE=SSE/n-k-1$	
총변동	SST	$n-1$		

귀무가설이 맞으면, MSR/MSE는 자유도가 $(k,\ n-k-1)$인 F분포를 따르므로
$F>F(k,n-k-1\,;\alpha)$면 귀무가설을 기각
$F<F(k,n-k-1\,;\alpha)$면 귀무가설을 채택

(식 전개)

$SST=\sum_{i=1}^{n}(Y_i-\overline{Y})^2$ 자유도 : $n-1$

$SSR=\sum_{i=1}^{n}(\hat{Y}_i-\overline{Y})^2$ 자유도 : k

$SSE=\sum_{i=1}^{n}(Y_i-\overline{Y})^2$ 자유도 : $n-k-1$

04 모형진단

최근 6년 출제 경향 : 9문제 / 2012(2), 2013(3), 2016(1) 2017(3)

(1) 수정된 결정계수(adjusted R^2)

① 회귀모형 내에서 독립변수의 개수가 늘어나게 되면 독립변수가 종속변수와 전혀 무관하더라도 결정계수 값은 증가할 수 있다. 이러한 단점을 보안하기 위해 수정된 결정계수 값을 사용한다.

② $R^2=1-\left(\frac{n-1}{n-k-1}\right)\frac{SSE}{SST}$ n=표본수, k=독립변수 개수

(2) 독립변수들의 독립성 검정

① 독립변수들끼리는 서로 독립적으로 존재해야 되는데 실제 자료 분석에 있어서 종종 독립변수들 간에 서로 상관관계가 있는 경우가 발생할 수 있다. 이를 독립변수 간의 다중공선성이 존재한다고 판단한다.

② 다중공선성이 있는 자료를 바로 회귀식에 적합시키면 잔차의 분산이 비정상적으로 커질 수 있다.

③ 다중공성선 확인 방법

㉠ 어떤 독립변수를 추가 또는 삭제하였을 때, 다른 독립변수의 회귀계수에 큰 영향을 미치는 경우

㉡ 독립변수 사이의 상관계수가 큰 경우

㉢ 분산팽창인자(Variance Inflation Factor, VIF)가 상대적으로 큰 경우

참고 》 분산팽창인자(Variance Inflation Factor, VIF)

- $(VIF)_i = \frac{1}{1-R_i^2}$, $i=1,\ 2,\ \dots,\ k$
- 공차한계 : 분산팽창계수의 역수$\left(T_i = \frac{1}{VIF_i}\right)$

(3) 잔차분석

① 잔차가 등분산성, 독립성, 정규성을 따르는지 확인하는 분석

② 잔차가 등분산성 가정을 만족하지 않을 경우에는 가중최소제곱법을 이용하여 자료 변환 후 다시 분석한다.

참고 》 가중최소제곱법과 최소제곱법

㉠ **가중최소제곱법** : 최소제곱법을 적용함에 있어 오차에 가중치를 두고 추정하는 방법
㉡ **최소제곱법** : 잔차의 제곱합을 최소로 하는 직선으로 거리의 합이 가장 작은 직선

③ 잔차의 독립성 검정

㉠ 잔차들이 정(+)이나 부(−) 방향으로 상호 상관되어 있는 현상으로 일반적으로 시계열 자료를 이용하여 회귀분석을 하는 경우에 사용된다.

㉡ 자기상관 존재 유무는 더빈 왓슨(Durbin-Watson) 검정을 이용하여 판정할 수 있다.

㉢ 더빈 왓슨 계수값이 0에 가까우면 정(+)의 상관관계를 나타낸다.

㉣ 더빈 왓슨 계수값이 2에 가까우면 상관성이 없다.

㉤ 더빈 왓슨 계수값이 4에 가까우면 부(−)의 상관관계를 나타낸다.

④ 잔차의 산포가 특정한 패턴을 지니고 있는 경우에는 변수 변환을 통해 자료를 변환한 후에 다시 분석한다.

05 더미변수(dummy variable, 가변수)

① 계량경제학에서 주로 사용되는 개념으로 정성적(定性的) 또는 범주형인 변수를 회귀분석으로 분석할 목적으로 사용된다.

② 더미변수의 일반 예

어떤 자동차 대리점에서 20명의 영업사원 개개인이 받은 교육기간과 영업실적건수를 성별에 따라 조사한 결과 얻어진 자료이다. 이 때 종속변수를 실적건수로, 독립변수를 교육기간과 성별로 놓고 중회귀분석을 실시하기로 한다고 하자.

사원번호	실적건수(Y_i)	교육기간(X_{1i})	성별(X_{2i})
1	17	151	남
⋮	⋮	⋮	⋮
20	14	246	여

가변수를 사용한 회귀모형은 다음과 같다.

$Y_i = \beta_0 + \beta_1 X_{1i} + \beta_2 D_i + \epsilon_i$

단, $D_i = \begin{cases} 0, & \text{여자} \\ 1, & \text{남자} \end{cases}$

③ 질적 변수의 범주가 셋 이상인 경우

질적 변수의 범주가 두 개의 경우, 앞의 예제에서 확인할 수 있듯이 0, 1로 사용하면 아무 문제가 없지만 범주가 셋 이상일 경우는 확장된 형태의 더미변수 변환이 필요하다. 연령층(20대, 30대, 40대)에 대한 회귀분석을 하고자 할 때, 범주가 20대, 30대, 40대로 총 세 개이므로 더미 변수는 다음과 같이 두 개로 고려한 모형을 적용한다.

$Y_i = \beta_0 + \beta_1 X_{1i} + \beta_2 X_{2i} + \beta_3 X_{3i} + \epsilon_i$

단, $\begin{cases} X_2 = 0,\ X_3 = 0 & \text{20대} \\ X_2 = 1,\ X_3 = 0 & \text{30대} \\ X_2 = 0,\ X_3 = 1 & \text{40대} \end{cases}$

단원별 기출문제

[다중회귀분석]

01 중회귀분석에서 회귀제곱합(SSR)이 150이고 오차제곱합(SSE)이 50인 경우, 결정계수는?

2014. 3. 2 제1회

① 0.25　　② 0.3
③ 0.75　　④ 1.1

tip $SST = SSR + SSE,\ R^2 = \frac{SSR}{SST} = \frac{150}{200} = 0.75$

[다중회귀분석]

02 봉급생활자의 근속연수, 학력, 성별이 연봉에 미치는 관계를 알아보고자 연봉을 반응변수로 하여 다중회귀분석을 실시하기로 하였다. 연봉과 근속연수는 양적변수이며, 학력(고졸 이하, 대졸, 대학원 이상)과 성별(남, 여)은 질적변수일 때, 중회귀모형에 포함되어야 하는 가변수(dummy variable)의 수는?

2015. 5. 31 제2회

① 1　　② 2
③ 3　　④ 4

tip 가변수의 수는 성별일 경우에 2개 그룹으로 분류되므로 1개가 필요하고, 학력의 경우에 3개의 그룹으로 분류되므로 2개의 가변수가 필요하므로 총 3개의 가변수를 필요로 한다.

01. ③　02. ③

[다중회귀분석]

03 중회귀모형에서 결정계수에 대한 설명으로 옳은 것은?

2015. 8. 16 제3회

① 결정계수는 -1과 1 사이의 값을 갖는다.
② 상관계수의 제곱은 결정계수와 동일하다.
③ 설명변수를 통한 반응변수에 대한 설명력을 나타낸다.
④ 변수가 추가될 때 결정계수는 감소한다.

tip 중회귀모형에서 결정계수는 총변동 중에서 회귀식에 따른 변동의 값으로써 설명변수를 통한 반응변수에 따른 설명력을 나타낸다.

[다중회귀분석]

04 다음 분산분석표에 대응하는 통계적 모형으로 적합한 것은?

2015. 8. 16 제3회

요인	제곱합	자유도	제곱평균	F_0	$F(0.05)$
회귀	550.8	4	137.7	18.36	4.12
잔차	112.5	15	7.5		
계	663.3	19			

① 종속변수가 1개인 단순회귀모형
② 종속변수가 3개인 중회귀모형
③ 독립변수가 4개인 중회귀모형
④ 수준수가 4인 일원배치모형

tip 회귀요인의 자유도가 4라는 것은 독립변수의 수가 4개라는 것이며, 독립변수의 수가 2 이상이기 때문에 중회귀라고 볼 수 있다.

03. ③ 04. ③

[다중회귀분석의 회귀식]

05 봉급생활자의 연봉과 근속연수, 학력 간의 관계를 알아보기 위하여 연봉을 반응변수로 하여 회귀분석을 실시하기로 하였다. 그런데 근속연수는 양적 변수이지만 학력은 중졸, 고졸, 대졸로 수준 수가 3개인 지시변수(또는 가변수)이다. 다중회귀모형 설정 시 필요한 설명변수는 모두 몇 개인가?

2014. 3. 2 제1회

① 1　　② 2

③ 3　　④ 4

tip 독립변수가 범주형인 경우 가변수 사용,
가변수 수 = 범주형 수준 수(3개) − 1 = 2개, 근속연수 포함 총 3개

[다중회귀분석의 회귀식]

06 독립변수가 k개인 경우 중회귀모형 $y = X\beta + \epsilon$에서 회귀계수 벡터 β의 추정식 b의 분산-공분산 행렬은? (단, $Var(\epsilon) = \sigma^2 I$)

2014. 3. 2 제1회

① $Var(b) = (X'X)^{-1}\sigma^2$　　② $Var(b) = X'X\sigma^2$

③ $Var(b) = k(X'X)^{-1}\sigma^2$　　④ $Var(b) = k(X'X)\sigma^2$

tip $Var(b) = (X'X)^{-1}\sigma^2$

[다중회귀분석의 회귀식]

07 중회귀분석에서 회귀계수에 대한 검정과 결정계수가 아래와 같을 때의 설명으로 틀린 것은?

2014. 5. 25 제2회

(결정계수 = 0.891)

요인 (Predictor)	회귀계수 (Coef)	표준오차 (Stdev)	통계량 (T)	p값 (P)
절편	−275.26	24.38	−11.29	0.000
Head	4.458	3.167	1.41	0.161
Neck	19.112	1.200	15.92	0.000

05. ③　06. ①　07. ②

① 설명변수는 Head와 Neck이다.

② 회귀계수 중 통계적 유의성이 없는 변수는 절편과 Neck이다.

③ 위 중회귀모형은 자료 전체의 산포 중에서 약 89.1%를 설명하고 있다.

④ 회귀방정식에서 다른 요인을 고정시키고 Neck이 한 단위 증가하면 반응값은 19.112가 증가한다.

tip 통계적으로 유의하지 않은 변수는 Head로 유의확률 p값 >유의수준 0.05이다.

[다중회귀분석의 회귀식]

08 중회귀모형 $y_i = \beta_0 + \beta_1 x_{1i} + \beta_2 x_{2i} + \epsilon_i$ 에 대한 분산분석표가 다음과 같다. 아래 분산분석표를 이용하여 유의수준 0.05에서 모형에 대한 유의성검정을 할 때, 추론 결과로 가장 적합한 것은?

2014. 5. 25 제2회

요인	제곱합	자유도	평균제곱	F	유의확률
회귀	66.12	2	33.06	33.69	0.000258
잔차	6.87	7	0.98		

① 두 설명변수 x_1과 x_2 모두 반응변수에 영향을 주지 않는다.

② 두 설명변수 x_1과 x_2 모두 반응변수에 영향을 준다.

③ 두 설명변수 x_1과 x_2 중 적어도 하나는 반응변수에 영향을 준다.

④ 두 설명변수 x_1과 x_2 중 하나만 반응변수에 영향을 준다.

tip 중회귀모형에서 회귀모형의 유의성 검정

㉠ 귀무가설 : 모든 독립변수는 종속변수에 영향력이 없다.(회귀모형이 적합하지 않다)

㉡ 대립가설 : 적어도 하나의 독립변수는 종속변수에 영향력이 있다.(회귀모형이 적합하다)

08. ③

[다중회귀분석의 회귀식]

09 **k개의 독립변수 $x_i(i=1, 2, \cdots, k)$와 1개의 종속변수 y에 대한 중회귀모형 $y=\alpha+\beta_1x_1+\cdots+\beta_kx_k+\epsilon$을 고려하여, n개의 자료에 대해 중회귀분석을 실시할 때 총 편차 $y_i-\overline{y}$를 분해하여 얻을 수 있는 세 개의 제곱합 $\sum_{i=1}^{n}(y_i-\overline{y})^2$, $\sum_{i=1}^{n}(y_i-\hat{y_i})^2$ 그리고 $\sum_{i=1}^{n}(\hat{y_i}-\overline{y})^2$의 자유도를 각각 구하면?**

2014. 8. 17 제3회, 2017. 3. 5 제1회

① $n, n-k, k$
② $n-1, n-k-1, k-1$
③ $n, n-k-1, k-1$
④ $n-1, n-k-1, k$

tip 중회귀모형의 적합성 검정(분산분석)
자유도 총제곱합$(n-1)$ = 잔차제곱합$(n-k-1)$ + 회귀제곱합(k)

[다중회귀분석의 회귀식]

10 **다음은 중회귀식 $\hat{Y}=39.689+3.372X_1+0.532X_2$의 회귀계수 표이다. ( )에 알맞은 값은?**

2014. 8. 17 제3회

[coefficients]

Model	Unstandardized Coefficients		Standardized Coefficients	t	Sig
	B	Std. Error	Beta		
(Constants)	39.689	32.74		(A)	0.265
평수(X_1)	3.372	0.94	0.85	(B)	0.009
가족수(X_2)	0.532	6.9	0.02	(C)	0.941

① $A=1.21$　$B=3.59$　$C=0.08$
② $A=2.65$　$B=0.09$　$C=9.41$
③ $A=10.21$　$B=36$　$C=0.8$
④ $A=0.8$　$B=39.69$　$C=26.5$

tip 회귀계수 검정통계량
$t=\hat{\beta}/SE$, SE: standard error

$$A=\frac{b_0}{Sb_0}=\frac{39.689}{32.74}=1.21,\ B=\frac{b_1}{Sb_1}=\frac{3.372}{0.94}=3.59,\ C=\frac{b_2}{Sb_2}=\frac{0.532}{6.9}=0.08$$

09. ④ 10. ①

[다중회귀분석의 회귀식]

11 독립변수가 3개인 중회귀분석 결과가 다음과 같다. $\sum_{i=1}^{n}(y_i - \hat{y_i})^2 = 1,100$, $\sum_{i=1}^{n}(y_i - \bar{y})^2 = 110$, $n = 100$ 오차분석의 추정값은?

2015. 3. 8 제1회

① 11.20 ② 11.32

③ 11.46 ④ 11.58

tip $MSE = \frac{SSE}{n-k-1} = \frac{1,100}{100-3-1} = 11.46$

[다중회귀분석의 회귀식]

12 아파트의 평수 및 가족수가 난방비에 미치는 영향을 알아보기 위해 중회귀분석을 실시하여 다음의 결과를 얻었다. 분석 결과에 대한 설명으로 틀린 것은? (단, Y는 아파트 난방비(천원)이다.)

2015. 3. 8 제1회

모형	비표준화계수		표준화계수	t	p-값
	B	표준오차	Beta		
상수	39.69	32.74		1.21	0.265
평수(X_1)	3.37	0.94	0.85	3.59	0.009
가족수(X_2)	0.53	0.25	0.42	1.72	0.090

① 추정된 회귀식은 $\hat{Y} = 39.69 + 3.37X_1 + 0.53X_2$이다.

② 유의수 중 5%에서 종속변수 난방비에 유의한 영향을 주는 독립변수는 평수이다.

③ 가족수가 주어질 때, 난방비는 아파트가 1평 커질 때 평균 3.37(천원) 증가한다.

④ 아파트 평수가 30평이고 가족이 5명인 가구의 난방비는 122.44(천원)으로 예측된다.

tip $\hat{Y} = 39.69 + 3.37X_1 + 0.53X_2$ 가 되므로,
평수가 30평이며, 가족의 수가 5명에 관한 난방비는
$\hat{Y} = 39.69 + 3.37 \times 30 + 0.53 \times 5 = 143.44$(천원)이 된다.

11. ③ 12. ④

[다중회귀분석의 회귀식]

13 **다음 중회귀모형에서 오차분산 σ^2의 추정량은? (단, e_i는 잔차를 나타낸다.)**

2015. 3. 8 제1회

$$Y_i = \beta_0 + \beta_1 X_{1i} + \beta_2 X_{2i} + \epsilon_i,\ i = 1,\ 2,\ \cdots,\ n$$

① $\frac{1}{n-1}\sum e_i^{\ 2}$

② $\frac{1}{n-2}\sum(Y_i - \widehat{\beta_0} - \widehat{\beta_1}X_{1i} - \widehat{\beta_2}X_{2i})^2$

③ $\frac{1}{n-3}\sum e_i^{\ 2}$

④ $\frac{1}{n-4}\sum(Y_i - \widehat{\beta_0} - \widehat{\beta_1}X_{1i} - \widehat{\beta_2}X_{2i})^2$

tip 독립변수 k는 2이므로 이에 따른 오차분산 추정량은
$MSE = \frac{1}{n-k-1}\sum e_i^{\ 2} = \frac{1}{n-3}\sum e_i^{\ 2}$로 계산이 가능하다.

[다중회귀분석의 회귀식]

14 **다음은 독립변수가 k개인 경우의 중회귀모형이다.**

$$y = X\beta + \epsilon$$

최소제곱법에 의한 회귀계수 벡터 β의 추정식 b는?

(단, $y = \begin{bmatrix} y_1 \\ y_2 \\ \vdots \\ y_n \end{bmatrix}$, $X = \begin{bmatrix} 1 & x_{11} & x_{12} & \cdots & x_{1k} \\ 1 & x_{21} & x_{22} & \cdots & x_{2k} \\ \vdots & \vdots & \vdots & \vdots & \vdots \\ 1 & x_{n1} & x_{n2} & \cdots & x_{nk} \end{bmatrix}$, $\beta = \begin{bmatrix} \beta_0 \\ \beta_1 \\ \beta_2 \\ \vdots \\ \beta_k \end{bmatrix}$, $\epsilon = \begin{bmatrix} \epsilon_1 \\ \epsilon_2 \\ \vdots \\ \epsilon_n \end{bmatrix}$ 이며, X'은 X의 변환행렬)

2012. 3. 4 제1회, 2016. 3. 6 제1회

① $b = X^{-1}y$

② $b = X'y$

③ $b = (X'X)^{-1}X'y$

④ $b = (X'X)^{-1}y$

tip 오차제곱합 $Q = \sum \epsilon_i^2 = \epsilon'\epsilon = (y - X\beta)'(y - X\beta)$
$= y'y = 2\beta'X'y + \beta'X'X\beta$
오차제곱합을 β에 대해 편미분하면, $-2X'y + 2X'X\beta$가 된다. 편미분을 0으로 하는 β값을 b하고 하면 $X'Xb = X'y$가 된다. 따라서 $b = (X'X)^{-1}X'y$이다.

13. ③ 14. ③

[다중회귀분석의 회귀식]

15 **중회귀식을 행렬로 표시하면 다음과 같다.**

$$Y = X\beta + \epsilon$$

여기서 각각 Y는 $n\times 1$, X는 $n\times p$, β는 $p\times 1$, ϵ는 $n\times 1$ 행렬이다. 최소제곱법에 의한 회귀계수 β의 추정량 β를 바르게 나타낸 것은? (단, X^T는 X의 전치행렬이다)

2016. 8. 21 제3회

① $\hat{\beta} = (X^TX)^{-1}X^TY$

② $\hat{\beta} = (X^TX)^{-1}X^TY(X^TY)^{-1}$

③ $\hat{\beta} = X^TY(X^TX)^{-1}$

④ $\hat{\beta} = X^T(X^TX)^{-1}Y$

tip β의 추정량 $\hat{\beta} = (X^TX)^{-1}X^TY$이다.

[다중회귀분석 모형진단]

16 **다음 중회귀모형에서 오차분산 σ^2의 추정량은? (단, ϵ_i는 잔차)**

2012. 3. 4 제1회

$$Y = \beta_0 + \beta_1 X_{1i} + \beta_2 X_{2i} + \epsilon_1$$

① $\frac{1}{n-1}\sum \epsilon^2{}_i$

② $\frac{1}{n-2}\sum (Y_i - \hat{\beta_0} - \hat{\beta_1}X_{1i} - \hat{\beta_2}X_{2i})^2$

③ $\frac{1}{n-3}\sum e^2{}_i$

④ $\frac{1}{n-4}\sum (Y_i - \hat{\beta_0} - \hat{\beta_1}X_{1i} - \hat{\beta_2}X_{2i})^2$

tip 오차분산 σ^2의 추정량은 $MSE = \frac{SSE}{n-k-1}$, $SSE = \sum_{i=1}^{n}(Y_i - \hat{Y_i})^2$이고,
k는 독립변수 개수이며, $(Y_i - \hat{Y_i})^2 = e^2$이다.

15. ① 16. ③

[다중회귀분석 모형진단]

17 **다음은 중회귀식 $\hat{Y} = 36.69 + 3.37X_1 + 0.53X_2$의 회귀계수표이다. 다음 ( )에 알맞은 값은?**

2012. 8. 26 제3회, 2013. 3. 10 제1회, 2017. 3. 5 제1회

coefficients

Model	Unstandardized Coefficients		Standardised Coefficiensts	t	Sig
	B	Std. Error	Beta		
(Constants)	39.69	30.72		(A)	0.265
평수	3.37	0.96	0.85	(B)	0.009
가족수	0.53	6.6	0.02	(C)	0.941

① $A = 1.21$ $B = 3.59$ $C = 0.08$

② $A = 1.29$ $B = 3.51$ $C = 0.08$

③ $A = 10.21$ $B = 36.2$ $C = 0.80$

④ $A = 39.69$ $B = 3.37$ $C = 026.5$

$t = \frac{B}{SE}$,

(Constants) t

$A = \frac{39.69}{30.72} = 1.29$

$B = \frac{3.37}{0.96} = 3.51$

$X = \frac{0.53}{6.6} = 0.08$

[다중회귀분석 모형진단]

18 **독립변수가 2개인 중회귀모형 $Y_i = B_1X_1 + B_2X_2 + \epsilon_i,\ i = 1,\ 2,\ ...$의 유의성 검정에 대한 설명으로 틀린 것은?**

2013. 3. 10 제1회, 2017. 5. 7 제2회

① $H_0 : \beta_1 = \beta_2 = 0$

② H_1: 회귀계수 β_1, β_2 중 적어도 하나는 0이 아니다.

③ $\frac{MSE}{MSR} > F_{k, n-k-1, \alpha}$이면 H_0를 기각한다.

④ 유의확률 p가 유의수준 α보다 작으면 H_0를 기각한다.

17. ② 18. ③

tip $F = \frac{MSR}{MSE} > F_{k,n-k-1,\alpha}$ 이면 H_0를 기각한다.

[다중회귀분석 모형진단]

19 **다중회귀분석에 관한 설명으로 틀린 것은?**

2013. 8. 18 제3회

① 표준화잔차의 절대치가 2 이상인 값은 이상치이다.
② DW(Durbin-Watson) 통계량이 0에 가까우면 독립이다.
③ 분산팽창계수(VIF)가 10 이상이면 다중공선성을 의심해야 한다.
④ 표준화잔차와 예측치를 산점도로 그려 등분산성을 검토해야 한다.

tip 독립성을 알아보는 DW통계량은 2에 가까우면 독립이다.

[다중회귀분석 모형진단]

20 **다중회귀분석에서 변수선택방법이 될 수 없는 것은?**

2016. 5. 8 제2회

① 실험계획법
② 전진선택법
③ 후진소거법
④ 단계적 방법

tip 다중회귀분석에서 변수선택방법
㉠ 전진선택법
㉡ 후진선택법
㉢ 단계적 방법
㉣ 최대결정계수선택밥
㉤ 후진소거법

[다중회귀분석 모형진단]

21 **다중회귀분석에 대한 설명으로 틀린 것은?**

2017. 5. 7 제2회

① 결정계수는 회귀직선에 의해 종속변수가 설명되어지는 정도를 나타낸다.
② 중회귀방정식에서 절편은 독립변수들이 모두 0일 때 종속변수의 값을 나타낸다.
③ 회귀계수는 해당 독립변수가 1단위 변할 때 종속변수의 증가량을 뜻한다.
④ 각 회귀계수의 유의성을 판단할 때는 정규분포를 이용한다.

tip ④ 각 회귀계수의 유의성을 판단할 때는 t분포를 이용한다.

출제예상문제

01 **다음 표의 x, y에 대한 상관계수 설명 중 맞는 것은?**

x	1	2	3	4	5
y	1	2	3	4	7

① 완전 양의 상관관계　② 약한 음의 상관관계
③ 강한 양의 상관관계　④ 완전 음의 상관관계

tip x가 증가할 때 y도 같은 크기로 증가하므로 강한 양의 상관관계에 있다고 할 수 있다.

02 **다음 중 상관관계분석에 관한 설명으로 옳지 않은 것은?**

① 표준화된 공분산의 값이 1에 가깝다는 것은 두 변수가 서로 의존적이며 상호관계가 있는 것으로 간주한다.
② 두 변수 간의 상호관계와 상호변이에 대한 분석이다.
③ 공분산 값이 0이면 거의 상호관계가 없다.
④ 독립변수의 값에 기초하여 종속변수의 값을 추정하고 예측하게 한다.

tip 하나의 변수가 다른 변수와 어느 정도 밀집성을 갖고 변화하는가를 분석하는 것을 상관관계분석이라고 한다.

03 **두 변량 X, Y의 상관계수가 0일 때 일반적으로 옳은 설명은?**

① 두 변량 X, Y 사이에 아무관계가 없다.
② 두 변량 X, Y 사이에 선형관계가 없다.
③ 두 변량 X, Y 사이에 관계가 깊다.
④ 두 변량 X, Y 사이에 강한 선형관계가 있다.

tip 상관계수가 0이라는 것은 선형관계가 없다는 뜻이지 아무관계가 없다는 것은 아니다.

01. ③　02. ④　03. ②

04 다음 중 두 개의 확률변수 X, Y가 독립일 때 공분산의 값과 그 역의 성립여부를 바르게 설명한 것은?

① 0, 성립　　② 0, 성립하지 않음

③ 1, 성립　　④ 1, 성립하지 않음

tip 독립일 때 두 변수는 공분산이 0이다.

05 다음 그림에서 상관계수 r의 값으로 옳은 것은?

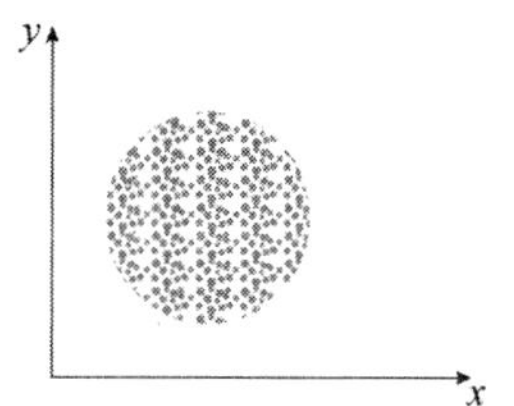

① －1, 0

② 0

③ 1, 0

④ ∞

tip 상관관계가 없다는 뜻이다.

06 다음 표본상관계수 r=0.6, $S_{(xx)}$=25, $S_{(yy)}$=27일 때 $S_{(xy)}$의 값을 구하면?

① 12.57　　② 15.58

③ 18.46　　④ 20.51

$$r = \frac{S_{(xy)}}{\sqrt{S_{(xx)}S_{(yy)}}} = \frac{S_{(xy)}}{\sqrt{25 \times 27}}$$

따라서 $S_{(xy)} = 0.6 \times \sqrt{675} = 15.5884$

07 상관계수에 대한 설명으로 옳지 않은 것은?

① 상관계수 r_{xy}는 두 변수 X와 Y의 산포의 정도를 나타낸다.

② $-1 \le r_{xy} \le +1$

③ $r_{xy} = 0$이면 두 변수는 무상관이다.

④ $r_{xy} = \pm 1$이면 두 변수는 완전상관관계에 있다.

tip 상관계수는 측정대상이나 단위에 상관없이 두 변수 사이의 일관된 선형관계를 나타내주는 지표로 공분산을 표준화시킨 값이다.

04. ②　05. ②　06. ②　07. ①

08 **다음 중 표본상관계수 r을 바르게 표현한 식은?**

① $r = \frac{S_{(xx)}}{\sqrt{S_{(xx)}S_{(yy)}}}$
② $r = \frac{S_{(xy)}}{\sqrt{S_{(xx)}S_{(yy)}}}$
③ $r = \frac{S_{(yy)}}{\sqrt{S_{(xx)}S_{(yy)}}}$
④ $r = \frac{S_{(xy)}}{\sqrt{S_{(xy)}S_{(xy)}}}$

tip 표본상관계수 r은 -1과 $+1$ 사이의 값을 갖으며 수식은 다음과 같다.

$$r = \frac{S_{(xy)}}{\sqrt{S_{(xx)}S_{(yy)}}}$$

09 **상관계수에 관한 다음의 기술 중 옳은 것끼리 짝지은 것은?**

> ㉠ 상관계수가 0에 가까울수록 변수간에 상관이 없음을 뜻한다.
> ㉡ 상관계수의 절댓값은 1을 넘을 수가 없다.
> ㉢ 상관계수는 변수가 아무리 많더라도 두 변수 간만 구할 수 있다.

① ㉠㉡
② ㉠㉢
③ ㉡㉢
④ ㉠㉡㉢

tip 상관계수 r은 $-1 \le r \le 1$ 사이의 값을 가지고, 0일 때 상관이 없다.

10 **교육수준과 정치적 성향의 관계를 알아보기 위하여 조사를 실시하고 조사한 자료를 분석한 결과 교육연수로 측정한 교육수준의 분산이 70, 정치적 성향의 분산이 50, 그리고 두 변수의 공분산이 $\sqrt{560}$으로 나타났다. 이때 두 변수 간의 적률상관계수의 값은 얼마인가?**

① 0.1
② 0.2
③ 0.3
④ 0.4

tip Pearson 상관계산공식을 이용하여 계산하면

$$r_{xy} = \frac{S_{xy}}{S_x \cdot S_y} = \frac{\sqrt{560}}{\sqrt{50 \cdot 70}} = 0.4$$

08. ② 09. ① 10. ④

11 **다음 기대치가 $E(X)=7$, $V(X)=9$, $E(Y)=10$, $V(Y)=27$이며 X와 Y가 서로 독립일 때 공분산 $cov(X,\ Y)$는?**

① 0 ② 3
③ 5 ④ 1

tip X와 Y가 서로 독립이면 $cov(X,\ Y)=0$이다.

12 **양적인 두 변수 간의 선형적 관계를 알아보는 분석은?**

① 상관분석 ② 분산분석
③ 평균분석 ④ 교차분석

tip 상관분석은 2개의 수치자료의 선형적인 정도를 알아볼 수 있다.

13 **상관계수와 관련 없는 통계치는?**

① 첨도 ② 표준편차
③ 공분산 ④ 평균

tip 상관계수 $r=\dfrac{X\text{와 }Y\text{의 공분산}}{X\text{와 }Y\text{의 표준편차}}$

14 **상관계수에 대한 설명으로 옳지 않은 것은?**

① 상관계수는 −1과 1 사이의 값을 갖는다.
② 상관계수가 0이라는 말은 두 변수 사이에 어떤 관계도 없다는 것을 의미한다.
③ 상관계수는 공분산을 표준화 시킨 값이다.
④ 일반적으로 상관계수의 절댓값이 클수록 강한 상관관계가 있다.

tip 상관계수가 0이면 무상관으로 선형적인 관계가 없다는 것이며, 곡선적인 관계일 수 있다.

11. ① 12. ① 13. ① 14. ②

15 상관계수(r)의 값은 항상 어떤 범위를 갖는가?

① $-1 \le r \le 0$
② $-1 \le r \le 1$
③ $0 \le r \le 1$
④ $-\infty \le r \le \infty$

tip $-1 \le r_{xy} \le 1$

16 다음 자료를 가지고 두 변수 간의 상관관계를 해석하고자 할 때 이에 대한 분석으로 옳은 것은?

x	1	2	3	4
y	8	6	4	2

① x와 y는 완전한 음의 상관관계이다.
② x와 y는 완전한 양의 상관관계이다.
③ x와 y는 상관관계가 없다.
④ x와 y는 부분적 음의 상관관계이다.

tip 피어슨의 상관관계로 위 자료는 $y = -2x + 10$인 관계로 완전한 음의 직선적인 관계이다.

17 다음 중 상관관계에 대한 설명으로 적합하지 않은 것은?

① 상관관계의 해석은 결정계수(coefficient of determination)를 사용하여 이루어진다.
② 상관계수는 변인 X와 변인 Y의 인과관계를 나타낸다.
③ 상관을 통해 변인의 관계성의 정도를 파악할 수 있다.
④ 상관계수는 변인 간 관계성의 방향을 알려준다.

tip 두 수치자료의 인과관계는 회귀분석을 통해 알아볼 수 있다.

18 설명변수(X_i)와 반응변수(Y_i) 사이에 단순회귀모형을 가정할 때, 회귀직선의 절편에 대한 추정값은?

X_i	0	1	2	3	4	5
Y_i	4	3	2	0	−3	−6

15. ② 16. ① 17. ② 18. ④

① 2　　② 3

③ 4　　④ 5

tip 기울기가 -2이고, X표본평균이 2.5, Y표본평균이 0이므로 $a=0-(-2\times 2.5)=5$

19 10개의 관측자료를 사용하여 다음과 같은 회귀식을 구하였을 때 X_1이 4 증가하고 X_2가 3 증가할 경우 Y의 증가량은 얼마인가?

$$\hat{Y}=-0.65+1.55X_1+0.76X_2$$

① 6.93　　② 7.35

③ 8.48　　④ 10.8

tip $1.55X_1+0.76X_2$이므로 X_1에 4를 대입하고 X_2에 3을 대입하면 8.48이다.

20 다음 중 단순회귀모형에서 오차항에 부여되는 가정이 아닌 것은?

① 유일성　　② 독립성

③ 등분산성　　④ 정규성

tip 오차항의 특징은 등분산성, 독립성, 정규분포성이다.

21 회귀분석의 총 편차의 제곱합에서 회귀에 의해 설명되는 부분에 의해 발생하는 편차의 제곱합은?

① 총제곱합　　② 회귀제곱합

③ 잔차제곱합　　④ 오차제곱합

tip ① 개별 관측값이 전체 평균으로부터 떨어진 차이를 제곱하여 더한 값을 말한다.
② 회귀제곱합은 총제곱합과 잔차제곱합의 차이를 의미한다.

19. ③ 20. ① 21. ②

22 다음 중 회귀분석에 대한 설명으로 옳은 것은?

① 회귀분석은 외생변수의 값에 대한 종속변수 값의 추정치와 예측치를 제공한다.

② 회귀분석은 독립변수와 종속변수 간의 관계의 존재 여부는 알려주지만 수식으로 나타내지는 못한다.

③ 회귀분석의 결과로 나온 독립변수와 종속변수 간의 관계는 완전히 정확하게 확률적이다.

④ 회귀분석을 통해 우리는 종속변수의 값의 변화에 영향을 미치는 중요한 독립변수들이 무엇인지를 알 수 있다.

tip ① 회귀분석은 독립변수의 값에 대한 종속변수 값의 추정치와 예측치를 제공한다.
② 회귀분석은 독립변수와 종속변수 간의 관계의 존재 여부를 알려주며 수식으로도 나타낸다.
③ 회귀분석의 결과로 나온 독립변수와 종속변수 간의 관계는 완전히 정확하지는 못하고 확률적이다.

23 종속변수 Y를 독립변수 X_1과 X_2로 설명하는 선형회귀모형은?

① $Y = \alpha X_1 + \beta X_2 + \epsilon$

② $Y = \alpha X_1 X_2 + \beta + \epsilon$

③ $Y = \alpha + \beta + X_1$

④ $Y = X_2 + (\alpha + \beta)\epsilon$

tip 독립변수 X_1, X_2가 각각 구성된 ①이 정답이다.

24 다음 중 회귀계수 b와 상관계수 r의 관계로 옳지 않은 것은?

① $b > 0$이면 $r > 0$이다.

② $b < 0$이면 $r < 0$이다.

③ $r = 1$이면 $b = 1$이다.

④ $r = 0$이면 $b = 0$이다.

tip 상관계수와 회귀계수는 방향과 관계유무는 짐작할 수 있어도 크기가 항상 같은 것은 아니다.

25 회귀분석에서 관찰값과 예측값의 차이를 무엇이라고 하는가?

① 잔차(residual)

② 오차(error)

③ 편차(deviation)

④ 거리(distance)

tip 관찰값과 예측값의 차이를 잔차라고 한다.

22. ④ 23. ① 24. ③ 25. ①

26 다음 중 회귀분석에서 회귀제곱합(SSR)이 200이고 오차제곱합(SSE)이 40인 경우, 결정계수는?

① 0.83　　② 0.81

③ 0.5　　④ 0.25

tip $R^2(\text{결정계수}) = \dfrac{\text{회귀제곱합}}{\text{총제곱합}} = 1 - \dfrac{\text{오차제곱합}}{\text{총제곱합}}$

$\dfrac{200}{240} = 0.8333 \fallingdotseq 0.83$

27 n개의 범주로 된 변수를 더미변수로 만들어 회귀분석에 이용할 경우 회귀분석모델에 포함되어야 하는 더미변수의 개수는?

① $n-1$　　② $n+1$

③ n^2　　④ $n-2$

tip 더미변수(dummy variable)는 변수 −1, 즉 $n-1$개가 필요하다.

28 교육연수(X_1)와 아버지의 교육연수(X_2), 공부시간(X_3)이 소득에 얼마나 영향을 미치는지 알아보기 위해 $\hat{y} = 8.14 + 3.48X_1 + 12.77X_2 + 5.49X_3$의 회귀모형으로 회귀분석을 하였다. 회귀계수를 표준화시켜 구한 회귀모형은 $\hat{y} = 8.14 + 2.88X_1 + 1.69X_2 + 4.89X_3$이었다. 세 변수 중 체중에 가장 많은 영향을 미치는 변수는?

① 교육연수　　② 아버지의 교육연수

③ 공부시간　　④ 비교할 수 없다.

tip 회귀모형에 변수 앞 정수가 가장 큰 것은 4.89로 공부시간 변수이다.

26. ①　27. ①　28. ③

29 다음 중 회귀직선에 대한 성질로 옳지 않은 것은?

① 같은 자료에서 계산된 두 회귀직선은 변량 X, Y의 평균 X바, Y바 점의 좌표의 교점을 지난다.

② 최소자승법으로 유도된 회귀식은 관찰값과 추정값의 차의 제곱합을 최소로 한다.

③ 변량 X, Y의 X의 Y에 대한 회귀직선과 Y의 X에 대한 회귀선은 항상 같다.

④ 회귀선은 변량을 대표하고 그 표준편차의 값이 작을수록 회귀선은 정확히 변량 간의 관계를 잘 설명해 준다.

tip 회귀식 $Y=ax+b$와 $X=ay+b$는 다르다.

30 다음 중 결정계수(coefficient of defermination) R^2에 대한 설명으로 옳지 않은 것은?

① 총제곱의 합 중 설명된 제곱의 합의 비율을 뜻한다.

② 종속변수에 미치는 영향이 적은 독립변수가 추가된다면 결정계수는 변하지 않는다.

③ R^2의 값이 클수록 회귀선으로 실제 관찰치를 예측하는 데 정확성이 높아진다.

④ 독립변수와 종속변수 간의 표본상관계수 r의 제곱값과 같다.

tip ② 종속변수에 미치는 영향이 적더라도 독립변수가 추가되면 결정계수는 변한다.

31 회귀분석에서 독립변수에 의해서 설명되는 종속변수의 비율을 무엇이라고 하는가?

① 회귀계수(regression coefficient)

② 신뢰계수(coefficient confindence)

③ 결정계수(coefficient of defermination)

④ 자유도(degree of freedom)

tip 결정계수는 R^2으로 나타내고 R^2이 클수록 회귀선은 실제관찰치를 예측하는 데 정확하다.

32 두 변수 X와 Y가 서로 독립일 때 X와 Y의 회귀직선의 기울기는?

① 0　　② 1

③ 0.5　　④ −1

tip X와 Y가 완전상관일 때 X와 Y의 회귀직선의 기울기는 1이다.

29. ③ 30. ② 31. ③ 32. ①

33 교육수준에 따른 생활만족도의 차이를 다양한 매개변수를 통제한 상태에서 비교하기 위해 다중회귀분석을 실시하고자 한다. 교육수준을 5개의 범주로(무학, 초등교졸, 중졸, 고졸, 대졸 이상) 등을 측정하였다. 이때 교육 수준별 차이를 나타내는 더미변수(dummy variable)를 몇 개 만들어야 하겠는가?

① 1개　　② 2개
③ 4개　　④ 5개

회귀분석에서 독립변수가 정상적 변수일 때 분석을 위해 더미변수를 써서 회귀분석한다. 교육수준의 5개의 범주를 더미변수로 만들때 변수간의 선형종속 때문에 변수의 수(교육수준의 수) − 1개의 더미변수가 필요하며 다음과 같이 만든다. 이는 대졸 이상을 다른 수준들과 비교하는 기준으로 사용된다.

계절변수	더미변수 D_1	더미변수 D_2	더미변수 D_3	더미변수 D_4
무학	1	0	0	0
초등교졸	0	1	0	0
중졸	0	0	1	0
고졸	0	0	0	1
대졸 이상	0	0	0	0

34 다음 중 더빈 왓슨계수에 대한 설명으로 옳지 않은 것은?

① 자동상관의 존재유무를 판정하는 데 이용된다.
② 더빈−왓슨값이 4에 가까우면 부(−)의 상관관계를 나타낸다.
③ 더빈−왓슨값이 2에 가까우면 정(+)의 상관관계를 나타낸다.
④ 더빈−왓슨값이 0이나 4에 가까울수록 잔차들 간의 상관관계 모형이 적합하지 않다.

tip ③ 더빈−왓슨값이 0에 가까우면 정의 상관관계를 나타내지만 2에 가까우면 자동상관이 무시될 수 있다.

35 다음 단순회귀모형을 $y=\alpha+\beta_x+\epsilon,\ \epsilon \sim N(0,\ \sigma^2)$이라 설정할 때 오차제곱의 합을 최소로 하는 $\alpha,\ \beta$를 찾는 방법으로 옳은 것은?

① 최우추정법　　② 일치추정법
③ 최소자승법　　④ 불편추정법

tip 최소자승법은 Gauss가 창안한 것으로 가장 오래된 추정방법이다. 최소자승법에 의해 구해지는 $\alpha,\ \beta$를 최소자승추정량이라 한다.

33. ③　34. ③　35. ③

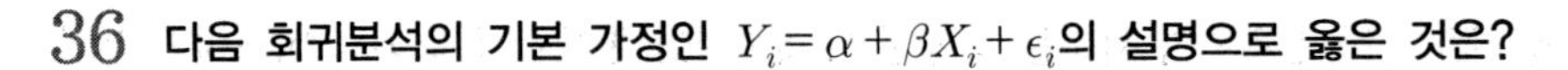

36 다음 회귀분석의 기본 가정인 $Y_i = \alpha + \beta X_i + \epsilon_i$의 설명으로 옳은 것은?

① 독립변수 X는 확률변수이다.

② 오차항 ϵ_i는 비정규분포를 이루며 서로 독립적이다.

③ 오차항 ϵ_i는 모두 동일한 분산을 가지며 기댓값은 0이다.

④ X와 Y는 비선형종속관계이다.

tip ① X는 비확률변수이다.
② 오차항 ϵ_i는 정규분포를 이룬다.
④ X와 Y는 선형종속관계이다.

37 다음 중 변수 간의 관계분석을 통하여 우리가 알고 있는 변수를 기초로 알지 못하는 변수를 예측할 수 있는 변수간의 관계식을 만드는 분석방법은?

① 회귀분석 ② 요인분석

③ 판별분석 ④ 상관분석

tip ② 다변량분석의 하나로 변수간의 상호관계를 규명하는 분석기법이다.
③ 등간 · 비율척도에 의하여 측정된 독립변수를 이용하여 명목척도로 측정된 종속변수를 분류하는 분석방법이다.
④ 두 변수체 간의 관계 정도를 분석하는 것이다.

38 다음 중 회귀분석의 절차과정으로 옳은 것은?

㉠ 의사결정을 한다.	㉡ 최적직선식을 구한다.
㉢ 분산분석을 실시한다.	㉣ 산점도를 작성한다.

① ㉠→㉡→㉢→㉣ ② ㉣→㉡→㉠→㉢

③ ㉠→㉢→㉣→㉡ ④ ㉣→㉡→㉢→㉠

tip 회귀분석은 의사결정 전에 산점도를 작성하여 두 변수의 선형관계를 알아보며 최적직선식은 최소자승법을 이용하여 구한다.

36. ③ 37. ① 38. ④

39 **회귀모형을 적합한 결과 $\hat{y} = 10 + x_1 + 5x_2$를 얻었다. 두 변수 x_1과 x_2의 상대적 중요도에 대한 설명 중 맞는 것은?**

① y를 설명하는데 있어 x_2는 x_1보다 5배 더 중요하다.

② y를 설명하는데 있어 x_1은 x_2보다 5배 더 중요하다.

③ 둘 다 똑같이 중요하다.

④ x_1과 x_2는 단위가 다를 수 있고 정의된 범위가 다를 수 있기 때문에 상대적 중요도를 함부로 말할 수 없다.

tip ④ 오차항의 가정과 각각의 독립변수에 대하여는 동일하며 독립변수들 사이에는 독립적인 사실이 있으므로 상대적 중요도를 함부로 말할 수 없다.

40 **다음 결정계수에 대한 설명으로 옳지 않은 것은?**

① 결정계수 $R^2 = \dfrac{\sum(\hat{Y} - \overline{Y})^2}{\sum(Y_i - \overline{Y})^2}$이다.

② 오차의 제곱합이 0이면 결정계수는 1의 값을 갖는다.

③ 추정기울기 b_1이 0이면 오차제곱의 합과 총제곱합이 같으므로 결정계수는 0이다.

④ R은 X와 Y의 상관관계로 R^2값이 -1에 가까우면 X와 Y의 상관관계가 높아진다.

tip ④ R은 X와 Y의 상관관계로 $0 \le R^2 \le 1$의 값을 가지며, R^2의 값이 0에 가까우면 낮은 상관관계를 갖고 1에 가까우면 높은 상관관계를 갖는다.

41 **$\hat{Y} = 7 + 2X_1 + 5X_2$에서 회귀계수 2가 의미하는 것은?**

① Y값은 2에서 일정하다.

② X_1이 1단위 증가하면 Y는 2단위 증가한다.

③ X_2가 일정하면 X_1이 1단위 증가할 때 Y는 2단위 증가한다.

④ X_1과 X_2가 각각 1단위씩 증가하면 Y는 14단위 증가한다.

tip 회귀계수의 추정값은 다른 변수를 일정하게 하고 1단위 증가할 때 종속변수 값이 변한 값이다.

39. ④ 40. ④ 41. ③

42 국방비, 비국방비, 총지출에 대한 회귀분석의 결과가 다음과 같다. 아래의 회귀분석결과에 대한 해석으로 옳은 것은?

	국방비	비국방비	총일반지출
상수	77.0(2.07) *	102.0(1.9)	178.04(2.27) *
전년도 지출	1.08(53.1)**	1.13(78.2)**	1.12(78.54)**
R2	0.991	0.995	0.995
D/W	0.71	1.09	0.51
( ) : t값, $*p < 0.05$, $**p < 0.01$			

① 국방비, 비국방비, 총일반지출의 상수는 모두 유의미하다.

② 국방비, 비국방비, 총일반지출의 회귀분석에서 계열상관(serial-correlation)이 없다.

③ 국방비, 비국방비, 총일반지출에 대한 전년도 지출의 설명력이 높은 것은 계열상관이 없기 때문이다.

④ 국방비, 비국방비, 총일반지출 수준은 전년도 지출수준에 의해서 결정된다.

tip ① 비국방비 상수항에 대해서 귀무가설 채택하므로 유의미하지 않다.
②③ D/W 통계량이 2에 가까우면 계열상관이 없으나, 0에 가까우면 양의 상관이다.

43 1인당 GNP(X)가 정부예산(Y)에 미치는 영향력을 분석하기 위해 단순회귀분석의 모형과 검증통계량은 다음과 같다. 아래 검증에 대한 설명으로 옳은 것은 어느 것인가?

$$Y = a + bX,\ b = 0.9489,\ t = 24.15,\ p-value < .001$$

① 1인당 GNP는 정부예산에 의미 있는 영향을 미치지 못한다.

② 1인당 GNP는 정부예산에 의미 있는 영향을 미친다.

③ 회귀계수는 0에 가깝다.

④ 유의수준이 .01인 경우에는 검증결과가 다르게 해석될 수 있다.

tip 1인당 GNP(X)에 대한 유의성 검정에서 유의확률이 .001보다 작으므로 정부예산(Y)에 유의미한 영향을 미친다.

42. ④ 43. ②

44 잔차제곱의 합을 최소화시키는 최소자승법(Ordinary Least Squares : OLS)은?

① $\min\ |Y_{i-}\ \widehat{Y_i}|$
② $\min\ (Y_i - \widehat{Y_i})^2$
③ $\min\ (Y_i + \widehat{Y_i})^2$
④ $\min\ \sum(Y_i - \widehat{Y_i})^2$

tip 잔차 $= Y_i - \widehat{Y_i}$

$$\sum_{i=1}^{n} e_i^{\ 2} = \sum_{i=1}^{n}(y_i - \widehat{y_i})^2$$

45 다음은 어떤 통계적 방법에 대해 설명한 것인가?

- 변수들 간의 관계성을 규명할 수 있는 수학적 모형을 수집된 자료로부터 추정하는 통계적 방법이다.
- 이는 변수들 간의 관계성을 선형으로 가정하고 있다.
- 추정된 수학적 모형을 이용하여 통계적 추론이나 예측을 하게 된다.
- 오직 한 개의 독립변수를 고려한 경우와, 두 개 이상의 독립변수를 고려하여 분석이 가능하다.

① 회귀분석
② 요인분석
③ 평균분석
④ 분산분석

회귀분석 … 둘 또는 그 이상의 변수들 간의 의존관계를 파악함으로써 어떤 특정한 변수(종속변수)의 값을 다른 한 개 또 그 이상의 변수(독립변수)들로부터 설명하고 예측하는 통계학의 한 분야이다.

46 단순회귀분석의 기본가정에 대한 설명으로 틀린 것은?

① 오차항은 정규분포를 따른다.
② 독립변수와 오차는 상관계수가 0이다.
③ 오차항의 기댓값은 0이다.
④ 오차항들의 분산이 항상 같지는 않다.

tip 기본가정으로 오차항은 정규성, 등분산성, 독립성이 있다.

$\epsilon_i \sim iid\,N(\,0,\ \sigma^2\,)$

그러므로 오차항들의 분산은 항상 같아야 한다.

44. ④ 45. ① 46. ④

47 다음 단순회귀모형에 관한 설명으로 옳은 것은?

(단, $S_Y{}^2 = \sum_1^n (Y_i - \overline{Y})^2$, $S_X{}^2 = \sum_1^n (X_i - \overline{X})^2$, $e_i \sim N(0, \sigma^2)$)

$$Y_i = \alpha + \beta X_i + \epsilon_i,\ i = 1,\ 2,\ \cdots,\ n$$

① X와 Y의 표본상관계수를 r이라 하면 β의 최소제곱추정량은 $\hat{\beta} = r\frac{S_Y}{S_X}$이다.

② 모형에서 X_i와 Y_i를 바꾸어도 β의 추정량은 같다.

③ X가 Y의 변동을 설명하는 정도는 결정계수로 계산되며 Y의 변동이 작아질수록 높아진다.

④ 오차항 $e_1,\ e_2,\ \cdots,\ e_n$의 분산이 동일하지 않아도 무방하다.

tip ② 반응변수와 설명변수가 바뀌면 β의 추정량은 다르다.
③ 회귀의 의한 변동이 클수록 결정계수는 높아진다.
④ 오차항의 분산은 동일하다는 가정을 따른다.

48 다음은 독립변수가 k개인 경우의 중회귀모형이다. 최소 제곱법에 의한 회귀계수 벡터 β의 추정식 b는? (단, $y = \begin{bmatrix} y_1 \\ y_2 \\ \vdots \\ y_n \end{bmatrix}$, $X = \begin{bmatrix} 1 & x_{11} & x_{12} & \cdots & x_{1k} \\ 1 & x_{21} & x_{22} & \cdots & x_{2k} \\ \vdots & \vdots & \vdots & \vdots & \vdots \\ 1 & x_{n1} & x_{n2} & \cdots & x_{nk} \end{bmatrix}$, $\beta = \begin{bmatrix} \beta_0 \\ \beta_1 \\ \beta_2 \\ \vdots \\ \beta_k \end{bmatrix}$, $\epsilon = \begin{bmatrix} \epsilon_1 \\ \epsilon_2 \\ \vdots \\ \epsilon_n \end{bmatrix}$이며, X'은 X의 변환행렬)

$$y = X\beta + \epsilon$$

① $b = X^{-1}y$

② $b = X'y$

③ $b = (X'X)^{-1}X'y$

④ $b = (X'X)^{-1}y$

tip 중회귀모형에서 최소제곱법에 의한 회귀계수의 추정식 $b = (X'X)^{-1}X'y$이다.

47. ① 48. ③

49 단순회귀분석에서 회귀직선의 추정식이 $\hat{y} = 0.5 - 2x$ 와 같이 주어졌을 때의 설명으로 틀린 것은?

① 반응변수는 y이고, 설명변수는 x이다.
② 설명변수가 한 단위 증가할 때 반응변수는 2단위 감소한다.
③ 반응변수와 설명변수의 상관계수는 0.5이다.
④ 설명변수가 0일 때 반응변수의 예측값은 0.5이다.

tip 단순회귀분석에서 회귀직선의 추정식으로 반응변수와 설명변수의 상관계수를 확인할 수 없다. 단 R^2(결정계수)가 주어진다면, 두 변수의 상관계수 r의 제곱이 R^2이 된다.

50 회귀분석 결과 분산분석표에서 잔차제곱합(SSE)은 60, 총제곱합(SST)은 240임을 알았다. 이 회귀모형에서 결정계수는 얼마인가?

① 0.25
② 0.5
③ 0.75
④ 0.95

tip
$$R^2 = \frac{SSR}{SST} = 1 - \frac{SSE}{SST}$$
$$= 1 - \frac{60}{240} = 1 - 0.25 = 0.75$$

51 회귀분석모형에서는 독립변수가 질적 변수이며 그 범주가 5개인 경우에는 가변수가 몇 개가 되어야 하는가?

① 0개
② 4개
③ 5개
④ 6개

tip 가변수(더미변수) = 범주 수 $- 1 = 5 - 1 = 4$

49. ③ 50. ③ 51. ②

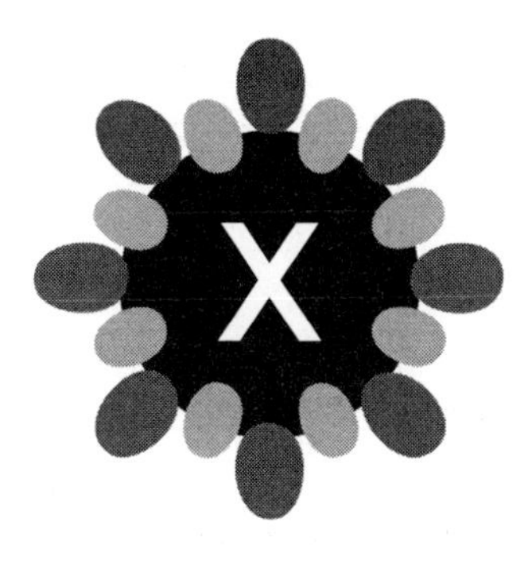

부록

2018. 3. 4 제1회 시행

제1과목 조사방법론 I

01 다음 질문문항의 주된 문제점에 해당하는 것은?

> 여러 백화점 중에서 귀하가 특정 백화점만을 고집하여 간다고 한다면 그 주된 이유는 무엇입니까?

① 단어들의 뜻이 명확하지 않다.
② 하나의 항목에 두 가지의 질문 내용이 포함되어 있다.
③ 지나치게 자세한 응답을 요구하고 있다.
④ 임의로 응답자들에 대한 가정을 두고 있다.

tip 특정 백화점을 고집하여 가는 응답자로 전제하고 하는 질문이다.

02 개별적인 질문이 결정된 이후 응답자에게 제시하는 질문순서에 관한 설명으로 틀린 것은?

① 특수한 것을 먼저 묻고 그 다음에 일반적인 것을 질문하도록 하는 것이 좋다.
② 연상 작용이 가능한 질문들의 간격은 멀리 떨어뜨리는 것이 좋다.
③ 개인 사생활에 관한 질문과 같이 민감한 질문은 가급적 뒤로 배치하는 것이 좋다.
④ 질문은 논리적인 순서에 따라 자연스럽게 배치하는 것이 좋다.

tip 일반적이고 포괄적인 질문은 앞에 배치하고, 구체적이고 민감한 질문은 뒤에 배치한다.

01. ④ 02. ①

03 질적 연구에 관한 설명으로 틀린 것은?

① 소규모 분석에 유리하고 자료 분석 시간이 많이 소요된다.
② 주관적 동기의 이해와 의미해석을 하는 현상학적 · 해석학적 입장이다.
③ 수집된 자료는 타당성이 있고 실질적이나 신뢰성이 낮고 일반화는 곤란하다
④ 연구 참여자와 연구자 간에 상호작용을 통해 연구가 진행되므로 가치 지향적이지 않고 편견이 개입되지 않는다.

tip 질적 연구는 인간이 상호주관적 이해의 바탕에서 인간의 행위를 행위자의 그것에 부여하는 의미와 파악으로 이해하려는 해석적, 주관적인 사회과학연구방법이다. 따라서 연구자의 편견이 개입될 수 있다.

04 조사계획서에 포함되어야 할 일반적인 내용에 해당하지 않는 것은?

① 조사의 목적과 조사 일정
② 조사의 잠정적 제목
③ 조사 결과의 요약 내용
④ 조사 일정과 조사 참여자의 프로파일

tip 조사계획서에는 조사 결과는 포함되지 않아도 된다.

05 사회과학 연구방법을 연구목적에 따라 구분할 때, 탐색적 연구의 목적에 해당하는 것을 모두 고른 것은?

㉠ 개념을 보다 분명하게 하기 위해
㉡ 다음 연구의 우선순위를 정하기 위해
㉢ 많은 아이디어를 생성하고 임시적 가설 개발을 위해
㉣ 사건의 카테고리를 만들고 유형을 분류하기 위해
㉤ 이론의 정확성을 판단하기 위해

① ㉠, ㉡, ㉢
② ㉠, ㉢, ㉣
③ ㉡, ㉣, ㉤
④ ㉡, ㉢, ㉣, ㉤

tip 탐색적 연구는 연구문제의 발견, 변수의 규명, 가설의 도출을 위해서 실시하는 조사로서 예비적 조사로 실시한다. 이는 개념을 분명히 하고, 다음 연구 순서를 정하고 임시 가설을 설계하기 위해 진행한다.

03. ④ 04. ③ 05. ①

06 다음에서 설명하고 있는 것은?

> 추상적 구성개념이나 잠재변수의 값을 측정하기 위하여 측정할 내용이나 측정 방법을 구체적으로 정확하게 표현하고 의미를 부여하는 것으로 추상적 개념을 관찰 가능한 형태로 표현해 놓은 것이다

① 조작적 정의(operational definition)
② 구성적 정의(constitutive definition)
③ 기술적 정의(descriptive definition)
④ 가설 설정(hypothesis building)

tip ① **조작적 정의** : 객관적이고 경험적으로 기술하기 위한 정의
② **구성적 정의** : 한 개념을 다른 개념으로 대신하여 정의
③ **기술적 연구** : 어떤 현상을 정확하게 기술하는 것을 주목적으로 하는 조사
④ **가설** : 둘 이상 변수 간의 관계를 설명하는 경험적으로 증명이 가능한 추측된 진술로 문제에서 기대되는 해답

07 관찰법(observation method)의 분류기준에 대한 설명으로 틀린 것은?

① 관찰이 일어나는 상황이 인공적인지 여부에 따라 자연적/인위적 관찰로 나누어진다.
② 관찰시기가 행동발생과 일치하는지 여부에 따라 체계적/비체계적 관찰로 나누어진다.
③ 피관찰자가 관찰사실을 알고 있는지 여부에 따라 공개적/비공개적 관찰로 나누어진다.
④ 관찰주체 또는 도구가 무엇인지에 따라 인간의 직접적/기계를 이용한 관찰로 나누어진다.

tip 관찰조건의 표준화 여부에 따라 체계적 관찰은 사전 계획 절차에 따라 관찰조건을 표준화한 것을 의미하며 비체계적 관찰은 관찰조건이 표준화 되지 않는 것을 의미한다.

08 이론으로부터 가설을 도출한 후 경험적 관찰을 통하여 이론을 검증하는 탐구방식은?

① 귀납적 방법　　② 연역적 방법
③ 기술적 연구　　④ 분석적 연구

tip ① **귀납적 방법** : 구체적인 사실로부터 일반적인 원리를 도출해내는 방법
② **연역적 방법** : 논리적 분석을 통해 가설을 정립한 후 이를 경험의 세계에 투사하여 검증하는 방법
③ **기술적 연구** : 어떤 현상을 정확하게 기술하는 것을 주목적으로 하는 조사

09 면접조사에 관한 설명과 가장 거리가 먼 것은?

① 면접 시 조사자는 질문 뿐 아니라 관찰도 할 수 있다.
② 같은 조건하에서 우편설문에 비하여 높은 응답률을 얻을 수 있다.
③ 여러 명의 면접원을 고용하여 조사할 때는 이들을 조정하고 통제하는 것이 요구된다.
④ 가구소득, 가정폭력, 성적경향 등 민감한 사안의 조사 시 유용하다.

tip 면접조사 시 질문의 내용이 개인의 비밀에 관한 것이나 대답하기 곤란한 질문일 경우 응답자가 응답을 기피하는 경우가 많다.

10 자료수집방법에 대한 비교설명으로 옳은 것은?

① 인터넷조사는 우편조사에 비해서 비용이 많이 소요된다.
② 전화조사는 면접조사에 비해서 시간이 많이 소요된다.
③ 인터넷조사는 다른 조사에 비해 시각 보조 자료의 활용이 곤란하다.
④ 면접조사는 다른 조사에 비해 래포(rapport)의 형성이 용이하다.

tip ① 인터넷조사보다 우편조사의 비용이 많이 소요된다.
② 전화조사보다 면접조사의 시간이 많이 소요된다.
③ 인터넷조사는 다른 조사에 비해 시각 보조 자료의 활용이 용이하다.

11 과학적 연구에서 이론의 역할을 모두 고른 것은?

> ㉠ 연구의 주요 방향을 결정하는 토대가 된다.
> ㉡ 현상을 개념화하고 분류하도록 한다.
> ㉢ 사실을 예측하고 설명해준다.
> ㉣ 지식을 확장시킨다.
> ㉤ 지식의 결함을 지적해준다.

① ㉠, ㉡, ㉢　　② ㉡, ㉢, ㉤
③ ㉠, ㉢, ㉣, ㉤　　④ ㉠, ㉡, ㉢, ㉣, ㉤

tip 이론의 역할
㉠ 조사하는 현상에 대해 설명해 주고 새로운 사실을 예측할 수 있도록 해 준다
㉡ 지식 간의 차이를 메워준다.
㉢ 과학적 조사연구에 대해 기본적인 토대를 제공해 준다.
㉣ 연구대상에 대한 기존의 과학적 지식을 간단명료하게 해 준다.
㉤ 가설 또는 명제의 판단기준이 된다.

09. ④ 10. ④ 11. ④

12 다음 중 참여관찰에서 윤리적인 문제를 겪을 가능성이 가장 높은 관찰자 유형은?

① 완전참여자(complete participant)

② 완전관찰자(complete observer)

③ 참여자로서의 관찰자(observer as participant)

④ 관찰자로서의 참여자(participant as observer)

tip ① **완전참여자** : 관찰자는 신분을 속이고 대상 집단에 완전히 참여하여 관찰하는 것으로 대상 집단의 윤리적인 문제를 겪을 가능성이 가장 높은 유형

② **완전관찰자** : 관찰자는 제3자의 입장에서 객관적으로 관찰하는 유형

③ **참여자적 관찰자** : 연구대상자들에게 참여자의 신분과 목적을 알리나 조사 집단에는 완전히 참여하지는 않는 유형

④ **관찰자적 참여자** : 연구대상자들에게 참여자의 신분과 목적을 알리고 조사 집단의 일원으로 참여하여 활동하는 유형

13 질문지 설계 시 고려할 사항과 가장 거리가 먼 것은?

① 지시문의 내용 ② 자료수집방법

③ 질문의 유형 ④ 표본추출방법

tip 질문지 설계 시 표본추출방법은 고려되지 않는다.

14 인과관계의 일반적인 성립조건과 가장 거리가 먼 것은?

① 시간적 선행성(temporal precedence)

② 공변관계(covariation)

③ 비허위적 관계(lack of spuriousness)

④ 연속변수(continuous variable)

tip 인과관계 추론의 조건(J. S. Mill의 세 가지 원칙) … 시간적 선후관계, 동시변화성의 원칙, 비허위적 관계

12. ① 13. ④ 14. ④

15 다음 중 집단 구성원들 간의 인간관계를 분석하고 그 강도나 빈도를 측정하여 집단 자체의 구조를 파악하고자 할 때 적합한 방법은?

① 투사법(projective technique)

② 사회성측정법(sociometry)

③ 내용분석법(content analysis)

④ 표적집단면접법(focus group interview)

tip ① **투사법** : 직접 질문하기 힘들거나 직접한 질문에 타당한 응답이 나올 가능성이 적을 때에 어떤 자극상태를 만들어 그에 대한 응답자의 반응으로 의도나 의향을 파악하는 방법

② **사회성측정법** : 집단 내의 구성원들 사이의 관계를 조사하여 구성원들의 상호작용이나 집단의 응집력을 파악하는 방법

③ **내용분석법** : 연구대상에 필요한 자료를 수집, 분석함으로써 객관적, 체계적으로 확인하여 진의를 추론하는 기법

④ **표적집단면접법** : 전문 지식이 있는 조사자가 소수의 대상자 집단과 특정한 주제를 가지고 토론을 통해 정보를 획득하는 탐색조사방법

16 인터넷 서베이조사에 관한 설명으로 틀린 것은?

① 실시간 리포팅이 가능하다.

② 개인화된 질문과 자료 제공이 용이하다.

③ 설문응답과 동시에 코딩이 가능하다.

④ 응답자의 지리적 위치에 따라 비용이 발생한다.

tip 인터넷을 통한 조사이므로 응답자의 지리적 위치에 따른 다른 비용은 발생하지 않는다.

17 다음 중 집단조사에 대한 설명으로 틀린 것은?

① 비용과 시간을 절약하고 동일성을 확보할 수 있다.

② 주위의 응답자들과 의논할 수 있어 왜곡된 응답을 줄일 수 있다.

③ 학교나 기업체, 군대 등의 조직체 구성원을 조사할 때 유용하다.

④ 조사대상에 따라서는 집단을 대상으로 한 면접방식과 자기기입방식을 조합하여 실시하기도 한다.

tip 주위의 응답자들과 의논을 하게 되면 오히려 왜곡된 응답이 늘게 된다.

15. ② 16. ④ 17. ②

18 **다음 중 설문지 사전검사(pre-test)의 주된 목적은?**

① 응답자의 분포를 확인한다.

② 질문들이 갖고 있는 문제들을 파악한다.

③ 본 조사의 결과와 비교할 수 있는 자료를 얻는다.

④ 조사원들을 훈련한다.

tip 설문지의 사전 검사를 통해 설문을 시작하기 전에 설문지 문제들을 파악할 수 있다.

19 **가설의 적정성을 평가하기 위한 기준과 가장 거리가 먼 것은?**

① 매개변수가 있어야 한다.

② 동의어가 반복적이지 않아야 한다.

③ 경험적으로 검증될 수 있어야 한다.

④ 동일분야의 다른 이론과 연관이 있어야 한다.

tip 가설의 조건

㉠ **경험적 근거** : 서술되어 있는 변수관계를 경험적으로 검증할 수 있는 터전이 다져 있어야 한다는 것으로 경험적 사실에 입각하여 측정도 가능하다.

㉡ **특정성** : 가설의 내용은 한정적, 특정적이어서 변수관계와 그 방향이 명백함으로 상린관계의 방향, 성립조건에 관하여 명시할 필요가 있다.

㉢ **개념의 명백성** : 누구에게나 쉽게 전달될 수 있도록 쉬운 용어로 표현되어야 하며 가설을 구성하는 개념이 조작적인 면에서 가능한 한 명백하게 정의되어야 한다.

㉣ **이론적 근거** : 가설은 이론발전을 위한 강력한 작업도구로 현존이론에서 구성되며 사실의 뒷받침을 받아 명제 또는 새로운 이론으로 발전한다.

㉤ **조사기술 및 분석방법과의 관계성** : 검증에 필요한 일체의 조사기술의 장 · 단점을 파악하고 분석방법의 한계도 알고 있어야 한다. 따라서 연구문제가 새로운 분석기술을 발전시킬 수도 있다.

㉥ 가설은 서로 다른 두 개념의 관계를 표현해야 하며, 동의 반복적이면 안 된다.

20 **2017년에 특정한 3개 고등학교(A, B, C)의 졸업생들을 모집단으로 하여 향후 10년간 매년 일정시점에 표본을 추출하여 조사한다면 어떤 조사에 해당하는가?**

① 횡단 조사　　② 서베이 리서치

③ 코호트 조사　　④ 사례 조사

tip 코호트 조사는 동기생, 동시경험집단을 연구하는 것으로 일정한 기간 동안에 어떤 한정된 부분 모집단을 연구하는 것으로 특정한 경험을 같이 하는 사람들이 갖는 특성에 대해 다른 시기에 걸쳐 두 번 이상 비교하고 연구한다.

18. ②　19. ①　20. ③

21 내용분석에 관한 설명으로 틀린 것은?

① 조사대상에 영향을 미친다.

② 시간과 비용 측면에서의 경제성이 있다.

③ 일정기간 동안 진행되는 과정에 대한 분석이 용이하다.

④ 연구 진행 중에 연구계획의 부분적인 수정이 가능하다.

tip 내용분석은 연구대상에 필요한 자료를 수집, 분석함으로써 객관적, 체계적으로 확인하여 진의를 추론하는 기법으로 조사대상의 반응성이 잘 나타나지 않는 비관여적 조사이며 비용, 시간의 절감이 가능하며, 진행 과정에 대한 분석이 용이하며 연구 진행 중 부분 수정이 가능하다.

22 탐색적 조사(exploratory research)에 관한 설명으로 옳은 것은?

① 시간의 흐름에 따라 일반적인 대상 집단의 변화를 관찰하는 조사이다.

② 어떤 현상을 정확하게 기술하는 것을 주목적으로 하는 조사이다.

③ 동일한 표본을 대상으로 일정한 시간간격을 두고 반복적으로 측정하는 조사이다.

④ 연구문제의 발견, 변수의 규명, 가설의 도출을 위해서 실시하는 조사로서 예비적 조사로 실시한다.

① 추세조사
② 기술적 조사
③ 종단적 조사

23 순수실험설계와 유사실험설계를 구분하는 기준으로 가장 적합한 것은?

① 독립변수의 설정　② 비교집단의 설정

③ 종속변수의 설정　④ 실험대상 선정의 무작위화

tip 순수실험설계(진실험설계)는 실험 대상을 무작위로 추출하며, 유사실험설계(준실험설계)는 무작위 배정을 할 수 없을 때 사용한다.

21. ① 22. ④ 23. ④

24 패널조사에 관한 설명으로 틀린 것은?

① 특정 조사대상자들을 선정해 놓고 반복적으로 실시하는 조사방식을 의미한다.
② 종단적 조사의 성격을 지닌다.
③ 반복적인 조사 과정에서 성숙효과, 시험효과가 나타날 수 있다.
④ 패널 운영 시 자연 탈락된 패널구성원은 조사결과에 크게 영향을 미치지 않는다.

tip 패널조사는 패널을 선정하여 이들로부터 반복적이며 지속적으로 연구자가 필요로 하는 정보를 획득하는 방식이므로 자연 탈락된 패널구성원은 조사 결과에 영향을 미친다.

25 개방형 질문의 특징에 관한 설명으로 틀린 것은?

① 응답자들의 모든 가능한 의견을 얻어낼 수 있다.
② 탐색조사를 하려는 경우 특히 유용하게 이용될 수 있다
③ 응답내용의 분류가 어려워 자료의 많은 부분이 분석에서 제외되기도 한다.
④ 질문에 대해 중립적인 입장을 가진 사람만을 대상으로 조사하더라도 극단적인 결론이 얻어진다.

tip 개방형 질문은 자유응답형 질문으로 응답자가 할 수 있는 응답의 형태에 제약을 가하지 않고 자유롭게 표현하는 방법으로 다양한 응답이 가능하다.

26 다음 사례에서 사용한 조사설계는?

> 저소득층의 중학생들을 대상으로 무작위로 실험집단과 통제집단에 각각 50명씩 할당하여 실험집단에는 한 달간 48시간의 학습프로그램 개입을 실시하였고 통제집단은 아무런 개입 없이 사후조사만 실시하였다.

① 통제집단 사전-사후 검사 설계(pretest-posttest control group design)
② 통제집단 사후검사 설계(posttest-only control group design)
③ 단일집단 사전-사후검사 설계(one-group pretest-posttest design)
④ 정태집단 비교 설계(static group comparison design)

tip 통제집단 사후검사 설계는 실험설계에서 실험(48시간의 학습프로그램)이 가해진 실험집단과 실험이 가해지지 않은 통제집단 간의 사후검사만을 통해 비교하는 연구방법이다.

24. ④ 25. ④ 26. ②

27 **면접조사에서 질문의 일반적인 원칙과 가장 거리가 먼 것은?**

① 조사대상자가 가능한 비공식적인 분위기에서 편안한 자세로 대답할 수 있어야 한다.
② 질문지에 있는 말 그대로 질문해야 한다.
③ 조사대상자가 대답을 잘 하지 못할 경우 필요한 대답을 유도할 수 있다.
④ 문항은 하나도 빠짐없이 물어야 한다.

tip 조사대상자에게 조사자가 필요한 대답을 유도하면 안 된다.

28 **연구자들의 신념체계를 구성하는 과학적 연구방법의 기본가정과 가장 거리가 먼 것은?**

① 진리는 절대적이다.
② 모든 현상과 사건에는 원인이 있다.
③ 자명한 지식은 없다.
④ 경험적 관찰이 지식의 원천이다.

tip 과학적 연구방법의 기본가정 가운데 절대적인 진리는 없다.

29 **연구의 단위(unit)를 혼동하여 집합단위의 자료를 바탕으로 개인의 특성을 추리할 때 저지를 수 있는 오류는?**

① 집단주의 오류 ② 생태주의 오류
③ 개인주의 오류 ④ 환원주의 오류

② **생태학적 오류** : 집단이나 집합체 단위의 조사에 근거해서 그 안에 소속된 개별 단위들에 대한 성격을 규정하는 오류
③ **개인주의 오류** : 개인적인 특성, 즉 개인을 관찰한 결과를 집단이나 사회 및 국가 특성으로 유추하여 해석할 때 발생하는 오류
④ **환원주의 오류** : 특정한 현상의 원인이라고 생각되는 개념이나 변수를 지나치게 제한하거나 한 가지로 환원시키려는 경우 발생하는 오류

27. ③ 28. ① 29. ②

30 다음 설명에 해당하는 가설의 종류는?

> • 수집된 자료에서 나타난 차이나 관계가 진정한 것이 아니라 우연의 법칙으로 생긴 것으로 진술한다.
> • 변수들 간에 관계가 없다거나 혹은 집단들 간에 차이가 없다는 식으로 서술한다.

① 대안가설　　② 귀무가설
③ 통계적 가설　　④ 설명적 가설

① **대안가설** : 대립가설, 연구자가 주장하여 검정하고자 하는 가설
② **귀무가설** : 주어진 연구가설을 검증하기 위하여 사용된 가설적 모형으로 현실에 대한 진술임은 연구가설과 같으며 현실에 존재하는 것으로 의도된 것은 아니다.
③ **통계적 가설** : 어떤 특징에 관하여 둘 이상의 집단 간의 차이, 한 집단 내 또는 몇 집단 간의 관계, 표본 또는 모집단 특징의 점추정 등을 묘사하기 위하여 설정하는 것
④ **설명적 가설** : 사실과 사실과의 관계를 설명해 주는 가설

30. ②

제2과목 조사방법론 Ⅱ

31 다음 중 신뢰성의 개념과 가장 거리가 먼 것은?

① 안정성 ② 일관성
③ 동시성 ④ 예측가능성

tip 신뢰성은 안정성, 일관성, 믿음성, 의존가능성, 정확성 등으로 대체될 수 있는 개념이다.

32 측정 수준에 대한 설명으로 틀린 것은?

① 서열척도는 각 범주간에 크고 작음의 관계를 판단할 수 있다.
② 비율척도에서 0의 값은 자의적으로 부여되었으므로 절대적 의미를 가질 수 없다.
③ 명목척도에서는 각 범주에 부여되는 수치가 계량적 의미를 갖지 못한다.
④ 등간척도에서는 각 대상간의 거리나 크기를 표준화된 척도로 표시할 수 있다.

tip 비율측정 … 측정값 사이의 비율계산이 가능한 척도. 절대 영점을 가지고 있으므로 가감승제를 포함한 수학적 조작이 가능하다.

33 군집표집(cluster sampling)에 대한 설명으로 틀린 것은?

① 군집이 동질적이면 오차의 가능성이 낮다.
② 전체모집단의 목록표를 작성하지 않아도 된다.
③ 단순무작위표집에 비해 시간과 비용을 절약할 수 있다.
④ 특정 집단의 특성을 과대 혹은 과소하게 나타낼 위험이 있다.

tip 군집표집은 집단 간에 동질적이고, 집단 내는 이질적이어야 한다.

31. ③ 32. ② 33. ①

34 **다음 중 일정한 특성을 지니는 모집단의 구성비율에 일치하도록 표본을 추출함으로써 모집단을 대표할 수 있는 표집방법은?**

① 할당표집(quota sampling)

② 눈덩이표집(snowball sampling)

③ 유의표집(purposive sampling)

④ 편의표집(convenience sampling)

tip ① **할당표집** : 자료를 수집할 연구대상의 카테고리와 할당량을 정하여 표본이 모십단과 같은 특성을 갖도록 표본을 추출

② **눈덩이표집** : 표본으로 소수 인원을 추출하여 조사한 후, 그 소수 인원을 조사원으로 하여 그 조사원의 주위 사람들을 조사하는 방식

③ **유의표집** : 연구자가 찾고 있는 정보에 대하여 주어진 모집단에 의도적으로 표본을 선택

④ **편의표집** : 연구자가 추출하기 쉬운 표본을 추출하는 방법

35 **총 학생 수가 2,000명인 학교에서 800명을 표집할 때의 표집율은?**

① 25% ② 40%

③ 80% ④ 100%

tip $\frac{800}{2,000} \times 100 = 40\%$

36 **내용타당도(content validity)에 관한 설명으로 옳은 것은?**

① 통계적 검증이 가능하다.

② 측정대상의 모든 속성들을 파악할 수 있다.

③ 조사자의 주관적 해석과 판단에 의해 결정되기 쉽다.

④ 다른 측정결과와 비교하여 관련성 정도를 파악한다.

tip 내용 타당도

㉠ **개념** : 측정도구의 대표적 정도를 평가하는 것으로 측정대상이 갖고 있는 속성 중의 일부를 포함하고 있으면 내용 타당도가 높다고 한다.

㉡ **장점** : 적용이 용이하고 시간이 절약되며 통계적 결과를 이용하지 않고 직접 적용한다.

㉢ **단점** : 조사자의 주관적 의견과 편견의 개입으로 인한 착오가 발생하며, 통계적 검증이 이루어지지 않고 속성과 항목 간의 상응관계 정도를 파악할 수 없다.

34. ① 35. ② 36. ③

37 연구대상의 속성을 일정한 규칙에 따라서 수량화하는 것을 무엇이라 하는가?

① 척도 ② 측정
③ 요인 ④ 속성

tip ① 척도 : 대상을 측정하기 위한 일종의 측정도구로서 일정규칙에 따라 측정대상에 적용할 수 있는 수치나 기호를 부여하는 것
② 측정 : 일정한 규칙에 따라 사물 또는 현상에 숫자를 부여하는 행위
③ 요인 : 사물이나 사건의 조건이 될 수 있는 요소
④ 속성 : 사물의 특징이나 성질

38 척도구성방법 중 인종, 사회계급과 같은 여러 가지 형태의 사회집단에 대한 사회적 거리를 측정하기 위한 척도는?

① 서스톤 척도(thurston scale) ② 보가더스 척도(bogardus scale)
③ 거트만 척도(guttman scale) ④ 리커트 척도(likert scale)

tip ① 서스톤 척도 : 등간척도. 평가자를 사용하여 척도 상에 위치한 항목들을 어디에 배치할 것인가를 판단한 후 다음 조사자가 이를 바탕으로 척도에 포함된 적절한 항목들을 선정하여 척도를 구성하는 방법
② 보가더스 척도 : 여러 형태의 사회집단 및 추상적 사회가치의 사회적 거리를 측정하기 위해 개발한 방법으로 사회집단 등의 대상에 대한 친밀감 및 무관심의 정도를 측정
③ 거트만 척도 : 누적척도. 일련의 동일한 항목을 갖는 하나의 변수만을 측정하는 척도
④ 리커트 척도 : 총화평정척도, 평정척도의 변형으로 여러 문항을 하나의 척도로 구성하여 전체 항목의 평균값을 측정치로 측정

39 표집오차(sampling error)에 대한 일반적인 설명으로 틀린 것은?

① 표본의 크기가 클수록 표집오차는 작아진다.
② 표본의 분산이 작을수록 표집오차는 작아진다.
③ 표본의 크기가 같을 경우 할당표집에서보다 층화표집에서 표집오차가 더 크다.
④ 표본의 크기가 같을 경우 단순무작위표집에서보다 집락표집에서 표집오차가 더 크다.

tip ①② 일반적으로 표본의 크기가 클수록, 표본의 분산이 작을수록 표집오차는 작아진다.
③④ 표본크기가 같다고 가정할 때 표집오차를 비교하면 층화표본추출이 가장 작고, 그 다음으로 단순무작위표본추출(할당표본추출)이며, 집락표본추출이 가장 높다.

37. ② 38. ② 39. ③

40 다음 중 1,500명의 표본을 대상으로 국민들의 소비성향 조사를 하려할 때 최소의 비용으로 표집오차를 가장 효과적으로 감소시킬 수 있는 방법은?

① 표본수를 10배로 증가시킨다.
② 모집단의 동질성 확보를 위한 연구를 한다.
③ 조사요원을 증원하고 이들에 대한 훈련을 철저히 한다.
④ 전 국민을 대상으로 철저한 단순무작위표집을 실행한다.

tip 모집단의 동질성 확보로 표본의 대표성을 높이면 가장 효과적으로 표집오차를 줄일 수 있다.

41 측정에 관한 설명으로 틀린 것은?

① 관념적 세계와 경험적 세계간의 교량역할을 한다.
② 통계분석에 활용될 수 있는 정보를 제공해준다.
③ 측정수준에 관계없이 통계기법의 적용은 동일하다.
④ 측정대상이 지니고 있는 속성에 수치나 기호를 부여하는 것이다.

tip 측정수준에 따라 통계기법은 달리 적용한다.

42 척도제작 시 요인분석(factor analysis)의 활용과 가장 거리가 먼 것은?

① 문항들 간의 관련성 분석
② 척도의 구성요인 확인
③ 척도의 신뢰도 계수 산출
④ 척도의 단일 차원성에 대한 검증

tip 척도의 신뢰도 계수는 신뢰도 검정을 통해 산출할 수 있다.

43 서스톤(thurstone) 척도는 척도의 수준으로 볼 때 어느 척도에 해당하는가?

① 등간척도　　② 서열척도
③ 명목척도　　④ 비율척도

tip 등간척도 … 평가자를 사용하여 척도 상에 위치한 항목들을 어디에 배치할 것인가를 판단한 후 다음 조사자가 이를 바탕으로 척도에 포함된 적절한 항목들을 선정하여 척도를 구성하는 방법으로 서스톤(Thurstone) 척도라고도 한다.

40. ② 41. ③ 42. ③ 43. ①

44 연구에서 설정한 개념을 실제 현상에서 측정이 가능하도록 관찰 가능한 형태로 표현하는 것은?

① 개념적 정의　　② 조작적 정의
③ 이론적 정의　　④ 구성적 정의

tip ① 개념적 정의 : 추상적 수준의 정의
② 조작적 정의 : 객관적이고 경험적으로 기술하기 위한 정의
③ 이론적 정의 : 이론적이고 과학적으로 공식화하기 위한 정의
④ 구성적 정의 : 한 개념을 다른 개념으로 대신하여 정의

45 비확률표본추출방법에 해당하는 것은?

① 할당표집(quota sampling)
② 층화표집(stratified random sampling)
③ 군집표집(cluster sampling)
④ 단순무작위표집(simple random sampling)

tip 확률표본추출과 비확률표본추출의 종류
㉠ 확률표본추출 종류 : 단순무작위추출, 층화표본추출, 계통적(=체계적)표본추출, 집락(=군집)표본추출, 다단계표본추출, 연속표본추출
㉡ 비확률표본추출 종류 : 할당표본추출법, 임의표본추출법, 유의표본추출법, 배합표본추출법

46 신뢰도 추정방법 중 동일 측정도구를 동일 상황에서 동일 대상에게 서로 다른 시간에 측정한 측정결과를 비교하는 것은?

① 재검사법　　② 복수양식법
③ 반분법　　④ 내적일관성

tip  ① 재검사법 : 어떤 시점에서 측정한 후 일정기간 경과 후 동일한 측정도구로 동일한 응답자에게 재측정하여 그 결과의 상관관계를 계산하는 방법
② 복수양식법 : 가장 유사한 측정도구를 이용하여 동일표본을 차례로 적용하여 신뢰도를 측정하는 방법
③ 반분법 : 측정도구를 두 부분으로 나누어 각각 독립된 두 개의 척도로 사용, 채점하여 그 사이의 상관계수를 산출하여 신뢰도를 측정하는 방법
④ 내적일관성 분석 : 여러 개의 항목을 이용하여 동일한 개념을 측정하고자 할 때 신뢰도를 저해하는 요인을 제거한 후 신뢰도를 향상시키는 방법

44. ② 45. ① 46. ①

47 다음 ( )에 알맞은 것은?

> 서로 다른 개념을 측정했을 때 얻은 측정값들 간에는 상관관계가 낮아야만 한다는 것이다. 즉 서로 다른 두 개의 개념을 측정한 측정값의 상관계수가 낮게 나왔다면 그 측정 방법은 (   ) 타당성이 높다고 할 수 있다

① 예측(predictive) ② 동시(concurrent)
③ 판별(discriminant) ④ 수렴(convergent)

① **예측 타당성** : 특정기준과 측정도구의 측정결과를 비교함으로써 타당도를 파악하는 방법
② **동시 타당성** : 준거로 기존 타당성을 입증받고 있는 검사에서 얻은 점수와 검사점수와의 관계에 의하여 측정하는 타당도
③ **판별 타당성** : 서로 다른 개념을 측정했을 때 측정값들 간에 상관관계가 낮아야만 한다는 것
④ **수렴 타당성** : 서로 관련이 있는 개념을 측정하였을 때는 그 결과가 유사한지 확인하는 방법

48 다음에서 설명하고 있는 측정의 종류는?

> 어떤 사물이나 사건의 속성을 측정하기 위해 관련된 다른 사물이나 사건의 속성을 측정하는 것이다. 대표적인 예로 밀도는 어떤 사물의 부피와 질량의 비율로 정의하며 이 경우 밀도는 부피와 질량 사이의 비율을 통해 간접적으로 측정하게 된다.

① A급 측정(measurement of A magnitude)
② 추론측정(derived measurement)
③ 임의측정(measurement by fiat)
④ 본질측정(fundamental measurement)

tip
①④ **본질측정(A급 측정)** : 가장 기본적인 측정으로 사물의 속성을 표현하는 본질적인 숫자로 측정
③ **임의측정** : 연구자가 임의로 정한 정의를 기준으로 측정

47. ③ 48. ②

49 매개변수(intervening variable)에 관한 설명으로 옳은 것은?

① 원인변수 혹은 가설변수라고 하는 것으로서 사전에 조작되지 않은 변수를 의미한다.
② 결과변수라고 하며, 독립변수의 원인을 받아 일정하게 변화된 결과를 나타내는 기능을 하는 변수를 의미한다.
③ 결과변수에 영향을 미치면서도 그 이유를 제대로 설명하지 못하는 변수를 의미한다.
④ 개입변수라고도 불리며, 종속변수에 일정한 영향을 주는 변수로 독립변수에 의하여 설명되지 못하는 부분을 설명해 주는 변수를 말한다.

tip ① 독립변수
② 종속변수
③ 조절변수
④ 매개변수

50 종업원이 친절할수록 패밀리 레스토랑의 매출액이 증가한다는 가설을 검증하고자 할 경우, 레스토랑의 음식의 맛 역시 매출에 영향을 미친다면 음식의 맛은 어떤 변수인가?

① 종속변수 ② 매개변수
③ 외생변수 ④ 조절변수

tip ① 종속변수 : 독립변수의 영향을 받아 변하는 결과변수
② 매개변수 : 독립변수와 종속변수 사이에 제3변수가 개입하여 두 변수 사이를 매개하는 변수
③ 외생변수 : 독립변수(종업원의 친절성) 이외에 종속변수(레스토랑 매출액)에 영향을 변수로 통제해야 되는 변수
④ 조절변수 : 독립변수와 종속변수 사이에 두 변수의 관계의 강도를 조절해 주는 변수

51 다음 중 신뢰성을 높일 수 있는 방법과 가장 거리가 먼 것은?

① 측정항목의 수를 줄인다.
② 측정항목의 모호성을 제거한다.
③ 중요한 질문의 경우 동일하거나 유사한 질문을 2회 이상 한다.
④ 조사대상자가 잘 모르거나 관심이 없는 내용은 측정하지 않는다.

tip 신뢰성을 높이기 위해서는 유사한 측정도구 혹은 동일한 측정도구를 사용하여 동일한 개념을 반복하여 측정했을 때 일관성 있는 결과를 얻는 것을 의미한다. 또한 측정 항목에 있어 모호하거나 대상자가 관심 없는 내용은 제거하고 중요한 질문의 경우 반복 측정한다.

52 **어떤 제품의 선호도를 조사하기 위하여 "아주 좋아한다, 좋아한다, 싫어한다, 아주 싫어한다'
'와 같은 선택지를 사용하였다. 이는 어떤 척도로 측정된 것인가?**

① 서열척도 ② 명목척도
③ 등간척도 ④ 비율척도

tip 서열척도 … 측정대상의 속성에 따라 여러 범주로 나누고 이들 범주를 순위관계로 표현

53 **다음 중 표본의 대표성이 가장 큰 표본추출방법은?**

① 편의표집(convenience sampling)
② 판단표집(judgement sampling)
③ 군집표집(cluster sampling)
④ 할당표집(quota sampling)

tip 집락추출은 모집단을 구성하는 요소를 집단을 단위로 하여 추출하는 방법

54 **다음 중 표본추출과정에 해당되지 않는 것은?**

① 표본프레임 결정 ② 조사연구 자금 확보
③ 표집방법 결정 ④ 모집단의 결정

tip 표본추출과정 … 모집단 확정 → 표본틀 결정 → 표본추출방법 결정 → 표본크기 결정 → 표본추출

55 **다음 ( ) 안에 들어갈 알맞은 것은?**

사회조사에서 측정을 할 때 두 가지의 문제를 고려해야 한다. 첫째, 측정하고자 하는 내용을 제대로 측정하고 있는가에 관한 (㉠)의 문제이고 둘째, 반복적으로 측정했을 때 같은 결과를 얻을 수 있는가에 관한 (㉡)의 문제이다.

① ㉠ : 타당성, ㉡ : 신뢰성
② ㉠ : 신뢰성, ㉡ : 타당성
③ ㉠ : 신뢰성, ㉡ : 동일성
④ ㉠ : 동일성, ㉡ : 타당성

52. ① 53. ③ 54. ② 55. ①

tip 신뢰도와 타당도

㉠ 신뢰도(reliability) : 동일한 측정도구를 시간을 달리하여 반복해서 측정했을 경우에 동일한 측정결과를 얻게 되는 정도

㉡ 타당도(validity) : 측정하고자 하는 개념을 얼마나 정확하게 측정하였는지에 대한 정도

56 비확률표본추출법과 비교한 확률표본추출방법의 특징을 모두 고른 것은?

㉠ 연구대상이 표본으로 추출될 확률이 알려져 있음 ㉡ 표본오차 추정 불가능 ㉢ 모수 추정에 조사자의 주관성 배제 ㉣ 인위적 표본추출

① ㉠

② ㉠, ㉢

③ ㉡, ㉣

④ ㉡, ㉢, ㉣

tip ㉡㉢㉣ 비확률표본추출법에 해당한다.

57 4년제 대학에 다니는 대학생의 정치의식을 조사하기 위해 학년(grade)과 성(sex)에 따라 할당표집을 할 때 표본추출을 위한 할당범주는 몇 개인가?

① 2개

② 4개

③ 8개

④ 16개

tip 학년(1, 2, 3, 4)×성(남자, 여자)$= 4 \times 2 = 8$

58 측정오차의 발생원인과 가장 거리가 먼 것은?

① 통계분석기법

② 측정방법 자체의 문제

③ 측정시점에 따른 측정대상자의 변화

④ 측정시점의 환경요인

tip 발생할 수 있는 측정오차는 통계분석기법으로 보정할 수 있다.

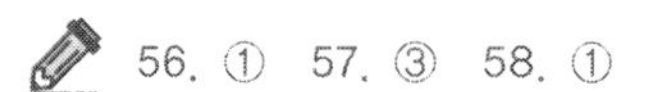

59 다음은 어떤 척도를 활용한 것인가?

> 학원에 다니는 수강생의 만족도를 측정하기 위한 방법으로 긍정적 · 부정적 · 능동적 · 수동적 등과 같은 대칭적 형용사를 제시하고 응답자들이 각 문항에 대해 1부터 7까지의 연속선상에서 평가하도록 하였다.

① 거트만 척도(guttman scale)
② 리커트 척도(likert scale)
③ 서스톤 척도(thurston scale)
④ 의미 분화 척도(semantic differential scale)

tip 의미 분화 척도(semantic differential scale)
㉠ 개념이 갖는 본질적 의미를 몇 차원에서 측정함으로써 태도의 변화를 명확히 파악하기 위해 Osgood이 고안
㉡ 각각 양극 형용사 척도가 몇 개의 요인을 대표할 것인지를 고려

60 다음 중 군집표집의 추정 효율이 가장 높은 경우는?

① 집락 간 평균이 서로 다른 경우
② 각 집락이 모집단의 축소판일 경우
③ 각 집락 내 관측값들이 비슷할 경우
④ 각 집락마다 집락들의 특성이 서로 다른 경우

tip 각 집락이 모집단의 축소판일 경우 추정 효율이 높다. 또한 군집표집은 집단 간에 동질적이고, 집단 내는 이질적이어야 한다.

59. ④ 60. ②

제3과목 사회통계

61 **사건 A의 발생확률이 1/5인 임의실험을 50회 반복하는 독립시행에서 사건 A가 발생한 횟수의 평균과 분산은?**

① 평균 : 10, 분산 : 8
② 평균 : 8, 분산 : 10
③ 평균 : 7, 분산 : 11
④ 평균 : 11, 분산 : 7

tip 이항분포의 확률변수

평균 $E(X)=np=50\times\frac{1}{5}=10$

분산 $V(X)=npq=50\times\frac{1}{5}\times\left(1-\frac{1}{5}\right)=50\times\frac{1}{5}\times\frac{4}{5}=8$

62 **다음 분산분석표의 각 ( ) 안에 들어갈 값으로 옳은 것은?**

요인	자유도	제곱합	평균제곱	F값	유의확률
인자	1	199.34	199.34	(C)	0.099
잔차	6	315.54	(B)		
계	(A)	514.88			

① A : 7 B : 1893.24 C : 9.50
② A : 7 B : 1893.24 C : 2.58
③ A : 7 B : 52.59 C : 3.79
④ A : 7 B : 52.59 C : 2.58

tip 분산분석표

요인	자유도	제곱합	평균제곱	F값
인자	$K-1=1$	$SSB=199.34$	$MSB=\frac{SSB}{K-1}=\frac{199.34}{1}=199.34$	$\frac{MSB}{MSE}=\frac{199.34}{52.59}=3.79$
잔차	$N-K=6$	$SSE=315.54$	$MSE=\frac{SSE}{N-K}=\frac{315.54}{6}=52.59$	
계	$N-1=7$	$SST=514.88$		

61. ① 62. ③

63 집단 A에서 크기 nA 의 임의표본(평균 mA, 표준편차 sA)을 추출하고, 집단 B에서는 크기 nB의 임의표본(평균 mB, 표준편차 sB)을 추출하였다. 두 집단의 산포를 비교하는데 적합한 통계치는?

① mA − mB ② mA / mB
③ sA − sB ④ sA / sB

tip 산포도는 자료의 평균값이 중심위치에서 얼마나 떨어져 있는가를 측정하는 척도로 그 정도는 분산, 표준편차 등으로 비교할 수 있다.

64 일원배치법의 모형 $Y_{ij} = \mu + \alpha_i + \epsilon_{ij}$에서 오차항 ϵ_{ij}의 가정에 대한 설명으로 틀린 것은?

① 오차항 ε_{ij}는 정규분포를 따른다.
② 오차항 ε_{ij}는 서로 독립이다.
③ 오차항 ε_{ij}의 기댓값은 0이다.
④ 오차항 ε_{ij}의 분산은 동일하지 않아도 무방하다.

tip 일원배치분산분석에서 오차항에 대한 가정
㉠ 정규성 : 모집단은 정규분포를 따른다.
㉡ 등분산성 : 각 모집단의 분산이 같아야 한다.
㉢ 독립성 : 오차들 간에는 서로 독립이다.

65 표본평균의 확률분포에 관한 설명으로 틀린 것은?

① 모집단의 확률분포가 정규분포이면 표본평균의 확률분포도 정규분포이다.
② 표본평균의 확률분포는 모집단의 확률분포에 관계없이 정규분포이다.
③ 모집단의 표준편차가 σ이면 표본의 크기가 n인 표본평균의 표준오차는 $\frac{\sigma}{\sqrt{n}}$이다.
④ 표본평균의 평균은 모집단의 평균과 동일하다.

tip 모집단 평균이 μ이고, 표준편차가 σ인 정규분포이면, n의 크기와 상관없이 표본평균의 확률분포는 $N\left(\mu, \left(\frac{\sigma}{\sqrt{n}}\right)^2\right)$인 정규분포를 따른다.

63. ④ 64. ④ 65. ②

66 회귀분석을 실시한 결과, 다음의 분산분석표를 얻었다. 결정계수는 얼마인가?

구분	제곱합	자유도	평균제곱	F
회귀	3060	3	1020	51.0
잔차	1940	97	20	
전체	5000	100		

① 60.0%
② 60.7%
③ 61.2%
④ 62.1%

tip 결정계수 $R^2 = \frac{SSR}{SST} = \frac{3060}{5000} = 0.612$

67 독립변수가 k개인 중회귀모형 $y = X\beta + \epsilon$에서 회귀계수벡터 β의 추정량 b의 분산-공분산 행렬 $Var(b)$은? (단, $Var(\varepsilon) = o^2 I$)

① $Var(b) = (X'X)^{-1}\sigma^2$
② $Var(b) = X'X\sigma^2$
③ $Var(b) = k(X'X)^{-1}\sigma^2$
④ $Var(b) = k(X'X)\sigma^2$

tip 추정량 b에 대한 $E(b) = \beta$, $Var(b) = (X'X)^{-1}\sigma^2$

68 다음은 두 종류의 타이어의 평균수명에 차이가 있는지를 확인하기 위하여 각각 60개의 표본을 추출하여 조사한 결과이다.

타이어	표본크기	평균수명(km)	표준편차(km)
A	60	48,500	3,600
B	60	52,000	4,200

두 타이어의 평균수명에 차이가 있는지를 유의수준 5%에서 검정한 결과는? (단, $P(Z > 1.96) = 0.025$, $P(Z > 1.645) = 0.05$)

① 두 타이어의 평균수명에 통계적으로 유의한 차이가 없다.
② 두 타이어의 평균수명에 통계적으로 유의한 차이가 있다.
③ 두 타이어의 평균수명이 완전히 일치한다.
④ 주어진 정보만으로는 알 수 없다.

66. ③ 67. ① 68. ②

tip 독립표본 t 검정, 양측검정

$$Z=\frac{(\overline{X_1}-\overline{X_2})-(\mu_1-\mu_2)}{\sqrt{\frac{{s_1}^2}{n_1}+\frac{{s_2}^2}{n_2}}}=\frac{48,500-52,000}{\sqrt{\frac{(3,600)^2}{60}+\frac{(4,200)^2}{60}}}=\frac{-3,500}{\sqrt{216,000+294,000}}\approx -4.9$$

$Z_{0.025}=1.96$

Z값$> Z_{0.025}$이므로 귀무가설 기각, 즉 두 타이어의 평균수명에 통계적으로 유의한 차이가 있다.

69 어느 집단의 개인별 신장을 기록한 것이다. 중위수는 얼마인가?

164, 166, 167, 167, 168, 170, 170, 172, 173, 175

① 167
② 168
③ 169
④ 170

tip 중위수는 전체 관측값을 크기순으로 나열하였을 때 중앙(50%)에 위치하는 값이다.

자료의 수 n이 홀수 일 때 : $\frac{n+1}{2}$의 값

자료의 수 n이 짝수 일 때 : $\frac{n}{2}$, $\frac{n+1}{2}$의 평균값

즉, $n=10$이므로 5, 6번째 순위의 자료인 168, 170의 평균 값 $\frac{168+170}{2}=169$이 중위수이다.

70 A회사에서 개발하여 판매하고 있는 신형 PC의 수명은 평균이 5년이고 표준편차가 0.6년인 정규분포를 따른다고 한다. A회사의 신형 PC 중 9대를 임의로 추출하여 수명을 측정하였다. 평균수명이 4.6년 이하 일 확률은? (단, $P(|Z|>2)=0.046$, $P(Z>|1.96|)=0.05$, $P(|Z|>2.58)=0.01$)

① 0.01
② 0.023
③ 0.025
④ 0.048

tip $P(X\le 4.6)=P\left(\frac{X-\mu}{\sigma/\sqrt{n}}\le\frac{4.6-\mu}{\sigma/\sqrt{n}}\right)=P\left(\frac{X-5}{0.6/\sqrt{9}}\le\frac{4.6-5}{0.6/\sqrt{9}}\right)=P(Z\le -2)$

$P(|Z|>2)=0.046$이므로 $P(Z\le -2)=0.023$

69. ③ 70. ②

71 모집단으로부터 추출한 크기 100의 표본을 취하여 조사한 결과 표본 비율은 $\hat{p} = 0.42$이었다. 귀무가설 $H_0 : p = 0.4$와 대립가설 $H_0 : p > 0.4$을 검정하기 위한 검정통계량은?

① $\dfrac{0.4}{\sqrt{0.4(1-0.4)/100}}$

② $\dfrac{0.42-0.4}{\sqrt{0.42(1-0.42)/100}}$

③ $\dfrac{0.42+0.4}{\sqrt{0.42(1-0.42)/100}}$

④ $\dfrac{0.42-0.4}{\sqrt{0.4(1-0.4)/100}}$

tip 모비율에 따른 검정통계량 $= \dfrac{p-p_0}{\sqrt{p_0 q_0/n}} = \dfrac{0.42-0.4}{\sqrt{0.4(1-0.4)/100}}$

72 다음은 A대학 입학시험의 지역별 합격자 수를 성별에 따라 정리한 자료이다. 지역별 합격자 수가 성별에 따라 차이가 있는지를 검정하기 위해 교차분석을 하고자 한다. 카이제곱(χ^2)검정을 한다면 자유도는 얼마인가?

	A지역	B지역	C지역	D지역	합계
남	40	30	50	50	170
여	60	40	70	30	200
합계	100	70	120	80	370

① 1
② 2
③ 3
④ 4

tip $r \times c$분할표 검정에서 자유도는 (행의 수-1)(열의 수-1), 즉 $(r-1)(c-1)$로 표시한다. 즉, 자유도는 $(2-1)(4-1)=3$이다.

71. ④ 72. ③

73 **일원배치 분산분석에서 인자의 수준이 3이고 각 수준마다 반복실험을 5회씩 한 경우 잔차(오차)의 자유도는?**

① 9 ② 10

③ 11 ④ 12

tip 전체 개수 $N(=3\times5=15)$, 처리 집단 수 $k(=3)$라고 할 때,
인자의 자유도 : $k-1=3-1=2$
잔차(오차)의 자유도 : $N-k=15-3=12$
전체 자유도 : $N-1=15-1=14$

74 **어느 농구선수의 자유투 성공률은 90%이다. 이 선수가 한 시즌에 20번의 자유투를 시도한다고 할 때 자유투의 성공 횟수에 대한 기댓값은?**

① 17 ② 18

③ 19 ④ 20

tip 이항분포의 확률변수 기댓값 $E(X)=np=20\times\frac{90}{100}=18$

75 **홈쇼핑 콜센터에서 30분마다 전화를 통해 주문이 성사되는 건수는 $\lambda=6.7$인 포아송 분포를 따른다고 할 때의 설명으로 틀린 것은?**

① 확률변수 x는 주문이 성사되는 주문 건수를 말한다.

② x의 확률함수는 $\frac{e^{-6.7}(6.7)^x}{x!}$이다.

③ 1시간 동안의 주문건수 평균은 13.4이다.

④ 분산 $\gamma^2=6.7^2$이다.

tip ② 포아송 분포의 확률함수 $p(x)=\frac{e^{-\lambda}\lambda^x}{x!}$
③ 평균 $E(X)=\lambda=6.7$ 이므로 1시간 주문건수 평균은 $6.7\times2=13.4$
④ 분산 $Var(X)=\lambda=6.7$

73. ④ 74. ② 75. ④

76 **어느 대형마트 고객관리팀에서는 다음과 같은 기준에 따라 매일 고객을 분류하여 관리한다.**

구분	구매 금액
A그룹	20만 원 이상
B그룹	10만 원 이상 ~ 20만 원 미만
C그룹	10만 원 미만

어느 특정한 날 마트를 방문한 고객들의 자료를 분류한 결과 A그룹이 30%, B그룹이 50%, C그룹이 20%인 것으로 나타났다. 이 날 마트를 방문한 고객 중 임의로 4명을 택할 때 이들 중 3명만이 B그룹에 속할 확률은?

① 0.25　　② 0.27
③ 0.37　　④ 0.39

tip 4명 가운데 3명만 B 그룹에 속할 경우의 수 : $_4C_3=4$

B 그룹에 속할 확률 : $\frac{50}{100}=\frac{1}{2}$

B 그룹에 속하지 않을 확률 : $1-\frac{1}{2}=\frac{1}{2}$

$$\underbrace{\left(\frac{1}{2}\times\frac{1}{2}\times\frac{1}{2}\times\frac{1}{2}\right)}_{\text{4명의 확률}}\times\underbrace{4}_{\text{3명만 B 그룹에 속할 경우의 수}}=\frac{1}{4}=0.25$$

77 **두 변수 X와 Y의 상관계수 γ_{xy}에 대한 설명으로 틀린 것은?**

① γ_{xy}는 두 변수 X와 Y의 산포의 정도를 나타낸다.
② $-1\leq\gamma_{xy}\leq+1$
③ $\gamma_{xy}=0$이면 두 변수는 선형이 아니거나 무상관이다.
④ $\gamma_{xy}=-1$이면 두 변수는 완전한 음의 상관관계에 있다.

tip 상관계수는 두 변수의 선형의 상관성 정도를 나타내는 척도에 해당된다.

76. ①　77. ①

78 **통계학 강의를 수강한 학생들을 대상으로 결석시간 x와 학기말성적 y와의 관계를 회귀모형 「$y_i = \beta_0 + \beta_1 x_i + \varepsilon_i$, $\varepsilon_i = N(0,\ \sigma^2)$이고 서로 독립」의 가정 하에 분석하기로 하고 수강생 10명을 임의로 추출하여 얻은 자료를 정리하여 다음의 결과를 얻었다.**

> 추정회귀직선 : $\hat{y} = 85.93 - 10.62x$
>
> $\sum_{i=1}^{10}(y_i - \bar{y})^2 = 2541.50$
>
> $\sum_{i=1}^{10}(y_i - \hat{y})^2 = 246.72$

결석시간 x와 학기말 성적 y간의 상관계수를 구하면?

① 0.95
② −0.95
③ 0.90
④ −0.90

전체 편차$(SST) = \sum_{i=1}^{n}(y_i - \bar{y})^2$, 설명하지 못하는 부분$(SSE) = \sum_{i=1}^{n}(y_i - \hat{y}_i)^2$

결정계수인 $R^2 = \frac{SSR}{SST} = 1 - \frac{SSE}{SST} = 1 - \frac{246.72}{2541.50} = 0.902923$

상관계수 $|r| = |\sqrt{R^2}| = |\sqrt{0.902923}| \approx |0.95|$

x의 회귀계수가 -10.62로 음수이므로 x와 y는 음의 상관관계에 있으므로 상관계수는 -0.95이다.

79 **유의확률에 관한 설명으로 옳은 것은?**

① 검정통계량의 값을 관측하였을 때, 이에 근거하여 귀무가설을 기각할 수 있는 최소의 유의수준을 말한다.
② 검정에 의해 의미 있는 결론에 이르게 될 확률을 의미한다.
③ 제1종 오류를 범할 확률의 최대허용한계를 뜻한다.
④ 대립가설이 참일 때 귀무가설을 기각하게 될 최소의 확률을 뜻한다.

tip 유의확률(p-value)은 표본을 토대로 계산한 검정통계량으로 귀무가설 H_0가 사실이라는 가정 하에 검정통계량보다 더 극단적인 값이 나올 확률로 귀무가설을 기각할 수 있는 최소의 유의수준을 의미한다.

78. ② 79. ①

80 다음 설명 중 틀린 것은?

① 변이계수(Coefficient of Variation)는 여러 집단의 분산을 상대적으로 비교할 때 사용하며 $\frac{S}{\overline{X}}$로 정의된다.

② $Y=-2X+3$일 때 $S_Y=4S_X$이다. 단, S_X, S_Y는 각각 X와 Y의 표준편차이다.

③ 상자그림(Box plot)은 여러 집단의 분포를 비교하는데 많이 사용한다.

④ 상관계수가 0이라 하더라도 두 변수의 관련성이 있는 경우도 있다.

tip ② 분산 $V(aX\pm b)=a^2V(X)$ 이므로 S_X, S_Y는 각각 X와 Y의 분산이다.

81 단순회귀모형 $Y_i=\alpha+\beta X_i+\epsilon_i$, $I=1, 2, \cdots, n$에 대한 설명으로 틀린 것은?

① 결정계수는 X와 Y의 상관계수와는 관계없는 값이다.

② $\beta=0$인 가설을 검정하기 위하여 자유도가 $n-2$인 t분포를 사용할 수 있다.

③ 오차 ε_i의 분산의 추정량은 평균제곱오차이며 보통 MSE로 나타낸다.

④ 잔차의 그래프를 통해 회귀모형의 가정에 대한 타당성을 검토할 수 있다.

tip ① 결정계수 R^2은 상관계수 r의 제곱 값에 해당한다.

82 표본으로 추출된 15명의 성인을 대상으로 지난해 감기로 앓았던 일수를 조사하여 다음의 데이터를 얻었다. 평균, 중앙값, 최빈값, 범위를 계산한 값 중 틀린 것은?

5, 7, 0, 3, 15, 6, 5, 9, 3, 8, 10, 5, 2, 0, 12

① 평균 = 6

② 중앙값 = 5

③ 최빈값 = 5

④ 범위 = 14

80. ② 81. ① 82. ④

tip ① **평균** : 자료를 모두 더한 후 총 자료수로 나눈 값

$$\bar{x} = \frac{1}{15}\sum_{i=1}^{15} x_i = \frac{1}{15}(5+7+\ldots+12) = \frac{90}{15} = 6$$

② **중앙값** : 전체 관측값을 크기순으로 나열했을 때 중앙(50%)에 위치하는 값

자료의 수 n이 홀수 일 때 $\frac{n+1}{2} = \frac{15+1}{2} = 8$번째 수이므로 중앙값$(Me) = 5$

③ **최빈값** : 가장 많은 빈도를 가진 값

자료	0	2	3	5	6	7	8	9	10	12	15
빈도	2	1	2	3	1	1	1	1	1	1	1

④ **범위** : 측정값 중 최댓값과 최솟값의 차

15(최댓값) − 0(최솟값) = 15

83 **모분산 $\sigma^2 = 16$인 정규모집단에서 표본의 크기가 25인 확률표본을 추출한 결과 표본평균 10을 얻었다. 모평균에 대한 90% 신뢰구간을 구하면? (단, 표준정규분포를 따르는 확률변수 Z에 대해 $P(Z < 1.28) = 0.90$, $P(Z \leq 1.645) = 0.95$, $P(Z \leq 1.96) = 0.975$)이다.)**

① (8.43, 11.57)
② (8.68, 11.32)
③ (8.98, 11.02)
④ (9.18, 10.82)

tip 모평균 μ에 대한 $100(1-\alpha)\%$ 신뢰구간

$$\left(\overline{X} - Z_{\alpha/2}\frac{\sigma}{\sqrt{n}},\ \overline{X} + Z_{\alpha/2}\frac{\sigma}{\sqrt{n}}\right) = \left(10 - Z_{0.05}\frac{4}{\sqrt{25}},\ 10 + Z_{0.05}\frac{4}{\sqrt{25}}\right)$$

$$= \left(10 - 1.645 \times \frac{4}{\sqrt{25}},\ 10 + 1.645 \times \frac{4}{\sqrt{25}}\right) = (8.68, 11.32)$$

84 **가설검정에 대한 설명으로 틀린 것은?**

① 제1종 오류란 귀무가설이 사실임에도 불구하고 귀무가설을 기각하는 오류이다.
② 제2종 오류란 대립가설이 사실임에도 불구하고 귀무가설을 기각하지 못하는 오류이다.
③ 가설검정에서 유의수준이란 제1종 오류를 범할 확률의 최대 허용한계이다.
④ 유의수준을 감소시키면 제2종 오류를 범할 확률 역시 감소한다.

tip 제1종 오류와 제2종 오류는 반비례 관계에 있다. 즉 제1종 오류의 가능성이 줄어들면 제2종 오류의 가능성은 커진다. 유의수준은 제1종 오류를 범할 확률의 최대 허용한계이므로 이것을 감소시키면 제2종 오류를 범할 확률은 커지게 된다.

85 단순회귀모형 $Y_i = \beta_0 + \beta_i + \epsilon_i (i = 1, 2, \cdots, n)$의 가정 하에 최소제곱법에 의해 회귀직선을 추정하는 경우 잔차 $e_i = Y_i - \hat{Y}_i$의 성질로 틀린 것은?

① $\sum e_i = 0$

② $\sum e_i = \sum X_i e_i$

③ $\sum {e_i}^2 = \sum \hat{X}_i e_i$

④ $\sum X_i e_i = \sum \hat{Y}_i e_i$

tip $\sum e_i = \sum X_i e_i = \sum \hat{Y}_i e_i = 0$

86 어느 화장품 회사에서 새로 개발한 상품에 대한 선호도를 조사하려고 한다. 400명의 조사 대상자 중에서 새 상품을 선호한 사람은 220명이었다. 이때, 다음 가설에 대한 유의확률은? (단, $Z \sim N(0, 1)$이다.)

$$H_0 : p = 0.5 \quad \text{vs} \quad H_1 : p > 0.5$$

① $P(Z \geq 1)$

② $P\left(Z \geq \frac{5}{4}\right)$

③ $P\left(Z \geq \frac{3}{2}\right)$

④ $P(Z \geq 2)$

tip $p = \frac{220}{400} = 0.55$

$$P\left(Z \geq \frac{p - p_0}{\sqrt{p_0 q_0 / n}} = \frac{0.55 - 0.5}{\sqrt{0.55(1 - 0.55)/400}} = \frac{0.05}{\sqrt{0.55 \times 0.45 / 400}} \approx 2.01\right)$$

85. ③ 86. ④

87 **사업시행에 대한 찬반 여론을 수렴하기 위해 400명의 주민을 대상으로 표본조사를 실시하였다. 그러나 표본수가 너무 적어 신뢰성에 문제가 있다는 지적이 있어 4배인 1,600명의 주민을 재조사하였다. 신뢰수준 95%하에서 추정오차는 얼마나 감소하는가?**

① 1.23%
② 1.03%
③ 2.45%
④ 2.06%

tip 찬반 여론의 비율을 알지 못하기 때문에 $p=0.5$로 가정한 모비율 추정을 위한 추정오차는

$$\pm Z_{\alpha/2}\frac{p(1-q)}{\sqrt{n}}=2\times Z_{0.025}\times\frac{0.5\times0.5}{\sqrt{400}}=2\times1.96\times\frac{0.25}{20}=0.049$$

표본수가 4배 증가하였을 경우의 추정오차는

$$\pm Z_{\alpha/2}\frac{p(1-q)}{\sqrt{4n}}=2\times Z_{0.025}\times\frac{0.5\times0.5}{\sqrt{1,600}}=2\times1.96\times\frac{0.25}{40}=0.0245$$

그러므로 표본수가 4배가 되면 추정오차는 $0.049-0.0245=0.0245(=2.45\%)$로 감소하게 된다.

88 **모수의 추정에서 추정량의 분포에 대하여 요구되는 성질 중 표준오차와 관련 있는 것은?**

① 불편성
② 정규성
③ 일치성
④ 유효성

tip 좋은 추정량이 되기 위해서는 자료의 흩어짐의 정도인 추정량의 분산을 살펴볼 필요가 있다. 효율성(유효성)이란 추정량의 분산과 관련된 개념으로 불편추정량 중에서 표본분포의 분산이 더 작은 추정량이 효율적이라는 성질을 말한다.

89 **어느 고등학교 1학년생 280명에 대한 국어성적의 평균이 82점, 표준편차가 8점이었다. 66점부터 98점 사이에 포함된 학생들은 몇 명 이상인가? (단, $P(|Z|>2)=0.046$)**

① 267명
② 230명
③ 240명
④ 22명

tip 고등학생 1학년생의 국어 성적을 X라고 한다면, $\overline{X}$는 중심극한정리에 의하여 $\overline{X}\sim N(82,\ 8^2)$와 같은 확률 분포를 갖게 된다.

$$P(66<X<98)=P\left(\frac{66-82}{8}<\frac{\overline{X}-\mu}{\sigma}<\frac{98-82}{8}\right)$$

$$=P(-2<Z<2)=1-0.046=0.954$$

280명의 학생들 가운데 이 구간에 포함된 학생들의 수는 $280\times0.954\approx267$명이다.

87. ③ 88. ④ 89. ①

90 **확률변수 X가 정규분포 $N(\mu, \sigma^2)$을 따를 때, 다음 설명 중 틀린 것은?**

① X의 확률분포는 좌우 대칭인 종모양이다.

② $Z=(X-\mu)/\sigma$라 두면, Z의 분포는 $N(0, 1)$이다.

③ X의 평균, 중위수는 일치하므로 X의 분포의 비대칭도는 0이다.

④ X의 관측값이 $\mu-\sigma$ 와 $\mu+\sigma$ 사이에 나타날 확률은 약 95%이다.

tip ④ $P(\mu-\sigma \le X \le \mu+\sigma) \approx 68\%$, $P(\mu-2\sigma \le X \le \mu+2\sigma) \approx 95\%$,
$P(\mu-3\sigma \le X \le \mu+3\sigma) \approx 99\%$

91 **어떤 시험에서 학생들의 점수는 평균이 75점, 표준편차가 15점인 정규분포를 따른다고 한다. 상위 10%의 학생에게 A학점을 준다고 했을 때, 다음 중 A학점을 받을 수 있는 최소 점수는? (단, $P(0 < Z < 1.28) = 0.4$)**

① 89 ② 93

③ 95 ④ 97

tip 상위 10%의 학생에게 A 학점을 주며, 그 점수를 a라고 하면,

$P(a < X) = P\left(\frac{a-\mu}{s} < \frac{X-\mu}{s}\right) = P\left(\frac{a-75}{15} < \frac{X-75}{15}\right) = P\left(\frac{a-75}{15} < Z\right) = 0.1$

$P(0 < Z < 1.28) = 0.4$를 이용하여

$P(1.28 < Z) = 0.5 - 0.4 = 0.1$이므로 $\frac{a-75}{15} = 1.28$, $a = 1.28 \times 15 + 75 = 94.2$

해당 점수와 가장 가까운 점수는 95점이다.

90. ④ 91. ③

92 새로운 복지정책에 대한 찬반여부가 성별에 따라 차이가 있는지를 알아보기 위해 남녀 100명씩을 랜덤하게 추출하여 조사한 결과이다. 가설 "H_0 : 새로운 복지정책에 대한 찬반여부는 남녀 성별에 따라 차이가 없다."의 검정에 대한 설명으로 틀린 것은?

	찬성	반대
남자	40	60
여자	60	40

① 가설검정에 이용되는 카이제곱 통계량의 자유도는 1이다.
② 가설검정에 이용되는 카이제곱 통계량의 값은 8이다.
③ 유의수준 0.05에서 기각역의 임계값이 3.84이면 카이제곱검정의 유의확률(p값)은 0.05보다 크다.
④ 남자와 여자의 찬성율비에 대한 오스비(odds ratio)는 $\frac{(0.4/0.6)}{(0.6/0.4)} = 0.444$로 구해진다.

tip ③ $\chi^2 = \sum_{i=1}^{2}\sum_{j=1}^{2}\frac{(O_{ij}-E_{ij})^2}{E_{ij}} = \frac{(40-50)^2}{50} + \frac{(60-50)^2}{50} + \frac{(60-50)^2}{50} + \frac{(40-50)^2}{50}$

$= \frac{400}{50} = 8$

$P(\chi^2 \geq 8) < P(\chi^2 \geq 3.84) = 0.05$

93 매출액과 광고액은 직선의 관계에 있으며, 이때 상관계수는 0.90이다. 만일 매출액을 종속변수 그리고 광고액을 독립변수로 선형 회귀분석을 실시할 경우, 추정된 회귀선의 설명력에 해당하는 값은?

① 0.99
② 0.91
③ 0.89
④ 0.81

tip 회귀선의 설명력은 결정계수 R^2으로 나타내며 이는 상관계수 r의 제곱 값에 해당한다. 따라서 결정계수 R^2은 $r^2 = 0.9^2 = 0.81$이다.

92. ③ 93. ④

94 단순회귀모형 $Y_i = \alpha + \beta x_i + \epsilon_i$, $i = 1,\ 2,\ \cdots,\ n$의 가정 하에 자료를 분석하기로 하였다. 각각의 독립변수 x_i에서 반응변수 y_i를 관측하여 정리한 결과가 다음과 같은 때, 회귀계수 α, β의 최소제곱 추정값을 순서대로 나열한 것은?

$$\bar{x} = \frac{1}{n}\sum_{i=1}^{n} x_i = 50 \qquad \sum_{i=1}^{n}(x_i - \bar{x})^2 = 2{,}000$$

$$\bar{y} = \frac{1}{n}\sum_{i=1}^{n} y_i = 100 \qquad \sum_{i=1}^{n}(y_i - \bar{y})^2 = 3{,}000$$

$$\sum_{i=1}^{n}(x_i - \bar{x})(y_i - \bar{y}) = -3{,}500$$

① 187.5, −1.75　② 190.5, −2.75
③ 200.5, −1.75　④ 187.5, −2.75

tip

$$\hat{\beta} = \frac{\sum_{i=1}^{n}(x_i - \bar{x})(y_i - \bar{y})}{\sum_{i=1}^{n}(x_i - \bar{x})^2} = \frac{-3{,}500}{2{,}000} = -1.75$$

$$\hat{\alpha} = \bar{y} - \hat{\beta}\bar{x} = 100 - (-1.75) \times 50 = 100 + 87.5 = 187.5$$

95 $P(A) = P(B) = \frac{1}{2}$, $P(A|B) = \frac{2}{3}$일 때, P(A∪B)을 구하면?

① $\frac{1}{3}$　② $\frac{1}{2}$
③ $\frac{2}{3}$　④ 1

tip

조건부확률 $P(A|B) = \frac{P(A \cap B)}{P(B)}$

$$P(A \cap B) = P(A|B)\,P(B) = \frac{2}{3} \times \frac{1}{2} = \frac{1}{3}$$

$$P(A \cup B) = P(A) + P(B) - P(A \cap B) = \frac{1}{2} + \frac{1}{2} - \frac{1}{3} = \frac{2}{3}$$

94. ①　95. ③

96 **이항분포를 따르는 확률변수 X에 관한 설명으로 틀린 것은?**

① 반복시행횟수가 n이면, X가 취할 수 있는 가능한 값은 0부터 n까지이다.
② 반복시행횟수가 n이고, 성공률이 p이면 X의 평균은 np이다.
③ 반복시행횟수가 n이고, 성공률이 p이면 X의 분산은 $np(1-p)$이다.
④ 확률변수 X는 0 또는 1만을 취한다.

tip ④ X가 0 또는 1 두 개 뿐인 시행은 베르누이 시행이라 하며, 이러한 베르누이 시행이 n회 반복하었을 때 나타나는 분포를 이항분포라 한다.

97 **어느 공장에서 생산되는 축구공의 탄력을 조사하기 위해 랜덤하게 추출한 49개의 공을 조사한 결과 평균이 200mm 표준편차가 20mm였다. 이 공장에서 생산되는 축구공의 탄력의 평균에 대한 95% 신뢰구간을 추정하면? (단, $P(Z>1.96)=0.025$, $P(Z>1645)=0.05$)**

① $200 \pm 1.645 \times \frac{20}{7}$
② $200 \pm 1.645 \times \frac{20}{49}$
③ $200 \pm 1.96 \times \frac{20}{7}$
④ $200 \pm 1.96 \times \frac{20}{49}$

tip 모평균 μ에 대한 $100(1-\alpha)\%$ 신뢰구간 : $\left(\overline{X}-Z_{\alpha/2}\frac{\sigma}{\sqrt{n}}, \ \overline{X}+Z_{\alpha/2}\frac{\sigma}{\sqrt{n}}\right)$

$=\left(200-Z_{0.025}\frac{20}{\sqrt{49}}, \ 200+Z_{0.025}\frac{20}{\sqrt{49}}\right)=\left(200-\frac{1.96\times 20}{7}, \ 200+\frac{1.96\times 20}{7}\right)$

98 **표본자료가 다음과 같을 때, 대푯값으로 가장 적합한 것은?**

10, 20, 30, 40, 100

① 최빈수
② 중위수
③ 산술평균
④ 가중평균

tip 극단값이 있는 자료의 경우, 극단값에 영향을 많이 받는 평균보다는 중위수가 대푯값으로 적당하다. 해당 자료는 100이라는 극단값이 있기 때문에 평균보다는 중위수가 대푯값으로 적당하다.

96. ④ 97. ③ 98. ②

99 일원배치 분산분석법을 적용하기에 부적합한 경우는?

① 어느 화학회사에서 3개 제조업체에서 생산된 기계로 원료를 혼합하는데 소요되는 평균 시간이 동일한지를 검정하기 위하여 소요시간(분) 자료를 수집하였다.

② 소기업 경영연구에 실린 한 논문은 자영업자의 스트레스가 비자영업자보다 높다고 결론을 내렸다. 부동산중개업자, 건축가, 증권거래인들을 각각 15명씩 무작위로 추출하여 5점 척도로 된 15개 항목으로 직무스트레스를 조사하였다.

③ 어느 회사에 다니는 회사원은 입사 시 학점이 높은 사람일수록 급여를 많이 받는다고 알려져 있다. 30명을 무작위로 추출하여 평균평점과 월급여를 조사하였다.

④ A구, B구, C구 등 3개 지역이 서울시에서 아파트 가격이 가장 높은 것으로 나타났다. 각 구마다 15개씩 아파트 매매가격을 조사하였다.

tip 일원배치분산분석법은 독립변수(범주형 자료, 비계량 자료)와 종속변수(연속형 자료, 계량 자료) 사이의 관계를 파악하며, 독립변수가 하나인 경우를 의미한다. 하지만 ③의 평균점수와 월급여는 모두 계량 자료(=연속형 자료)이므로 일원배치분산분석법 대신 상관분석이나 회귀분석법이 적합할 수 있다.

100 10개의 전구가 들어 있는 상자가 있다. 그 중 2개의 불량품이 포함되어 있다. 이 상자에서 전구 4개를 비복원으로 추출하여 검사할 때, 불량품이 1개 포함될 확률은?

① 0.076
② 0.25
③ 0.53
④ 0.8

tip 4개를 비복원으로 추출하여 불량품이 1개가 포함되는 경우의 수 : ${}_4C_1 = 4$

○ ○ ○ × : $\frac{8}{10}\times\frac{7}{9}\times\frac{6}{8}\times\frac{2}{7}=\frac{2}{15}$

○ ○ × ○ : $\frac{8}{10}\times\frac{7}{9}\times\frac{2}{8}\times\frac{6}{7}=\frac{2}{15}$

○ × ○ ○ : $\frac{8}{10}\times\frac{2}{9}\times\frac{7}{8}\times\frac{6}{7}=\frac{2}{15}$

× ○ ○ ○ : $\frac{2}{10}\times\frac{8}{9}\times\frac{7}{8}\times\frac{6}{7}=\frac{2}{15}$

$\frac{(2+2+2+2)}{15}=\frac{8}{15}=0.53$

99. ③ 100 .③

02 2018. 4. 28 제2회 시행

제1과목 조사방법론 I

01 면접원이 자유 응답식 질문에 대한 응답을 기록할 때 지켜야 할 원칙과 가장 거리가 먼 것은?

① 면접조사를 진행한 이후 최종 응답을 기록한다.
② 응답자가 사용한 어휘를 원래 그대로 기록한다.
③ 질문과 관련된 모든 것을 기록에 포함시킨다.
④ 같은 응답이 반복되더라도 가감 없이 있는 그대로 기록한다.

tip 자유 응답식 질문에 대한 응답 기록은 대상자가 응답하는 모든 내용을 기록에 포함하여야 한다.

02 다음 중 탐색적 연구를 위한 방법으로 가장 적합한 것은?

① 횡단연구
② 유사실험설계
③ 시계열연구
④ 사례연구

tip 탐색조사는 유관분야의 관련문헌조사, 연구문제에 정통한 경험자를 대상으로 한 전문가의 견조사, 통찰력을 얻을 수 있는 소수의 사례조사가 대표적이다.

03 다음 사례의 분석단위로 가장 적합한 것은?

> 교수는 인구센서스의 가구조사 자료를 이용하여 가족 구성원 간 종교의 동질성을 분석해 보기로 하였다.

① 가구원
② 가구
③ 종교
④ 국가

01. ① 02. ④ 03. ②

tip 분석단위는 개인, 가구, 집단, 조직, 국가 등이 대표적이다. 가구조사 자료를 이용하여 가구의 특성을 측정하는 것이므로 분석단위로 가구를 적용한 것이다.

04 집합단위의 자료를 바탕으로 개인의 특성을 추리할 때에 저지를 수 있는 오류는?

① 알파 오류(α –fallacy)
② 베타 오류(β –fallacy)
③ 생태학적 오류(ecological fallacy)
④ 개인주의적 오류(individualistic fallacy)

tip 생태학적 오류 … 집단이나 집합체 단위의 조사에 근거해서 그 안에 소속된 개별 단위들에 대한 성격을 규정하는 오류
※ 개인주의 오류 … 개인적인 특성, 즉 개인을 관찰한 결과를 집단이나 사회 및 국가 특성으로 유추하여 해석할 때 발생하는 오류

05 다음 중 연구윤리에 어긋나는 것은?

① 연구 대상자의 동의 확보
② 연구 대상자의 프라이버시 보호
③ 학술지에 기고한 내용을 대중서, 교양잡지에 쉽게 풀어 쓰는 행위
④ 이미 발표된 연구결과 또는 문장을 인용표시 없이 발췌하여 연구계획서 작성

tip 이미 발표된 내용을 인용표시 없이 작성하는 것은 표절에 해당되며 연구윤리에 어긋나는 행위이다.

06 다음 중 조사대상의 두 변수들 사이에 인과관계가 성립되기 위한 조건이 아닌 것은?

① 원인의 변수가 결과의 변수에 선행하여야 한다.
② 두 변수간의 상호관계는 제3의 변수에 의해 설명되면 안 된다.
③ 때로는 원인변수를 제거해도 결과변수가 존재할 수 있다.
④ 두 변수는 상호연관성을 가져야 한다.

tip 인과관계를 위해서는 원인변수와 결과변수의 상호연관성을 통해 확인할 수 있다.

04. ③ 05. ④ 06. ③

07 2차 자료의 이용에 관한 설명으로 틀린 것은?

① 2차 자료의 이점은 시간과 비용을 절약할 수 있다는 점이다.
② 2차 자료는 조사목적의 적합성, 자료의 정확성, 일치성 등을 기준으로 평가될 수 있다.
③ 조사목적을 달성하기 위해서는 2차 자료가 반드시 필요하다.
④ 2차 자료는 경우에 따라 당면한 조사 문제를 평가할 수 있다.

tip **2차 자료** … 개인, 집단, 조직, 기관 등에 의하여 이미 만들어진 방대한 자료로 연구 목적을 위해 사용될 수 있는 기존의 모든 자료이며 2차 자료는 현재의 과학적 목적과는 다른 목적을 위해 독창적으로 수집된 정보라고도 정의할 수 있다. 주로 2차 자료는 1차 자료를 수집하기 전에 예비조사로 사용된다.

㉠ **장점** : 자료수집에 드는 시간과 비용을 절약할 수 있고 직접 바로 사용할 수 있다.
㉡ **단점** : 자료의 수집과정을 파악하기 어렵다. 2차 자료는 다른 목적에 의해 수집된 자료이므로 당면한 문제에 적절한 정보를 제공하지 못할 수도 있다. 또한 자료를 수집하고 분석하고 해석하는 데 오류가 개입되므로 2차 자료에 오류가 개입되어 있을 가능성이 존재한다.

08 대인 면접조사의 특성으로 옳은 것은?

① 연구문제에 대한 사전지식이 부족할수록 구조화된 대인 면접조사방법을 사용하는 것이 좋다.
② 대인 면접조사는 우편 설문조사에 비해 질문과정의 유연성이 상대적으로 높다.
③ 대인 면접조사는 우편 설문조사에 비해 환경차이에 의한 설문응답의 무작위적 오류를 증가시킨다.
④ 대인 면접조사는 우편 설문조사에 비해 응답률이 낮다.

tip ① 연구문제에 대한 사전지식이 부족할수록 구조화된 우편 설문조사가 효과적이다.
③ 대인 면접조사는 질문지를 응답자가 이해하기 어려운 부분을 추가로 설명해 주기 용이하므로 무작위적 오류가 감소한다.
④ 우편 설문조사에 비해 대인 면접조사의 응답률이 높다.

07. ③ 08. ②

09 가설에 관한 설명으로 틀린 것은?

① 가설은 과학적 검증 방법을 통하여 가설의 옳고 그름을 판단할 수 있어야 한다.
② 가설은 동일 연구 분야의 다른 가설이나 이론과 연관이 없어야 한다.
③ 가설은 두 개 이상의 구성개념이나 변수 간의 관계에 대한 진술이다.
④ 가설은 반드시 검증 가능한 형태로 진술되어야 한다.

tip 가설은 둘 이상 변수 간의 관계를 설명하는 경험적으로 증명이 가능한 추측된 진술로 문제에서 기대되는 해답으로 경험적으로 검증되어야 하며 동일분야의 다른 이론과 연관성이 있어야 되며 서로 다른 두 개념의 관계를 표현해야 하며, 동의 반복적이면 안 된다.

10 전화조사의 장점과 가장 거리가 먼 것은?

① 신속한 조사가 가능하다.
② 면접자에 대한 감독이 용이하다.
③ 표본의 대표성을 확보하기 쉽다.
④ 광범한 지역에 대한 조사가 용이하다.

tip 전화조사의 단점은 표본이 전화번호부에 등록되어 있는 대상자로 한정되는 등 표본의 대표성을 확보하기 어렵다는 점이다.

11 양적조사와 질적조사의 사례로 틀린 것은?

① 질적조사 : 사례연구의 기록을 분석하여 핵심적 개념을 추출한다.
② 양적조사 : 단일사례조사로 청소년들의 흡연횟수를 3개월 동안 주기적으로 기록한다.
③ 질적조사 : 노숙인과 함께 2주간 생활하면서 참여 관찰한다.
④ 양적조사 : 초점집단면접을 통해 문제해결방안을 도출한다.

tip ④ 초점집단면접은 전문지식을 보유하고 있는 조사자가 조사주제에 대한 경험과 식견을 가진 소수 응답자들을 대상으로 자유로운 토론을 통하여 필요한 정보를 획득하는 방법으로 질적조사로 볼 수 있다.

※ 질적연구와 양적연구
㉠ **질적연구** : 인간이 상호주관적 이해의 바탕에서 인간의 행위를 행위자의 그것에 부여하는 의미와 파악으로 이해하려는 해석적, 주관적인 사회과학연구방법
㉡ **양적연구** : 연구대상의 속성을 양적으로 표현하고 그들의 관계를 통계분석을 통하여 밝히는 연구

09. ② 10. ③ 11. ④

12 다음과 같은 특징을 지닌 연구방법은?

- 질적인 정보를 양적인 정보로 바꾼다.
- 예를 들어 최근 유행하는 드라마에서 주로 다루는 주제가 무엇인지 알아낸다.
- 메시지를 연구대상으로 할 수도 있다.

① 투사법
② 내용분석법
③ 질적연구법
④ 사회성 측정법

① **투사법** : 직접 질문하기 힘들거나 직접한 질문에 타당한 응답이 나올 가능성이 적을 때에 어떤 자극상태를 만들어 그에 대한 응답자의 반응으로 의도나 의향을 파악하는 방법
② **내용분석법** : 연구대상에 필요한 자료를 수집, 분석함으로써 객관적, 체계적으로 확인하여 진의를 추론하는 기법
③ **질적연구법** : 인간이 상호주관적 이해의 바탕에서 인간의 행위를 행위자의 그것에 부여하는 의미와 파악으로 이해하려는 해석적, 주관적인 사회과학연구방법
④ **사회성 측정법** : 집단 내의 구성원들 사이의 관계를 조사하여 구성원들의 상호작용이나 집단의 응집력을 파악하는 방법

13 집중면접(focused interview)에 관한 설명으로 가장 적합한 것은?

① 특정한 가설을 개발하기 위해 효율적으로 이용할 수 있다.
② 면접자의 통제 하에 제한된 주제에 대해 토론한다.
③ 개인의 의견보다는 주로 집단적 경험을 이야기한다.
④ 사전에 준비한 구조화된 질문지를 이용하여 면접한다.

tip **집중면접** … 응답자들에게 있는 그대로 질문하는 것보다 응답자들의 현재 상황을 충분히 이해하고 그에 따라 가설을 만든 후 응답자들의 과거 경험을 바탕으로 그 가설에 대한 유의성을 검정하도록 한다. 이는 특정한 가설을 개발하기 위해 효율적으로 이용할 수 있다.

14 개념(concepts)의 정의와 가장 거리가 먼 것은?

① 일정한 관계사실에 대한 추상적인 표현
② 특정한 여러 현상들을 일반화함으로써 나타내는 추상적인 용어
③ 현상을 예측 설명하고자 하는 명제, 이론의 전개에서 그 바탕을 이루는 역할
④ 사실과 사실 간의 관계에 논리의 연관성을 부여하는 것

tip 개념은 특정한 사물, 사건이나 또는 상징적인 대상들의 공통적인 속성을 추상화해서 이를 종합화한 보편적 관점을 말한다. 이러한 개념의 조건으로는 체계성, 통일성, 명확성, 범위의 제한성 등이 있다.

15 실험설계(experimental design)의 타당성을 높이기 위한 외생변수 통제방법이 아닌 것은?

① 제거(elimination)
② 균형화(matching)
③ 성숙(maturation)
④ 무작위화(randomization)

tip **외생변수** … 인과관계 조사에서 결과변수에 영향을 미칠 수는 있지만 연구자가 원인변수로 설정하지 않은 변수. 즉, 실험변수가 아니면서 실험결과에 영향을 미치는 변수이다. 실험설계에서는 외생변수의 통제가 연구결과의 신뢰도와 타당도를 결정하는 매우 중요한 요인이다.

㉠ **상쇄** : 외생변수가 작용하는 강도가 다른 상황에 대해서 다른 실험을 실시함으로써 외생변수의 영향을 제거하는 것
㉡ **균형화** : 외생변수로 작용할 수 있는 요인을 알고 있을 경우 실험집단과 통제집단의 동질성을 확보하기 위한 것
㉢ **제거** : 외생변수로 작용할 수 있는 요인이 실험 상황에 개입되지 않도록 하는 방법
㉣ **무작위화** : 어떠한 외생변수가 작용할지 모르는 경우, 실험집단과 통제집단을 무작위로 추출함으로써 연구자가 조작하는 독립변수 이외의 모든 변수들에 대한 영향력을 동일하게 하여 동질적 집단을 만들어주는 것

16 다음의 조사유형으로 옳은 것은?

> 베이비부머(baby-boomers)의 정치성향의 변화를 파악하기 위하여 이들이 성년이 된 후 10년마다 500명씩 새로운 표집을 대상으로 조사하여 그 결과를 비교하여 보았다.

① 횡단(cross-sectional) 조사
② 추세(trend) 조사
③ 코호트(cohort) 조사
④ 패널(panel) 조사

tip 코호트 조사는 동기생, 동시경험집단을 연구하는 것으로 일정한 기간 동안에 어떤 한정된 부분 모집단을 연구하는 것으로 특정한 경험을 같이 하는 사람들이 갖는 특성에 대해 다른 시기에 걸쳐 두 번 이상 비교하고 연구한다.

15. ③ 16. ③

17 다음 중 작업가설(working hypothesis)로 적합하지 않은 것은?

① 교육수준이 높을수록 소득이 높을 것이다.
② 21세기 후반에 이르면 서구문명은 몰락하게 될 것이다.
③ 계층간 소득격차가 클수록 사회갈등이 심화될 것이다.
④ 출산율은 도시보다 농촌에서 더 높을 것이다.

tip 작업가설이란 어떤 사회현상에 관한 연구자의 이론으로부터 도출된 가설이론이 사물의 진실한 성질에 대한 가정으로 그것이 검정될 때까지 현실에 대한 감정적 진술을 말한다.

18 자료수집방법 중 관찰에 관한 설명으로 틀린 것은?

① 복잡한 사회적 맥락이나 상호작용을 연구하는 데 적절한 방법이다.
② 피조사자가 느끼지 못하는 행위까지 조사할 수 있다.
③ 양적 연구와 질적 연구에 모두 활용될 수 있다.
④ 의사소통능력이 없는 대상에게는 활용될 수 없다.

tip 관찰의 경우 대상자의 행동을 조사하는 것으로 의사소통능력이 없는 대상에게도 활용될 수 있다.

19 다음 사례에서 영향을 미칠 수 있는 대표적인 타당도 저해요인은 무엇인가?

체육활동을 진행한 후에 대상청소년들의 키가 부쩍 자랐다. 이 결과를 통해 체육활동이 청소년의 키 성장에 크게 효과가 있었다고 추론하였다.

① 성숙효과(maturation effect)
② 외부사건(history)
③ 검사효과(testing effect)
④ 도구효과(instrumentation)

tip 성숙효과는 시간의 경과 때문에 발생하는 조사대상 집단자체 내에서 발생한 특성의 변화에서 오는 타당도 저해요인에 해당된다.

17. ② 18. ④ 19. ①

20 질문지 작성의 일반적인 과정을 바르게 나열한 것은?

㉠ 필요한 정보의 결정	㉡ 자료수집방법 결정
㉢ 개별항목 결정	㉣ 질문형태 결정
㉤ 질문의 순서 결정	㉥ 초안완성
㉦ 사전조사(pretest)	㉧ 질문지 완성

① ㉠ → ㉡ → ㉢ → ㉣ → ㉤ → ㉥ → ㉦ → ㉧
② ㉠ → ㉤ → ㉡ → ㉣ → ㉢ → ㉥ → ㉦ → ㉧
③ ㉠ → ㉣ → ㉢ → ㉡ → ㉤ → ㉥ → ㉦ → ㉧
④ ㉠ → ㉡ → ㉣ → ㉢ → ㉤ → ㉥ → ㉦ → ㉧

tip 질문지 작성 과정 … 필요한 정보의 결정 → 자료수집방법 결정 → 질문형태 결정 → 개별항목 결정 → 질문의 순서 결정 → 초안완성 → 사전조사 → 질문지 완성

21 질적 방법으로 수집된 자료에 관한 설명으로 틀린 것은?

① 정보의 심층적 의미를 파악할 수 있다.
② 유용한 정보의 유실을 줄일 수 있다.
③ 현장중심의 사고를 할 수 있다.
④ 자료의 표준화를 도모하기 쉽다.

tip 질적 연구 … 인간이 상호주관적 이해의 바탕에서 인간의 행위를 행위자의 그것에 부여하는 의미와 파악으로 이해하려는 해석적, 주관적인 사회과학연구방법
자료의 표준화를 도모하기 쉬운 것은 질적 연구보다는 양적 연구가 효과적이다.

22 단일사례연구에 관한 설명으로 틀린 것은?

① 외적 타당도가 높다.
② 개입효과에 대한 즉각적인 피드백이 가능하다.
③ 조사연구 과정과 실천 과정이 통합될 수 있다.
④ 개인과 집단뿐만 아니라 조직이나 지역사회도 연구대상이 될 수 있다.

tip 단일사례연구는 하나의 집단으로 조사하는 방법으로 개입의 효과를 통한 변화 정도를 측정하는 것을 주목적으로 한다. 단일사례연구의 단점은 외적타당도가 낮고 해당 연구 결과를 일반화시킬 수 있는 가능성이 낮아진다는 것이다.

20. ④ 21. ④ 22. ①

23 다음에 제시된 설문지 질문유형의 특징이 아닌 것은?

> 귀하가 이번 대통령 선거에서 특정 후보를 선택하는 이유를 자유롭게 작성 해주시기 바랍니다.
> (   )

① 탐색적 연구에 적합하다.
② 질문내용에 대한 연구자의 사전지식을 많이 필요로 하지 않는다.
③ 응답자에게 창의적인 자기표현의 기회를 줄 수 있다.
④ 응답자의 어문능력에 관계없이 이용이 가능하다.

tip 개방형 질문은 자유응답형 질문으로 응답자가 할 수 있는 응답의 형태에 제약을 가하지 않고 자유롭게 표현할 수 있다.

㉠ 장점
- 연구자들이 응답의 범위를 아는데 도움이 되어 탐색적 조사연구나 의사결정의 초기단계에서 유용하다.
- 강제성이 없어 다양한 응답이 가능하다.
- 응답자가 상세한 부분까지 언급할 수 있다.

㉡ 단점
- 응답의 부호화가 어렵고 세세한 정보의 부분이 유실될 수 있다.
- 응답자의 어문능력이나 응답의 표현상의 차이로 상이한 해석이 가능하고 편견이 개입된다.
- 무응답률이 높다.
- 폐쇄형 질문보다 시간이 많이 걸린다.

24 다음 중 질문 문항의 배열에 관한 설명으로 틀린 것은?

① 시작하는 질문은 응답자의 흥미를 유발하는 것으로 쉽게 대답할 수 있는 것으로 한다.
② 개인의 사생활과 같이 민감한 질문은 가급적 뒤로 돌린다.
③ 특수한 것을 먼저 묻고, 일반적인 것은 그 다음에 질문한다.
④ 논리적인 순서에 따라 배열함으로써 응답자 자신도 조사의 의미를 찾을 수 있도록 한다.

tip 일반적이고 포괄적인 질문은 앞에 배치하고, 구체적이고 민감한 질문은 뒤에 배치한다.

23. ④ 24. ③

25 **다음 중 정치 지도자나 대기업 경영자 등 조사대상자의 명단은 구할 수 있으나 그들을 직접 만나기는 매우 어려운 경우에 가장 적합한 자료수집방법은?**

① 면접조사
② 집단조사
③ 전화조사
④ 우편조사

tip 우편조사… 개인의 사생활 보호 및 직접적인 면접 조사가 어려운 상황에 실시할 수 있는 조사 방법

26 **자신의 신분을 밝히지 않은 채 내집단의 완전한 성원이 되어 자연스럽게 일어나는 사회적 과정에 참여하는 관찰자의 역할은?**

① 완전참여자(complete participant)
② 완전관찰자(complete observer)
③ 참여자로서의 관찰자(observer as participant)
④ 관찰자로서의 참여자(participant as observer)

tip ① 완전참여자 : 관찰자는 신분을 속이고 대상 집단에 완전히 참여하여 관찰하는 것으로 대상 집단의 윤리적인 문제를 겪을 가능성이 가장 높은 유형
② 완전관찰자 : 관찰자는 제3자의 입장에서 객관적으로 관찰하는 유형
③ 참여자적 관찰자 : 연구대상자들에게 참여자의 신분과 목적을 알리나 조사 집단에는 완전히 참여하지는 않는 유형
④ 관찰자적 참여자 : 연구대상자들에게 참여자의 신분과 목적을 알리고 조사 집단의 일원으로 참여하여 활동하는 유형

25. ④ 26. ①

27 **사회과학적 연구의 일반적인 연구목적과 가장 거리가 먼 것은?**

① 사건이나 현상을 설명(explanation)하는 것이다.
② 사건이나 상황을 기술 또는 서술(description)하는 것이다.
③ 사건이나 상황을 예측(prediction)하는 것이다.
④ 새로운 이론(theory)이나 가설(hypothesis)을 만드는 것이다.

tip 사회과학 연구 … 사건이나 현상들을 수집하여 기술 또는 서술하고, 설명하여 예측하고자 하는 것을 목적으로 한다. 사회과학을 연구하는 데 있어 논리적 실증주의에 바탕을 두고 보다 과학적이고 체계화된 접근방법을 연구하여 연구자가 사회현상에 대한 일반화된 논리와 이론을 정립하는 데 도움을 주고자 한다. 또한 인간과 인간 사이의 관계에서 일어나는 사회 현상과 인간의 사회적 행동을 탐구하는 과학의 한 분야로 사회현상을 연구하여 일련의 법칙이나 규칙 혹은 시사할 만한 결론들을 찾아내는 것을 목적으로 하는 응용과학이다. 인간의 행동이나 사회 현상을 다루기 때문에 그만큼 측정이나 관찰 시점에서 외생변수에 노출될 위험이 많기 때문에 연구 결과를 일반화하는 데 있어 자연과학보다는 어려움이 많다.
④ 새로운 이론(theory)이나 가설(hypothesis)을 만드는 것은 사회과학의 목적이 아니다.

28 **과학적 지식에 가장 가까운 것은?**

① 절대적 진리
② 개연성이 높은 지식
③ 전통에 의한 지식
④ 전문가가 설명한 지식

tip 과학적 지식은 명확하게 정의된 모집단에 있어 큰 규모의, 명확하게 정의된(또는 노출된) 처리에 의해서 이에 대한 반응으로 변화가 나타났을 것이라고 충분히 추정이 가능한 개연성이 있는 경우에 가장 유용하다.

27. ④ 28. ②

29 질문지를 작성할 때 고려하여야 할 사항과 가장 거리가 먼 것은?

① 관련 있는 질문의 경우 한 문항으로 묶어서 문항 수를 줄인다.

② 특정한 대답을 암시하거나 유도해서는 안 된다.

③ 모호한 질문을 피한다.

④ 응답자의 수준에 맞는 언어를 사용한다.

tip 질문지를 작성할 때 문항 수가 적다고 좋은 작성 방법은 아니다. 따라서 무조건 한 문항으로 묶어서 질문지를 작성할 필요는 없다.

30 순수실험설계에 관한 설명으로 가장 옳은 것은?

① 통제집단 사전사후설계의 경우, 주시험효과가 발생하지 않는다.

② 순수실험설계는 학문적 연구보다 상업적 연구에서 주로 활용된다.

③ 통제집단 사후실험설계는 결과변수 값을 두 번 측정한다.

④ 솔로몬 4개 집단설계는 통제집단 사전사후설계와 통제집단 사후실험설계의 결합 형태이다.

tip 솔로몬 4집단설계에서서는 통제집단 사후측정 실험설계와 통제집단 사전사후 실험설계를 합친 형태, 철저한 외생변수 통제가 가능하다.

29. ① 30. ④

제2과목 조사방법론 Ⅱ

31 사회조사에서 개념의 재정의(reconceptualization)가 필요한 이유와 가장 거리가 먼 것은?

① 사회조사에 사용되는 개념은 일상생활에서 통상적으로 사용되는 상투어와는 그 의미가 다를 수 있기 때문이다.

② 동일한 개념이라도 사회가 변함에 따라 원래의 뜻이 변할 수 있기 때문이다.

③ 한 가지 개념이라도 두 가지 또는 그 이상의 다양한 의미를 가지고 있을 가능성이 많으므로, 이들 각기 다른 의미 중에서 어떤 특정의 의미를 조사연구 대상으로 삼을 것인가를 밝혀야 하기 때문이다.

④ 개념과 개념간의 상관관계가 아닌 인과관계를 밝혀야 하기 때문이다.

tip 개념의 재정의는 일상생활에서 통상적으로 사용되는 상투어나 변하는 사회에 따라 한 가지 개념이라도 두 가지 또는 그 이상의 다양한 의미를 가질 수 있으므로 이들에 대한 정확한 기준을 제공하기 위한 목적이다. 인과관계를 밝혀야 한다는 것은 재정의가 필요한 이유가 아니다.

32 체계적 표집에서 집단의 크기가 '100'만명이고 표본의 크기가 '1,000'명일 때, 다음 중 가장 적합한 표집방법은?

① 먼저 단순무작위로 '1,000'명을 뽑아 그 중에서 편중된 표본은 제거하고, 그것을 대체하는 표본을 다시 뽑는다.

② 최초의 사람을 무작위로 선정한 후 매 '1,000'번째 사람을 고른다.

③ 모집단이 너무 크기 때문에 '100'만 명을 '1,000'개의 집단으로 나누어야 한다.

④ 모집단을 '1,000'개의 하위집단으로 나누고, 그 하위집단에서 1명씩 고르면 된다.

tip 체계적 표집은 무작위로 선정한 후 목록의 매번 k번째 요소를 표본으로 선정하는 표집방법이다. 모집단의 크기를 원하는 표본의 크기로 나누어 k를 계산한다. 여기서 k를 표집간격이라고 한다.

31. ④ 32. ③

33 개념타당성(construct validity)의 종류가 아닌 것은?

① 이해타당성(nomological validity)
② 집중타당성(convergent validity)
③ 판별타당성(discriminant validity)
④ 기준관련 타당성(criterion-related validity)

tip 개념타당성의 종류로는 이해타당성, 집중타당성, 판별타당성이 있다.

34 질적변수와 양적변수에 관한 설명으로 틀린 것은?

① 질적변수는 속성의 값을 나타내는 수치의 크기가 의미 없는 변수이다.
② 양적변수는 측정한 속성값을 연산이 가능한 의미있는 수치로 나타낼 수 있다.
③ 양적변수는 이산변수와 연속변수로 구분된다.
④ 몸무게가 80kg 이상인 사람을 '1'로, 이하인 사람을 '0'으로 표시하는 것은 질적변수를 양적변수로 변환시킨 것이다.

tip 양적변수는 연속변수를 의미하며, 80kg 이상 또는 이하로 구분하는 것은 질적변수이다.

35 특정 지역 전체인구의 $\frac{1}{4}$은 A구역에, $\frac{3}{4}$은 B구역에 분포되어 있고, A, B 두 구역의 인구 중 60%가 고졸자이고 40%가 대졸자라고 가정한다. 이들 A, B 두 구역의 할당표본표집의 크기를 '1,000명'으로 제한한다면, A구역의 고졸자와 대졸자는 각각 몇 명씩 조사해야 하는가?

① 고졸자 100명, 대졸자 150명
② 고졸자 150명, 대졸자 100명
③ 고졸자 450명, 대졸자 300명
④ 고졸자 300명, 대졸자 450명

tip

A구역 인구 : $1,000 \times \frac{1}{4} = 250$명

A구역의 고졸자 인구 : $250 \times \frac{60}{100} = 150$명

A구역의 대졸자 인구 : $250 \times \frac{40}{100} = 100$명

33. ④ 34. ④ 35. ②

36 개념적 정의와 조작적 정의에 관한 설명으로 틀린 것은?

① 개념적 정의는 추상적 수준의 정의이다.
② 조작적 정의는 인위적이기 때문에 가급적 피해야 한다.
③ 개념적 정의와 조작적 정의가 반드시 일치하는 것은 아니다.
④ 조작적 정의는 측정을 위하여 불가피하다.

tip 조작적 정의는 객관적이고 경험적으로 기술하기 위한 정의이므로 인위적인 부분이 아니다.

37 측정과정에서 신뢰성을 높이기 위한 방법에 관한 설명으로 틀린 것은?

① 응답자에 따라 다양한 면접방식을 적용한다.
② 측정항목의 모호성을 제거한다.
③ 측정항목의 수를 늘린다.
④ 응답자가 모르는 내용은 측정하지 않는다.

tip 신뢰성을 높이기 위해서는 유사한 측정도구 혹은 동일한 측정도구를 사용하여 동일한 개념을 반복하여 측정했을 때 일관성 있는 결과를 얻는 것을 의미한다.

38 척도구성방법을 비교척도구성(comparative scaling)과 비비교척도구성(non-comparative)으로 구분할 때 비비교척도구성에 해당하는 것은?

① 쌍대비교법(paired comparison)
② 순위법(rank-order)
③ 연속평정법(continuous rating)
④ 고정총합법(constant sum)

tip 연속평정법은 현상의 속성에 대한 정밀한 평가를 구하는 것이 필요할 경우 사용하는 척도구성법으로 자극 대상 간의 직접 비교가 필요 없는 응답을 구하는 비비교척도에 적합하다.

36. ② 37. ① 38. ③

39 다음 설명에 해당하는 척도는?

- 대립적인 형용사의 쌍을 이용
- 의미적 공간에 어떤 대상을 위치시킬 수 있다는 이론적 가정에 기초
- 조사대상에 대한 프로파일분석에 유용하게 사용

① 의미 분화 척도(semantic differential scale)
② 서스톤 척도(thurston scale)
③ 스타펠 척도(stapel scale)
④ 거트만 척도(guttman scale)

tip 의미 분화 척도(semantic differential scale)
㉠ 개념이 갖는 본질적 의미를 몇 차원에서 측정함으로써 태도의 변화를 명확히 파악하기 위해 Osgood이 고안
㉡ 각각 양극 형용사 척도가 몇 개의 요인을 대표할 것인지를 고려

40 다음 설명에 포함되어 있는 타당도 저해 요인은?

학생 50명에 대한 학습능력검사(사전검사)결과를 근거로 학습능력이 최하위권인 학생 10명을 선정하여 학습능력향상 프로그램을 시행한 후 사후검사를 했더니 10점 만점에 평균 3점이 향상되었다.

① 역사요인
② 실험대상의 변동
③ 통계적 회귀
④ 선정요인

tip 통계적 회귀 … 피험자들이 특정 검사에서 매우 높거나 낮은 점수를 얻은 사실을 바탕으로 두 번째 검사에서는 그들의 점수가 평균으로 회귀한다는 것

39. ① 40. ③

41 **다음 사례에 해당하는 타당성은?**

새로 개발된 주관적인 피로감 측정도구를 사용하여 측정한 결과와 이미 검증되고 통용 중인 주관적인 피로감 측정도구의 결과를 비교하여 타당도를 확인하였다.

① 내용타당성(content validity)
② 동시타당성(concurrent validity)
③ 예측타당성(predictive validity)
④ 판별타당성(discriminant validity)

tip 동시타당성(concurrent validity) … 준거로 기존 타당성을 입증 받고 있는 검사에서 얻은 점수와 검사점수와의 관계에 의하여 측정하는 타당도

42 **측정의 신뢰성(reliability)과 가장 거리가 먼 개념은?**

① 유연성(flexibility)
② 안정성(stability)
③ 일관성(consistency)
④ 예측가능성(predictability)

tip 신뢰성은 안정성, 일관성, 믿음성, 의존가능성, 정확성 등으로 대체될 수 있는 개념이다. 이 때, 유연성은 일관성과 상대되는 의미이다.

43 **일반적인 표본추출과정을 바르게 나열한 것은?**

① 표본크기 결정 → 모집단 확정 → 표본틀 결정 → 표본추출방법 결정 → 표본추출
② 모집단 확정 → 표본크기 결정 → 표본틀 결정 → 표본추출방법 결정 → 표본추출
③ 모집단 확정 → 표본틀 결정 → 표본추출방법 결정 → 표본크기 결정 → 표본추출
④ 표본틀 결정 → 모집단 확정 → 표본크기 결정 → 표본추출방법 결정 → 표본추출

tip 표본추출과정 … 모집단 확정 → 표본틀 결정 → 표본추출방법 결정 → 표본크기 결정 → 표본추출

41. ② 42. ① 43. ③

44 표본오차(sampling error)에 관한 설명으로 옳은 것은?

① 표본의 크기가 커지면 늘어난다.

② 모집단과 표본의 차이에 의해 발생하는 오류를 말한다.

③ 조사연구의 모든 과정에서 확산되어 발생한다.

④ 조사원의 훈련부족으로 인해 각기 다른 성격의 자료가 수집되는 경우에 발생한다.

tip ① 표본의 크기가 커지면 표본오차는 줄어든다.
②③ 표본오차는 모집단 가운데 일부 표본을 선정함에 따라 생기는 오차를 의미한다.
④ 조사원의 훈련부족으로 발생되는 오차는 비표본오차에 해당된다.

45 크론바흐 알파계수(Cronbach's alpha)에 관한 설명으로 틀린 것은?

① 척도를 구성하는 항목들 간에 나타난 상관관계 값을 평균처리한 것이다.

② 알파계수는 −1에서 +1의 값을 취한다.

③ 척도를 구성하는 항목 중 신뢰도를 저해하는 항목을 발견해 낼 수 있다.

④ 척도를 구성하는 항목 간의 내적 일관성을 측정한다.

tip 크론바흐 알파계수는 0 ~ 1까지의 값을 취한다.

46 응답자의 월평균소득금액을 '원'단위로 조사하고자 하는 경우에 적합한 척도는?

① 비율척도

② 등간척도

③ 서열척도

④ 명목척도

tip 비율측정 … 측정값 사이의 비율계산이 가능한 척도. 절대 영점을 가지고 있으므로 가감승제를 포함한 수학적 조작이 가능하다.

44. ② 45. ② 46. ①

47 표본의 크기에 관한 설명으로 틀린 것은?

① 허용오차가 클수록 표본의 크기가 커야 한다.
② 조사하고자 하는 변수의 분산값이 클수록 표본의 크기는 커야 한다.
③ 추정치에 대한 높은 신뢰수준이 요구될수록 표본의 크기는 커야 한다.
④ 비확률표본추출의 경우 표본의 크기는 예산과 시간을 고려하여 조사자가 결정할 수 있다.

tip 표본의 크기 $n = \frac{Z^2\sigma^2}{E^2}$

n=표본의 크기, E=허용 가능한 표본 평균과 모집단 평균의 차이,
Z=정규분포의 Z값, σ=모집단의 표준편차
표본크기(n)과 허용오차(E)는 반비례 관계이므로 허용오차(E)가 클수록 표본의 크기(n)는 작아진다.

48 다음 설명에 해당하는 척도는?

- 합성측정(composite measurements)의 유형 중 하나이다.
- 누적 스케일링(cumulative scaling)의 대표적인 형태이다.
- 측정에 동원된 특정 문항이 다른 지표보다 더 극단적인 지표가 될 수 있다는 점에 근거한다.
- 측정에 동원된 개별 항목 자체에 서열성을 미리 부여한다.

① 크루스칼(kruskal) 척도
② 서스톤(thurstone) 척도
③ 보가더스(borgadus) 척도
④ 거트만(guttman) 척도

tip 거트만(guttman) 척도 … 일련의 동일한 항목을 갖는 하나의 변수만을 측정하는 척도(누적척도)

49 "상경계열에 다니는 대학생이 이공계열에 다니는 대학생보다 물가변동에 대한 관심이 더 높을 것이다."라는 가설에서 '상경계열학생 유무'라는 변수를 척도로 나타낼 때 이 척도의 성격은?

① 순위척도
② 명목척도
③ 서열척도
④ 비율척도

tip 명목척도 … 양적 의미를 상실한 범주에 대한 표시로 기호나 숫자를 부여하여 측정하는 방법

47. ① 48. ④ 49. ②

50 서열측정의 특징을 모두 고른 것은?

㉠ 응답자들을 순서대로 구분할 수 있다.
㉡ 절대 영점(absolute zero score)을 지니고 있다.
㉢ 어떤 응답자의 특성이 다른 응답자의 특성보다 몇 배가 높은지 알 수 있다.

① ㉠
② ㉠, ㉡
③ ㉡, ㉢
④ ㉠, ㉡, ㉢

tip 서열측정과 비율측정
㉠ 서열측정 : 측정 대상간의 순서관계를 밝히는 척도
㉡ 비율측정 : 측정값 사이의 비율계산이 가능한 척도, 절대 영점을 가지고 있으므로 가감승제를 포함한 수학적 조작이 가능하다.

51 확률표본추출방법만으로 짝지어진 것은?

㉠ 군집표집(cluster sampling)
㉡ 체계적 표집(systematic sampling)
㉢ 편의표집(convenience sampling)
㉣ 할당표집(quota sampling)
㉤ 층화표집(stratified random sampling)
㉥ 눈덩이표집(snowball sampling)
㉦ 단순무작위표집(simple random sampling)

① ㉠, ㉡, ㉢, ㉣
② ㉠, ㉣, ㉤, ㉥
③ ㉡, ㉣, ㉥, ㉦
④ ㉠, ㉡, ㉤, ㉦

tip 확률표본추출 종류 … 단순무작위추출, 층화표본추출, 계통적(=체계적)표본추출, 집락(=군집)표본추출, 다단계표본추출, 연속표본추출

50. ① 51. ④

52 **다음 중 '대한민국 불법 체류자'처럼 일반적으로 쉽게 접근하기 힘든 집단을 대상으로 설문 조사를 할 때, 가장 적합한 표본추출방법은?**

① 눈덩이표본추출(snowball sampling)
② 편의표본추출(convenience sampling)
③ 판단표본추출(judgment sampling)
④ 할당표본추출(quota sampling)

tip **눈덩이표본추출** … 표본으로 소수 인원을 추출하여 조사한 후, 그 소수 인원을 조사원으로 하여 그 조사원의 주위 사람들을 조사하는 방식이다. 이 방법은 비밀 확인을 위하여 제한적으로 사용한다.

53 **다음 사례의 측정에 대한 설명으로 옳은 것은?**

> 초등학교 어린이들의 발달 상태를 조사하기 위해 체중계를 이용하여 몸무게를 측정했는데 항상 2.5kg이 더 무겁게 측정되었다.

① 타당도는 높지만 신뢰도는 낮다.
② 신뢰도는 높지만 타당도는 낮다.
③ 신뢰도도 높고 타당도도 높다.
④ 신뢰도도 낮고 타당도도 낮다.

tip 항상 동일하게 무게로 측정되므로 신뢰도는 높다고 볼 수 있지만, 그 결과가 2.5kg 더 무겁게 측정되므로 타당도는 낮다.
㉠ **신뢰도**(reliability) : 동일한 측정도구를 시간을 달리하여 반복해서 측정했을 경우에 동일한 측정결과를 얻게 되는 정도
㉡ **타당도**(validity) : 측정하고자 하는 개념을 얼마나 정확하게 측정하였는지에 대한 정도

54 **전문직에 종사하는 남성근로자를 대상으로 하는 사회조사에서 변수가 될 수 없는 것은?**

① 연령
② 성별
③ 직업종류
④ 근무시간

tip 대상자가 남성으로 한정되어 있기 때문에 성별에 대한 비교는 어려움

52. ① 53. ② 54. ②

55 전수조사와 비교한 표본조사의 특징에 관한 설명으로 옳은 것은?

① 시간과 노력이 많이 든다.
② 비표본 오차를 줄일 수 있다.
③ 항상 정확한 자료를 수집할 수 있다.
④ 조사기간 동안에 발생하는 변화를 반영하지 못한다.

tip 표본조사의 장점 … 시간, 비용 감소, 비표본오차 감소

56 모든 요소의 총체로서 조사자가 표본을 통해 발견한 사실들을 토대로 하여 일반화하고자 하는 궁극적인 대상을 지칭하는 것은?

① 표본추출단위(sampling unit)
② 표본추출분포(sampling distribution)
③ 표본추출 프레임(sampling frame)
④ 모집단(population)

tip 모집단 개념 … 연구의 대상이 되는 집단으로 연구자가 직접적인 방법이나 통계적 추정에 의해 정보를 얻으려는 대상 집단

57 측정의 오류에 관한 설명으로 옳은 것은?

① 편향에 의해 체계적 오류가 발생한다.
② 무작위 오류는 측정의 타당도를 저해한다.
③ 표준화된 측정도구를 사용하더라도 체계적 오류를 줄일 수 없다.
④ 측정자, 측정 대상자 등에 일관성이 없어 생기는 오류를 체계적 오류라 한다.

tip ② 측정의 타당도는 체계적 오차와 관련된 개념이다.
③ 체계적 오류는 측정대상이나 측정과정에 대하여 체계적으로 영향을 미침으로써 오차를 초래하는 것으로 표준화된 측정도구를 사용하면 줄일 수 있다.
④ 측정자, 측정 대상자 등에 일관성이 없어 생기는 오류는 비체계적 오류(무작위적 오차)이다.

55. ② 56. ④ 57. ①

58 다음 중 사회조사에서 비확률표본추출이 많이 사용되는 이유로 가장 적합한 것은?

① 표본추출오차가 적게 나타난다.

② 모집단에 대한 추정이 용이하다.

③ 표본설계가 용이하고 시간과 비용을 절약할 수 있다.

④ 모집단 본래의 특성과 차이가 나지 않는 결과를 얻을 수 있다.

tip 비확률표본추출은 조사자가 주관적으로 표본을 선정하는 표본추출방법으로 시간적, 금전적으로 제약이 큰 경우에 이용된다.

59 사회과학에서 척도를 구성하는 이유와 가장 거리가 먼 것은?

① 측정의 신뢰성을 높여준다.

② 변수에 대한 질적인 측정치를 제공한다.

③ 하나의 지표로 측정하기 어려운 복합적인 개념들을 측정한다.

④ 여러 개의 지표를 하나의 점수로 나타내어 자료의 복잡성을 덜어준다.

tip 척도란 자료를 양화시키기 위하여 사용되는 일종의 측정도구로써 일정한 규칙에 입각하여 측정 대상에 적용되도록 만들어진 연속선상에 표시된 기호나 숫자의 배열을 말한다.

60 층화표집과 집락표집에 관한 설명으로 옳은 것은?

① 층화표집은 모든 부분집단에서 표본을 선정한다.

② 집락표집은 모집단을 하나의 집단으로만 분류한다.

③ 집락표집은 부분집단 내에 동질적인 요소로 이루어진다고 전제한다.

④ 층화표집은 부분집단 간에 동질적인 요소로 이루어진다고 전제한다.

tip ② **집락추출** : 모집단을 구성하는 요소를 집단 단위로 하여 추출하는 방법
③ **집락표본추출** : 부분집단 간에 동질적이고, 집단 내는 이질적이다.
④ **층화표본추출** : 부분집단 간에 이질적이고, 집단 내는 동질적이다.

58. ③ 59. ② 60. ①

제3과목 사회통계

61 **결혼시기가 계절(봄, 여름, 가을, 겨울)별로 동일한 비율인지를 검정하려고 신혼부부 '200' 쌍을 조사하였다, 가장 적합한 가설검정 방법은?**

① 카이제곱 적합도 검정
② 카이제곱 독립성 검정
③ 카이제곱 동질성 검정
④ 피어슨 상관계수 검정

tip 범주형 자료 비율의 적합도 검정 … 카이제곱

62 **어느 공장에서 일주일 동안 생산되는 제품의 수 X는 평균이 '50', 분산이 '15'인 확률분포를 따른다. 이 공장의 일주일 동안의 생산량이 '45개에서 55개' 사이일 확률의 하한을 구하면?**

① $\frac{1}{5}$
② $\frac{2}{5}$
③ $\frac{3}{5}$
④ $\frac{4}{5}$

tip

체비셰프 정리 … $P(|X-\overline{X}| \leq ks) = P(\left|\frac{X-\overline{X}}{s}\right| \leq k) \geq 1 - \frac{1}{k^2}$

$P(45 \leq X \leq 55)$

$= P(\frac{45-50}{\sqrt{15}} \leq \frac{X-\overline{X}}{s} \leq \frac{55-50}{\sqrt{15}}) = P(\left|\frac{X-\overline{X}}{s}\right| \leq \frac{5}{\sqrt{15}}) \geq 1-(\frac{\sqrt{15}}{5})^2 = \frac{2}{5}$

따라서 하한은 $\frac{2}{5}$ 이다.

63 **다음의 자료에 대해 절편이 없는 단순회귀모형 $Y_i = \beta x_i + \epsilon_i$을 가정할 때, 최소제곱법에 의한 β의 추정값을 구하면?**

x	1	2	3
y	1	2	2.5

① 0.75
② 0.82
③ 0.89
④ 0.96

61. ① 62. ② 63. ③

tip

절편이 없는 β의 추정값 $\hat{\beta}=\dfrac{\sum_{i=1}^{n}x_iy_i}{\sum_{i=1}^{n}x_i^2}=\dfrac{1\times1+2\times2+3\times2.5}{1^2+2^2+3^2}=\dfrac{12.5}{14}=0.89$

64 자료들의 분포형태와 대푯값에 관한 설명으로 옳은 것은?

① 오른쪽 꼬리가 긴 분포에서는 중앙값이 평균보다 크다.

② 왼쪽 꼬리가 긴 분포에서는 최빈값 < 평균값 < 중앙값 순이다.

③ 중앙값은 분포와 무관하게 최빈값보다 작다.

④ 비대칭의 정도가 강한 경우에는 대푯값으로 평균보다 중앙값을 사용하는 것이 더 바람직하다고 할 수 있다.

tip ① 오른쪽 꼬리가 긴 분포 : 최빈값 < 중앙값 < 평균
② 왼쪽 꼬리가 긴 분포 : 평균 < 중앙값 < 최빈값
③ 오른쪽 꼬리가 긴 분포의 경우 최빈값보다 중앙값이 크다.

65 사회조사분석사 시험 응시생 '500'명의 통계학 성적의 평균점수는 '70'점이고, 표준편차는 '10'점이라고 한다. 통계학 성적이 정규분포를 따른다고 할 때, 성적이 '50점에서 90점' 사이인 응시자는 약 몇 명인가? (단, $P(Z<2)=0.9772$)

① 498명 ② 477명

③ 378명 ④ 250명

tip $P(50<X<90)$

$=P\left(\dfrac{50-\mu}{\sigma}<Z<\dfrac{90-\mu}{\sigma}\right)=P\left(\dfrac{50-70}{10}<Z<\dfrac{90-70}{10}\right)=P(-2<Z<2)$

$P(Z<2)-P(-2>Z)=0.9772-(1-0.9772)=0.9772-0.0228=0.9544$

500명의 응시생들 가운데 이 구간에 포함된 학생들의 수는 $500\times0.9544\approx477$명이다.

66 $Y=a+bX$, $(b>0)$인 관계가 성립할 때 두 확률변수 X와 Y 간의 상관계수 $\rho_{X,Y}$는?

① $\rho_{x,y}=1.0$ ② $\rho_{x,y}=0.8$

③ $\rho_{x,y}=0.6$ ④ $\rho_{x,y}=0.4$

tip 상관계수 $Corr(X,Y)=Corr(X,a+bX)=bCorr(X,X)=1$

64. ④ 65. ② 66. ①

67 **확률변수 X는 포아송 분포를 따른다고 하자. X의 평균이 '5'라고 할 때 분산은 얼마인가?**

① 1
② 3
③ 5
④ 9

tip 포아송 분포의 평균 $E(X)=\lambda$, $Var(X)=\lambda$ 이므로 $E(X)=Var(X)=5$

68 **어느 제약회사에서 생산하고 있는 진통제는 복용 후 진통효과가 나타날 때까지 걸리는 시간이 평균 '30'분, 표준편차 '8'분인 정규분포를 따른다고 한다. 임의로 추출한 '100'명의 환자에게 진통제를 복용시킬 때, 복용 후 '40'분 에서 44분 사이에 진통효과가 나타나는 환자의 수는? (단, 다음 표준정규분포표를 이용하시오.)**

z	$P(0 \le Z \le z)$
0.75	0.27
1.00	0.34
1.25	0.39
1.50	0.43
1.75	0.46

① 4
② 5
③ 7
④ 10

$$P(40 \le X \le 44) = P\left(\frac{40-30}{8} \le \frac{X-\mu}{\sigma} \le \frac{44-30}{8}\right)$$
$$= P(1.25 \le Z \le 1.75) = P(0 \le Z \le 1.75) - P(0 \le Z \le 1.25)$$
$$= 0.46 - 0.39 = 0.07$$

100명의 환자들 가운데 이 구간에 포함된 환자들의 수는 $100 \times 0.07 = 7$명이다

67. ③ 68. ③

69 **어느 회사는 노조와 협의하여 오후의 중간 휴식시간을 '20'분으로 정하였다. 그런데 총무과장은 대부분의 종업원이 규정된 휴식시간보다 더 많은 시간을 쉬고 있다고 생각하고 있다. 이를 확인하기 위하여 전체 종업원 '1,000'명 중에서 '25'명을 조사한 결과 표본으로 추출된 종업원의 평균 휴식시간은 '22'분이고 표준편차는 '3'분으로 계산되었다. 유의수준 0.05에서 총무과장의 의견에 대한 가설검정 결과로 옳은 것은? (단, $t(0.05,\ 24)=1.711$)**

① 검정통계량 $t<1.711$이므로 귀무가설을 기각한다.
② 검정통계량 $t<1.711$이므로 귀무가설을 채택한다.
③ 종업원의 실제 휴식시간은 규정시간 20분보다 더 길다고 할 수 있다.
④ 종업원의 실제 휴식시간은 규정시간 20분보다 더 짧다고 할 수 있다.

tip 귀무가설 H_0 : 휴식시간=20분, 대립가설 H_1 : 휴식시간 > 20분

통계량 $T=\dfrac{\overline{X}-\mu}{s/\sqrt{n}}=\dfrac{22-20}{3/\sqrt{25}}=\dfrac{2}{3/5}=3.33>t(0.05,\ 24)=1.711$이므로 귀무가설을 기각하고 대립가설을 채택한다. 따라서 종업원들의 휴식시간은 규정된 휴식시간(20분)보다 더 길다고 볼 수 있다.

70 **평균이 μ이고 분산이 16인 정규모집단으로부터 크기가 100인 확률표본의 평균을 $\overline{X}$라 하자. 가설 $H_0\ :\ \mu=8$ vs $H_1\ :\ \mu=6.416$의 검정을 위해 기각역을 $\overline{X}<7.2$로 할 때, 제1종 오류와 제2종 오류를 범할 확률은? (단, $P(Z<2)=0.977$, $P(Z<1.96)=0.975$, $P(Z<1)=0.841$)**

① 제1종 오류를 범할 확률 0.05, 제2종 오류를 범할 확률 0.025
② 제1종 오류를 범할 확률 0.023, 제2종 오류를 범할 확률 0.025
③ 제1종 오류를 범할 확률 0.023, 제2종 오류를 범할 확률 0.05
④ 제1종 오류를 범할 확률 0.05, 제2종 오류를 범할 확률 0.023

tip 표준화 : $\dfrac{\mu-\mu_0}{\sigma/\sqrt{n}}$, 6.416 → $\dfrac{6.416-8}{4/\sqrt{100}}=-3.96$, 7.2 → $\dfrac{7.2-8}{4/\sqrt{100}}=-2$

제1종 오류의 확률 : β 그래프에서 −2보다 작을 확률로
$P(-2>Z)=1-P(Z>-2)=1-0.977=0.023$
제2종 오류의 확률 : α 그래프에서 $1.96(=-2-(-3.96))$보다 클 확률로
$P(1.96<Z)=1-P(Z<1.96)=-0.975=0.025$이다.

69. ③ 70. ②

71 표준정규분포를 따르는 확률변수의 제곱은 어떤 분포를 따르는가?

① 정규분포 ② t-분포

③ F-분포 ④ 카이제곱분포

tip $Z \sim N(0,\ 1)$, $Z^2 \sim \chi_1^2$

72 다음 중 표본평균($\overline{X} = \frac{1}{n}\sum_{i=1}^{n} x_i$)의 분포에 관한 설명으로 틀린 것은?

① 표본평균의 분포 평균은 모집단의 평균과 동일하다.

② 표본의 크기가 어느 정도 크면 표본평균의 분포는 근사적 정규분포를 따른다.

③ 표본평균의 분포는 모집단의 분포와 동일하다.

④ 표본평균의 분포 분산은 표본의 크기에 따라 달라진다.

tip 표본평균의 분포는 모집단의 분포가 정규분포이면 정규분포를 따르며, 표본의 크기가 30 이상이면 중심극한 정리에 의해 근사적으로 정규분포를 따른다. 그러나 모집단의 분포가 다른 분포인 경우는 표본의 크기가 30 미만이면 표본평균의 분포는 알 수 없다.

73 어떤 철물점에서 10가지 길이의 못을 팔고 있으며, 못의 길이는 각각 '2.5', '3.0', '3.5', '4.0', '4.5', '5.0', '5.5', '6.0', '6.5', '7.0'cm이다. 만약, 현재 남아 있는 못 가운데 10%는 '4.0'cm인 못이고, 15%는 '5.0'cm인 못이며, 53%는 '5.5'cm인 못이라면 현재 이 철물점에 있는 못 길이의 최빈수는?

① 4.5cm ② 5.0cm

③ 5.5cm ④ 6.0cm

 최빈값 … 가장 많은 빈도를 가진 값

자료	4.0cm	5.0cm	5.5cm	other
빈도	10%	15%	53%	22%

71. ④ 72.③ 73. ③

74 **다음 중 가설검정에 관한 설명으로 가장 틀린 것은?**

① 일반적으로 표본자료에 의해 입증하고자 하는 가설을 대립가설로 세운다.

② 1종 오류와 2종 오류 중 더 심각한 오류는 1종 오류이다.

③ p-값이 유의수준보다 크면 귀무가설을 기각한다.

④ 단측검정으로 유의하지 않은 자료라고 양측검정을 하면 유의할 수도 있다.

tip 동일한 유의수준에서 단측검정의 기각영역이 양측검정보다 넓다.(한쪽 영역에서)

75 **단순회귀분석을 수행한 결과, 〈보기〉와 같은 결과를 얻었다. 결정계수 R^2값과 기울기에 대한 가설 H_0 : $\beta_1 = 0$에 대한 유의수준 5%의 검정결과로 옳은 것은?**

(단, $\alpha = 0.05$, $t(0.025,\ 3) = 3.182$, $\sum_{i=1}^{5}(x_i - \bar{x})^2 = 329.2$**)**

〈보기〉

- $\hat{y} = 5.766 + 0.722x$, $\bar{x} = \frac{118}{5} = 23.6$
- 총제곱합(SST)$= 192.8$, 잔차제곱합(SSE)$= 21.312$

① $R^2 = 0.889$, 기울기를 '0'이라 할 수 없다.

② $R^2 = 0.551$, 기울기를 '0'이라 할 수 없다.

③ $R^2 = 0.889$, 기울기를 '0'이라 할 수 있다.

④ $R^2 = 0.551$, 기울기를 '0'이라 할 수 있다.

tip 결정계수 $R^2 = \frac{SSR}{SST} = 1 - \frac{SSE}{SST} = 1 - \frac{21.312}{192.8} = 0.889$

$F = \frac{MSR}{MSE} = \frac{SSR/(k)}{SSE/(n-k-1)} = \frac{(192.8 - 21.312)/1}{21.312/(5-1-1)} = \frac{171.488}{7.104} = 24.139$

$H_0 : \beta_1 = 0$, $H_1 : \beta_1 \neq 0$에서 귀무가설을 기각하므로 기울기를 0이라고 할 수 없다.

74. ④ 75. ①

76 **변수 X와 Y에 대한 n개의 자료 $(x_1, y_1), \cdots, (x_n, y_n)$에 대하여 단순선형회귀모형 $y_i = \beta_0 + \beta_1 x_i + \epsilon_i$을 적합시키는 경우, 잔차 $e_i = y_i - \hat{y}_i, (i = 1, \ldots, n)$에 대한 성질이 아닌 것은?**

① $\sum_{i=1}^{n} e_i = 0$

② $\sum_{i=1}^{n} x_i e_i = 0$

③ $\sum_{i=1}^{n} y_i e_i = 0$

④ $\sum_{i=1}^{n} \hat{y}_i e_i = 0$

tip $\sum e_i = \sum x_i e_i = \sum \hat{y}_i e_i = 0$

77 **어느 지방선거에서 각 후보자의 지지도를 알아보기 위하여 120명을 표본으로 추출하여 다음과 같은 결과를 얻었다. 세 후보 간의 지지도가 같은지를 검정하기 위한 검정통계량의 값은?**

후보자 명	지지자 수
갑	40
을	30
병	50

① 2

② 4

③ 5

④ 8

tip

검정통계량 : $\sum \frac{(O_i - e_i)^2}{e_i}$, 기대빈도 $e_i = \frac{(40+30+50)}{3} = 40$

$$\sum \frac{(O_i - e_i)^2}{e_i} = \frac{(40-40)^2 + (30-40)^2 + (50-40)^2}{40} = \frac{200}{40} = 5$$

76. ③ 77. ③

78 분산분석의 기본 가정이 아닌 것은?

① 각 모집단에서 반응변수는 정규분포를 따른다.
② 각 모집단에서 독립변수는 F분포를 따른다.
③ 반응변수의 분산은 모든 모집단에서 동일하다.
④ 관측값들은 독립적이어야 한다.

tip 분산분석의 기본 가정 … 오차항(관측값=반응변수)은 정규성, 등분산, 독립성
② 독립변수가 F 분포를 따르는 것이 아니라 집단 내 평균분산에 대한 집단 간 평균분산의 비가 F 분포를 따른다.

79 모집단으로부터 크기가 '100'인 표본을 추출하였다. 이 표본으로부터 표본비율 $\hat{p}=0.42$을 추정하였다. 모비율에 대한 가설 $H_0 : p=0.4\ vs\ H_1 : p>0.4$을 검정하기 위한 검정통계량은?

① $\dfrac{0.4}{\sqrt{\dfrac{0.4(1-0.4)}{100}}}$
② $\dfrac{0.42-0.4}{\sqrt{\dfrac{0.4(1-0.4)}{100}}}$
③ $\dfrac{0.42+0.4}{\sqrt{\dfrac{0.4(1-0.4)}{100}}}$
④ $\dfrac{0.42}{\sqrt{\dfrac{0.4(1-0.4)}{100}}}$

tip 모비율에 따른 검정통계량 $=\dfrac{\hat{p}-p_0}{\sqrt{p_0q_0/n}}=\dfrac{0.42-0.4}{\sqrt{0.4(1-0.4)/100}}$

80 다음 설명 중 틀린 것은?

① 모수의 추정에 사용되는 통계량을 추정량이라 하고 추정량의 관측값을 추정치라고 한다.
② 모수에 대한 추정량의 기댓값이 모수와 일치할 때 불편추정량이라 한다.
③ 모표준편차는 표본표준편차의 불편추정량이다.
④ 표본평균은 모평균의 불편추정량이다.

tip 분모를 $(n-1)$로 사용한 경우, 표준편차는 모집단 표준편차의 불편추정량이 된다.

78. ② 79. ② 80. ③

81 회귀분석 결과, 분산분석표에서 잔차제곱합(SSE)은 '60', 총 제곱합(SST)은 '240'임을 알았다. 이 회귀모형의 결정계수는?

① 0.25　　② 0.50
③ 0.75　　④ 0.95

tip 결정계수 $R^2 = \frac{SSR}{SST} = 1 - \frac{SSE}{SST} = 1 - \frac{60}{240} = 0.75$

82 정규분포를 따르는 모집단으로부터 10개의 표본을 임의추출한 모평균에 대한 95% 신뢰구간은 (74.76, 165.24)이다. 이때 모평균의 추정치와 추정량의 표준오차는? (단, t가 자유도가 9인 t-분포를 따르는 확률변수일 때, $P(t > 2.262) = 0.025$이다.)

① 90.48, 20　　② 90.48, 40
③ 120, 20　　④ 120, 40

tip 모평균 μ의 $100(1-\alpha)\%$ 신뢰구간 $\left(\bar{x} - t_{\alpha/2}(n-1) \cdot \frac{s}{\sqrt{n}}\ ,\ \bar{x} + t_{\alpha/2}(n-1) \cdot \frac{s}{\sqrt{n}}\right)$

표준오차$(SE) = \frac{\text{표준편차}(SD)}{\sqrt{n}}$

95% 신뢰구간 : $\left(\bar{x} - t_{0.025}(9) \cdot \frac{s}{\sqrt{n}}\ ,\ \bar{x} + t_{0.025}(9) \cdot \frac{s}{\sqrt{n}}\right)$

$= \left(\bar{x} - 2.262 \times \frac{s}{\sqrt{10}}\ ,\ \bar{x} + 2.262 \times \frac{s}{\sqrt{10}}\right) = (74.76,\ 165.24)$

$\left(\bar{x} - 2.262 \times \frac{s}{\sqrt{10}}\right) + \left(\bar{x} + 2.262 \times \frac{s}{\sqrt{10}}\right) = 74.76 + 165.24$

$\therefore\ 2 \times \bar{x} = 240 \rightarrow \bar{x} = 120$

$-\left(\bar{x} - 2.262 \times \frac{s}{\sqrt{10}}\right) + \left(\bar{x} + 2.262 \times \frac{s}{\sqrt{10}}\right) = -74.76 + 165.24$

$\therefore\ 2 \times 2.262 \times \frac{s}{\sqrt{10}} = 90.48 \rightarrow \frac{s}{\sqrt{10}} = 20$

81. ③　82. ③

83 교육수준에 따른 생활만족도의 차이를 다양한 배경변수를 통제한 상태에서 비교하기 위해서 다중회귀분석을 실시하고자 한다. 교육수준을 5개의 범주로 (무학, 초졸, 중졸, 고졸, 대졸 이상)측정하였다. 이 때, 대졸을 기준으로 할 때, 교육수준별 차이를 나타내는 가변수(dummy variable)를 몇 개 만들어야 하는가?

① 1개
② 2개
③ 3개
④ 4개

tip 가변수의 수＝범주 수－1＝5－1＝4

84 확률변수 X는 시행횟수가 n이고 성공할 확률이 p인 이항분포를 따를 때, 옳은 것은?

① $E(X)=np(1-p)$
② $V(X)=\dfrac{p(1-p)}{n}$
③ $E\left(\dfrac{X}{n}\right)=p$
④ $E\left(\dfrac{X}{n}\right)=\dfrac{p(1-p)}{n^2}$

tip $E(X)=np,\ Var(X)=np(1-p)$

$E\left(\dfrac{X}{n}\right)=\dfrac{1}{n}E(X)=\dfrac{np}{n}=p$

85 $P(A)=0.4,\ P(B)=0.2,\ P(B\mid A)=0.4$일 때, $P(A\mid B)$는?

① 0.4
② 0.5
③ 0.6
④ 0.8

tip $P(B|A)=\dfrac{P(A\cap B)}{P(A)},\ P(A\cap B)=P(B|A)P(A)=0.4\times 0.4=0.16$

$P(A|B)=\dfrac{P(A\cap B)}{P(B)}=\dfrac{0.16}{0.2}=0.8$

83. ④ 84. ③ 85. ④

86 다음 중 표준편차가 가장 큰 자료는?

① '3' '4' '5' '6' '7'
② '3' '3' '5' '7' '7'
③ '3' '5' '5' '5' '7'
④ '5' '6' '7' '8' '9'

$\bar{x}=\frac{1}{n}\sum_{i=1}^{n}x_i$, $S_x=\sqrt{\frac{1}{n-1}\sum_{i=1}^{n}(x_i-\bar{x})^2}$

	평균($\bar{x}$)	표준편차(S_x)
1	$\frac{1}{5}(3+4+5+6+7)=\frac{25}{5}=5$	$\sqrt{\frac{1}{4}(4+1+0+1+4)}=\sqrt{\frac{10}{4}}=\sqrt{2.5}$
2	$\frac{1}{5}(3+3+5+7+7)=\frac{25}{5}=5$	$\sqrt{\frac{1}{4}(4+4+0+4+4)}=\sqrt{\frac{16}{4}}=\sqrt{4}$
3	$\frac{1}{5}(3+5+5+5+7)=\frac{25}{5}=5$	$\sqrt{\frac{1}{4}(4+0+0+0+4)}=\sqrt{\frac{8}{4}}=\sqrt{2}$
4	$\frac{1}{5}(5+6+7+8+9)=\frac{35}{5}=7$	$\sqrt{\frac{1}{4}(4+1+0+1+4)}=\sqrt{\frac{10}{4}}=\sqrt{2.5}$

87 343명의 대학생을 랜덤하게 뽑아서 조사한 결과 110명의 학생이 흡연 경험이 있었다. 대학생 중 흡연 경험자 비율에 대한 95% 신뢰구간을 구한 것으로 옳은 것은? (단, $z_{0.025}=1.96$, $z_{0.05}=1.645$, $z_{0.1}=1.282$)

① $0.256 < p < 0.386$
② $0.279 < p < 0.362$
③ $0.271 < p < 0.370$
④ $0.262 < p < 0.379$

모비율 p의 95% 신뢰구간 : $\left(\hat{p}-z_{0.025}\sqrt{\frac{\hat{p}(1-\hat{p})}{n}},\ \hat{p}+z_{0.025}\sqrt{\frac{\hat{p}(1-\hat{p})}{n}}\right)$

흡연 경험 비율 : $\frac{110}{343}=0.321$

$\left(0.321-1.96\sqrt{\frac{0.321\times0679}{343}},\ 0.321+1.96\sqrt{\frac{0.321\times0679}{343}}\right)=(0.271,\ 0.370)$

88 다음 중 대푯값에 해당하지 않는 것은?

① 최빈값
② 기하평균
③ 조화평균
④ 분산

tip 대푯값으로는 평균, 중앙값, 최빈값이 있다. 분산은 산포도를 나타내는 척도이다.

86. ② 87. ③ 88. ④

89 **다음 분산분석(ANOVA)표는 상품포장색깔(빨강, 노랑, 파랑)이 판매량에 미치는 영향을 알아보기 위해서 4곳의 가게를 대상으로 실험한 결과이다.**

요인	제곱합	자유도	평균제곱	F값	p값
상품포장	72.00	2	36.00	3.18	0.0904
잔차	102	9	(　)		

위의 분산분석표에서 (　　)에 알맞은 잔차 평균제곱 값은 얼마인가?

① 11.33　　② 14.33

③ 10.23　　④ 13.23

 분산분석표

요인	제곱합	자유도	평균제곱	F 값
인자	$SSB=72.00$	$K-1=2$	$MSB=\dfrac{SSB}{K-1}=\dfrac{72.00}{2}=36.00$	$\dfrac{MSB}{MSE}=\dfrac{36.00}{11.33}=3.18$
잔차	$SSE=102$	$N-K=9$	$MSE=\dfrac{SSE}{N-K}=\dfrac{102}{9}=(11.33)$	

90 **어떤 사회정책에 대한 찬성률 Θ를 추정하고자 한다. 크기 n인 임의표본(확률표본)을 추출하여 자료를 $x_1, \cdots, x_n$으로 입력하였을 때 Θ에 대한 점추정치로 옳은 것은? (단, 찬성이면 0, 반대면 1로 코딩한다.)**

① $\dfrac{1}{\sqrt{n}}\sum_{i=1}^{n}x_i$　　② $\dfrac{1}{n}\sum_{i=1}^{n}x_i$

③ $\dfrac{1}{\sqrt{n}}\sum_{i=1}^{n}(1-x_i)$　　④ $\dfrac{1}{n}\sum_{i=1}^{n}(1-x_i)$

tip 모비율의 점추정량 $\hat{p}=\dfrac{X}{n}$

찬성률 Θ에 대한 추정량을 구해야 되는데 찬성=0, 반대=1로 코딩되어 있기 때문에 이를 찬성=1, 반대=0으로 바꿔줘야 되므로 $(1-x)$로 계산되어야 된다.

따라서 $\hat{p}=\dfrac{1}{n}\sum_{i=1}^{n}(1-x_i)$이다.

89. ①　90. ④

91 **확률변수 X의 평균은 10, 분산은 5이다. $Y=5+2X$의 평균과 분산은?**

① 20, 15　　② 20, 20
③ 25, 15　　④ 25, 20

tip $E(Y)=E(5+2X)=5+2E(X)=5+2\times 10=25$
$Var(Y)=Var(5+2X)=22\,Var(X)=4\times 5=20$

92 **똑같은 크기의 사과 10개를 다섯 명의 어린이에게 나누어주는 방법의 수는? (단, $\binom{n}{r}$은 n개 중에서 r개를 선택하는 조합의 수이다.)**

① $\binom{14}{5}$　　② $\binom{15}{5}$
③ $\binom{14}{10}$　　④ $\binom{15}{10}$

tip 중복조합 $H(n,\ r)=C(n+r-1,\ r)$
10개의 사과를 5명에게 나눠주는 방법이므로 $H(5,\ 10)=C(5+10-1,\ 10)=C(14,\ 10)$이다.

93 **어느 자동차 회사의 영업 담당자는 영업전략의 효과를 검정하고자 한다. 영업사원 '10'명을 무작위로 추출하여 새로운 영업전략을 실시하기 전과 실시한 후의 영업성과(월판매량)를 조사하였다. 영업사원의 자동차 판매량의 차이는 정규분포를 따른다고 하자. 유의수준 5%에서 새로운 영업전략이 효과가 있는지 검정한 결과는? (단, 유의수준 5%에 해당하는 자유도 '9'인 t 분포값은 -1.8333이다.)**

실시이전	5	8	6	6	9	7	10	10	12	5
실시이후	8	10	7	11	9	12	14	9	10	6

① 새로운 영업전략의 판매량 증가 효과가 있다고 할 수 있다.
② 새로운 영업전략의 판매량 증가 효과가 없다고 할 수 있다.
③ 새로운 영업전략 실시전후 판매량은 같다고 할 수 있다.
④ 주어진 정보만으로는 알 수 없다.

91. ④　92. ③　93. ①

tip 대응표본 t 검정(H_0 : 실시 이전=실시 이후, H_1 : 실시이전≠실시이후)

실시이전(D_1)	5	8	6	6	9	7	10	10	12	5
실시이후(D_2)	8	10	7	11	9	12	14	9	10	6
차이($D=D_1-D_2$)	−3	−2	−1	−5	0	−5	−4	1	2	−1

$$\overline{D}=\frac{1}{10}\sum_{i=1}^{10}D_i=\frac{-18}{10}=-1.8$$

$$S_D=\sqrt{\frac{1}{n-1}\sum_{i=1}^{n}(D_i-\overline{D})^2}=\sqrt{\frac{1}{9}\sum_{i=1}^{10}(D_i-(-1.8))^2}=\sqrt{\frac{53.6}{9}}=\sqrt{5.96}=2.44$$

$$T=\frac{\overline{D}}{S_D/\sqrt{n}}=\frac{-1.8}{2.44/\sqrt{10}}=-2.33<t(9,\ 0.05)=-1.833$$ 이므로 귀무가설은 기각한다.

94 일정기간 공사장지대에서 방목한 가축 소변의 불소 농도에 변화가 있는가를 조사하고자 한다. 랜덤하게 추출한 '10'마리의 가축 소변의 불소농도를 방목 초기에 조사하고 일정기간 방목한 후 다시 소변의 불소 농도를 조사하였다. 방목 전후의 불소 농도에 차이가 있는가에 대한 분석방법으로 적합한 것은?

① 단일 모평균에 대한 검정

② 독립표본에 의한 두 모평균의 비교

③ 쌍체비교(대응비교)

④ F-test

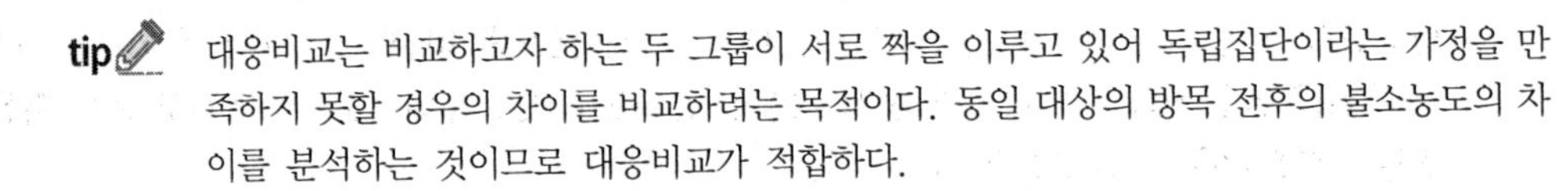

tip 대응비교는 비교하고자 하는 두 그룹이 서로 짝을 이루고 있어 독립집단이라는 가정을 만족하지 못할 경우의 차이를 비교하려는 목적이다. 동일 대상의 방목 전후의 불소농도의 차이를 분석하는 것이므로 대응비교가 적합하다.

95 서로 다른 4가지 교수방법 A, B, C, D의 학습효과를 알아보기 위하여 같은 수준에 있는 학생 중에서 99명을 무작위 추출하여 A 교수방법에 19명, B 교수방법에 31명, C 교수방법에 27명, D 교수방법에 22명을 할당하였다. 일정 기간 수업 후 성취도를 100점 만점으로 측정, 정리하여 다음의 평방합(제곱합)을 얻었다. 교수방법 A, B, C, D의 학습효과 사이에 차이가 있는가를 검정하기 위한 F-통계량 값은?

그룹 간 평방합	63.21
그룹 내 평방합	350.55

94. ③ 95. ③

① 0.175 ② 0.180

③ 5.71 ④ 8.11

tip $F=\frac{MSB}{MSE}=\frac{SSB/K-1}{SSE/N-K}=\frac{63.21/(4-1)}{350.55/(99-4)}=\frac{21.07}{3.69}=5.71$

96 **왜도가 '0'이고 첨도가 '3'인 분포의 형태는?**

① 좌우 대칭인 분포

② 왼쪽으로 치우친 분포

③ 오른쪽으로 치우친 분포

④ 오른쪽으로 치우치고 뾰족한 모양의 분포

tip 정규분포의 왜도는 0, 첨도는 3이며, 정규분포는 좌우 대칭인 분포이다.

97 **자료의 위치를 나타내는 척도로 알맞지 않은 것은?**

① 중앙값 ② 백분위수

③ 표준편차 ④ 사분위수

tip 자료의 위치를 나타내는 측도로는 중앙값, 백분위수, 사분위수, 평균 등이 있다.

98 **일원배치 분산분석에 대한 설명으로 틀린 것은?**

① 제곱합들의 비를 이용하여 분석하므로 F분포를 이용하여 검정한다.

② 오차제곱합을 이용하므로 X^2분포를 이용하여 검정할 수도 있다.

③ 세 개 이상 집단 간의 모평균을 비교하고자 할 때 사용한다.

④ 총제곱합은 처리제곱합과 오차제곱합으로 분해된다.

tip 분산분석은 제곱합의 비에 대한 F분포를 통해 검정한다.

96. ① 97. ③ 98. ②

99 Y의 X에 대한 회귀직선식이 $\hat{Y}=3+X$ 라 한다. Y의 표준편차가 '5', X의 표준편차가 '3' 일 때, Y와 X의 상관계수는?

① 0.6
② 1.0
③ 0.8
④ 0.5

tip $\hat{\beta}=1$, $S_x=3$, $S_y=5$

$$r=\hat{\beta}\times\frac{S_x}{S_y}=1\times\frac{3}{5}-0.6$$

100 아파트의 평수 및 가족수가 난방비에 미치는 영향을 알아보기 위해 다중회귀분석을 실시하여 다음의 결과를 얻었다. 분석 결과에 대한 설명으로 틀린 것은? (단, Y는 아파트 난방비(천원)이다.)

모형	비표준화계수		표준화계수	t	p-값
	β	표준오차	Beta		
상수	39.69	32.74		1.21	0.265
평수(X_1)	3.37	0.94	0.85	3.59	0.009
가족수(X_2)	0.53	0.25	0.42	1.72	0.090

① 추정된 회귀식은 $\hat{Y}=39.69+3.37X_1+0.53X_2$ 이다.
② 유의수준 0.05에서 종속변수 난방비에 유의한 영향을 주는 독립변수는 평수이다.
③ 가족수가 주어질 때, 난방비는 아파트가 1평 커질 때 평균 3.37(천원) 증가한다.
④ 아파트 평수가 30평이고 가족이 5명인 가구의 난방비는 122.44(천원)으로 예측된다.

tip 추정된 회귀식 $\hat{Y}=39.69+3.37X_1+0.53X_2$에 아파트 평수($X_1$)=30평, 가족수($X_2$)=5명을 대입하면 $\hat{Y}=39.69+3.37\times 30+0.53\times 5=143.44$(천원)으로 예측된다.

99. ① 100. ④

분포표

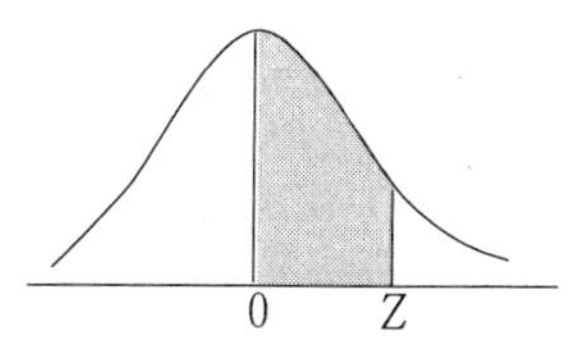

표-1. 표준정규분포표

Z	0.00	0.01	0.02	0.03	0.04	0.05	0.06	0.07	0.08	0.09
0.0	.0000	.0040	.0080	.0120	.0160	.0199	.0239	.0279	.0319	.0359
0.1	.0398	.0438	.0478	.0517	.0557	.0596	.0636	.0675	.0714	.0753
0.2	.0793	.0832	.0871	.0910	.0948	.0987	.1026	.1064	.1103	.1141
0.3	.1179	.1217	.1255	.1293	.1331	.1368	.1406	.1443	.1480	.1517
0.4	.1554	.1591	.1628	.1664	.1700	.1736	.1772	.1808	.1844	.1879
0.5	.1915	.1950	.1985	.2019	.2054	.2088	.2123	.2157	.2190	.2224
0.6	.2257	.2291	.2324	.2357	.2389	.2422	.2454	.2486	.2518	.2549
0.7	.2580	.2611	.2642	.2673	.2704	.2734	.2764	.2794	.2823	.2852
0.8	.2881	.2910	.2939	.2967	.2995	.3023	.3051	.3078	.3106	.3133
0.9	.3159	.3186	.3212	.3238	.3264	.3289	.3315	.3340	.3365	.3389
1.0	.3413	.3438	.3461	.3485	.3508	.3531	.3554	.3577	.3599	.3621
1.1	.3643	.3665	.3686	.3708	.3729	.3749	.3770	.3790	.3810	.3830
1.2	.3849	.3869	.3888	.3907	.3925	.3944	.3962	.3980	.3997	.4015
1.3	.4032	.4049	.4066	.4082	.4099	.4115	.4131	.4147	.4162	.4177
1.4	.4192	.4207	.4222	.4236	.4251	.4265	.4279	.4292	.4306	.4319
1.5	.4332	.4345	.4357	.4370	.4382	.4394	.4406	.4418	.4429	.4441
1.6	.4452	.4463	.4474	.4484	.4495	.4505	.4515	.4525	.4535	.4545
1.7	.4554	.4564	.4573	.4582	.4591	.4599	.4608	.4616	.4625	.4633
1.8	.4641	.4649	.4656	.4664	.4671	.4678	.4686	.4693	.4699	.4706
1.9	.4713	.4719	.4726	.4732	.4738	.4744	.4750	.4756	.4761	.4767
2.0	.4772	.4778	.4783	.4788	.4793	.4798	.4803	.4808	.4812	.4817
2.1	.4821	.4826	.4830	.4834	.4838	.4842	.4846	.4850	.4854	.4857
2.2	.4861	.4864	.4868	.4871	.4875	.4878	.4881	.4884	.4887	.4890
2.3	.4893	.4896	.4898	.4901	.4904	.4906	.4909	.4911	.4913	.4916
2.4	.4918	.4920	.4922	.4925	.4927	.4929	.4931	.4932	.4934	.4936
2.5	.4938	.4940	.4941	.4943	.4945	.4946	.4948	.4949	.4951	.4952
2.6	.4953	.4955	.4956	.4957	.4959	.4960	.4961	.4962	.4963	.4964
2.7	.4965	.4966	.4967	.4968	.4696	.4970	.4971	.4972	.4973	.4974
2.8	.4974	.4975	.4976	.4977	.4977	.4978	.4979	.4980	.4980	.4981
2.9	.4981	.4982	.4982	.4983	.4984	.4984	.4985	.4985	.4986	.4986
3.0	.4987	.4987	.4987	.4988	.4988	.4989	.4989	.4989	.4990	.4990

예 Z = 1.24일 때 빗금친 부분의 확률은 0.3925임

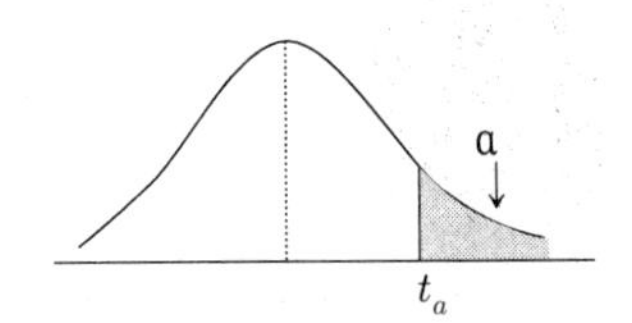

표-2. T-분포표

자유도	α=0.4	0.25	0.1	0.05	0.025	0.01	0.005
1	0.325	1.000	3.078	6.314	12.706	31.821	63.657
2	.289	0.816	1.886	2.920	4.303	6.965	9.925
3	.277	.765	1.638	2.353	3.182	4.541	5.841
4	.271	.741	1.533	2.132	2.776	3.747	4.604
5	0.267	0.727	1.476	2.015	2.571	3.365	4.032
6	.265	.718	1.440	1.943	2.447	3.143	3.707
7	.263	.711	1.415	1.895	2.365	2.998	3.499
8	.262	.706	1.397	1.860	2.306	2.896	3.355
9	.261	.703	1.383	1.833	2.262	2.821	3.250
10	0.260	0.700	1.372	1.812	2.228	2.764	3.169
11	.260	.697	1.363	1.796	2.201	2.718	3.106
12	.259	.695	1.356	1.782	2.179	2.681	3.055
13	.259	.694	1.350	1.771	2.160	2.650	3.012
14	.258	.692	1.345	1.761	2.145	2.624	2.977
15	0.258	0.691	1.341	1.753	2.131	2.602	2.947
16	.258	.690	1.337	1.746	2.120	2.583	2.921
17	.257	.689	1.333	1.740	2.110	2.567	2.898
18	.257	.688	1.330	1.734	2.101	2.552	2.878
19	.257	.688	1.328	1.729	2.093	2.539	2.861
20	0.257	0.687	1.325	1.725	2.086	2.528	2.845
21	.257	.686	1.323	1.721	2.080	2.518	2.831
22	.256	.686	1.321	1.717	2.074	2.508	2.819
23	.256	.685	1.319	1.714	2.069	2.500	2.807
24	.256	.685	1.318	1.711	2.064	2.492	2.797
25	0.256	0.684	1.316	1.708	2.060	2.485	2.787
26	.256	.684	1.315	1.706	2.056	2.479	2.779
27	.256	.684	1.314	1.703	2.052	2.473	2.771
28	.256	.683	1.313	1.701	2.048	2.467	2.763
29	.256	.683	1.311	1.699	2.045	2.462	2.756
30	0.256	0.683	1.310	1.697	2.042	2.457	2.750
40	.255	.681	1.303	1.684	2.021	2.423	2.704
60	.254	.679	1.296	1.671	2.000	2.390	2.660
120	.254	.677	1.289	1.658	1.980	2.358	2.617
∞	.253	.674	1.282	1.645	1.960	2.326	2.576

예 자유도가 7일 때 t값이 1.895이면 오른쪽 끝의 빗금친 부분의 확률은 5%임

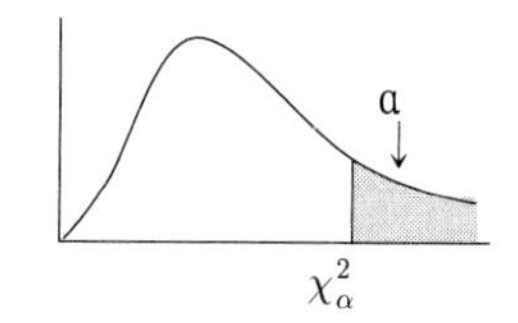

표-3. 카이제곱분포표(χ^2-분포)

v \ α	0.995	0.99	0.975	0.95	0.9	0.5	0.1	0.05	0.025	0.01	0.005
1	0.00004	0.0002	0.001	0.004	0.02	0.45	2.71	3.84	5.02	6.63	7.88
2	0.01	0.02	0.05	0.10	0.21	1.39	4.61	5.99	7.38	9.21	10.60
3	0.07	0.11	0.22	0.35	0.58	2.37	6.25	7.81	9.35	11.34	12.84
4	0.21	0.30	0.48	0.71	1.06	3.36	7.78	9.49	11.14	13.28	14.86
5	0.41	0.55	0.83	1.15	1.61	4.35	9.24	11.07	12.83	15.09	16.75
6	0.68	0.87	1.24	1.64	2.20	5.35	10.64	12.59	14.45	16.81	18.55
7	0.99	1.24	1.69	2.17	2.83	6.35	12.02	14.07	16.01	18.48	20.28
8	1.34	1.65	2.18	2.73	3.49	7.34	13.36	15.51	17.53	20.09	21.95
9	1.73	2.09	2.70	3.33	4.17	8.34	14.68	16.92	19.02	21.67	23.59
10	2.16	2.56	3.25	3.94	4.87	9.34	15.99	18.31	20.48	23.21	25.19
11	2.60	3.05	3.82	4.57	5.58	10.34	17.28	19.68	21.92	24.72	26.76
12	3.07	3.57	4.40	5.23	6.30	11.34	18.55	21.03	23.34	26.22	28.30
13	3.57	4.11	5.01	5.89	7.04	12.34	19.81	22.36	24.74	27.69	29.82
14	4.07	4.66	5.63	6.57	7.79	13.34	21.06	23.68	26.12	29.14	31.32
15	4.60	5.23	6.26	7.26	8.55	14.34	22.31	25.00	27.49	30.58	32.80
16	5.14	5.81	6.91	7.96	9.31	15.34	23.54	26.30	28.85	32.00	34.27
17	5.70	6.41	7.56	8.67	10.09	16.34	24.77	27.59	30.19	33.41	35.72
18	6.26	7.01	8.23	9.39	10.86	17.34	25.99	28.87	31.53	34.81	37.16
19	6.84	7.63	8.91	10.12	11.65	18.34	27.20	30.14	32.85	36.19	38.58
20	7.43	8.26	9.59	10.85	12.44	19.34	28.41	31.41	34.17	37.57	40.00
21	8.03	8.90	10.28	11.59	13.24	20.34	29.62	32.67	35.48	38.93	41.40
22	8.64	9.54	10.98	12.34	14.04	21.34	30.81	33.92	36.78	40.29	42.80
23	9.26	10.20	11.69	13.09	14.85	22.34	32.01	35.17	38.08	41.64	44.18
24	9.89	10.86	12.40	13.85	15.66	23.34	33.20	36.42	39.36	42.98	45.56
25	10.52	11.52	13.12	14.61	16.47	34.34	34.38	37.65	40.65	44.31	46.93
26	11.16	12.20	13.84	15.38	17.29	25.34	35.56	38.89	41.92	45.64	48.29
27	11.81	12.88	14.57	16.15	18.11	26.34	36.74	40.11	43.19	46.96	49.64
28	12.46	13.56	15.31	16.93	18.94	27.34	37.92	41.34	44.46	48.28	50.99
29	13.12	14.26	16.05	17.71	19.77	28.34	39.09	42.56	45.72	49.59	52.34
30	13.79	14.95	16.79	18.49	20.60	29.34	40.26	43.77	46.98	50.89	53.67
40	20.71	22.16	24.43	26.51	29.05	39.34	51.81	55.76	59.34	63.69	66.77
50	27.99	29.71	32.36	34.76	37.69	49.33	63.17	67.50	71.42	76.15	79.49
60	35.53	37.48	40.48	43.19	46.46	59.33	74.40	79.08	83.30	88.38	91.95
70	43.28	45.44	48.76	51.74	55.33	69.33	85.53	90.53	95.02	100.43	104.21
80	51.17	53.54	57.15	60.39	64.28	79.33	96.58	101.88	106.63	112.33	116.32
90	59.20	61.75	65.56	69.13	73.29	89.33	107.57	113.15	118.14	124.12	128.30
100	67.33	70.06	74.22	77.93	82.36	99.33	118.50	124.34	129.56	135.81	140.17

예 v(자유도)가 5이고 χ^2(카이제곱 값)이 11.07일 때 오른쪽 끝의 빗금 친 부분의 확률은 5임

공무원시험/자격시험/독학사/검정고시/취업대비 동영상강좌 전문 사이트

공무원	9급 공무원	서울시 기능직 일반직 전환	각 시·도 기능직 일반직 전환	교육청 기능직 일반직 전환
	관리운영직 일반직 전환	사회복지직 공무원	우정사업본부 계리직	서울시 기술계고 경력경쟁
기술직 공무원	물리	화학	생물	
	기술계 고졸자 물리/화학/생물			
경찰·소방공무원	소방특채 생활영어	소방학개론		
군 장교, 부사관	육군부사관	공군부사관	해군부사관	부사관 국사(근현대사)
	공군 학사사관후보생	공군 조종장학생	공군 예비장교후보생	공군 국사 및 핵심가치
NCS, 공기업, 기업체	공기업 NCS	공기업 고졸 NCS	코레일(한국철도공사)	한국수력원자력
	국민건강보험공단	국민연금공단	LH한국토지주택공사	한국전력공사
자격증	임상심리사 2급	건강운동관리사	사회조사분석사	한국사능력검정시험
	국어능력인증시험	청소년상담사 3급	관광통역안내사	국내여행안내사
	텔레마케팅관리사	사회복지사 1급	경비지도사	경호관리사
	신변보호사	전산회계	전산세무	
무료강의	국민건강보험공단	사회조사분석사 기출문제	독학사 1단계	대입수시적성검사
	사회복지직 기출문제	농협 인적성검사	지역농협 6급	기업체 취업 적성검사
	한국사능력검정시험 백발백중 실전 연습문제		한국사능력검정시험 실전 모의고사	

서원각 www.goseowon.co.kr

QR코드를 찍으면 동영상강의 홈페이지로 들어가실 수 있습니다.

서원각

자격시험 대비서

임상심리사 2급

건강운동관리사

사회조사분석사 종합본

사회조사분석사 기출문제집

국어능력인증시험

청소년상담사 3급

관광통역안내사 종합본

서원각 동영상강의의 혜택

www.goseowon.co.kr

〉〉 수강기간 내에 동영상강의 무제한 수강이 가능합니다.
〉〉 수강기간 내에 모바일 수강이 무료로 가능합니다.
〉〉 원하는 기간만큼만 수강이 가능합니다.